Olfert/Rahn
Kompakt-Training
Organisation

D1994184

umweltfreundlich
... weil auf chlor- und säurefreiem Papier gedruckt.

Kompakt-Training
Praktische Betriebswirtschaft

Herausgeber Prof. Dipl.-Kfm. Klaus Olfert

Kompakt-Training

Organisation

von

Prof. Dipl.-Kfm. Klaus Olfert
Dipl.-Kfm. Dipl. Betriebswirt
Horst-Joachim Rahn

3., verbesserte und erweiterte Auflage

Kiehl

Herausgeber:

Prof. Dipl.-Kfm. Klaus Olfert
Hochschule für Technik, Wirtschaft und Kultur Leipzig
Fachbereich Wirtschaftswissenschaften
Postfach 66, 04251 Leipzig

ISBN 3 470 **49863** 6 · 2004

Druck: Druckhaus Beltz, Hemsbach – mü

Kompakt-Training Praktische Betriebswirtschaft

Das *Kompakt-Training Praktische Betriebswirtschaft* ist aus der Notwendigkeit entstanden, dass Wissen immer häufiger unter erheblichem Zeit- und Erfolgsdruck erworben oder reaktiviert werden muss. Den vielfältigen betriebswirtschaftlichen Fakten und Zusammenhängen, die aufzunehmen sind, stehen eng begrenzte Zeitbudgets gegenüber.

Die vorliegende Fachbuchreihe ist darauf ausgerichtet, die Leser darin zu unterstützen, rasch und fundiert in die verschiedenen betriebswirtschaftlichen Themenbereiche einzudringen sowie diese aufzufrischen. Sie eignet sich in besonderer Weise für:

- ❑ Studierende an Fachhochschulen, Akademien und Universitäten
- ❑ Fortzubildende an öffentlichen und privaten Bildungsinstitutionen
- ❑ Fach- und Führungskräfte in Unternehmen und sonstigen Organisationen.

Das *Kompakt-Training Praktische Betriebswirtschaft* ist auch zum Selbststudium sehr gut geeignet, nicht zuletzt wegen seiner besonderen Gestaltungsmerkmale. Jeder einzelne Band der Fachbuchreihe zeichnet sich u. a. aus durch:

- ❑ Kompakte und praxisbezogene Darstellung
- ❑ Systematischen und lernfreundlichen Aufbau
- ❑ Viele einprägsame Beispiele, Tabellen, Abbildungen
- ❑ 50 praxisbezogene Übungen mit Lösungen
- ❑ MiniLex mit bis zu 160 Stichworten.

Für Anregungen, die der weiteren Verbesserung dieses Lernkonzeptes dienen, bin ich dankbar.

Prof. Klaus Olfert
Herausgeber

Vorwort zur 3. Auflage

Nachdem die zweite Auflage rasch vergriffen war, ist es notwendig geworden, das Buch neu aufzulegen. Insgesamt erfolgte eine Verbesserung und Erweiterung:

- Im Kapitel »A. Grundlagen« wurden vor allem folgende Veränderungen vorgenommen:
  - Neufassung der Aufgaben der Organisation
  - Überarbeitung im Hinblick auf die Effizienz der Organisation
  - Erweiterung des Kapitels um die Organisationsentwicklung
  - Integration neuerer Organisationskonzepte
  - Erweiterung um das Organisationscontrolling

- Das Kapitel »B. Organisationsinstrumente« ist neu. Es ist aus dem früheren Kapitel »A. Grundlagen« ausgegliedert und inhaltlich verbessert worden.

- Im Kapitel »C. Aufbauorganisation« haben sich vor allem als Veränderungen ergeben:
  - Darstellung der Aufbauplanung
  - Verbesserung der Grundformen der Aufbauorganisation
  - Erweiterung um abgeleitete Organisationsformen
  - Verbesserung der Aufbaueinführung
  - Erweiterung um das Aufbaucontrolling

- Das Kapitel »D. Prozessorganisation« enthält insbesondere folgende Veränderungen:
  - Darstellung der Prozessplanung
  - Verbesserung der Prozesseinführung
  - Erweiterung um das Prozesscontrolling

- Das Kapitel »E. Projektorganisation« weist vor allem als Veränderungen auf:
  - Verbesserung der Gestaltungsformen der Projektorganisation
  - Überarbeitung der Projektvorbereitung
  - Neufassung der Projektgestaltung
  - Verbesserung der Projekteinführung
  - Erweiterung um das Projektcontrolling

Die Anregungen und Hinweise der Leserinnen und Leser erwiesen sich als wertvoll. Gerne nehmen wir sie auch weiterhin auf.

Leipzig/Neckargemünd/Grünstadt
im Januar 2004

Prof. Klaus Olfert
Horst-Joachim Rahn

Inhaltsverzeichnis

Zur Reihe: Kompakt-Training Organisation ... 5
Vorwort ... 6
Inhalt ... 7

A. Grundlagen ... 15

1. Organisation ... 18
1.1 Wesen ... 18
1.1.1 Auffassungen ... 20
1.1.2 System ... 20
1.1.3 Unter-/Überorganisation ... 22
1.1.3.1 Unterorganisation ... 23
1.1.3.2 Überorganisation ... 23
1.2 Abgrenzung ... 24
1.2.1 Improvisation ... 24
1.2.2 Disposition ... 25
1.3 Aufgaben ... 26
1.3.1 Gestaltungsbezogene Aufgaben ... 26
1.3.2 Verhaltensbezogene Aufgaben ... 27
1.3.3 Prozessbezogene Aufgaben ... 27
1.4 Prinzipien ... 28
1.4.1 Wirtschaftlichkeit ... 28
1.4.2 Zweckmäßigkeit ... 29
1.4.3 Gleichgewichtigkeit ... 29
1.5 Effizienz ... 30
1.5.1 Ökonomische Effizienz ... 30
1.5.2 Soziale Effizienz ... 31
1.6 Beurteilung ... 31
1.6.1 Vorteile ... 32
1.6.2 Nachteile ... 32

2. Organisationsproblem ... 32
2.1 Ziele ... 33
2.1.1 Organisationsziele ... 33
2.1.2 Kundenziele ... 34
2.1.3 Mitarbeiterziele ... 34
2.2 Instrumente ... 35
2.3 Interne Einflussfaktoren ... 36
2.3.1 Gegenwartsbezogene Faktoren ... 36
2.3.2 Vergangenheitsbezogene Faktoren ... 37
2.4 Externe Einflussfaktoren ... 38

3. Organisationsarten ... 39
3.1 Entstehungsbezogene Arten ... 39
3.1.1 Formelle Organisation ... 39

3.1.2 Informelle Organisation ... 40
3.2 Gegenstandsbezogene Arten ... 40
3.2.1 Aufbauorganisation ... 41
3.2.2 Prozessorganisation ... 41
3.2.3 Projektorganisation ... 42
3.3 Anlassbezogene Arten ... 43
3.3.1 Neuorganisation ... 43
3.3.2 Reorganisation ... 44

4. Organisationsentwicklung ... 46
4.1 Wandel ... 46
4.1.1 Arten ... 46
4.1.2 Phasen ... 47
4.2 Interventionen ... 47
4.2.1 Individuenbezogene Interventionen ... 48
4.2.2 Gruppenbezogene Interventionen ... 48
4.2.3 Organisationsbezogene Interventionen ... 49
4.3 Konzepte ... 49
4.3.1 Wertschöpfende Konzepte ... 50
4.3.1.1 Outsourcing ... 50
4.3.1.2 Insourcing ... 50
4.3.2 Lean-Konzepte ... 51
4.3.2.1 Lean-Aufbaukonzept ... 51
4.3.2.2 TQM-Konzept ... 51
4.3.2.3 Just-in-Time-Konzept ... 52
4.3.3 Team-Konzepte ... 52
4.3.4 Kooperative Konzepte ... 53
4.3.4.1 Strategische Allianzen ... 53
4.3.4.2 Joint Ventures ... 54

5. Organisationsabteilung ... 55
5.1 Aufgaben ... 55
5.2 Einordnung ... 56
5.3 Entscheidungen ... 58

6. Organisationscontrolling ... 59
6.1 Controllinginstanzen ... 60
6.2 Controllingaufgaben ... 61

B. Organisationsinstrumente ... 63

1. Organisationsmittel ... 63
1.1 Sachmittel ... 63
1.2 Hilfsmittel ... 64

2. Organisationstechniken ... 64
2.1 Istaufnahme-Techniken ... 65
2.1.1 Interview ... 65
2.1.2 Fragebogen ... 66
2.1.3 Beobachtung ... 68

2.1.4 Multimomentaufnahme 68
2.1.5 Selbstaufschreibung 69
2.1.6 Dokumentationsauswertung 70
2.1.7 Experiment 71
2.2 Analysetechniken 71
2.2.1 Checklistentechnik 72
2.2.2 Benchmarking 72
2.2.3 Schwachstellenanalyse 73
2.2.4 Wirtschaftlichkeitsanalyse 73
2.2.5 ABC-Analyse 74
2.3 Kreativitätstechniken 75
2.3.1 Brainstorming 75
2.3.2 Methode 635 76
2.3.3 Synektik 77
2.3.4 Morphologie 77

3. Organisationsmethoden 78

C. Aufbauorganisation 81

1. Aufbauvorbereitung 82
1.1 Aufbauanalyse 82
1.1.1 Ist-Aufnahme 82
1.1.2 Ist-Kritik 85
1.2 Aufbauplanung 86
1.2.1 Zielplanung 86
1.2.2 Konzeptplanung 87

2. Stellenaufbauorganisation 88
2.1 Stellengestaltung 88
2.1.1 Aufgabenanalyse 89
2.1.2 Aufgabensynthese 91
2.2 Aufbaufestlegungen 93
2.2.1 Organisationseinheiten 93
2.2.2 Zentralisation/Dezentralisation 95
2.2.2.1 Zentralisation 95
2.2.2.2 Dezentralisation 96
2.2.3 Tätigkeiten 97
2.2.3.1 Zeitbezogene Tätigkeiten 97
2.2.3.2 Aufgabenbezogene Tätigkeiten 98
2.2.4 Aufgabenträger 99
2.2.4.1 Bezeichnung 99
2.2.4.2 Befähigung 100
2.2.5 Aufgabe/Kompetenz/Verantwortung 101
2.2.5.1 Aufgabe 101
2.2.5.2 Kompetenz 101
2.2.5.3 Verantwortung 102
2.2.6 Verbindungswege 103

2.2.6.1 Längsverbindungen ... 104
2.2.6.2 Querverbindungen ... 104
2.2.6.3 Diagonalverbindungen ... 105
2.2.6.4 Richtlinienverbindungen ... 105
2.2.6.5 Außenverbindungen ... 106

3. Gruppenaufbauorganisation ... 107
3.1 Gruppenarten ... 108
3.2 Gruppenbeispiel ... 109

4. Bereichsaufbauorganisation ... 110
4.1 Materialbereich ... 110
4.2 Fertigungsbereich ... 111
4.3 Marketingbereich ... 112
4.4 Personalbereich ... 112
4.5 Finanz- und Rechnungswesen ... 113
4.6 Informationsbereich ... 114

5. Unternehmensaufbauorganisation ... 115
5.1 Unternehmensstrukturierung ... 115
5.1.1 Horizontale Unternehmensstrukturierung ... 116
5.1.2 Vertikale Unternehmensstrukturierung ... 116
5.1.2.1 Leitungsspanne ... 117
5.1.2.2 Hierarchieebenen ... 117
5.2 Unternehmensleitung ... 119
5.2.1 Rechtsform-Modelle ... 119
5.2.2 Prinzipien-Modelle ... 120
5.2.2.1 Kollegialprinzip ... 120
5.2.2.2 Direktoralprinzip ... 121
5.2.3 Ressort-Modelle ... 121
5.2.3.1 Funktionsmodell ... 121
5.2.3.2 Divisionsmodell ... 122
5.2.3.3 Regionenmodell ... 122
5.2.3.4 Kundenmodell ... 122
5.2.3.5 Mischformen-Modell ... 123
5.3 Organisationssysteme ... 123
5.3.1 Liniensystem ... 123
5.3.2 Funktionssystem ... 125
5.3.3 Stabliniensystem ... 125
5.4 Organisationsformen ... 126
5.4.1 Grundformen ... 127
5.4.1.1 Sektoralorganisation ... 127
5.4.1.2 Funktionalorganisation ... 128
5.4.1.3 Spartenorganisation ... 129
5.4.1.3.1 Produktorganisation ... 130
5.4.1.3.2 Regionalorganisation ... 131
5.4.1.3.3 Kundenorganisation ... 131
5.4.1.4 Matrixorganisation ... 133
5.4.1.5 Tensororganisation ... 135

5.4.2 Abgeleitete Organisationsformen ... 136
5.4.2.1 Center-Organisation ... 136
5.4.2.2 Holding-Organisation ... 137
5.4.2.3 SGE-Management ... 137
5.4.2.4 Produktmanagement ... 137
5.4.2.5 Prozessmanagement ... 138
5.4.2.6 Kundenmanagement ... 139
5.4.2.7 Projektmanagement ... 139

6. Aufbaueinführung ... 140
6.1 Aufbauentwicklung ... 141
6.1.1 Aufbauvorbereitung ... 141
6.1.2 Aufbaupräsentation ... 142
6.1.3 Aufbaurealisierung ... 143
6.1.4 Aufbaukontrolle ... 144
6.2 Aufbaudokumentation ... 145
6.2.1 Organisationshandbuch ... 145
6.2.2 Organisationsplan ... 146
6.2.2.1 Handelsunternehmen ... 147
6.2.2.2 Banken ... 148
6.2.2.3 Versicherungen ... 148
6.2.2.4 Verkehrsunternehmen ... 149
6.2.2.5 Industrieunternehmen ... 150
6.2.3 Stellenbeschreibung ... 151
6.2.4 Stellenbesetzungsplan ... 152
6.2.5 Funktionendiagramm ... 153

7. Aufbaucontrolling ... 154
7.1 Controllinginstanzen ... 154
7.2 Controllingaufgaben ... 155

D. Prozessorganisation ... 157

1. Prozessvorbereitung ... 158
1.1 Prozessanalyse ... 159
1.1.1 Ist-Aufnahme ... 159
1.1.2 Ist-Kritik ... 161
1.2 Prozessplanung ... 162
1.2.1 Zielplanung ... 162
1.2.2 Konzeptplanung ... 163

2. Einzelprozessorganisation ... 163
2.1 Arbeitsganggestaltung ... 164
2.1.1 Arbeitsanalyse ... 164
2.1.2 Arbeitssynthese ... 166
2.2 Arbeitsfestlegungen ... 168
2.2.1 Arbeitsplatzbedarfsermittlung ... 168
2.2.2 Arbeitsplatzgestaltung ... 168
2.2.3 Arbeitsprozessgestaltung ... 169

3. Gruppenprozessorganisation ... 170
3.1 Gruppenprozesse ... 170
3.2 Fertigungsinseln ... 170

4. Bereichsprozessorganisation ... 172
4.1 Marketingbereichsprozess ... 172
4.2 Fertigungsbereichsprozess ... 174
4.3 Materialbereichsprozess ... 175
4.4 Personalbereichsprozess ... 176
4.5 Finanzbereichsprozess ... 178
4.6 Rechnungswesenprozess ... 179
4.7 Informationsbereichsprozess ... 180

5. Unternehmensprozessorganisation ... 181
5.1 Teilprozesse ... 182
5.1.1 Güterwirtschaftlicher Prozess ... 182
5.1.2 Finanzwirtschaftlicher Prozess ... 182
5.1.3 Informationeller Prozess ... 183
5.2 Unternehmensprozess ... 184

6. Prozesseinführung ... 187
6.1 Prozessvorbereitung ... 187
6.2 Prozesspräsentation ... 188
6.3 Prozessrealisierung ... 189
6.4 Prozesskontrolle ... 189
6.5 Prozessdokumentation ... 190
6.5.1 Entscheidungstabelle ... 191
6.5.2 Prozessdiagramm ... 191
6.5.3 Blockschaltbild ... 192
6.5.4 Datenflussplan ... 193
6.5.5 Programmablaufplan ... 193

7. Prozesscontrolling ... 194
7.1 Controllinginstanzen ... 194
7.2 Controllingaufgaben ... 194

E. Projektorganisation ... 197

1. Projektaufbauorganisation ... 199
1.1 Projektleiter ... 199
1.2 Projektgruppe ... 200
1.3 Gestaltungsformen ... 202
1.3.1 Reine Projektorganisation ... 203
1.3.2 Stabs-Projektorganisation ... 204
1.3.3 Matrix-Projektorganisation ... 205
1.3.4 Linien-Projektorganisation ... 206

2. Projektprozessorganisation ... 207
2.1 Projektvorbereitung ... 208
2.1.1 Problemermittlung ... 208

2.1.2 Problemanalyse ... 208
2.1.3 Projektanalyse ... 209
2.2 Projektplanung ... 210
2.2.1 Aufgabenplanung ... 210
2.2.2 Personalplanung ... 212
2.2.3 Terminplanung ... 213
2.2.4 Sachmittelplanung ... 217
2.2.5 Kostenplanung ... 218
2.2.6 Finanzplanung ... 219
2.3 Projektgestaltung ... 220
2.3.1 Projektauslösung ... 220
2.3.2 Projektarbeiten ... 221
2.3.3 Projektsteuerung ... 222
2.4 Projekteinführung ... 223
2.4.1 Lösungseinführung ... 224
2.4.2 Abschlussarbeiten ... 225

3. Projektcontrolling ... 226
3.1 Projektcontroller ... 226
3.2 Controllingaufgaben ... 228
3.2.1 Planungsaufgaben ... 228
3.2.2 Kontrollaufgaben ... 229
3.2.3 Informationsversorgung ... 230
3.2.4 Projektsteuerung ... 231

Lösungen ... 233

MiniLex ... 249

Literaturverzeichnis ... 273

Stichwortverzeichnis ... 281

A. Grundlagen

Unternehmen sind planmäßig organisierte Einzelwirtschaften. Sie werden zu dem Zwecke betrieben, Leistungen zu erstellen und zu verwerten. Dies geschieht durch die Kombination der betrieblichen Produktionsfaktoren, die im Unternehmen zusammenwirken.

Zu unterscheiden sind:

Die Kombination der **elementaren Produktionsfaktoren** als Betriebsmittel, Werkstoffe und Arbeit *im ausführenden Sinne* bewirkt im Unternehmen drei Prozesse:

- Einen **güterwirtschaftlichen Prozess**, der dafür sorgt, dass diese Produktionsfaktoren beschafft und eingesetzt werden, damit Leistungen des Unternehmens entstehen.

- Einen **finanzwirtschaftlichen Prozess**, denn für die zu beschaffenden Produktionsfaktoren fallen Auszahlungen an und die betrieblichen Leistungen führen zu Einzahlungen.

- Einen **informationellen Prozess**, der den Datenfluss zwischen den Organisationseinheiten bzw. dem Personal des Unternehmens sowie mit anderen Organisationen betrifft.

Diese betriebswirtschaftlichen Prozesse müssen in einem zweckentsprechend gestalteten Rahmen geschehen, um erfolgreich zu sein. Dazu dienen die Produktionsfaktoren, die Arbeit *im dispositiven Sinne* darstellen.

Als **dispositive Produktionsfaktoren** sind zu unterscheiden (*Gutenberg*):

- Die **Leitung**, die als Unternehmensleitung bzw. Top Management die zielorientierte Gestaltung, Steuerung und Entwicklung eines Unternehmens bewirkt. Das Unternehmen ist so zu führen, dass die Leistungserstellung und Leistungsverwertung wirtschaftlich erfolgen.

- Die **Planung**, die als gegenwärtige gedankliche Vorwegnahme zukünftigen wirtschaftlichen Handelns zu verstehen ist. Mit ihr soll die Basis dafür geschaffen werden, dass ein Unternehmen die gesetzten Ziele bestmöglich erreicht.

  Ob und inwieweit das erfolgt ist, kann mithilfe der **Kontrolle** festgestellt werden.

- Die **Organisation**, mit der Strukturen und Prozesse im Unternehmen zu gestalten sind. Damit wird das Unternehmen erst in die Lage versetzt, in geeigneter Weise arbeitsteilig tätig zu werden. Sein Erfolg wird von der Qualität der Organisation wesentlich beeinflusst.

  Die Notwendigkeit der Organisation ist darin begründet, dass Kraft, Wissen, Verarbeitungskapazität, Zeit und Kapital begrenzt sind.

Mithilfe der Organisation sind strukturierte Lösungen möglich, die dazu dienen, vielfältige **Gestaltungsprobleme** in den Unternehmen zu lösen, z.B. (*Olfert / Steinbuch*):

- Im **Finanzbereich**, wenn die betrieblichen Zahlungsabläufe mit Kunden bzw. Lieferanten nicht funktionieren oder Investitionen zu schleppend abgewickelt werden (*Olfert / Reichel*).

- Im **Rechnungswesen**, wenn die Verbuchung der Geschäftsvorfälle in der Buchführung (*Bussiek / Ehrmann, Zschenderlein*) zu viel Zeit benötigt oder die Umstellung auf Teil-kostenrechnung nur unbefriedigend gelingt (*Olfert*) bzw. der Ablauf der Bilanzierung (*Grefe, Ditges / Arendt*) zu lange dauert.

- Im **Informationsbereich**, wenn die Bereitstellung von Informationen für Mitarbeiter durch die Datenverarbeitungs-Abteilung zu langwierig und zu kostenintensiv ist (*Holey / Welter / Wiedemann*).

- Im **Personalwesen**, wenn die Befugnissse der Personal- und Ausbildungsabteilung unklar geregelt sind und deshalb Konflikte zwischen Fachabteilungen und Personalabteilung entstehen (*Olfert*).

- Im **Controlling**, wenn die Einordnung des Controllers in den Gesamtaufbau des Unternehmens auf zu tiefer Ebene erfolgt und das Controlling deshalb nur geringen Einfluss hat (*Ziegenbein*).

- Im **Materialbereich**, wenn die Ausgabe von Waren im Lager, die gegen Materialentnahmescheine erfolgt, zu hohe Kosten verursacht oder sich die Abgabe von Bedarfsmeldungen an den Einkauf unnötig verzögert (*Oeldorf / Olfert*).

- Im **Fertigungsbereich**, wenn der Transport von Rohstoffen mit vermeidbaren Verzögerungen verbunden ist oder die betrieblichen Produktionskapazitäten nicht zweckentsprechend genutzt werden (*Ebel*).

- Im **Marketingbereich**, wenn Unklarheiten darüber bestehen, ob von einem Lager oder mehreren Auslieferungslägern geliefert werden soll oder die Bearbeitung der Kundenaufträge zu lange dauert (*Weis*).

- In der **Logistik**, wenn im Ablauf zwischen Material-, Fertigungs- und Marketingbereich zeitliche Stockungen auftreten (*Ehrmann*).

- In der **Unternehmensführung**, wenn aufgrund einer zu starken Zentralisierung und zu straffen Leitung die unterstellten Mitarbeiter Motivationsprobleme haben (*Olfert / Pischulti, Rahn*).

Diese Beispiele zeigen, dass die Organisation sehr vielschichtig ist. Sie verlangt von den Organisatoren ein hohes Maß an Kreativität und Innovation.

01

Die Alfred Kuhn KG stellt feine Gewürzgurken Marke »Auslese« in Gläsern mit einem Füllgewicht von 600 g mit Vakuum-Verschluss her. Ein Glas enthält etwa 10 Gurken, Branntweinessig, Zucker, Salz und Gewürze.

- Welche Produktionsfaktoren sind an der Gurkenherstellung beteiligt?
- Weshalb kann die Organisation als ein Produktionsfaktor angesehen werden?

Seite 235

Als Grundlagen sollen behandelt werden:

Grundlagen	Organisation
	Organisationsproblem
	Organisationsarten
	Organisationsentwicklung
	Organisationsabteilung
	Organisationscontrolling

1. Organisation

Die Organisation ist in betriebswirtschaftlicher Sicht als Investition zu betrachten, denn sie verursacht Auszahlungen bzw. Kosten und sollte zu Leistungsbeiträgen bzw. Einzahlungen führen. Wie bei jeder anderen Investition ist es nicht vertretbar, wenn die Auszahlungen bzw. Kosten höher sind als die Einnahmen bzw. Leistungsbeiträge.

Hinsichtlich der Zahlungsströme sind festzustellen (*Bühner*):

- **Auszahlungen**, die sich in ihrer genauen Höhe nicht oder nur mit großem Aufwand ermitteln lassen. Bislang werden Organisationsausgaben oder Organisationskosten nicht primär erfasst, sondern sind in anderen Ausgabenkategorien mit enthalten, z.B. in Projektausgaben.

- **Einzahlungen**, die auch in ihrer Höhe nicht genau festlegbar sind, weder vor einer organisatorischen Maßnahme noch danach, da der Erfolg von Unternehmen nicht nur auf organisatorische Aktivitäten zurückgeführt werden kann.

Im Hinblick auf die Organisation sollen dargestellt werden:

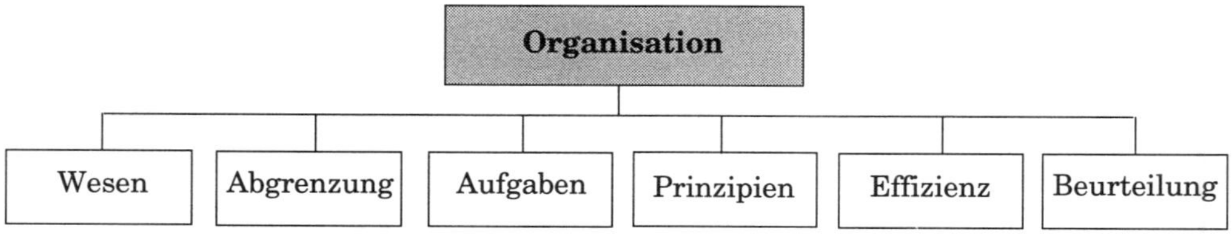

1.1 Wesen

Das Wesen der betrieblichen Organisation ist in der Organisationslehre von unterschiedlichen Betrachtungsweisen geprägt. Es haben sich zwei **Ausrichtungen** durchgesetzt (*Bühner, Hill / Fehlbaum / Ulrich, Kosiol):*

- Die Organisation als **Ordnung bzw. Struktur** eines Unternehmens, bei der das Unternehmen eine Organisation *ist*. Sie wird damit als soziotechnisches System mit einem bestimmten Mitgliederkreis und interner Rollendifferenzierung angesehen.

- Die Organisation als das dauerhafte **Ordnen bzw. Strukturieren** eines Unternehmens als soziotechnischem System, bei dem die Tätigkeit des Organisierens im Vordergrund steht.

Unter Organisation lässt sich also sowohl ein Zustand als auch eine Tätigkeit beschreiben. Damit sie funktionsfähig wird, sind für alle Teilnehmer zweckdienliche

Organisationsregelungen notwendig. Regelungen sind Feststellungen des Ergebnisses von Organisationsentscheidungen, z.B. als Normen, Anordnungen, Gebote bzw. Verbote.

Die Anwendung genereller organisatorischer Regelungen setzt grundsätzlich die Wiederholbarkeit und Vorhersehbarkeit der Aufgabenerfüllung im Unternehmen voraus (*Bühner*). Für Einzelfälle ist die Schaffung organisatorischer Regelungen nicht sinnvoll. Nach ihrer **Form** sind zu unterscheiden:

❑ **Fallweise Regelungen** mit persönlichen Anordnungen zur Erledigung von Einzelvorgängen, z.B. bei bisher fehlenden Regelungen oder wenn eine Generalisierung nicht erfolgen kann bzw. soll.

❑ **Generelle Regelungen** mit schriftlichen Anordnungen als grundsätzlichen Regelungen für Wiederholungsfälle, z.B. bei Routineaufgaben, also immer in gleicher Weise wiederkehrenden Aufgabenstellungen.

02

❑ Die Organisation kann als Investition betrachtet werden, denn sie verursacht Auszahlungen und sollte zu Leistungsbeiträgen bzw. Einzahlungen führen.

  ○ Erläutern Sie für die Organisation anfallende Arten von Auszahlungen!

  ○ Erklären Sie Leistungsbeiträge der Organisation, die zu Einzahlungen führen können!

❑ Organisatorische Regelungen sind für die Funktionsfähigkeit eines Unternehmens notwendig. Dazu dienen sowohl generelle als auch fallweise Regelungen. Für Einzelfälle ist die Schaffung genereller Regelungen nicht sinnvoll.

  ○ Geben Sie ein praktisches Beispiel für fallweise Regelungen!

  ○ Für welche Fälle gelten generelle Regelungen?

  ○ Erläutern Sie Zusammenhänge zwischen diesen Regelungen!

Seite 235

Nach dem **Substitutionsgesetz der Organisation** von *Gutenberg* nimmt die Tendenz zur generellen Regelung mit abnehmender Variabilität betrieblicher Tatbestände zu. Je gleichartiger, regelmäßiger und wiederholbarer die Unternehmensprozesse werden, umso mehr generelle Regelungen können getroffen werden.

Zur Beschreibung der Organisation sind ergänzend zu betrachten:

- **Auffassungen**
- **System**
- **Unter-/Überorganisation.**

1.1.1 Auffassungen

Seit Beginn des zwanzigsten Jahrhunderts beschäftigen sich Wissenschaft und Praxis mit organisatorischen Fragestellungen. Dies war insbesondere mit dem Aufkommen und der Intensivierung der Arbeitsteilung verbunden. So haben sich im Zeitablauf unterschiedliche Auffassungen über das **Wesen der Organisation** ergeben:

- Die **traditionelle Auffassung** geht von einer geregelten Verbindung der menschlichen Arbeit und der Sachmittel aus. Sie orientiert sich vor allem an den Aufgaben des Unternehmens. Hier stehen die Organisationsprinzipien, die Aufbau- und Ablauforganisation sowie die Organisationstechniken im Vordergrund der Betrachtung durch den Organisator (z.B. *Gaugler, Kosiol, Schmidt, Schwarz*).

- Die **verhaltenstheoretische Auffassung** untersucht das Verhalten von Individuen und Gruppen in Entscheidungssituationen. So betrachtet *Simon* Organisationen als Handlungssysteme, bei denen Entscheidungs- und Ausführungshandlungen zu unterscheiden sind. Bedeutsam ist die Frage, wie es der Organisation gelingt, das Entscheidungsverhalten im Sinne der Organisationsziele zu beeinflussen (*Frese*).

- Die **situative Auffassung** analysiert insbesondere jene externen Komponenten, die ein Unternehmen bzw. deren Organisationsstruktur beeinflussen, z.B. Organisationsgröße, Rechtsform, Eigentumsverhältnisse, Fertigungstechnik, Büro- und Kommunikationstechnik, Umwelt der Organisation. Dabei werden formale Organisationsstrukturen, Entstehungshintergründe und Entwicklungen untersucht (*Pugh, Kieser / Kubicek*).

- Die **systemtheoretische Auffassung** ist auf die Globalisierung ganzer Organisationssysteme ausgerichtet. So werden Modelle der allgemeinen bzw. mathematischen Systemtheorie analysiert und die Funktion von Regelkreisen der Kybernetik auf die Unternehmen übertragen. Es geht dabei um Steuerungs- und Regelungsprozesse, die ein stabiles Systemverhalten sichern (*Bleicher, Grochla, Ulrich*).

Die aktuelle betriebliche Organisation wird immer mehr durch die **elektronische Datenverarbeitung** bzw. durch die **Informatik** (*Hansen / Neumann, Mertens, Scheer, Stahlknecht*) geprägt, die sowohl Werkzeug als auch Mittel der Organisation ist (*Olfert / Steinbuch*).

1.1.2 System

In der Vergangenheit wurde die Organisation gesehen:

- Als menschliche Zweckordnung und Organismus (*Nicklisch*)
- Als Produktionsfaktor im Unternehmen (*Gutenberg*)
- Als integrative Strukturierung von Ganzheiten (*Kosiol*).

Heute hat es sich durchgesetzt, die Organisation als **soziotechnisches System** zu betrachten (*Bleicher, Grochla, Ulrich*).

Ein System ist eine gegenüber der Umwelt abgegrenzte Gesamtheit von Elementen, die miteinander in Beziehung stehen. Es können folgende **Bestandteile** eines Systems unterscheiden werden (*Schmidt*):

- Die **Aufgaben** als dauerhaft wirksame Aufforderungen an Aufgabenträger, Verrichtungen an Objekten zur Erreichung von Zielen vorzunehmen.

- Die **Aufgabenträger** als Personen, die einem System ihre Arbeitskraft durch ihre persönliche bzw. fachliche Qualifikation und ihr Engagement zur Verfügung stellen.

- Die **Sachmittel** als körperliche Gegenstände, die dem Aufgabenträger bei der Aufgabenerfüllung dienlich sind oder ihren materiellen Rahmen darstellen, z.B. Räume, Gebäude.

- Die **Informationen** als zweckbezogene Nachrichten, die Wissen über Zustände und Ereignisse der Realität enthalten, welche für den Empfänger einen Neuigkeitswert haben.

Wesentliche **Eigenschaften** von Systemen sind:

- Die **Offenheit** des Systems, d.h. es existieren nicht nur wechselseitige Beziehungen der Elemente im System, sondern auch Verbindungen zu Elementen anderer Systeme.

- Die **Komplexität** des Systems, die sich darin zeigt, dass es eine große Anzahl von Verbindungen zwischen den einzelnen Elementen und vielfältige Beziehungen zur Systemumwelt gibt.

- Die **Dynamik** des Systems, bei der sich sowohl die Struktur und der Einsatz als auch die Aktivitäten der Elemente ändern.

Exakte Aussagen über bestimmte **Verhaltensweisen von Systemen** sind nicht möglich. Die Unvorhersehbarkeit und die Unbestimmbarkeit stellen schwierig einzuschätzende Merkmale eines Systems dar.

Das **soziotechnische System** ist ein Gebilde, in dem Elemente als Menschen und Sachmittel im Unternehmen zweckorientiert zusammenwirken (*Ulrich, Schmidt, Olfert / Steinbuch*). Wie bereits festgestellt wurde, ist ein solches System recht komplex gestaltet. Deshalb erweist es sich als notwendig, als spezielle **Arten** von Systemen zu unterscheiden:

- Das **Subsystem**, bei dem kleinere Einheiten als Untersysteme des Unternehmens bestehen, z.B. Abteilungen, Gruppen, Stellen. So ergibt sich eine **Systemhierarchie**, die aus einer Unter- und Überordnung von Systemen besteht:

Beispiel:

System	Unternehmen	
Subsystem 1 Subsystem 2 Subsystem 3	Personalwesen Personalentwicklung Weiterbildung	Marketing Verkauf Marktforschung

- Das **Teilsystem**, bei dem die Betrachtung eines Systems unter bestimmten Aspekten erfolgt, z.B. das Verhältnis von Stellen verschiedener Bereiche als Informationssystem, Kommunikationssystem oder als Weisungssystem.

Die anfallenden Organisationsprobleme lassen sich in Teilsystemen darstellen. Sie betreffen meist verschiedene Fachabteilungen. Diese Vorgehensweise der **isolierenden Abstraktion** bietet dem Organisator interessante Einblicke in betriebliche Systeme bzw. schwierig zu lösende Organisationsprobleme.

03

Sie sind Organisator und haben die Aufgabe, das gewerbliche Ausbildungswesen zu gestalten. Dabei gehen Sie von folgenden betrieblichen Subsystemen unterhalb der Unternehmensleitung aus:

- Dem Personalbereich, welcher der Unternehmensleitung direkt unterstellt ist. Der Personalleiter ist der Vorgesetzte des Ausbildungsleiters, dem ein hauptamtlicher Ausbilder in einer Ausbildungswerkstatt und die ihm unterstellten Ausbildungsplätze zugeordnet sind.
- Dem Fertigungsbereich, in welchem dem Meister ein nebenamtlicher Ausbilder untersteht, der die gewerblichen Auszubildenden an Ausbildungsplätzen unterweist.

Erstellen Sie ein Strukturbild, das die beiden Subsysteme zeigt und grenzen Sie das Ausbildungssystem als Teilsystem ab! Der Ausbildungsplatz im Fertigungsbereich ist einerseits dem Ausbildungsleiter in disziplinarischen Fragen und andererseits dem nebenamtlichen Ausbilder für die Unterweisung unterstellt.

Seite 236

1.1.3 Unter-/Überorganisation

Auch wenn die Organisation das dauerhafte Ordnen bzw. Strukturieren mithilfe von Regelungen ist, bedarf sie ergänzend kurzzeitiger und fallweiser Festlegungen. Die Dauerhaftigkeit der Ergebnisse organisatorischer Maßnahmen gibt dem Unternehmen Stabilität. Die notwendigen kurzzeitigen und fallweisen Regelungen fördern die Elastizität des Unternehmens.

Es ist ein **Gleichgewicht** anzustreben, indem sowohl die geschaffene Struktur gegenüber Umfeldeinflüssen gefestigt als auch die Wandelbarkeit und Anpassungsfähigkeit bei Veränderungen der Bedingungen sichergestellt wird, unter denen das Unternehmen tätig ist. Existiert dieses Gleichgewicht nicht, können Spannungen und Störungen im Aufbaugefüge, in der Prozessstruktur oder bei den Projekten die Folge sein.

Neben dieser anzustrebenden, aber nur sehr schwer zu erreichenden »Idealorganisation« finden sich in der Unternehmenspraxis vielfach als gleichgewichtsbeeinträchtigende organisatorische Ausprägungen:

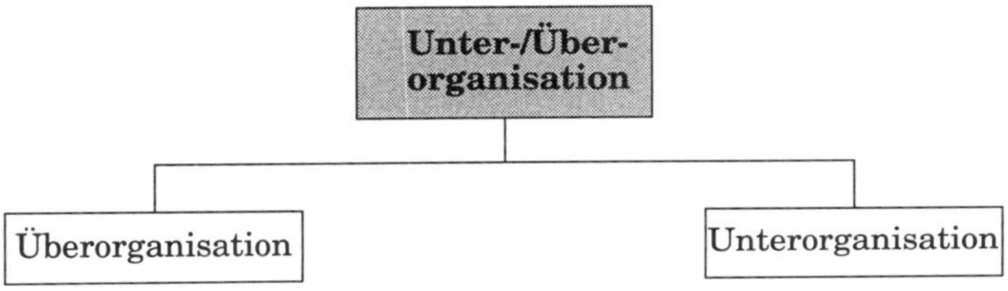

1.1.3.1 Unterorganisation

Bei der Unterorganisation überwiegen Entscheidungen im Einzelfall. Es werden weniger Tatbestände als zweckdienlich einer generellen Strukturierung unterworfen. Die Einheitlichkeit und Geschlossenheit der Maßnahmen gehen verloren. An die Stelle langfristig geltender Regelungen tritt die **Improvisation**, obwohl die Sachverhalte organisationsreif sind.

Außerdem kommen **Dispositionen** hinzu, die sich frei von organisatorischen Regelungen vollziehen. Damit besteht bei der Unterorganisation kein Gleichgewicht zwischen dauerhaften, kurzzeitigen und fallweisen Regelungen. Es gibt zu wenig dauerhaft wirksame Regelungen.

Bei Unterorganisation können z. B. folgende **Probleme** auftreten:

o Unordnung in den Abläufen	o Lasche Kompetenzregelungen
o Unvollständiger Aufbau	o Keine Regelung der Zuständigkeiten

1.1.3.2 Überorganisation

Im Falle der Überorganisation bleibt den von den Organisationslösungen Betroffenen zu wenig Spielraum für freies Handeln. Es werden zu viele Tatbestände einer generellen Regelung unterworfen, sodass Freiräume nur sehr gering sind.

Infolge zu starker Strukturierung, übersteigerter und starrer Dauerregelungen bleibt zu wenig Spielraum für bewegliche kurzzeitige und fallweise Regelungen im Einzelfall. Das erforderliche organisatorische Rahmengefüge wird durch Bürokratie und Schematismus unflexibel.

Bei der Überorganisation können z. B. folgende **Probleme** auftreten:

❍ Keine oder zu langsame Organisationsentwicklung	❍ Motivationsprobleme bei flexiblen Mitarbeitern
❍ Mangelnde Anpassungsmöglichkeiten	❍ Starr geregelte Unternehmensabläufe
	❍ Kaum freie Mitarbeiterentscheidungen

Für den dauerhaften Bestand und Erfolg des Unternehmens ist es unerlässlich, dass der Organisator ein ausgewogenes Verhältnis von Organisation, Improvisation und Disposition anstrebt.

1.2 Abgrenzung

Neben der Organisation als dem dauerhaften Ordnen bzw. Strukturieren gibt es – wie oben gezeigt wurde – auch unternehmensgestaltende Regelungen, die kurzzeitig oder fallweise erfolgen und sich damit von der Organisation unterscheiden, sie aber notwendigerweise ergänzen.

Es sind von der Organisation abzugrenzen:

- **Improvisation**
- **Disposition**.

1.2.1 Improvisation

Die Improvisation ist das *vorläufig* gültige Ordnen bzw. Strukturieren zielorientierter soziotechnischer Systeme durch eher fallweise und provisorische Regelungen. Sie kann – mangels bestehender dauerhafter Regelungen notwendig – aus folgenden **Gründen** sinnvoll sein (*Schmidt*):

❑ Ein in Veränderung befindlicher betrieblicher Ablauf ist trotz anfallender Kritik noch hinreichend funktionsfähig. Deshalb erscheint eine dauerhafte Regelung durch den Organisator wegen der sich noch **ändernden Bedingungen** zunächst noch nicht sinnvoll.

❑ Bestimmte Sachverhalte werden sich bekanntermaßen demnächst ändern, z.B. durch **gesetzliche Bestimmungen**. Die Regelung wird deshalb von vornherein als Provisorium ausgewiesen, um zunächst möglichst wenig festlegen zu müssen.

❑ Es liegen noch keinerlei Erfahrungen hinsichtlich des zu regelnden Organisationsproblems vor. Deshalb wird vom Organisator zunächst improvisiert, um erst einmal **Erfahrungen** sammeln zu können.

- Der Organisator behilft sich zunächst mit einer vorläufigen Regelung, weil auf jeden Fall demnächst andere Regelungen kommen werden. Als Begründungen dafür können **Zeit-, Geld- und Personalmangel** genannt werden.

Die Grenze der Organisation zur Improvisation ist fließend. Die Organisation ist zwar auf Dauer angelegt, sie gilt aber auch nicht ewig. Bei veränderten Bedingungen müssen auch die organisatorischen Regelungen angepasst werden.

1.2.2 Disposition

Während es sich bei der Organisation um Dauerregelungen und Dauereinrichtungen handelt, bezieht sich die Disposition auf das *einmalig* gültige Ordnen bzw. Strukturieren von soziotechnischen Systemen.

Zu unterscheiden sind *(Kosiol)*:

- Die **freien Dispositionen**, die isoliert für sich getroffen werden, ohne dass zwingende Bedingungen oder Regeln bestehen, z.B. durch die Festlegung eines betrieblich bedingten Projektfinanzplanes.

- Die **gebundenen Dispositionen**, die im Rahmen bestimmter Bedingungen, Vorschriften und Regeln festgelegt werden, z.B. Dispositionen für einen Projektkostenplan, der aufgrund der gesetzlichen Vorschriften zum Umweltschutz notwendig ist.

Wird die konkrete Bearbeitung innerhalb der vorgegebenen Grenzen dem einzelnen Mitarbeiter überlassen, so hat er einen **Spielraum** zur Disposition, den er nach eigenen Vorstellungen nutzen kann.

Die Disposition bezieht sich also auf die vom Mitarbeiter vorgenommene **Regelung von Einzelfällen.** Der Organisator sollte bei seinen Überlegungen durchaus Dispositionsfreiräume vorsehen, damit der betroffene Mitarbeiter kreativ bleiben kann. Denn allzu weitgehende Regelungen beschneiden den innovativen Spielraum des Mitarbeiters und nehmen leistungsstarken Arbeitskräften einen Teil ihrer Motivation.

Zwischen Organisation, Disposition und Improvisation besteht ein Spannungsverhältnis. Mit zunehmendem Grad der Organisation steigt die Systemstabilität, wobei sich gleichzeitig die Elastizität bzw. die Flexibilität hinsichtlich der Änderungsprozesse verringert.

Es ist auf eine **ausgewogene Konstellation** der drei Komponenten zu achten, um Über- bzw. Unterorganisation zu vermeiden.

04

Die Emsig & Müller OHG restauriert wertvolle Holzschränke bei hoher Nachfrage nach dieser Dienstleistung. Während Herr Emsig für die Restaurierung der Schränke zuständig ist, trägt Herr Müller für die Auftrags- und Angebotsabwicklung die Verantwortung.

Vor fünf Wochen hat Herr Müller an Frau Eilig ein Angebot über die Restauration eines Eichenschrankes abgegeben, aufgrund dessen Frau Eilig umgehend einen Auftrag erteilt hat. Der Schrank wurde ins Lager der Firma gebracht. Als die Kundin den zu restaurierenden Schrank zum vereinbarten Termin abholen will, ist er noch unbearbeitet. Es zeigt sich, dass Herr Emsig eine kurze mündliche Information von Herrn Müller erhalten hat, die in der Hektik des Betriebsgeschehens unterging. Frau Eilig ist erbost.

❑ Welche sind die Ursachen für die Verärgerung von Frau Eilig?

❑ Entwickeln Sie Vorschläge, wie die Vorgänge organisatorisch künftig besser zu regeln sind!

Seite 236

1.3 Aufgaben

Die Organisationsaufgabe ist die Verpflichtung der Verantwortlichen zur Lösung eines Organisationsproblems. Eine Organisation hat umfassende Aufgaben, die in größeren Unternehmen von einem Organisator oder von einer Gruppe von Organisatoren in einer Organisationsabteilung wahrgenommen werden. Als **Arten** von Aufgaben, die sich der Organisation stellen, lassen sich unterscheiden:

- **Gestaltungsbezogene Aufgaben**
- **Verhaltensbezogene Aufgaben**
- **Prozessbezogene Aufgaben**.

1.3.1 Gestaltungsbezogene Aufgaben

Die gestaltungsbezogenen Organisationsaufgaben sind eng mit der organisatorischen **Durchführung** verbunden. Im Einzelnen lassen sich z.B. nennen (*Olfert/ Steinbuch*):

❑ Exakte Bildung von Stellen, Gruppen, Bereichen
❑ Zweckentsprechende Gestaltung von Kommunikationswegen
❑ Ausstattung der Aufgabenträger mit Kompetenzen und Verantwortung
❑ Gestaltung des gesamten Aufbaus der Organisation
❑ Erarbeitung zweckentsprechender Prozesse
❑ Einführung und Dokumentation neuer Systeme
❑ Effiziente Gestaltung von Projekten des Unternehmens.

Nehmen die Organisatoren ihre Aufgaben nicht in geeigneter Weise wahr, können gestaltungsbezogene **Organisationsfehler** auftreten, z. B.:

- Unproduktive Organisationsgestaltung
- Überorganisation
- Unterorganisation
- Überzogene Leitungsspannen
- Unklare Kompetenzabgrenzung

1.3.2 Verhaltensbezogene Aufgaben

In der zu gestaltenden Organisation soll auch das Verhalten der **Teilnehmer** auf die Organisationsziele ausgerichtet werden. Dabei sind die betrieblichen Ziele mit den Wünschen und Bedürfnissen der Mitarbeiter abzustimmen.

Ohne dieses Bemühen um die Verträglichkeit betrieblicher und individueller Ziele wird das Erreichen der Unternehmensziele schwierig.

Das Verhalten der Teilnehmer kann z.B. positiv beeinflusst werden durch (*Olfert / Steinbuch*):

- Das Einwirken auf die Identifikation mit den Unternehmenszielen
- Die zielbezogene Information der Mitarbeiter
- Das Hinwirken auf die Beachtung des Dienstweges
- Das Bewirken der Einhaltung organisatorischer Regelungen
- Die Schaffung von Anreizsystemen.

Als verhaltensbezogene **Organisationsfehler** sollten z.B. vermieden werden:

- Fehlende oder ungenügende Zielvorgaben für Mitarbeiter
- Unvollständige Informationen an die Mitarbeiter
- Keine Anreize für die Mitarbeiter.

1.3.3 Prozessbezogene Aufgaben

Der **Organisationsprozess** besteht aus den Aufgaben der Vorbereitung, Gestaltung und Einführung. Dementsprechend sind prozessbezogene Aufgaben:

- Die **Organisationsvorbereitung** als erste Phase des organisatorischen Prozesses. Sie beginnt mit der **Organisationsanalyse** (*Acker, Frese / Gagsch*), die aus der Ist-Analyse und der Ist-Kritik besteht.

  Die **Organisationsplanung** legt in der Gegenwart fest, welche Organisationsstrukturen bis zu einem bestimmten Zeitpunkt geschaffen werden sollen (*Drumm*). Innerhalb dieser Planung sind die **Organisationsziele** (*Bleicher*), die sich aus den Unternehmenszielen ergeben, als Soll-Werte zu bestimmen.

- ❑ Die **Organisationsgestaltung**, welche die praktische Realisierung der geplanten Organisationsstrukturen umfasst. Sie wird auch als organisatorische **Implementierung** (*Marr / Köting*) bezeichnet. Dabei sind folgende Organisationsarten zu gestalten (*Olfert / Steinbuch*):

○ Aufbauorganisation	○ Prozessorganisation
○ Projektorganisation	

  In dieser Phase ist auf die Einhaltung der Organisationsziele zu achten.

- ❑ Die **Organisationseinführung** als letzte Phase des Organisationsprozesses. Sie besteht z.B. aus der Präsentation der neuen Ergebnisse, der Realisierung der Einführung und der entsprechenden **Organisationskontrolle** (*Bleicher*), die eher vergangenheitsorientiert ist. Die Dokumentation der neuen Organisation schließt den Organisationsprozess ab.

Als prozessbezogene **Organisationsfehler** sollten von den Verantwortlichen in der Praxis z.B. vermieden werden:

- ❑ Unrealistische Organisationsziele
- ❑ Verzicht auf Soll-Ist-Vergleiche
- ❑ Keine Analyse von Soll-Ist-Abweichungen.

1.4 Prinzipien

Für das Gelingen der organisatorischen Gestaltung eines Unternehmens gibt es keine Patentrezepte. Es ist jedoch zu empfehlen, dass die Organisation insbesondere folgenden Prinzipien gerecht wird (*Kosiol, Weidner / Freitag / Gernet / Ulbrich*):

- **Wirtschaftlichkeit**
- **Zweckmäßigkeit**
- **Gleichgewichtigkeit.**

1.4.1 Wirtschaftlichkeit

Die Wirtschaftlichkeit ist die rationale Gestaltung des betrieblichen Aufbaus bzw. der betrieblichen Prozesse. Der Organisator hat in der Regel mehrere Alternativen zur Auswahl, wobei das Wirtschaftlichkeitsprinzip für die Entscheidung in vielen Fällen maßgeblich ist als:

- ❑ Das **Maximalprinzip**, wonach mit gegebenem Aufwand (Mitteln) ein größtmöglicher Ertrag (Erfolg) erzielt werden soll.

- ❑ Das **Minimalprinzip**, bei dem mit geringstmöglichem Aufwand (Mitteln) ein bestimmter Ertrag (Erfolg) bewirkt werden soll.

Die rechnerische Ermittlung der Wirtschaftlichkeit ist auf verschiedene Weise möglich. In der betrieblichen Praxis werden oft folgende Formeln verwendet:

$$\text{(Ertrags-) Wirtschaftlichkeit} = \frac{\text{Erträge}}{\text{Aufwendungen}} \quad \text{bzw.} \quad \text{(Kosten-) Wirtschaftlichkeit} = \frac{\text{Leistungen}}{\text{Kosten}}$$

Die Wirtschaftlichkeit ist bei beiden Formeln umso höher, je größer der Wert des sich ergebenden Quotienten ist. Wegen einiger **Schwächen** dieser Berechnung – siehe *Olfert / Rahn* – wird stattdessen zur Berechnung vielfach empfohlen:

$$\text{Wirtschaftlichkeit} = \frac{\text{Sollkosten}}{\text{Istkosten}}$$

Die Wirtschaftlichkeit ist auch hier umso höher, je größer der Wert des Quotienten sich darstellt. Wird also eine organisatorische Maßnahme mit bestimmten Sollkosten veranschlagt, dann sollten die Istkosten nicht höher liegen.

1.4.2 Zweckmäßigkeit

Die Zweckmäßigkeit besagt, dass alle strukturierenden Maßnahmen den gesetzten Zweck in bester Weise erfüllen sollen. Es ist also bei der Aufgabenerfüllung auf ein ausgewogenes Verhältnis von Zweck und Mitteln zu achten.

Von allen möglichen Mitteln und Wegen wird der Organisator das Verfahren suchen, das in bestmöglicher Weise zur Erreichung des **Organisationsziels** führt.

Der Organisator sollte aus allen möglichen Strukturregelungen diejenige auswählen, die am zweckmäßigsten erscheint und die Aufgabenerfüllung am besten gewährleistet. Wird dieser Grundsatz befolgt, dann kann gleichzeitig verhindert werden, dass das Organisieren zum Selbstzweck wird.

1.4.3 Gleichgewichtigkeit

Das organisatorische Gleichgewicht zeigt – wie bereits oben dargestellt wurde – ein ausgewogenes Verhältnis von Stabilität und Elastizität. Dabei wird die **Stabilität** durch Organisation und die **Elastizität** durch Improvisation bzw. Disposition erreicht.

Der Organisator sollte berücksichtigen, dass es kein feststehendes Verhältnis zwischen Stabilität und Elastizität gibt und geben kann. Beispielsweise kann bei einem neu zu gründenden Unternehmen zunächst weniger organisiert sein. Es muss in dieser Situation noch relativ viel improvisiert und disponiert werden.

Nach Ablauf einer bestimmten Zeit der Konsolidierung sollen Disposition und Improvisation zu Gunsten der Organisation reduziert werden. Ein stabiler organisatorischer Rahmen gibt dem Unternehmen die erforderliche Festigkeit.

05

Die Hans Rüstig KG in Mannheim verfügt über ein Eigenkapital von 2.300.000 €. Den Istkosten für ein organisatorisches Großprojekt I in Höhe von 920.000 € stehen Sollkosten von 1.150.000 € gegenüber. Für ein Organisationsprojekt II fielen Sollkosten in Höhe von 930.000 € und Istkosten von 980.000 € an.

- ❑ Berechnen Sie die Wirtschaftlichkeiten für beide Projekte!
- ❑ Welches ist das wirtschaftlichere Projekt?
- ❑ Wie ist die Aussage der Wirschaftlichkeit als Kennzahl zu bewerten?

Seite 236

1.5 Effizienz

Als Effizienz wird die Wirksamkeit von Strukturen bzw. Aktivitäten bezeichnet. Die organisatorische Effizienz lässt sich unter verschiedenen Aspekten betrachten (*Bühner, Frese, Scholz).*

Formen der organisatorischen Effizienz sind:

- **Ökonomische Effizienz**
- **Soziale Effizienz**.

1.5.1 Ökonomische Effizienz

Die ökonomische Effizienz bezieht sich vor allem auf die gestaltungsbezogene Aufgabenerfüllung der Organisation, z.B. die Erarbeitung zweckentsprechender Prozesse, die Gestaltung erfolgreicher Projekte oder die Schaffung wirksamer Aufbaustrukturen.

Je nach betriebswirtschaftlicher Sichtweise können zur Bestimmung der ökonomischen **Effizienz** gegenübergestellt werden:

- ❑ Soll-Vorgaben und Ist-Ergebnisse der Organisation
- ❑ Erträge und Aufwendungen der Organisation
- ❑ Leistungen und Kosten der Organisation
- ❑ Sollkosten und Istkosten der Organisation
- ❑ Einzahlungen und Auszahlungen der Organisation.

Vielfach wird zur Ermittlung der ökonomischen Effizienz die **Produktivität** herangezogen, die ein Maß für die mengenmäßige Ergiebigkeit der Kombination der Produktionsfaktoren ist.

Die Produktivität als **einzelne Messzahl** ermöglicht keine wertenden Aussagen. Erst durch den **Vergleich** mit anderen Produktivitäten, z.B. ähnlich strukturierter Unternehmen oder früherer Perioden, ist diese Kennzahl aussagekräftig.

1.5.2 Soziale Effizienz

Als Indikator der sozialen Effizienz der Organisation wird vor allem die **Arbeitszufriedenheit** gesehen. Darunter ist der positive Eindruck zu verstehen, den der einzelne Mitarbeiter insgesamt aus der subjektiven Bewertung der veränderten organisatorischen Bedingungen gewinnt.

Dieser Eindruck kann sich aus der eigenen Arbeit bzw. der unmittelbar auf ihn wirkenden Arbeitsbedingungen ergeben. Die Arbeitszufriedenheit wird mitunter auch als **Arbeitsklima** bezeichnet.

Die **Messung** der Arbeitszufriedenheit, die genau jedoch nicht verlässlich möglich ist, soll offen legen, inwieweit die Bedürfnisse des jeweiligen Mitarbeiters z.B. durch organisatorische Lösungen befriedigt werden.

Als **Indikatoren** der Arbeitszufriedenheit gelten z.B.:

○ Hoher Gruppenzusammenhalt	○ Gegenseitige Unterstützung
○ Gutes Betriebsklima	○ Niedrige Fluktuationsrate
○ Geringe Fehlzeiten	

Durch gelungene Organisationsmaßnahmen können die Arbeitszufriedenheit der Mitarbeiter und das Erreichen ihrer Leistungsziele positiv beeinflusst werden.

Aus den obigen Teil-Effizienzwerten ergibt sich die **Gesamteffizienz** der Organisation als globale Output/Input-Relation. Die Bestimmung der Gesamteffizienz einer Organisation ergibt sich aus dem Grad ihrer Zielerreichung als Ganzes – vgl. dazu *Scholz*.

1.6 Beurteilung

Organisatorische Regelungen im Unternehmen lassen sich unterschiedlich beurteilen. Was im einen Falle positiv einzuschätzen ist, kann im anderen Falle falsch sein. Es sind zu untersuchen:

- **Vorteile**
- **Nachteile**.

1.6.1 Vorteile

Die betriebliche Organisation hat folgende **Vorteile:**

- Schaffung stabiler Organisationsbedingungen durch klare Aufgabenverteilung
- Erhöhung der Managementkapazität durch Übertragung von Verantwortung
- Gestaltung effektiver Organisationseinheiten durch klare Kompetenzen
- Rationalisierung der Prozesse im Unternehmen durch Kosteneinsparungen
- Erhöhung des Unternehmenserfolgs durch intelligente Organisationsbeiträge
- Vereinfachung von Führungsaufgaben durch einheitliche Regelungen
- Effektiver Einsatz von Aufgabenträgern und Organisationsmitteln
- Gewinnung effizienter Strukturen durch Innovationen
- Gestaltung arbeitsteiliger Wirtschaftsformen durch Nutzung von Synergieeffekten.

1.6.2 Nachteile

Die Organisation kann mit folgenden **Nachteilen** verbunden sein:

- Einschränkung der Anpassungsfähigkeit durch übertriebene Regelungen
- Routinehafte Gestaltung der Betriebsabläufe durch unkritisches Übernehmen
- Schematisierung der Prozesse im Unternehmen durch zu viel Gleichartigkeit
- Einschränkung individueller Entscheidungsspielräume durch Gängelung
- Entpersönlichung des Managementprozesses durch Bürokratie
- Tendenz zur Erstarrung durch Abblocken von Anpassungen.

Der Organisator hat die Aufgabe, das Eintreten der Nachteile so weit wie möglich zu verhindern.

2. Organisationsproblem

Von einem Organisationsproblem kann in der Praxis gesprochen werden, wenn beim Suchen nach organisatorischen Lösungen schwierige organisatorische Entscheidungen zu treffen sind. Dabei stellen sich als **Teilprobleme** folgende Fragen (*Hill / Fehlbaum / Ulrich*):

- Nach welchen **Zielen** ist zu organisieren?
- Mithilfe welcher **Instrumente** soll organisiert werden?
- Unter welchen **Einflussfaktoren** ist zu organisieren?

Der Organisator hat bei der Lösung eines Organisationsproblems darauf zu achten, dass die gegebenen Organisationsziele erfüllt werden. Dabei bedient er sich verschiedener Instrumente. Außerdem muss er die auf die Organisation wirkenden Einflussfaktoren berücksichtigen. Daraus ergibt sich folgender Zusammenhang auf den im Folgenden einzugehen ist:

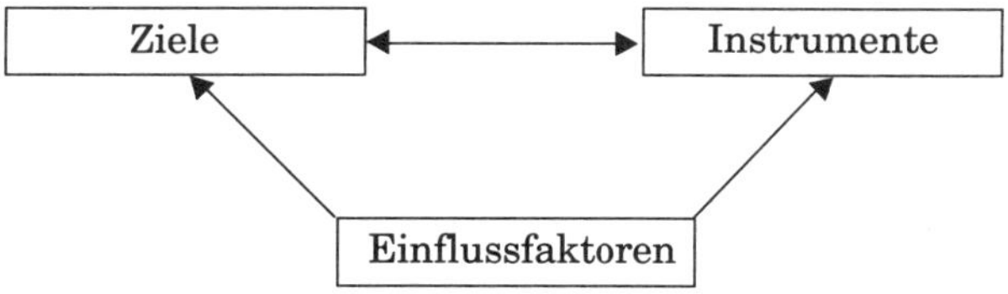

2.1 Ziele

Ziele sind Aussagen mit normativem Charakter, die einen gewünschten, zukünftigen Zustand der Realität beschreiben. Sie beziehen sich auf die Aufbauorganisation, Prozessorganisation und auf die Projektorganisation.

Die Organisation trägt zur Erfüllung unternehmerischer Ziele durch entsprechende Strukturierung bei. Aus organisatorischer Sicht sind zu unterscheiden:

- **Organisationsziele**
- **Kundenziele**
- **Mitarbeiterziele.**

2.1.1 Organisationsziele

Ein Organisationsziel ist die Vorstellung von dem, was von der Organisation erreicht oder bewirkt werden soll (*Bleicher*, *Mayntz, Olfert/Steinbuch*). Die Organisationsziele als Ziele der Aufbau-, Prozess- und Projektorganisation sind aus den Unternehmenszielen abzuleiten.

Die Organisation kann verschiedene Ziele verfolgen:

❑ Die **Produktivität** als mengenmäßige Ergiebigkeit der Produktionsfaktoren, die bestmöglich sein soll.

❑ Die **Wirtschaftlichkeit**, nach der die Istkosten für Organisationsmaßnahmen in einem vertretbaren Verhältnis zu den Sollkosten stehen sollen.

❑ Die **Zukunftssicherung**, wobei die Organisation sich den ändernden technologischen und gesellschaftlichen Bedingungen anpassen soll.

❑ Das **Ansehen**, das als der Ruf der Organisation für den Unternehmenserfolg immer bedeutsamer wird, z.B. als Streben nach Kundennähe.

❑ Die **Koordination**, die ein optimales Zusammenfügen der Teilaufgaben in zeitlicher, räumlicher und kapazitativer Sicht beinhaltet.

- Die **Kontrollierbarkeit**, die ermöglicht, die gesetzten Ziele zu kontrollieren, z.B. im Rahmen des Projektcontrolling.

- Die **Transparenz**, denn die Unternehmensleitung und die Führungskräfte müssen den Überblick über die betrieblichen Prozesse haben.

2.1.2 Kundenziele

Im Rahmen der Organisation sind vor allem auch die Ziele der Kunden des Unternehmens zu berücksichtigen, denn wer sich nicht an diesen Zielen orientiert, der organisiert »am Markt vorbei«. Die Einbeziehung von Wünschen und Bedürfnissen der Nachfrager nach Produkten bzw. Dienstleistungen sind für die Effizienz der Organisation von größter Bedeutung.

Folgende Kundenziele sind zu nennen:

- **Hohe Produktqualität**, die eine angemessene Organisation der Fertigung erfordert, z.B. durch sich selbst kontrollierende Gruppen.

- **Niedrige Kundenpreise**, die durch die Organisation der optimalen Lieferantenauswahl und zweckentsprechende Distribution der Produkte gefördert werden.

- **Schnelle Leistungen**, die im Anstreben von Kundennähe und flexibler Fertigung durch optimale Organisationsstrukturen zum Ausdruck kommen.

- **Individuelle Wünsche**, die sich in der Berücksichtigung der Meinungen von Kunden im organisatorischen System zeigen.

- **Richtige Ansprechpartner**, die durch eine kundenbezogene Organisation berücksichtigt werden, z.B. als Zuordnung der gewünschten Kontaktpersonen des Unternehmens.

2.1.3 Mitarbeiterziele

Der Erfolg der Organisation hängt in hohem Maße auch von der Qualifikation bzw. von den Bedürfnissen der Mitarbeiter ab. Wer über die Köpfe der Mitarbeiter hinweg organisiert, wird als Organisator wenig Effizienz erreichen.

Als Mitarbeiterziele sollten beachtet werden:

- Die **Arbeitszufriedenheit** als dem Erreichen einer positiven Einstellung des Mitarbeiters durch humane Arbeitsplatzgestaltung bzw. durch Abbau von Monotonie.

- ❑ Die **Abschirmung**, die sich darauf bezieht, dass der Mitarbeiter ruhig und konzentriert arbeiten kann, z.B. indem Störgrößen durch Lärm eliminiert werden.

- ❑ Die **Sicherheit** des Arbeitsplatzes, die heute besonders bedeutsam geworden ist, z.B. durch entsprechende Arbeitsplatzentwicklung bzw. durch Sicherheitsunterweisungen.

- ❑ Die **Aufstiegschancen**, die in einer Offenlegung der Karrierechancen durch entsprechend durchgängige Stellenpläne dokumentiert werden.

- ❑ Die **Konfliktminderung**, indem aussagekräftige Stellenbeschreibungen erstellt werden, um Konflikten zwischen Stelleninhabern vorzubeugen.

Bei der Verwirklichung der Organisationsziele kann es zu Diskrepanzen kommen, z.B. wenn das Streben nach Wirtschaftlichkeit für die Gesamtorganisation gefährdet ist bzw. wenn bei Sonderwünschen von schwierigen Kunden die Arbeitszufriedenheit der Mitarbeiter leidet.

2.2 Instrumente

Zur Erfüllung obiger Ziele stehen dem Organisator unterschiedliche **Organisationsinstrumente** zur Verfügung. Das sind Werkzeuge zur praktischen organisatorischen Arbeit – siehe grundlegend in Kapitel B und ausführlich bei *Olfert / Steinbuch*:

- **Organisationsmittel**, die vom Organisator oder einer Gruppe von Organisatoren als Sachmittel oder Hilfsmittel der Durchführung organisatorischer Prozesse unmittelbar vor Ort eingesetzt werden, z.B. als:

❍ Sachmittel	❍ Hilfsmittel

- **Organisationstechniken**, die ebenfalls der Zielerreichung des Unternehmens dienen. Sie können zur Gewinnung bzw. Analyse von Daten sowie zur Ideenfindung und Problemlösung durch den Organisator oder eine Organisationsgruppe eingesetzt werden, z.B. als:

❍ Aufnahmetechniken	❍ Analysetechniken	❍ Kreativitätstechniken

- **Organisationsmethoden**, welche die Art und Weise des planmäßigen bzw. schrittweise Vorgehens zur zielgerichteten Erarbeitung von Lösungen vom Organisator oder einer Organisationsgruppe festlegen, z.B.:

❍ Zehnstufen-Aufbaumethode	❍ Dreistufen-Prozessmethode
❍ Vierstufen-Projektmethode	

Beim Einsatz der Organisationsinstrumente sind die Bedingungen des Organisierens zu beachten. Sie werden durch die **Organisationssituation** festgelegt, welche die Rahmenbedingungen und Einflussfaktoren bilden (*Bleicher, Welge*). Diese können als interne und externe Einflussfaktoren auftreten.

2.3 Interne Einflussfaktoren

Innerhalb der Gesamtbetrachtung von situativen Faktoren ergeben sich verschiedene Schwerpunkte. Als Dimensionen der internen Situation eines Unternehmens können unterschieden werden:

- **Gegenwartsbezogene Faktoren**
- **Vergangenheitsbezogene Faktoren**.

2.3.1 Gegenwartsbezogene Faktoren

Die gegenwartsbezogenen Einflussfaktoren der Organisation beziehen sich auf den aktuellen Zeitrahmen. Sie können unterschiedlich ausgeprägt sein. So gibt es:

❑ Das **Leistungsprogramm** als das Angebot an betrieblichen Sach- und/oder Dienstleistungen für den Markt, das je nach Branche zu differenzieren ist. Eine Organisationsform wird durch Produkte (z.B. Konsumgüter oder Investitionsgüter) in anderer Weise geprägt als durch Dienstleistungsangebote (z.B. bei Banken und Versicherungen).

❑ Die **Internationalisierung**, bei der fremde Kulturen, andere Rechtssysteme, fremde Gebräuche und Gewohnheiten, andere Mentalitäten, Qualifikationen und Sprachen sowie unterschiedliche Techniken zu beachten sind.

❑ Die **Betriebsgröße**, die sich in der Zahl der Beschäftigten zeigt, beeinflusst die Organisationsform. In Großbetrieben sind z.B. die Spezialisierung und der Grad der Delegation ausgeprägter als in Kleinunternehmen. Der höhere organisatorische Aufwand führt zu einem Mehrbedarf an Koordination.

❑ Die **Fertigungstechnologie** als die Art des Verfahrens zur Transformation von betrieblichen Inputs zu Outputs beeinflusst die Organisationsstruktur, z.B. ist die Werkstattfertigung organisatorisch anders zu regeln als die automatisierte Fertigung.

❑ Die **Informationstechnologie**, die im Grad des Einsatzes der Elektronischen Datenverarbeitung zum Ausdruck kommt, wirkt sich auf die Organisation aus. Der Einfluss der EDV hängt in hohem Maße von den zu Grunde liegenden Unternehmensphilosophien und Leitbildern ab.

- Die **Rechtsform**, die das »juristische Kleid« darstellt, prägt die Organisation eines Unternehmens, z.B. können die Gründer einer Aktiengesellschaft diese Rechtsform frei wählen, haben jedoch danach sehr umfangreiche gesetzliche Grundlagen zu beachten, z.B. Regelungen zum Arbeitsdirektor nach § 33 MitbG bzw. zum Konzernrecht nach §§ 308 ff. AktG.

- Die **Eigentumsverhältnisse**, die sich in der Höhe der Kapitalbeteiligungen zeigen, können sich auf die Organisation auswirken, z.B. wenn ein Großaktionär mit qualifizierter Mehrheitsbeteiligung seine Kapitalmacht nutzt, um beim Vorstand eine bestimmte Organisationsstruktur durchzusetzen.

2.3.2 Vergangenheitsbezogene Faktoren

Die vergangenheitsbezogenen Einflussfaktoren der Organisation beziehen sich auf die zurückliegende Zeit, welche die Organisation besteht. Als vergangenheitsorientierte Faktoren können unterschieden werden:

- Die Art der **Gründung**, bei der von Bedeutung sein kann, ob sie von einer oder von mehreren Personen vorgenommen wird. Die Gründer werden mit ihren gegebenenfalls unterschiedlichen Organisationsvorstellungen auf die Gestaltung der Organisation großen Einfluss genommen haben.

- Die **Art der Kapitalaufbringung**, die sich auf die Organisation auswirken kann. So konnte bei einem hohen oder ausschließlichen Anteil von Eigenkapital die Gestaltung der Organisation von dem Eigentümer des Unternehmens relativ autonom erfolgen.

  Je höher der Anteil an Fremdkapital ist, desto eher kann die Gefahr bestehen, dass die Fremdkapitalgeber (z.B. Banken) auf organisatorische Regelungen Einfluss nehmen.

- Das **Alter der Organisation**, d.h. es spielt eine Rolle, ob ein Unternehmen bereits viele Jahre etabliert ist oder ob es sich erst in den Markt hineinfinden muss. Bei langjährig existierenden Unternehmen ist die Organisation oft starrer und detaillierter geregelt als bei jungen Unternehmern, die mangels Erfahrungen noch improvisieren müssen.

- Die Art der **Unternehmensentwicklung**, bei der es darum geht, ob das Unternehmen positive oder negative Phasen erlebt hat, z.B. werden sich sinkende Umsätze und steigende Kosten auf die Gestaltung der Organisation auswirken. Umgekehrt können positive Entwicklungen ebenso zu Veränderungen in der Organisation führen.

2.4 Externe Einflussfaktoren

Über die internen Einflussfaktoren hinaus sind im Hinblick auf die Organisation auch externe Situationsfaktoren zu berücksichtigen. In Erfüllung ihres Unternehmenszweckes wirken die Unternehmen mit anderen Marktteilnehmern zusammen.

Zu den externen Situationsfaktoren zählen:

- Die **Konkurrenzverhältnisse**, die sich darin zeigen, dass Konkurrenzunternehmen sich ebenfalls um Abnehmer und Lieferanten bemühen. Auf diese Umweltsituation muss sich die Organisation durch Anpassen an die oder durch Absetzen von der Konkurrenz einstellen. Die konkurrenzorientierten Aktivitäten sind zu verstärken.

- Die **Kundenstruktur**, wobei durch anonymen oder persönlichen Kontakt auf die Bedürfnisse der Kundschaft einzugehen ist. Dabei ist ein rascher, möglichst unkomplizierter Kundenkontakt zu suchen. Es kann zwischen Groß-, Mittel- und Kleinkunden unterschieden werden. Die Macht der Abnehmer kann die Organisation beeinflussen.

- Die **Lieferantenstruktur**, bei der die Bedingungen der Lieferanten zu berücksichtigen sind, z.B. die Arten der Beschaffungswege, die Zuverlässigkeit des Lieferanten, die Lieferqualität, der Service und die Lieferungsbedingungen. Die Lieferantenstruktur hat große Bedeutung, denn vielfach liegt »im Einkauf der Gewinn«.

- Die **technologische Dynamik**, die bewirkt, dass die Organisation sich an die technologische Entwicklung anzupassen hat. So haben z.B. Quarzwerke mechanische Uhrwerke verdrängt und Videogeräte führten zum Ersatz von Schmalfilmgeräten. Unternehmen müssen ihre Organisation rechtzeitig auf technologische Änderungen einstellen.

- Die **gesellschaftlich-kulturellen Bedingungen**, die im Wertewandel in der Gesellschaft (z.B. ökologische Erwartungshaltungen), politischen Entscheidungen (z.B. Umweltgesetzgebung) und kulturellen Normen bestehen, können die Struktur einer Organisation ebenfalls verändern.

Die Unternehmensleitung bezieht für das Unternehmen wesentliche Faktoren im Rahmen der **Umfeldanalyse** in ihre Entscheidungen über die jeweilige Gestaltung der Organisation ein. Diese Analyse ist eine Untersuchung interner und externer Einflussgrößen eines Unternehmens – siehe ausführlich *Olfert/Pischulti, Rahn*.

06

Gehen Sie von dem Industrieunternehmen Autositz GmbH mit etwa 300 Beschäftigten aus, das seit neun Jahren in Werkstattfertigung beheizbare Autositze für Personalkraftwagen herstellt. Die Kundschaft besteht aus zwei Automobilherstellern. Außerdem gibt es vier umsatzstarke Konkurrenten und drei Zulieferer. Die Zulieferteile für die Autositze werden von den Lieferanten halbmonatlich angeliefert und verarbeitet. Da die organisatorische Situation unbefriedigend ist, beauftragt der Geschäftsführer einen Organisator mit einer Situationsanalyse.

- ❑ Welche internen bzw. externen Bedingungen der Organisation lassen sich aus den vorliegenden Informationen feststellen?
- ❑ Welche Vorschläge kann der Organisator zur Verbesserung der Organisation unterbreiten?

Seite 236

3. Organisationsarten

Es gibt eine Vielzahl von Organisationsarten, die sich nach unterschiedlichen Kriterien unterscheiden lassen:

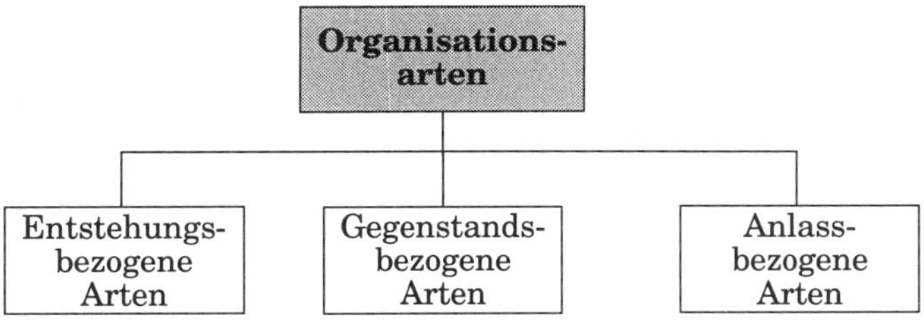

3.1 Entstehungsbezogene Arten

Die entstehungsbezogenen Arten umfassen jene Formen, die sich aus der **Entwicklung** der Organisation ergeben. Hier sind zu unterscheiden *(Mayntz, Rahn):*

- **Formelle Organisation**
- **Informelle Organisation.**

3.1.1 Formelle Organisation

Die formelle Organisation ist die bewusst geschaffene und rational gestaltete Struktur zur Erfüllung unternehmerischer Zielsetzungen. Bei ihr steht die geplante Aufgabenstellung im Vordergrund und die Rangordnung wird von außen festgelegt. So kann es geben:

- Unternehmensleiter, z.B. Vorstand bei einer Aktiengesellschaft
- Hauptabteilungsleiter, z.B. Marketingdirektor in einem Großunternehmen
- Abteilungsleiter, z.B. Verkaufsleiter in einem Industrieunternehmen
- Gruppenleiter, z.B. Meister im Fertigungsunternehmen
- Sachbearbeiter, z.B. Buchhalter in einem Bankunternehmen.

Aus der formellen Organisation ergeben sich die betrieblichen Über- und Unterordnungsverhältnisse bzw. die Befugnisse und die Verantwortungsbereiche. Sie schlagen sich im **Organigramm** des Unternehmens nieder. Die Gestaltung der formellen Organisation ist ein Problem der Aufbau- bzw. Projektorganisation.

3.1.2 Informelle Organisation

Die informelle Organisation gilt als eine soziale Struktur, die durch persönliche Wünsche, Ziele, Sympathien und Verhaltensweisen der Mitarbeiter bestimmt ist. Diese Organisation bildet sich nach menschlichen Gesichtspunkten spontan und ungeplant. Die **Rangordnung** kommt aus den Sympathie- bzw. Antipathiebeziehungen zu Stande. Es gibt:

- Informelle Gruppenführer, z.B. die in der Gruppe beliebtesten Mitarbeiter
- Verschiedene Gruppenmitglieder, z.B. Leistungsstarke und Leistungsschwache
- Außenseiter, z.B. Schwarze Schafe, die in der Gruppe unbeliebt sind.

Die informelle Organisation hat ihre Ursache in der Bildung **informeller Gruppen**, die durch gleiche Interessen, räumliche Gemeinsamkeiten bzw. gemeinsame soziale Merkmale entstehen, z.B. Alter, Beruf, Geschlecht. Die informelle und die formelle Organisation bedingen sich gegenseitig.

07

Lange Zeit zählten informelle Gruppen aus organisatorischer Sicht zu den Störfaktoren, die es zu vermeiden galt. Inzwischen hat sich zunehmend die Auffassung durchgesetzt, dass informelle Gruppen nicht grundsätzlich als störend anzusehen sind. Vielmehr können sie bei effizienter Führung zur Förderung der Unternehmensziele beitragen.

- Stellen Sie die Vor- und Nachteile der informellen Organisation gegenüber!
- Erklären Sie die Wirkungen der informellen Organisation auf den Unternehmenserfolg!

Seite 237

3.2. Gegenstandsbezogene Arten

Die gegenstandsbezogenen Arten der Organisation beschäftigen sich mit deren Untersuchungsgegenständen. Es können unterschieden werden *(Kosiol, Olfert / Steinbuch)*:

- **Aufbauorganisation**
- **Prozessorganisation**
- **Projektorganisation**.

3.2.1 Aufbauorganisation

Die Aufbauorganisation ist die dauerhaft wirksame Gestaltung des statischen Beziehungszusammenhangs eines soziotechnischen Systems. Sie zeigt die Ordnung der Aufgaben-, Kompetenzen- und Verantwortungsinhalte in Unternehmen.

Zu den Problemstellungen der betrieblichen Aufbauorganisation zählen – siehe ausführlich Kapitel C:

❑ Die **Aufbauvorbereitung**, die mit der Aufbauanalyse als Ist-Aufnahme und Ist-Kritik und mit der Aufbauplanung als Ziel- bzw. Konzeptplanung verbunden ist.

❑ Die **Aufbaugestaltung**, die sich der Aufbauplanung anschließt und auch als Aufbaudurchführung bezeichnet wird, z.B. als:

○ Stellenaufbau-organisation	○ Gruppenaufbau-organisation	○ Bereichsaufbau-organisation	○ Unternehmens-aufbauorganisation

❑ Die **Aufbaueinführung**, bei der sie z.B. vorbereitet, präsentiert, realisiert, kontrolliert und dokumentiert wird.

Das **Aufbaucontrolling** ist den Aktivitäten der Organisationsabteilung parallel- bzw. übergelagert und zielt dabei auf die aufbauorganisatorische Effizienz ab. Es stellt den Koordinationsprozess der Planung, Kontrolle und Steuerung betrieblicher Aufbaustrukturen dar. Außerdem versorgt das Aufbaucontrolling die an der Organisationsarbeit Beteiligten mit den notwendigen Informationen. Es dient dazu, die Aktivitäten des Organisationspersonals zielorientiert zu beeinflussen.

3.2.2 Prozessorganisation

Die Prozessorganisation umfasst die dauerhaft wirksame Gestaltung des dynamischen Beziehungszusammenhangs eines soziotechnischen Systems. Damit zeigt sie die Strukturierung der Aufgabenerfüllungsprozesse durch zeitliche und räumliche Beziehungen.

Im Rahmen der Prozessorganisation werden vorgenommen – siehe ausführlich Kapitel D:

❑ Die **Prozessvorbereitung**, die einerseits aus der Prozessanalyse als Ist-Aufnahme bzw. Ist-Kritik und andererseits aus der Prozessplanung besteht.

- Die **Prozessgestaltung**, die sich der Prozessplanung anschließt und auch Prozessdurchführung genannt wird. Sie umfasst:

○ Einzelprozess-organisation	○ Gruppenprozess-organisation	○ Bereichsprozess organisation	○ Unternehmensprozess-organisation

- Die **Prozesseinführung**, die vorzubereiten, zu präsentieren, zu realisieren, zu kontrollieren und zu dokumentieren ist.

Das **Prozesscontrolling** ist den Aktivitäten der Organisationsabteilung parallel- bzw. übergelagert und zielt dabei auf die prozessorganisatorische Effizienz ab. Es stellt den Koordinationsprozess der Planung, Kontrolle und Steuerung betrieblicher Prozessstrukturen dar und versorgt die an der Organisationsarbeit Beteiligten mit den notwendigen Informationen.

3.2.3 Projektorganisation

Die Projektorganisation ist die befristete Gestaltung projektbezogener Regelungen innerhalb eines soziotechnischen Systems durch den Projektleiter bzw. eine Projektgruppe. Sie ist eine eigenständige Form der Unternehmensorganisation.

Mit dieser Organisationstätigkeit sind häufig ein hoher Schwierigkeitsgrad und beträchtliche Risikobelastung verbunden, z.B. bei der Errichtung eines neuen Werkes. Zu den Problemstellungen der betrieblichen Projektorganisation zählen – siehe ausführlich Kapitel E:

- Die **Projektvorbereitung**, die z.B. aus der Problemermittlung, Problemanalyse, Projektanalyse und der Planung der Projekte besteht.

- Die **Projektgestaltung**, die sich der Projektplanung anschließt und auch als Projektdurchführung bezeichnet wird. Es sind zu gestalten:

○ Projektaufbauorganisation	○ Projektprozessorganisation

- Die **Projekteinführung**, welche die Problemlösung realisiert, z.B. durch Lösungseinführung, Einführungskontrolle und Abschlussarbeiten.

Das **Projektcontrolling** ist den gesamten Projektaktivitäten parallel- bzw. übergelagert und dabei auf die Effizienz von Projekten ausgerichtet. Es stellt einen Koordinationsprozess der Planung, Steuerung und Kontrolle dar und versorgt die am Projekt Beteiligten mit Informationen.

08

Zu welchem Unternehmensbereich zählen folgende Organisationsprobleme?

- ❑ Zu hohe Kosten im Lager, z.B. durch zu lange Verweilzeiten der Güter im Materiallager
- ❑ Falsche Verbuchung der Geschäftsvorfälle, z.B. über fehlerhafte Kontenpläne
- ❑ Probleme bei mehreren Auslieferungslägern, z.B. doppelte Auslieferung an den Kunden
- ❑ Beschaffung wenig qualifizierter Mitarbeiter, die z.B. die Organisationstechniken nicht beherrschen
- ❑ Schleppende Abwicklung von Investitionen, z.B. durch Ablaufverzögerungen
- ❑ Zu teuere Datenverarbeitung, z.B. durch einen Überfluss an Informationen

Seite 237

3.3 Anlassbezogene Arten

Die anlassbezogenen Arten der Organisation sind auf unterschiedliche Absichten ausgerichtet, die mit der Organisation verfolgt werden. Zu unterscheiden sind *(Jung, Gabele):*

- **Neuorganisation**
- **Reorganisation**.

3.3.1 Neuorganisation

Die Neuorganisation bezieht sich auf ein erstmalig zu gestaltendes soziotechnisches System mit dem Zweck, die Unternehmensziele sicher und ökonomisch zu erreichen. Auf eine bereits bestehende Organisation kann hier nicht zurückgegriffen werden. Es geht um die Organisationsaufgabe, eine ganz neue Struktur zu gestalten, ohne dass eine Ausgangsbasis besteht.

Diese Aufgabe stellt sich insbesondere nach der Gründung eines Unternehmens. Die Unternehmensleitung selbst oder ein von ihr beauftragter Organisator entwickelt neue Aufbau- und Prozessstrukturen. Die Lösung dieser Aufgabe erfordert ein hohes Maß an Kreativität.

Anlässe für die Neuorganisation können z. B. sein:

○ Gründung eines Unternehmens	○ Gestaltung einer Aufbauorganisation
○ Entwickeln eines neuen Projektes	○ Entwickeln einer Prozessstruktur

Die durch Neuorganisation geschaffene Struktur muss in Zeiten starken Wandels Änderungen unterzogen werden, wenn das Unternehmen leistungsfähig bleiben soll. Dies geschieht dann im Rahmen der Reorganisation.

3.3.2 Reorganisation

Als Reorganisation wird eine tiefgreifende, umfassende Veränderung bezeichnet, die sich auf bereits bestehende Organisationsstrukturen eines soziotechnischen Systems beziehen. **Anlässe** für eine Reorganisation können z. B. sein *(Jung):*

- **Organisatorische Mängel**, die mitunter schwierig zu erkennen sind. Auswirkungen von Organisationsfehlern betreffen z.B. Terminüberschreitungen, Koordinationsschwierigkeiten, schlechte Leistungen.

- **Verfahrensänderungen**, die zwangsläufig eine Anpassung der Prozessorganisation mit sich bringen. Alle Beteiligten müssen sich durch Umlernen bzw. eventuell auch Versetzungen den neuen Gegebenheiten stellen.

- **Personelle Änderungen**, die z.B. durch Kündigungen von Führungskräften durch das Unternehmen entstehen. Instanzen bzw. Stellen werden oft nicht wieder besetzt, was Änderungen im Unternehmensaufbau erfordern kann.

Die Reorganisation ist häufig mit einer **Reduzierung** der Organisationseinheiten verbunden.

Beispiel: Die Anzahl der Hierarchiestufen wird von 8 auf 5 Ebenen reduziert und die Anzahl der Führungskräfte von 168 auf 98 verringert, was einer Senkung um 42 % entspricht (in Anlehnung an *v. Geldern, Spengler):*

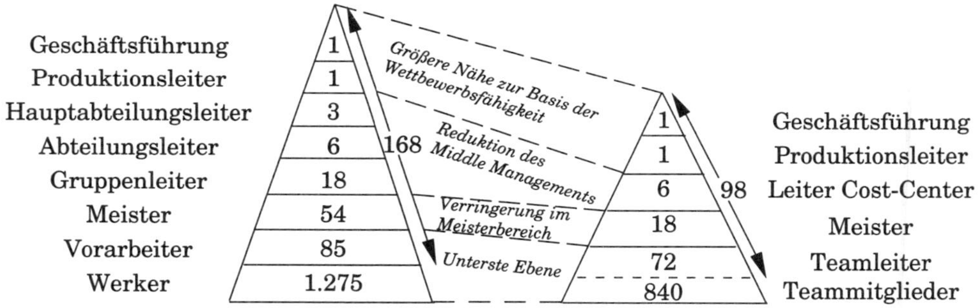

In der letzten Zeit hat sich die Organisation aus der eher statischen Betrachtungsweise hin zu einer dynamischen Sicht des **Reengineering** entwickelt. Dabei gilt:

- Die kontinuierliche Verbesserung der gesamten Organisation wird als vorrangiges Ziel konzipiert, das nachdrücklich zu verwirklichen ist.

- Das dynamische Prozessdenken hat das statische Problemlösen früherer Tage abgelöst, weil diesem die organisatorische Effizienz fehlte.

- Das Arbeitsergebnis steht heute im Vordergrund und weniger die Arbeitsdurchführung, weil der organisatorische Erfolg am Resultat gemessen wird.

- ❑ Die Aufbauorganisation wird der Prozessorganisation untergeordnet, die damit die Gebildestrukturierung erheblich beeinflusst.

Die Konzeption des **Shareholder Value** mit vorrangiger Berücksichtigung der Interessen von Kapitalgebern rückt in den Vordergrund der Betrachtung. Auf dieser Basis sind neue Denkweisen entstanden, die sich auch auf die heutige Organisation des Unternehmens auswirken. Zu unterscheiden sind:

- ❑ Das **Business Reengineering**, das als fundamentales Überdenken und radikales Redesign von Unternehmen und von Kernprozessen gesehen wird (*Hammer / Champy).* Das radikale Redesign verfolgt als revolutionäre Prozessorganisation organisatorische Quantensprünge, z.B. mithilfe der »Bombenwurfstrategie«, die sich aber nicht in jedem Falle realisieren lassen.

- ❑ Das **Process Reengineering**, das eine grundlegende und kompromisslose Erneuerung der Struktur des Unternehmens mit dem Ziel umfasst, kundenorientierte Geschäftsprozesse zu gestalten (*Derszteler).* Dabei steht das Workflow-Management im Vordergrund, das ein Arbeitsfluss- bzw. Prozessablauf-Management ist.

Der Organisator hat im Rahmen der Prozessorganisation die Aufgabe, alle Prozesse nach ihrer Effizienz zu durchforsten und nach **Kosteneinsparungen** zu suchen. Dabei sind z.B.:

○ Kostenminderungen zu dokumentieren	○ Fehlerquoten zu senken
○ Durchlaufzeiten zu minimieren	○ Arbeitszeitbedarf zu reduzieren

Der dynamischen, kompromisslosen Organisation zur Verbesserung der Wirtschaftlichkeit und Produktivität wird in Zukunft noch mehr Bedeutung beigemessen.

09

Die folgenden Organisationprobleme beinhalten Organisationsarten, die sich auf verschiedene Organisationsebenen beziehen:

A	Errichtung einer großen Niederlassung im Ausland
B	Ärger zwischen Organisationsteilnehmern einer Gruppe
C	Erstellung eines Fertigungsablaufplans
D	Gestaltung eines Organisationsplans im Materialwesen
E	Umfassende Verfahrensänderungen im Absatzsektor
F	Anwendung des Kaizen-Prinzips im Fertigungsbereich

- ❑ Welche Problemstellungen sind der Aufbau-, der Prozess- bzw. der Projektorganisation zuzuordnen und auf welchen Unternehmensebenen erfolgt die Organisation?

- ❑ Bei welchen Problemstellungen handelt es sich um eine Reorganisation, Lean Organisation bzw. informelle Organisation. Zeigen Sie, auf welchen betrieblichen Ebenen dies jeweils geschieht!

Seite 237

4. Organisationsentwicklung

Die Organisationsentwicklung stellt einen längerfristig angelegten Prozess von Veränderungen der Unternehmen als Organisationen und der in ihnen tätigen Menschen dar (*French / Bell, Thom*). Sie umfasst – siehe ausführlich *Olfert / Steinbuch*:

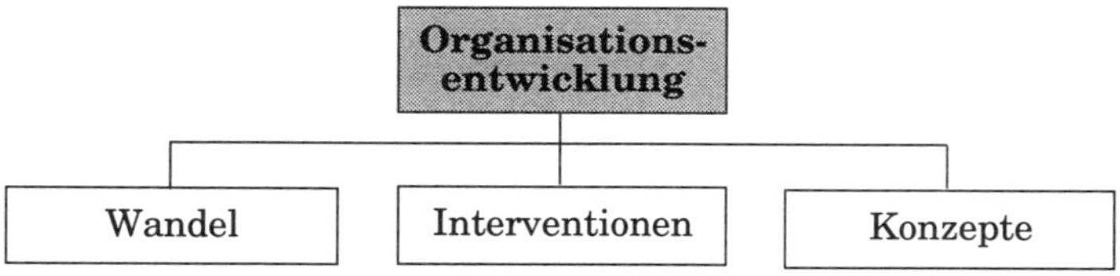

Von den Unternehmen wird ein hoher Grad an Wandlungsfähigkeit verlangt. Daraus ergibt sich, dass sie und ihre Führungskräfte bzw. Mitarbeiter ständig dazulernen müssen. Deshalb sind Unternehmen auch „als **lernende Organisationen**“ anzusehen.

4.1 Wandel

Unternehmen unterliegen einem ständigen Wandel, der als kontinuierlicher Prozess zu verstehen ist. Es sollen betrachtet werden:

- **Arten**
- **Phasen**.

4.1.1 Arten

Als Arten das Wandels von Unternehmen lassen sich unterscheiden (*Bea / Göbel, Vahs*):

❑ Der **ungeplante Wandel**, der nicht beabsichtigt ist, zufällig erfolgt und über längere Zeit mehr oder weniger unbemerkt bleiben kann. Wird er erkannt, bieten sich der Unternehmensleitung als Verhaltensweisen an:

○ Abwartendes Verhalten	○ Aktives Verhalten

❑ Der **geplante Wandel**, der alle absichtlichen Anstrengungen im Unternehmen zur zielgerichteten Organisationsgestaltung umfasst. Seine konzeptionelle Gestaltung stellt die Organisationsentwicklung dar.

Mit dem geplanten Wandel sind Maßnahmen der Planung, Gestaltung und Kontrolle der Organisationsentwicklung verbunden.

In den letzten 50 Jahren ist die Organisationsentwicklung als geplanter Wandel in vielfältiger Weise tiefgreifend erfolgt – siehe ausführlich *Olfert / Steinbuch*.

4.1.2 Phasen

Um die Effizienz der Organisationsentwicklung zu sichern, sollte eine phasenbezogene Systematik beachtet werden. Die Struktur des Prozesses der Organisationsentwicklung kann z.B. als Vier-Phasen-Prozess angesehen werden, der umfasst (*Grote*):

- ❑ Die **Vorphase**, bei der organisatorische Probleme durch interne oder externe Anstöße festgestellt werden. Diese können ein Veränderungsbewusstsein bei den Betroffenen auslösen. Um das jeweilige Problem sachgerecht lösen zu können, erfolgt der Einsatz interner und/oder externer Experten.

- ❑ Die **Diagnosephase**, die der Beschreibung des Ist-Zustands sowie der Erkennung von Wirkungen und Konsequenzen der erwogenen Maßnahmen dient. In ihrem Verlauf erfolgt ein systematisches Sammeln und Aufbereiten der für die Problemlösung relevanten Daten.

- ❑ Die **Entwicklungsphase**, die den eigentlichen Veränderungsprozess der Organisation enthält und auf dem Handeln und Lernen der Beteiligten beruht. Aufgrund der gewonnenen Erkenntnisse findet eine Formulierung, Konkretisierung und Gewichtung der Veränderungsziele und -schwerpunkte statt.

- ❑ Die **Stabilisierungsphase**, mit welcher der Prozess der Organisationsentwicklung abgeschlossen wird. Die Absicherung des neuen Systems geschieht, indem auftretende aktuelle Probleme in die Betrachtungen einbezogen werden. Die Weiterentwicklung des Prozesses kann durch Gremien unterstützt werden.

Bleicher legt der Organisationsentwicklung ein differenzierteres Konzept zu Grunde, das einen Sechs-Phasen-Prozess beinhaltet.

4.2 Interventionen

Interventionen sind strukturierte Aktivitäten der Organisationsentwicklung, die eine straffe und sachgerechte Durchführung des geplanten organisatorischen Wandels sicherstellen sollen – siehe ausführlich *Olfert / Steinbuch*:

- **Individuenbezogene Interventionen**
- **Gruppenbezogene Interventionen**
- **Organisationsbezogene Interventionen**.

4.2.1 Individuenbezogene Interventionen

Individuenbezogene Interventionen sind auf einzelne Organisationsmitglieder bezogen. Sie dienen ihrer Selbsterkenntnis, Selbstbestimmung, Selbsterfahrung und Selbstwahrnehmung, um Veränderungen zu bewirken. Es sind zu unterscheiden:

- Die **Transaktionsanalyse** ist die Untersuchung kommunikativer Interaktionen zwischen zwei oder mehr Organisationsteilnehmern, die der Verbesserung des sozialen Handelns dient.

- Die **Lebens- und Karriereplanung** hat das Ziel, die Mitarbeiter zu Mehrleistungen zu motivieren, indem sie in die Lage versetzt werden, ihre Lebens- und Karriereziele realistischer einzuschätzen und gezielter zu verfolgen.

- Das **Coaching** erfolgt vielfach als psychologische Beratung bzw. Unterstützung von einzelnen Führungskräften bzw. Mitarbeitern, kann sich aber auch auf Gruppen beziehen.

Wenn die individuenbezogenen Interventionen zur Unterstützung von Führungskräften und Mitarbeitern zielorientiert und systematisch vorgenommen werden, kann ihr Nutzen für die Organisationsentwicklung beträchtlich sein.

4.2.2 Gruppenbezogene Interventionen

Gruppenorientierte Interventionen können sich auf Prozesse innerhalb der Gruppen oder auf die Beziehungen zwischen Gruppen beziehen. Eine Gruppe besteht dabei aus mehreren Personen, die in einer Zeitspanne häufig zielbezogen miteinander kommunizieren. Es gibt folgende Arten von Interventionen:

- Die **Prozessberatung**, die darauf abzielt, Gruppenmitgliedern zu helfen, Prozesse und Vorgänge in der Organisation bewusst wahrzunehmen, zu verstehen und dementsprechend zu handeln.

- Das **Sensitivitätstraining**, das in mehreren Lernschritten geschieht und als Lernzyklus zu verstehen ist, der die soziale Kompetenz der Mitarbeiter in der Gruppe erhöhen soll.

- Die **Teamentwicklung**, die auf eine Verbesserung der Gruppenbeziehungen bestehender bzw. neuer Teams abzielt, um über gruppendynamische Übungen die Gruppenleistung zu steigern.

Die gruppenbezogenen Interventionen können künftig dann an Bedeutung gewinnen, wenn die Betroffenen in die Lage versetzt werden, die Möglichkeiten der Kommunikation und denUmgang miteinander erheblich zu verbessern und die Probleme zu lösen.

4.2.3 Organisationsbezogene Interventionen

Die organisationsbezogenen Interventionen zielen auf das Unternehmen in seiner Gesamtheit ab. Bedeutsam ist dabei, dass Veränderungen von äußeren Bedingungen zu Verhaltensänderungen der Mitarbeiter führen. Es gibt:

- Das **Konfrontationstreffen**, das üblicherweise im Rahmen eines eintägigen Workshops erfolgt. Es bietet damit der Unternehmensleitung eine kurzfristig wirkende Möglichkeit, die gegebene Situation der Organisation zu überprüfen bzw. zu verbessern.

- Das **Datenerhebungsverfahren**, dem erhobene Daten der Organisation zu Grunde liegen, die mithilfe standardisierter Fragebögen ermittelt wurden. Es wird auch als **Survey-Research** und **Feedback-Verfahren** bezeichnet.

- Die **Grid-Organisationsentwicklung**, die vor allem der Untersuchung und Verbesserung von Fähigkeiten der Führungskräfte im Unternehmen dient. Dies geschieht in mehreren Gruppensitzungen.

- Das **NPI-Modell**, das ein Beratungsmodell darstellt, bei dem Körper, Seele und Geist der Führungskräfte und Mitarbeiter in die Betrachtung einbezogen werden. Es ist vom ***N**iederländischen **P**ädagogischen **I**nstitut* entwickelt worden.

Die nur isolierte Anwendung einzelner Interventionen wird kaum zu Verhaltensänderungen im Sinne der Organisationsentwicklung führen. Vielmehr sollten alle als zweckmäßig erachteten Interventionen in ein unternehmerisches Gesamtkonzept zur Organisationsentwicklung eingebracht werden, das in sich schlüssig ist.

4.3 Konzepte

In den letzten fünf Jahrzehnten waren die Unternehmen vielfältigen Veränderungen ihrer Umwelt ausgesetzt, denen sie begegnen mussten, wenn sie erfolgreich sein bzw. bleiben wollten.

Vielfach orientierten sie sich an Konzepten, die vor allem darstellten – siehe ausführlich *Olfert / Steinbuch*:

- **Wertschöpfende Konzepte**
- **Lean-Konzepte**
- **Team-Konzepte**
- **Kooperative Konzepte**.

4.3.1 Wertschöpfende Konzepte

Die Wertschöpfung umfasst die von einem Unternehmen erbrachten Eigenleistungen als Mehrwert. Sie ist dementsprechend die Differenz zwischen dem Verkaufswert des Outputs und dem Wert für extern bezogene Güter bzw. Dienstleistungen.

Als wertschöpfende Konzepte sind zu unterscheiden:

4.3.1.1 Outsourcing

Als Outsourcing wird das Ausgliedern von einzelnen Aufgaben bis hin zu ganzen Funktionsbereichen aus der eigenen Unternehmenskompetenz bezeichnet (*Bühner*). Die Verlagerung betrieblicher Aktivitäten auf Fremdfirmen bewirkt eine unternehmensbezogene Abnahme der Wertschöpfung, weil damit eine Verringerung der betrieblichen Eigenleistungen verbunden ist.

Das Outsourcing basiert vielfach auf einer **Make-or-Buy-Analyse**, mit deren Hilfe der Nutzen einer Fremdvergabe von Prozessen geprüft wird. Dabei wird überlegt, inwieweit es vorteilhaft ist, Leistungen selbst zu erstellen oder sie durch andere Unternehmen durchführen zu lassen.

Ziel des Outsourcing ist, durch Verlagerung bisher selbst erstellter betrieblicher Leistungen auf spezialisierte und kostengünstigere Fremdfirmen strategische Erfolgspositionen aufzubauen.

4.3.1.2 Insourcing

Das Insourcing ist ein dem Outsourcing gegenläufiger Prozess. Nach einer Phase des Outsourcing hat das Wertschöpfungsmanagement bei einer Reihe von Unternehmen in jüngerer Zeit eine **Re-Integration** ihrer outgesourcten Aktivitäten vorgenommen.

Die **Gründe** für Insourcing liegen z.B. darin, dass in Verbindung mit Produktionsverlagerungen auf ausländische Fremdfirmen nach ersten positiven Einschätzungen in verschiedenen Fällen erhebliche Schwierigkeiten aufgetreten sind. So stellte sich nach kurzer Zeit mitunter heraus, dass die Qualität der Produkte nicht den Anforderungen des Unternehmens entsprach.

Das Insourcing bewirkt eine unternehmensbezogene Zunahme der **Wertschöpfung**, weil damit eine Erweiterung der betrieblichen Eigenleistungen verbunden ist.

4.3.2 Lean-Konzepte

Die Lean Organisation ist eine **schlanke Organisation**, die der Verbesserung der Produktivität und Wirtschaftlichkeit des Unternehmens dienen soll. Sie wird weithin auch als **Lean Management** bezeichnet und vielfach mit der **Lean Production** gleichgesetzt (*Jung, Wittlage*).

Als **Konzepte** der Lean Organisation sind zu unterscheiden:

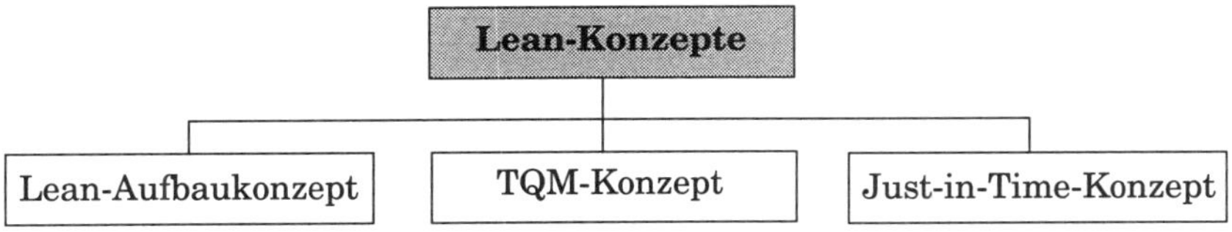

4.3.2.1 Lean-Aufbaukonzept

Im Verlaufe der 50er- bis 70er-Jahre wurden mit zunehmendem Auftragsvolumina und steigenden Umsätzen der Aufbauorganisation großer Unternehmen immer mehr Organisationseinheiten angefügt, sodass die Organisationspläne sowohl horizontal als auch vertikal umfangreicher und die Prozesse dadurch komplizierter und unüberschaubarer wurden.

In Zeiten rückläufiger Unternehmenserfolge erhöhte sich der Rationalisierungsdruck, sodass sich die Unternehmensleitungen zur Einführung neuer organisatorischer Aufbaukonzepte gezwungen sahen, die weniger Kosten verursachten. Das führte u. a. dazu, dass die **Hierarchien flacher** gestaltet wurden.

In vielen Unternehmen wurde in den vergangenen Jahren das Bestreben um eine schlanke Aufbauorganisation zur Verbesserung der Produktivität und Wirtschaftlichkeit deutlich. Damit war auch die Absicht verbunden, die Organisationsentwicklung positiv zu beeinflussen.

4.3.2.2 TQM-Konzept

Das Total-Quality-Management-Konzept strebt eine absolute Fehlerfreiheit der Produkte auf der Basis einer verstärkten Mitarbeiterschulung und Mitarbeitermotivation an. Dieser ganzheitliche Qualitätsansatz kennzeichnet eine Denk- und Handlungsweise, bei dem der Kundennutzen im Vordergrund steht (*Vahs*).

Die Erreichung der Ziele wird über eine kompromisslose Qualitätsstrategie (*Ebel*) sowie eine konsequente Prozessorientierung angestrebt. Bei dieser Vorgehensweise soll das Qualitätsbewusstsein alle Bereiche und Aktivitäten eines Unternehmens erfassen und führen zu dem:

- **Kontinuierlichen Verbesserungsprozess (KPV)**, der die Marktfähigkeit und Wettbewerbsfähigkeit positiv beeinflusst.

- **Kaizen-Prinzip**, das in allen Unternehmensbereichen permanente Veränderungen durch systematische Lernprozesse anstrebt. Dabei steht:

○ »*Kai*« für Wandel	○ »*zen*« für das Gute

Für das TQM-Konzept gilt als Kernaussage, dass jeder Mitarbeiter des Unternehmens für die Qualität seiner Arbeit selbst verantwortlich ist. Es ist mit einem Null-Fehler-Programm vergleichbar, das der positiven Organisationsentwicklung dient.

4.3.2.3 Just-in-Time-Konzept

Das Just-in-Time-Konzept ist auf produktionssynchrone und kostengünstige Materialbeschaffung bzw. einen schnellen Fertigungsfluss ausgerichtet. Dabei wird die Planung des kurzfristigen Materialbedarfs den Kapazitäten an die aktuelle Fertigungssituation angepasst (*Olfert / Steinbuch*).

In der produktionssynchronen Beschaffung wird ein Zwischenprodukt nicht auf Lager vorgefertigt, sondern erst dann eingesteuert, wenn es tatsächlich benötigt wird. Die Prozesse der Fertigung werden von einem Bring-System auf ein **Hol-System** umgestellt (*Ebel*).

Die Fertigung erfolgt hierbei in allen Stufen **auf Abruf**. Der Prozess endet mit der raschen Ablieferung der fertigen Produkte beim Kunden. Als Maßeinheit für die Periodenlänge in den einzelnen Fertigungsstufen gilt z. B. ein Tag. Es wird »heute produziert, was morgen benötigt wird«.

4.3.3 Team-Konzepte

Die Teamorganisation ist dadurch gekennzeichnet, dass Entscheidungsbefugnisse einem Team übertragen werden. Dabei handelt es sich um eine Gruppe von Personen, die einen bestimmten Aufgabenbereich gemeinsam und weitgehend autonom bearbeiten (*Macharzina, Olfert / Pischulti, Rahn*).

Als **moderne Formen** der Teamorganisation gelten:

- Die **Teamarbeit**, die ein Konzept ist, durch das ein höheres Leistungsniveau bzw. eine Steigerung der Arbeitsproduktivität erreicht werden soll. Das Zusammenwirken der Teammitglieder soll die Summe der isolierten Einzelleistungen ihrer Mitglieder bei Wahrung von erhöhter Solidarität übertreffen.

- Die **teilautonomen Arbeitsteams**, deren vorrangiges **Ziel** darin besteht, die Fluktuationsquote und die Abwesenheitsquote im Unternehmen durch eine interessantere Arbeitsgestaltung und mehr Selbstbestimmung am Arbeitsplatz zu senken. Sie werden auch als teilautonome Gruppen bezeichnet.

- Der **Qualitätszirkel**, der ein Team-Konzept darstellt, das die Mitglieder eines Teams zu mehr Kreativität und Innovationen anregen soll. Hier treffen sich die Mitarbeiter »vor Ort« selbstständig und freiwillig, um Probleme im Zusammenhang mit der Arbeit zu lösen und Verbesserungsvorschläge zu erarbeiten.

Mit verstärkter Innovation und mehr Übernahme von Verantwortung durch selbstständige Teams kann auf breiter Basis eine positive Organisationsentwicklung ausgelöst werden.

4.3.4 Kooperative Konzepte

Die kooperative Organisation ist dadurch gekennzeichnet, dass ein Unternehmen mit anderen Unternehmen zusammenarbeitet. Dabei wird die **wirtschaftliche Selbstständigkeit** der beteiligten Unternehmen in den von der Kooperation betroffenen Bereichen eingeschränkt. Ihre rechtliche Selbstständigkeit bleibt aber voll erhalten.

Als kooperative Konzepte sind zu unterscheiden:

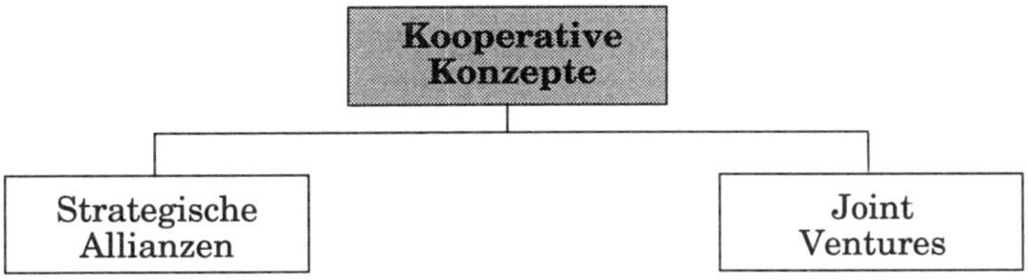

4.3.4.1 Strategische Allianzen

Strategische Allianzen sind Kooperationen zwischen Unternehmen, die auf bestimmten Gebieten zusammenarbeiten – siehe ausführlich *Bühner, Hopfenbeck, Ziegenbein*. Sie gibt es in der Geschäftswelt schon seit vielen Jahren und können sich z.B. zeigen in:

- Lockeren Kooperationsabsprachen
- Technologie-Tauschvorgängen zwischen Partnerunternehmen
- Gegenseitigen Lizenzierungen von Gemeinschaftsunternehmen
- Vereinbarungen über ein gemeinsames Vertriebsmanagement
- Verträgen zwischen Zulieferern und Produzenten.

Vorrangiges **Ziel** strategischer Allianzen ist die Nutzung externer Synergieeffekte durch die Verknüpfung der Potenziale mehrerer selbstständiger Unternehmen.

Strategische Allianzen beabsichtigen einen zukunftsträchtigen Wettbewerbsvorteil nachhaltig zu verteidigen und zu generieren.

4.3.4.2 Joint Ventures

Joint Ventures sind eine weit verbreitete Form der Kooperation von Unternehmen mit ausländischen Partnern – siehe ausführlich *Hopfenbeck, Olfert/Pischulti, Ziegenbein*.

Dabei wird ein neues, rechtlich selbstständiges Unternehmen durch eine **Kapitalbeteiligung** von mindestens je einem in- und ausländischen Partner gegründet oder erworben, um gemeinsame Aktivitäten durchzuführen. Bei der Kapitalbeteiligung gibt es neben Minderheits-, Mehrheits- und Paritätsbeteiligungen ein breites Spektrum an Gestaltungsformen.

Die sich beteiligenden Unternehmen, die auch **Partnerunternehmen** genannt werden, führen das Joint Venture-Unternehmen gemeinsam, sie bleiben in ihrer Beziehung zueinander aber rechtlich unabhängig.

Kooperative Organisationskonzepte dienen der Erhaltung und dem Ausbau von Wettbewerbspositionen. Mithilfe dieser Konzepte werden die Organisationen der kooperierenden Unternehmen in geeigneter Weise entwickelt.

Durch die **Globalisierung** der Wirtschaft, die zunehmende Internationalisierung und durch das verstärkte Zusammenwachsen der Märkte wird die Bedeutung kooperativer Organisationskonzepte eher zunehmen.

10

Welchen Konzepten sind die folgenden organisatorischen Tatbestände zuzuorden?

❑ Strategische Allianzen	❑ Total-Quality-Management
❑ Outsourcing	❑ Insourcing
❑ Joint Ventures	❑ Just-in-Time-Prinzip

Seite 237

Die Organisationsentwicklung, wie sie zuvor im Überblick dargestellt wurde, ist eine anspruchsvolle und umfassende Aufgabe, die von der **Unternehmensleitung** in Abstimmung mit der Organisationsabteilung zu bewältigen ist.

5. Organisationsabteilung

Die Organisationsabteilung ist eine plurale Organisationseinheit, welche die Aufgaben der Organisation im Unternehmen wahrnimmt. Das Vorhandensein und der Aufgabenumfang einer Organisationsabteilung sind vor allem von der Größe eines Unternehmens abhängig (*Zimmermann*):

- ❑ Bei **kleinen und mittleren Unternehmen** gibt es i.d.R. keine Organisationsabteilung bzw. Organisationsstelle, sondern die Organisationsaufgaben werden von den Führungskräften in ihren jeweiligen Verantwortungsbereichen eigenständig neben ihren Hauptaufgaben wahrgenommen.

- ❑ Bei **Großunternehmen** befassen sich Experten in Organisationsabteilungen mit der Erfüllung organisatorischer Aufgaben. Intern können diese Aufgaben vom Organisationsleiter, vom Organisationsteam bzw. von Organisatoren wahrgenommen werden. Es ist auch möglich, externe Experten einzusetzen.

Die Organisationsabteilung darf nicht nur an Einzelprojekten beteiligt sein und formale Dienstleistungen übernehmen, sondern sie sollte bei der Entwicklung zukunftsweisender Gesamtkonzeptionen für die Organisation aktiv mitwirken.

Im Hinblick auf die Organisationsabteilung sind zu betrachten:

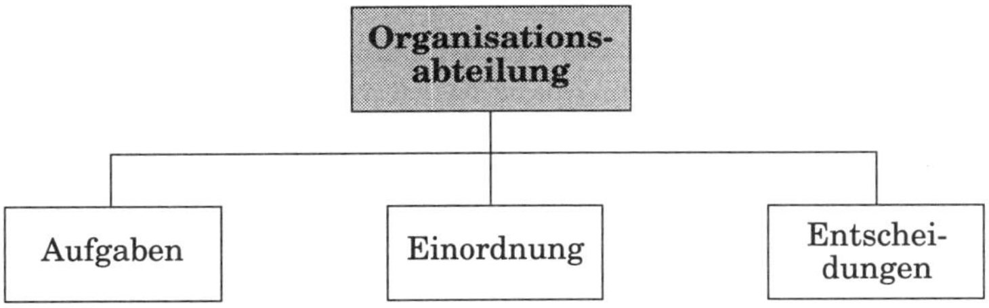

5.1 Aufgaben

Die Aufgaben einer Organisationsabteilung sollen beispielhaft für ein Großunternehmen dargestellt werden. Sie werden in den weiteren Kapiteln B, C, D und E dieses Buches erörtert.

Grundsätzlich umfassen die Aufgaben der Organisationsabteilung – siehe ausführlich *Olfert / Steinbuch*:

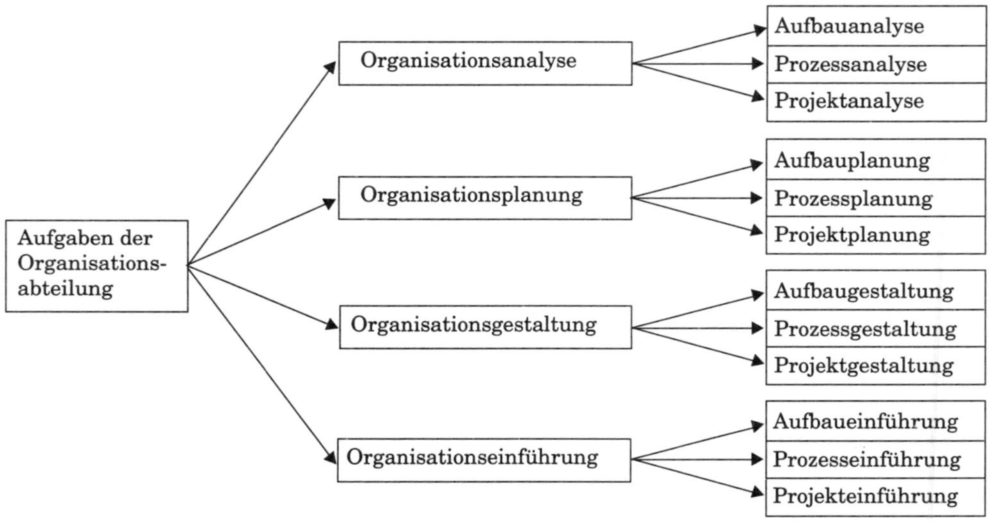

Der **Organisator** beschäftigt sich mit der Aufbauorganisation, Prozessorganisation und Projektorganisation, die zu analysieren, zu gestalten, einzuführen und zu dokumentieren sind.

Größere Aufgaben werden vielfach von **Organisationsteams** bearbeitet. Den Projektgruppen, die sich mit der Organisation befassen, gehören nicht nur die Organisatoren sondern auch Mitarbeiter der betroffenen Fachabteilungen an.

Den Fachabteilungen kann die Organisationsabteilung darüber hinaus mit methodischer Beratung, Schulung und Hilfestellung zur Seite stehen, z.B. bei der Anwendung von Organisationstechniken wie der Netzplantechnik oder der Kreativitätstechnik.

5.2 Einordnung

Die Aufgaben der Organisationsabteilung werden vielfach mit der Datenverarbeitung verbunden, sodass die Abteilung auch mit »**Organisation und Datenverarbeitung**« bezeichnet wird.

Sie ist der Unternehmensleitung zugeordnet. Die Einordnung der Organisationsabteilung kann bei größeren Unternehmen wie folgt geschehen:

- Als **Linienabteilung**, die der Unternehmensleitung direkt unterstellt ist. Da die Wirkungsmöglichkeit der Organisationsabteilung von ihrer organisatorischen Einordnung beeinflusst wird, sollte sie in der Hierarchie nicht zu tief stehen.

Beispiel:

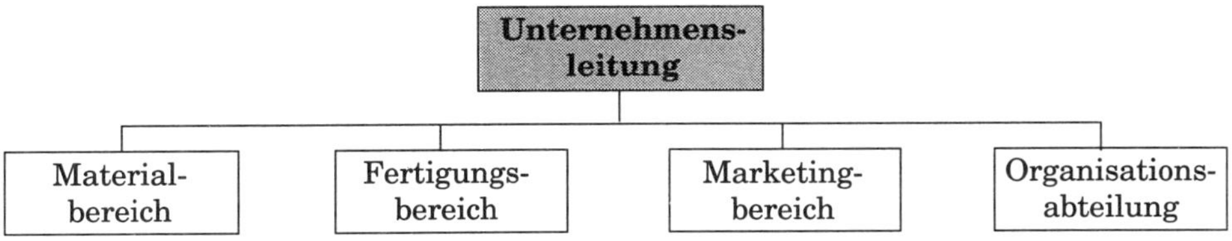

- Als **Stabsabteilung**, welche die Unternehmensleitung bei ihren organisatorischen Entscheidungen unterstützt. Die Aufgabenträger dieser Abteilung haben keine Weisungs- oder Entscheidungsbefugnisse, sondern nur **Vorschlagsrechte**.

Beispiel:

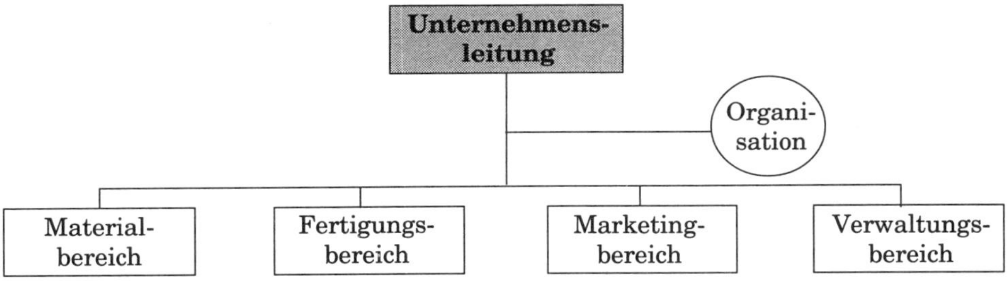

Für die Bewältigung der Organisationsaufgaben sind besondere **Qualifikationen** nötig, denn diese Aufgaben sind anspruchsvoll und erfordern von den Verantwortlichen hohes Engagement sowie viel Kreativität. Es sind zu unterscheiden:

- Die **persönlichen Anforderungen**, z.B. problemorientiertes Denken, Blick für das Wesentliche, Überzeugungskraft, Innovationsfähigkeit, Genauigkeit, Kombinationsgabe, Teamfähigkeit und technisches Verständnis.

- Die **fachlichen Anforderungen**, z.B. Kenntnisse in Organisation, Betriebswirtschaftslehre und Datenverarbeitung. Hier ist insbesondere auf Kenntnisse über Betriebssysteme, Datenbanken und Datenfernverarbeitung zu achten.

Die interne Gliederung der Organisationsabteilung wird vor allem durch die Größe des Unternehmens und durch die ihr obliegenden Aufgaben bestimmt, die z.B. Planungs-, Realisierung-, Berichts- und Kontrollaufgaben sein können.

Die Mitarbeiter der Organisationsabteilung haben mit den Fachabteilungen eng zusammenzuarbeiten. Im Rahmen ihrer Tätigkeit können sich die Organisatoren vielfältiger **Organisationstechniken** bedienen, wie sie im Kapitel B. beschrieben wurden.

5.3 Entscheidungen

Die Organisationsentscheidung ist ein Akt der Willensbildung, bei dem sich der Aufgabenträger entschließt, ein Organisationsproblem so und nicht anders zu lösen. Die grundlegenden Organisationsentscheidungen trifft nicht die Organisationsabteilung selbst, sondern sie sind der **Unternehmensleitung** vorbehalten, die von der Organisationsabteilung beraten wird.

Die **Organisationsentscheidungen** beziehen sich auf:

- **Aufbauentscheidungen**, welche die betriebliche Gebildestruktur betreffen, z.B. das Organigramm bzw. die Abgrenzung der Zuständigkeiten von Aufgabenträgern.

- **Prozessentscheidungen**, die sich auf die betrieblichen Abläufe beziehen, z.B. auf die Gestaltung von Netzplänen, Diagrammen bzw. Ablaufschemata.

- **Projektentscheidungen**, die auf Unternehmensprojekte ausgerichtet sind, z.B. die Errichtung eines Werkes oder die Einführung eines neuen Produktes.

Der Organisator kann bei seinen Vorschlägen folgenden Weg einschlagen:

- Die **Alternativenentwicklung**, bei der zunächst alle verfügbaren Möglichkeiten der Organisation erfasst werden.

- Die **Alternativenauswahl**, bei der die Alternativen auf einige wenige reduziert werden, die in die engere Wahl der Entscheidungsträger kommen.

- Die **Organisationsentscheidung**, welche Alternative zu realisieren ist, z.B. als Entscheidung durch Unternehmensleitung, Bereichsleitung oder Lenkungsausschuss.

- Die **Konzeptentwicklung**, bei der z.B. über das gesamte System, dessen Elemente und Verbindungen, die Sachmittel und Termine bzw. örtliche Gegebenheiten entschieden wird.

Entscheidungen können zu unterschiedlichen Ergebnissen führen. In der Organisationspraxis werden folgende **Entscheidungsalternativen** unterschieden:

- Bei der **JA-Entscheidung** wird der Konzeptvorschlag ohne wesentliche Änderungen von den Entscheidungsträgern angenommen.

- Bei der **JA-ABER-Entscheidung** wird zwar das Konzept grundsätzlich genehmigt, aber im Detail eine Verbesserung gefordert.

- Bei der **JEIN-Entscheidung** weisen die Entscheidungsträger den Konzeptvorschlag mit der Forderung einer grundlegenden Überarbeitung zurück.

- Bei der **NEIN-Entscheidung** haben die Entscheidungsträger Zweifel an der Realisierbarkeit des Prozessentwurfes und lehnen diesen uneingeschränkt ab, was zum Abbruch des Vorhabens führt.

Die Entscheidungsträger müssen ihre Entscheidungen gründlich abwägen, denn Fehlentscheidungen können für das Unternehmen mit hohen Kosten verbunden sein.

6. Organisationscontrolling

Das Organisationscontrolling umfasst die Planung, Kontrolle und Steuerung des gesamten **Organisationsprozesses**, der vom Organisationsauftrag ausgeht und besteht aus – siehe ausführlich *Olfert / Steinbuch*:

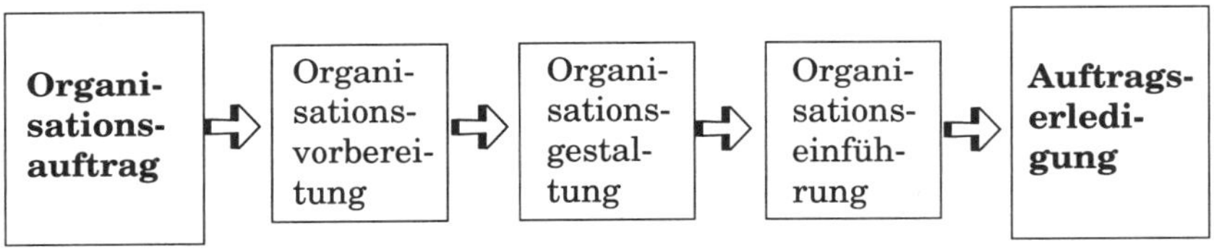

Das Organisationscontrolling ist den Aktivitäten der Organisationsabteilung parallel- bzw. übergelagert und versorgt die an der Organisationsarbeit beteiligten Personen bzw. Gremien mit den benötigten Informationen. Es dient dazu, die Aktionen des Organisationspersonals zielorientiert zu beeinflussen und die organisatorische Effizienz zu überwachen.

Organisationscontrolling kann erfolgen als:

- **Aufbaucontrolling**, das auf die Aufbauplanung, Aufbausteuerung, Aufbaukontrolle sowie Aufbauinformationen gerichtet ist.

- **Prozesscontrolling**, das sich mit der Prozessplanung, Prozesskontrolle und Prozesssteuerung sowie den prozessbezogenen Informationen beschäftigt.

- **Projektcontrolling**, das sich auf die Projektplanung, Projektkontrolle und Projektsteuerung bzw. die Projektinformationen bezieht.

Für den Einsatz des Organisationscontrolling gibt es mehrere **Gründe**:

- Das Organisationscontrolling hat Abstand zum Organisationsproblem
- Die Mitarbeiter dieser Einheiten verfügen über Controllingerfahrungen
- Sie haben einen Gesamtüberblick und Spezialwissen.

Im Hinblick auf das Organisationscontrolling sind zu unterscheiden:

6.1 Controllinginstanzen

Controllinginstanzen sind Einheiten des Organisationscontrolling, welche die Organisationsabteilung bei der Wahrnehmung ihrer Aufgaben unterstützen, sie aber auch kontrollieren sollen, z.B. als:

- ❑ Unternehmensleitung, die das Organisationscontrolling selbst ausübt
- ❑ Gesamtcontroller, der auch andere Controllingaufgaben hat
- ❑ Organisationsausschuss, der aus internen bzw. externen Experten besteht.

Ob eine oder mehrere Controllinginstanzen eingerichtet werden oder nicht, richtet sich nach den gegebenen Bedingungen des Unternehmens.

Werden **Organisationscontroller** eingesetzt, dann ist darauf zu achten, dass diese kooperativ mit der Organisationsabteilung zusammenarbeiten. Schließlich dient das Controlling der Überwachung des organisatorischen Fortschritts und weniger der Kontrolle des Organisationspersonals.

Bei einem größeren Unternehmen, welches das **Gesamtcontrolling** auf der Ebene der Unternehmensleitung einordnet, können sich folgende Beziehungen ergeben:

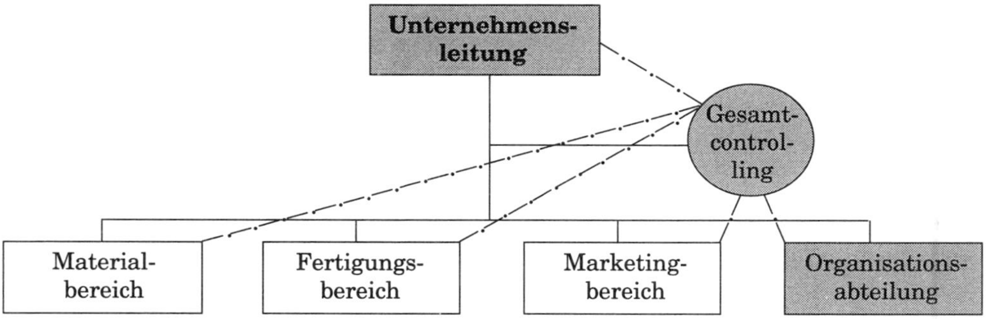

Wie aus der Abbildung ersichtlich ist, unterstützt der Gesamtcontroller als **Stabscontroller** sowohl die Unternehmensleitung als auch die Organisationsleitung und die anderen funktional eingeordneten Bereichsleiter bei der Wahrnehmung ihrer Aufgaben.

Das Organisationscontrolling kann aber auch durch einen **Liniencontroller** wahrgenommen werden, z.B. durch den oder einen der Unternehmensleiter.

6.2 Controllingaufgaben

Als Aufgaben des Organisationscontrolling können im Rahmen des Stabscontrolling unterschieden werden:

- Die **Planung** des Organisationsprozesses ist die gedankliche Vorwegnahme der zukünftigen Entwicklung des Unternehmens. Die Rolle der Organisationscontroller kann dabei in Zusammenarbeit mit der Organisationsleitung folgendermaßen aussehen:

  - Der Organisationscontroller unterbreitet der Unternehmensleitung seine Pläne, damit sie darüber entscheiden und dem Organisationsleiter die Planwerte vorgeben kann.
  - Der Organisationsleiter entscheidet in Abstimmung mit der Unternehmensleitung und der Organisationscontroller übernimmt diese Planwerte.
  - Der Organisationscontroller und der Organisationsleiter planen einvernehmlich miteinander. Die Entscheidungen erfolgen in Abstimmung mit der Unternehmensleitung.

- Die **Kontrolle** des Organisationsprozesses, die zunächst durch die Organisationsabteilung intern erfolgt. Sie ist ein Vorgang der Gewinnung von Informationen über den Organisationserfolg. Darüber hinaus überprüft der Organisationscontroller als zusätzliche Instanz die Effizienz der Organisationsarbeit. Das Organisationscontrolling kann auch durch einen Ausschuss mit außenstehenden Experten wahrgenommen werden.

- Die **Steuerung** des Organisationsprozesses, die grundsätzlich Vorgänge darstellt, bei denen eine oder mehrere Größen als Eingangsdaten andere Größen als Ausgangsinformationen beeinflussen. Bei unplanmäßiger Organisationsentwicklung unterbreitet der Organisationscontroller der Unternehmensleitung seine Vorschläge.

  Diese umfassen dabei alle Maßnahmen, die der Erfüllung der Organisationsziele und der Beeinflussung von Störgrößen des organisatorischen Prozesses dienen. Wenn Abweichungen der Ist-Daten gegenüber den geplanten Daten gegeben sind, dann ist den Differenzen durch geeignete **Steuerungsmaßnahmen** zu begegnen.

- Die **Informationen** über den Organisationsprozess, die aus der Weitergabe bzw. Mitteilung von Daten über die Aufbau-, Prozess- bzw. Projektorganisation bestehen, z.B. im Rahmen eines zweckorientierten **Berichtswesens**. Der Organisationscontroller liefert z.B. der Unternehmensleitung die für deren Organisationsentscheidungen erforderlichen Informationen.

Um die genannten organisatorischen Aufgaben sachgerecht erfüllen zu können, benötigt sowohl die Organisationsabteilung als auch das Organisationscontrolling geeignete Aufgabenträger, welche über die zur Aufgabenlösung erforderlichen Kompetenzen und Fertigkeiten verfügen.

11

Erläutern Sie, was unter den folgenden Begriffen zu verstehen ist, die Sie in diesem Kapitel kennen gelernt haben!

- ❑ Produktionsfaktoren
- ❑ Leitung
- ❑ Planung
- ❑ Organisation aus betriebswirtschaftlicher Sicht
- ❑ Organisation
- ❑ System
- ❑ Soziotechnisches System
- ❑ Subsystem
- ❑ Teilsystem
- ❑ Unterorganisation
- ❑ Überorganisation
- ❑ Improvisation
- ❑ Disposition
- ❑ Organisationsaufgabe
- ❑ Organisationsprozess
- ❑ Organisationsvorbereitung
- ❑ Organisationsanalyse
- ❑ Organisationsplanung
- ❑ Organisationsgestaltung
- ❑ Organisationseinführung
- ❑ Organisationskontrolle
- ❑ Organisationsprinzipien
- ❑ Effizienz
- ❑ Organisationsproblem
- ❑ Organisationsziele
- ❑ Organisationsinstrumente
- ❑ Organisationssituation
- ❑ Organisation, formelle
- ❑ Organisation, informelle
- ❑ Aufbauorganisation
- ❑ Prozessorganisation
- ❑ Projektorganisation
- ❑ Neuorganisation
- ❑ Reorganisation
- ❑ Organisationsentwicklung
- ❑ Wandel
- ❑ Interventionen
- ❑ Organisationskonzepte
- ❑ Organisationsabteilung
- ❑ Organisationscontrolling

Seite 251 ff.

B. Organisationsinstrumente

Die Organisationsinstrumente stellen materielle und immaterielle Werkzeuge zur praktischen Arbeit des Organisators im Unternehmen dar. Sie werden mit Personen, Räumen und Zeitfaktoren kombiniert und sollen so eingesetzt werden, dass sie die Erreichung der Organisationsziele gewährleisten (*Hill / Fehlbaum / Ulrich, Schmidt*).

Als Organisationsinstrumente sind zu unterscheiden:

Organisations-instrumente	Organisationsmittel
	Organisationstechniken
	Organisationsmethoden

1. Organisationsmittel

Organisationsmittel sind Organisationsinstrumente, die als Sachmittel oder als Hilfsmittel der Durchführung organisatorischer Prozesse dienen und unmittelbar vor Ort eingesetzt werden:

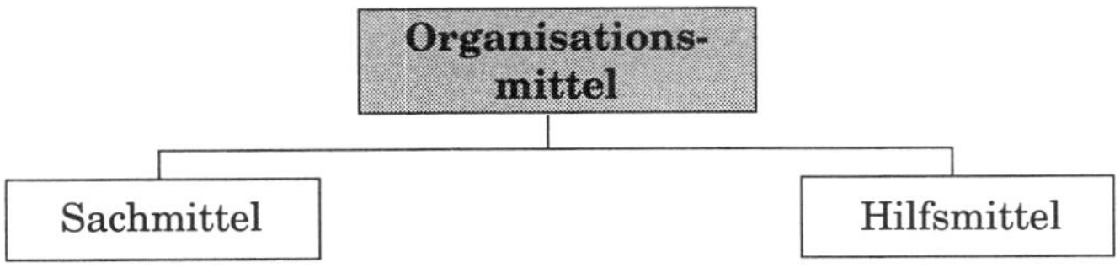

1.1 Sachmittel

Sachmittel sind gegenständliche Werkzeuge, die zur Durchführung organisatorischer Prozesse gebraucht werden. Sie können unterteilt werden in:

❑ **Traditionelle Mittel**, die nicht EDV-gestützte Organisationsinstrumente sind, welche zur Grundausstattung der Organisation gehören, z.B. als:

❍ Arbeitsmittel	❍ Büro-/Fertigungsräume	❍ Ordnungsmittel

❑ **Datenverarbeitungsmittel**, die EDV-bezogene Organisationsmittel darstellen, welche für den Organisator unverzichtbar geworden sind, z.B. als:

❍ Software	❍ Hardware	❍ Orgware

- **Kommunikationsmittel**, bei denen es sich um organisatorische Instrumente handelt, die dem informationellen Austauschprozess dienen. Zum Zwecke der technischen Kommunikation sind z. B. zu unterscheiden:

○ Internet	○ Mailbox	○ Telefon
○ Telex	○ Telefax	○ Telebox
○ DATEL-Dienst	○ ISDN-Dienst	

1.2 Hilfsmittel

Die Hilfsmittel ergänzen die Sachmittel und werden bei der Durchführung der organisatorischen Prozesse eingesetzt. Sie können sein:

- **Vorgaben**, die der Organisator zu beachten hat, z.B. bestimmte Vorgehensweisen zur konkreten Arbeitsausführung bzw. Regeln zur Organisationsgestaltung. Sie können sich aus den Aufträgen der Unternehmensleitung ergeben, z.B. als:

○ Prinzipien	○ Normen	○ Standards

- **Modelle**, die vereinfachte Abbilder bzw. Muster der Wirklichkeit als allgemein gültige, vereinfachte Organisationslösungen sind. Sie werden im Unternehmen häufig eingesetzt, z.B. zur Erprobung von Testprodukten.

- **Tools**, die in der praktischen Organisationsarbeit eingesetzt werden und die Software für den Einsatz von Organisationsverfahren darstellen, z.B. als Darstellungstools zur grafischen Darstellung von Teilaspekten der Organisation.

- **Maßnahmen**, die Handlungen bzw. Anordnungen darstellen. Sie sind im Rahmen der Organisationsarbeit in vielfältiger Weise notwendig, z.B. als:

○ Motivation	○ Information	○ Schulung

Über die Organisationsmittel hinaus werden auch Organisationstechniken und Organisationsmethoden benötigt, die Vorgehensweisen zur Lösung von Organisationsaufgaben sind.

2. Organisationstechniken

Die Organisationstechniken sind organisatorische Mittel, die der Zielerreichung dienen und von der Organisationsabteilung eingesetzt werden. Sie zeigen die Art und Weise der Lösung von organisatorischen Problemen auf und werden bei der Aufbau-, Prozess- und Projektorganisation genutzt. Es gibt:

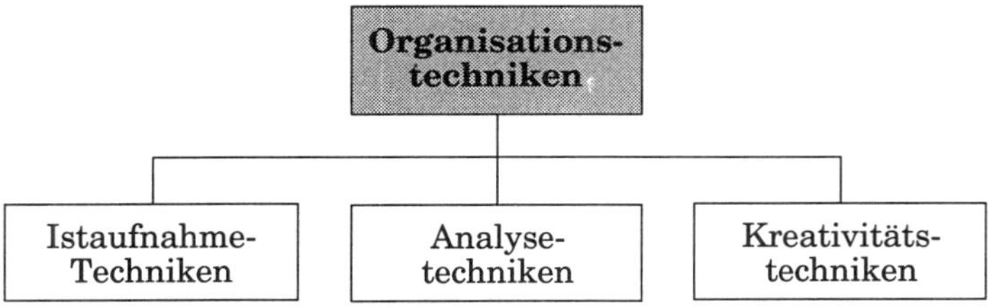

2.1 Istaufnahme-Techniken

Die Istaufnahme-Techniken dienen der Daten- und Informationsgewinnung. In der betrieblichen Praxis werden sie vor allem genutzt (*Olfert / Pischulti, Schmidt, Weidner / Freitag / Gernet / Ulbrich*) als:

- **Interview**
- **Fragebogen**
- **Beobachtung**
- **Multimomentaufnahme**
- **Selbstaufschreibung**
- **Dokumentationsauswertung**
- **Experiment**.

2.1.1 Interview

Das Interview ist eine systematisch aufgebaute **Befragung**, bei der Personen durch gezielte Fragen zur Abgabe verbaler Informationen veranlasst werden sollen. Es wird häufig mit einem Fragebogen und/oder mit der Dokumentationsauswertung kombiniert.

Hinsichtlich der Antworten der Auskunftspersonen können unterschieden werden:

- ❑ **Offene Fragen**, die frei formulierbar sind und bei denen der Befragte sich Gedanken über den erfragten Themenkreis machen muss.

- ❑ **Geschlossene Fragen**, bei denen Antwortmöglichkeiten vorgegeben sind, also lediglich eine Auswahl aus vorgefertigten Antworten erfolgt.

Die Interview-Technik vollzieht sich in mehreren **Phasen**:

Vorbereitung	❍ Zusammenstellung aller zu erhebenden relevanten Informationen ❍ Auswahl bzw. Bestimmung der Interviewpartner in den Fachbereichen ❍ Auswahl bzw. Schulung der Organisatoren für die Durchführung von Interviews ❍ Erstellung eines Interviewplanes, in dem z. B. Organisator, Interviewter, Ort und Zeit festgehalten werden ❍ Information des Interviewpartners durch seinen Vorgesetzten

⇩

Durchführung	❍ Schaffung einer positiven Gesprächsatmosphäre und Erläuterung des Interviewzwecks ❍ Beachtung von Interview-Prinzipien, wie z. B. dem Einsatz von offenen Fragen, Verzicht auf Suggestivfragen und eigene Kommentare bzw. Meinungen ❍ Versuch, alle relevanten Informationen unter Einhaltung eines vorher festgelegten Zeitrahmens zu erheben ❍ Bemühen, beim Gesprächspartner eine positive Grundeinstellung in Bezug auf das Organisationsproblem zu bewirken

⇩

Auswertung	❍ Prüfung der Befragungsergebnisse auf Vollständigkeit im Hinblick auf die benötigten Informationen ❍ Kontrolle der Interviewergebnisse auf Plausibilität ❍ Dokumentation der Befragungsergebnisse, z.B. in Form von Datenflussplänen oder Listen

Die Interview-Technik weist Vorteile und Nachteile auf:

Vorteile	Nachteile
❍ Ermittlung des Istzustandes ❍ Möglichkeit von Zusatzfragen ❍ Möglichkeit der Inaugenscheinnahme bei Mengen- und Zeitangaben ❍ Motivation des Interviewpartners für organisatorische Tatbestände	❍ Hoher Zeitbedarf ❍ Hohe Kosten ❍ Schulungsbedarf für Organisatoren ggf. notwendig ❍ Befragung stört Interviewten bei seiner Arbeit

2.1.2 Fragebogen

Der Fragebogen stellt ein Mittel zur Istaufnahme dar, das im Rahmen einer **Befragung** eingesetzt wird. Durch Erläuterungen und Mustereintragungen kann ein möglichst fehlerfreies Ausfüllen des Fragebogens bewirkt werden.

Nach der **Art** der Fragen können unterschieden werden:

- Fragebögen mit offenen Fragen
- Fragebögen mit geschlossenen Fragen.

Die Besonderheiten offener und geschlossener Fragen wurden bereits beim Interview dargestellt – siehe Seite 65. Das bei Fragebögen mit geschlossenen Fragen angewandte Verfahren wird auch als **Multiple-choice-Verfahren** bezeichnet.

Bei der **Ausarbeitung** der Fragen ist zu achten auf:

- Eindeutige Formulierungen
- Bewertungsfreie Fragestellungen
- Anpassung der Fragestellung an den Befragten

Der **Einsatz** der Fragebogentechnik lässt sich bei vielen Informationsgebern, geographisch dezentralisierten Informationsgebern, einfachem und einheitlichem Informationsbedarf sowie vorzubereitenden Stellenbeschreibungen empfehlen.

Die Fragebogentechnik hat verschiedene Vorteile und Nachteile:

Vorteile	Nachteile
○ Schriftliche Ergebnisse/Vorlagen ○ Einsatz der EDV ggf. möglich ○ Anwendung statistischer Verfahren zur Auswertung der Fragebögen nutzbar ○ Bei geschlossenen Fragen relativ geringe Kosten ○ Ergebnisse relativ schnell parat ○ Resultate zu einem Zeitpunkt verfügbar	○ Möglicherweise geringe Rücklaufquote ○ Gefahr von Missverständnissen ○ Keine Möglichkeit zu späteren Rückfragen (wenn anonym) ○ Hoher Auswertungsaufwand bei frei formulierbaren Antworten ○ Unpersönlich wegen fehlender Vertrauensbasis bzw. persönliche Beziehung zwischen Organisator und Interviewpartner

Die Anfertigung eines Fragebogens zur Erhebung von organisatorischen Problemstellungen bzw. Tatbeständen ist in der Praxis mitunter mit großen Schwierigkeiten verbunden, z.B. mit Problemen bei Formulierungen oder mit Problemen bei der Auswahl der Fragebogen-Empfänger.

12

Sie erhalten als Organisator vom Leiter der Fertigung die Aufgabe übertragen, im Produktionsbereich mit 120 Mitarbeitern eine kostengünstige Istaufnahme vorzunehmen. Als Möglichkeiten bieten sich an, entweder Interviews zu führen oder Fragebögen einzusetzen. Die Fertigungsmitarbeiter kennen die Organisationsproblematik.

Welche der beiden Istaufnahme-Techniken bevorzugen Sie? Begründen Sie Ihre Entscheidung anhand der Kriterien Zeitdauer, Kosten und Bezug zu den Befragten!

Seite 237

2.1.3 Beobachtung

Die Beobachtung ist eine planmäßige direkte Erhebung von Gegebenheiten und Verhaltensweisen, die nicht auf Fragen und Antworten beruht. Die Datenerfassung kann mithilfe von Beobachtern und/oder technischen Geräten erfolgen. Sie ist möglich als:

- **Einmalbeobachtung**, bei der sich der Beobachter unwiederholbar über eine kurze Zeit am Arbeitsplatz aufhält. Hier fließt der Informationsstrom nur in Richtung des Beobachters.

- **Dauerbeobachtung**, bei der sich der Beobachter über einen längeren Zeitraum am Arbeitsplatz aufhält, ohne Auskünfte vom Beobachteten einzuholen.

  Einsatzbereiche der relativ selten eingesetzten Dauerbeobachtung sind insbesondere:

○ Arbeitsablaufgestaltungen	○ Arbeitsplatzgestaltungen
○ Arbeitsplatzuntersuchungen	○ Auslastungsermittlungen

  Die Dauerbeobachtung hat im Wesentlichen folgende Vorteile und Nachteile:

Vorteile	Nachteile
○ Hohe Genauigkeit ○ Vollständige Erhebung	○ Hoher Zeitbedarf ○ Erhebliche psychologische Belastung für den Beobachteten ○ Verfälschungs- bzw. Manipulationspotenziale durch den Beobachteten

Beobachtungen dürfen nicht verdeckt bzw. »getarnt« durchgeführt werden, weil das arbeitsrechtlich nicht erlaubt ist.

2.1.4 Multimomentaufnahme

Die Multimomentaufnahme ist ein **Stichprobenverfahren**, bei dem Mengenangaben und Zeitangaben aus einer ganzen Reihe von Beobachtungen des Augenblicks abzuleiten sind. Aus vielen stichprobenweise durchgeführten Kurzzeitbeobachtungen lassen sich statistisch abgesicherte Ergebnisse ableiten. Damit wird von Teilen auf das Ganze geschlossen.

Mithilfe der Multimomentaufnahme sind Aussagen über die prozentuale Häufigkeit von Vorgängen möglich. Darüber hinaus bietet sie auch Angaben über die Dauer von vorwiegend unregelmäßig auftretenden Vorgängen oder Größen für eine frei wählbare Genauigkeit, zumeist bei einer statistischen Sicherheit von 95 %.

Bei einer Multimomentaufnahme sind folgende **Phasen** zu unterscheiden:

Planung	Sie dient dazu, die zu beobachtenden Personen, Arbeitsplätze, Zeitpläne und Sachmittel zu definieren, die Beobachtungselemente bzw. Tätigkeitsarten zu bestimmen sowie den Genauigkeitsgrad der statistischen Erhebung festzulegen.
Information	Hier geht es um die ausführliche Information der beobachteten Mitarbeiter bereits vor der eigentlichen Durchführung der Multimomentaufnahme.
Durchführung	Bei ihr trägt der Organisator seine Beobachtungen zum vorgegebenen Zeitpunkt gemäß dem Beobachtungsplan in eine vorbereitete Strichliste ein.
Auswertung	Hier werden die entsprechenden Anteilswerte aller erhobenen Beobachtungswerte errechnet, z. B. Zeitbedarf, Arbeitsauslastung und Arbeitsstruktur.

Einsatzbereiche der weitverbreiteten Multimomentaufnahme sind insbesondere:

- Auslastungsermittlungen
- Tätigkeitsprofiluntersuchungen
- Verteilzeitstudien
- Feststellung von Störungsursachen
- Terminkontrollen

Die Multimomentaufnahme weist Vorteile und Nachteile auf:

Vorteile	Nachteile
○ Gute Ergebnisse durch Einsatz der Wahrscheinlichkeitsrechnung ○ Geringe Störung des Beobachteten bei seiner Aufgabenerfüllung ○ Relativ geringe Kosten	○ Oftmals erhebliche Vorbehalte/Abneigungen der Beobachteten gegen diese Organisationstechnik

2.1.5 Selbstaufschreibung

Die Selbstaufschreibung ist ein Verfahren, mit dessen Hilfe der Mitarbeiter selbst die von ihm ausgeführten Arbeiten dokumentiert, indem er z. B. Aufgaben, Zeiten und Mengen in einen vorbereiteten Vordruck einsetzt oder einen kurzen Bericht über sein Tätigkeitsgebiet verfasst.

Sie vollzieht sich in folgenden **Schritten**:

Planung	In dieser Phase sind die Tätigkeitsarten, der Sachmitteleinsatz und die in die Selbstaufschreibung einzubeziehenden Mitarbeiter festzulegen. Damit die betroffenen Personen zeitlich so wenig wie möglich belastet werden, sollte von ihnen ein **Formular** zur Eintragung der Tatbestände verwendet werden, das idealerweise mittels EDV auswertbar ist.
Information	Es ist zu empfehlen, eine ausführliche Information der betroffenen Mitarbeiter vorzunehmen, um beim Ausfüllen von Vordrucken eventuell bestehenden Vorbehalten entgegenzuwirken.
Durchführung	Sie sollte einen längeren Zeitraum umfassen, z. B. sechs bis zwölf Wochen. Gelegentliche Kontrollen und Stichproben können die Gefahr von Manipulationen begrenzen. Um eine zeitnahe Auswertung zu gewährleisten, empfiehlt es sich, dass die jeweiligen Personen ihre Aufzeichnungen entweder täglich oder wöchentlich dem Organistor übergeben.
Auswertung	In dieser Phase werden die einzelnen Arbeits- bzw. Tätigkeitsberichte möglichst EDV-gestützt ausgewertet. Die Ergebnisse stellen das Anforderungs- oder Qualifikationsprofil eines Mitarbeiters dar.

Die Selbstaufschreibung weist mehrere Vor- und Nachteile auf:

Vorteile	Nachteile
❍ Möglichkeit der Vollerhebung von Daten ❍ Geringe Kostenbelastung ❍ Unangreifbare, verbindlich fixierte Daten	❍ Latentes Manipulations- bzw. Fälschungsrisiko ❍ Möglicherweise erhebliche Widerstände der Betroffenen

2.1.6 Dokumentationsauswertung

Die Dokumentationsauswertung ist ein Verfahren zur Analyse des Inhaltes von für die Istaufnahme bedeutsamen **Schriftstücken**. Ihr Zweck ist die Informationsgewinnung aus bereits vorhandenen Daten.

Auswertbare **Dokumente** können z. B. sein:

❍ Organigramme	❍ Formular-/Befugnisverzeichnisse
❍ Aufgabenverteilungspläne	❍ Stellenbeschreibung
❍ Namens-/Sachmittelverzeichnisse	❍ Arbeitsprozessbeschreibungen

Die Dokumentationsauswertung hat Vorteile und Nachteile:

Vorteile	Nachteile
❍ Geringer Aufwand der Durchführung ❍ Keine Beeinträchtigung des Arbeitsablaufes ❍ Keine zeitintensive Dokumentation	❍ Vorabprüfung des Dokumenteninhaltes und Vergleich mit der Ist-Situation durch Inaugenscheinnahme zur Qualitätssicherung

2.1.7 Experiment

Das Experiment ist ein planmäßiges Verfahren zur Prüfung von Hypothesen. Durch die Veränderung einer oder mehrerer Größen gilt es, deren Wirkungen auf andere Größen aufzuzeigen, z. B. indem fiktive Geschäftsvorfälle in die Arbeitsabläufe eingeschleust und daraufhin verfolgt werden, zu welchen Ergebnissen diese Geschäftsvorfälle führen.

Einsatzbereiche des in der betrieblichen Praxis selten angewandten Experimentes sind vor allem:

❍ Qualitative Betrachtung von Arbeitsabläufen	❍ Zeitbedarfsermittlung ❍ Schwachstellenanalyse

Das Experiment ist zumeist mit folgenden Vorteilen und Nachteilen verbunden:

Vorteile	Nachteile
❍ Hohe Anschaulichkeit ❍ Abgrenzbarkeit der Anwendungsbereiche ❍ Keine zeitintensive Dokumentation der Aufnahme	❍ Kein signifikantes Ergebnis durch die Beschränkung auf ein Experiment ❍ Erfordernis einer Vielzahl von Experimenten für verlässliche Ergebnisse ❍ Irritationen bei den Mitarbeitern

2.2 Analysetechniken

Die Techniken zur Analyse des Ist-Zustandes beziehen sich auf ein zu untersuchendes Organisationsproblem. Zu ihnen zählen:

- **Checklistentechnik**
- **Benchmarking**
- **Schwachstellenanalyse**
- **Wirtschaftlichkeitsanalyse**
- **ABC-Analyse**.

Weitere Analysetechniken werden von *Olfert/Steinbuch* beschrieben.

2.2.1 Checklistentechnik

Checklisten sind übersichtliche Zusammenstellungen von Fragen in Listen, die in ihrer Gesamtheit sicherstellen sollen, dass alle Problemfelder eines Ist-Zustandes erkannt werden (*Heinrich*). Sie helfen bei der Bewältigung von Organisationsproblemen und werden auch als **Prüffragenkataloge** bzw. **Prüflisten** bezeichnet.

Mithilfe von Checklisten ist vor allem die systematische **Ermittlung von Schwachstellen** möglich. Die gezielte Suche erweist sich vor allem dann als angebracht, wenn für Planungen nur pauschale Zielrichtungen vorgegeben sind, z.B. bei einer sehr allgemein formulierten Aufgabe zur Kürzung von Durchlaufzeiten (*Henkel / Schwetz*).

Nicht zuletzt helfen die Checklisten, dass bei der Beurteilung bestehender Organisationsstrukturen keine wesentlichen Gesichtspunkte vergessen werden.

Die **Problematik** der Checklistentechnik besteht vornehmlich darin, dass es nicht einfach ist, gute Prüflisten zu entwickeln (*Acker*). Ihre Erstellung erfordert vom Organisator erhebliche Erfahrungen in dem jeweiligen Untersuchungsbereich.

2.2.2 Benchmarking

Das Benchmarking ist eine Problemermittlung durch den systematischen Vergleich relevanter Kennzahlen des eigenen Unternehmens und eines Unternehmens, das Spitzenleistungen erbringt (*Leibfried / Mc Nair*). Es wird auch als **Kennzahlentechnik** bezeichnet.

Im Rahmen des Benchmarking erfolgt ein kontinuierlicher Vergleich bestimmter Sachgüter, Dienstleistungen, Prozesse und Methoden dieses Unternehmens mit dem anderen Unternehmen. Ziel ist es, die eigene Leistungsfähigkeit zu steigern.

Beim Einsatz des Benchmarking wird in drei **Schritten** vorgegangen:

Kennzahlen-ermittlung	Sie erfolgt zur Durchführung eines Vergleichs. Dazu sind zunächst die relevanten Kennzahlen eines Spitzenunternehmens der gleichen Branche zu ermitteln, z.B. Zahlen über die durchschnittliche Zahl der Arbeitsgänge.

⇩

Istzahlen-Ermittlung	Sie betrifft das zu untersuchende Unternehmen. Hier geht es um die verfügbaren und wichtigen Kennzahlen dieses Unternehmens, z.B. Daten aus der Fertigung über die Zahl der Arbeitsgänge in diesem Bereich.

⇩

Kennzahlen-vergleich	Er besteht aus der Gegenüberstellung, Analyse und Beurteilung von Abweichungen der Daten des Spitzenunternehmens und des zu untersuchenden Unternehmens. Daraus kann sich ergeben, dass z. B. die Zahl der Arbeitsgänge des eigenen Unternehmens stark überhöht ist.

Es ist daraufhin zu entscheiden, wie organisatorischen Defiziten entgegengesteuert werden kann. Erweist sich der betrachtete Prozess als schlecht organisiert, muss er neu modelliert und realisiert werden.

2.2.3 Schwachstellenanalyse

Als Schwachstellen können organisatorische **Unzulänglichkeiten** in Aufbaustrukturen und Prozessen bezeichnet werden (*Henkel / Schwetz*). Die Schwachstellenanalyse ist die Untersuchung solcher Gegebenheiten durch die Problemherleitung aus dem Auftreten von Mängeln. Damit erfolgt eine **Umkehrung des Ursache-Wirkungs-Prinzips**.

Die Schwachstellenanalyse erfolgt in drei **Schritten**:

Mängel-ermittlung	Mängel ergeben sich z. B. durch Defizite in Form überhöhter Lagerkapazitäten oder durch zu lange Durchlaufzeiten in der Fertigung.
⇩	
Mängelquan-tifizierung	Sie erfolgt z. B. durch Herausfinden der Häufigkeit des Auftretens von Kundenreklamationen.
⇩	
Problem-ermittlung	Sie betrifft z. B. die Erarbeitung der Problemursachen für die Mängel in einer Problemliste.

Zur Problemermittlung ist auch die **Problemumfeldanalyse** (PUMA) geeignet, die im Vorfeld eines Projektes klären soll, mit welchen positiven bzw. negativen Einflussfaktoren zu rechnen ist.

2.2.4 Wirtschaftlichkeitsanalyse

Die Wirtschaftlichkeitsanalyse vergleicht die im Rahmen von **Teilanalysen** angefallenen Ist-Werte mit den Werten möglicher anderer Lösungen. Diese Untersuchungen können für durchschnittliche Leistungseinheiten vorgenommen werden, z.B. bei:

❍ Buchungen im Rechnungswesen	❍ Bestellungen im Einkauf
❍ Rechnungen im Verkauf	❍ Aufträgen im Marketingbereich

Die **Vergleichsbasis** zu den Ist-Werten kann auf verschiedene Weise ermittelt werden. Dazu bieten sich z. B. an:

❍ Angebote	❍ Tarife	❍ Hochrechnungen

Der Wirtschaftlichkeitsvergleich ist aber auch als **Gesamtanalyse** auf der Basis von Gesamtwerten als Gesamtkosten oder Gesamtdeckungsbeiträgen möglich. Dafür kommen dann z.B. folgende Werte infrage:

❍ Gewinn	❍ Rentabilität	❍ Wiedergewinnungszeit

2.2.5 ABC-Analyse

Die ABC-Analyse ist ein Instrument zur **wertmäßigen Klassifikation** von Gütern und eine Technik zum Erkennen von Schwerpunkten in einem System. Die Aufgabe dieser Technik ergibt sich aus der Ermittlung und der kritischen Würdigung der Wertanteile bestimmter Systemelemente.

Bei einer ABC-Analyse wird ermittelt, welche **Wertanteile** bzw. **Mengenanteile** die einzelnen Güter haben. Bei einer Normalverteilung ergeben sich:

❑ **A-Positionen** als die Güter mit hohem Wertanteil, die nur mit einer geringen Zahl von Mengenanteilen vertreten sind.

❑ **C-Positionen**, bei denen es eine Vielzahl von Mengenanteilen gibt, die nur einen geringen Wertanteil ausmachen.

❑ **B-Positionen**, die zwischen den beiden vorgenannten Positionsgruppen eingereiht werden.

Der Zusammenhang zwischen dem Wertanteil und dem Mengenanteil von A-, B- und C-Gütern weist die folgende Kurve aus – siehe ausführlich *Olfert/Steinbuch*:

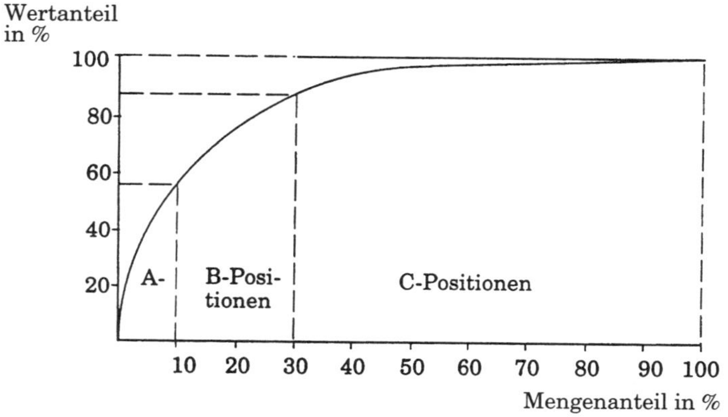

Aus den Ergebnissen der ABC-Analyse kann gefolgert werden:

- ❑ Die **A-Positionen** erfordern aufgrund ihres hohen Kostenanteils besondere Anstrengungen.
- ❑ Den **B-Positionen** sollte ebenfalls Aufmerksamkeit gewidmet werden, die im Vergleich zu den A-Positionen allerdings deutlich geringer sein kann.
- ❑ Die **C-Positionen** werden lediglich routinemäßig behandelt, da hohe Anstrengungen nur einen verhältnismäßig geringen Nutzen mit sich bringen.

2.3 Kreativitätstechniken

Kreativitätstechniken sind **Ideenfindungs**- bzw. **Problemlösungstechniken**, die das produktive Denken und die Konkretisierung dieser Denkergebnisse fördern, z. B. in Form von Innovationen. Als häufig genutzte Kreativitätstechniken sind zu unterscheiden (*Oechsler, Olfert / Pischulti, Rahn, Uebele*):

- **Brainstorming**
- **Methode 635**
- **Synektik**
- **Morphologie**.

2.3.1 Brainstorming

Das Brainstorming ist eine Kreativitätstechnik zur **Förderung innovativer Lösungen** im Rahmen einer Gruppensitzung. Die Gruppe sollte hierarchisch möglichst homogen zusammengesetzt sein, denn die Teilnahme von Personen aus unterschiedlichen hierarchischen Ebenen kann psychologische Hemmschwellen bei der Kommunikation mit sich bringen.

Prinzipien des Brainstorming sind:

- ❑ Maximal 12 Teilnehmer mit unterschiedlichen Kenntnissen und Erfahrungen
- ❑ Frühzeitige und genaue Vorgabe des zu diskutierenden Themas
- ❑ Bekanntgabe der Sitzungsregeln zu Beginn der Gruppensitzung
- ❑ Sitzungsdauer maximal 30 Minuten
- ❑ Spontane und lockere Atmosphäre
- ❑ Protokollierung der von den Teilnehmern geäußerten Ideen.

Im Verlaufe einer Gruppensitzung gelten folgende **Regeln**:

o Kritik ist streng verboten	o Killerphrasen sind nicht zugelassen
o Quantität geht vor Qualität	o Spontane Ideen sollen geäußert werden
o Freier Lauf der Fantasie	

Beim Brainstorming werden die Ideen von Gruppenmitgliedern aufgegriffen und spontan weiterentwickelt, was auch Veränderungen der Ideen bewirken kann. Es gibt dabei **keine Urheberrechte**, sondern jeder Teilnehmer sollte die Gedanken des anderen weiterführen.

Am Ende der Brainstorming-Sitzung stehen die Systematisierung der Ergebnisse durch den Moderator und die Bewertung durch die Teilnehmer.

2.3.2 Methode 635

Die Methode 635 ist eine Weiterentwicklung des Brainstorming. Hier wird von der Erkenntnis ausgegangen, dass eine Kreativitätstechnik besonders erfolgreich ist, wenn die Ideen eines Teilnehmers von anderen Mitgliedern aufgegriffen und weiterentwickelt werden.

Deshalb schreiben bei der Methode 635 anlässlich einer **Gruppensitzung** auf einfachen Formularen (3 Spalten, 6 Zeilen)

- **6** zu einer Gruppensitzung geladene Mitglieder
- **3** Vorschläge oder Lösungsalternativen, die jeweils
- **5** mal weitergegeben und weiterentwickelt werden.

Daraus ergeben sich 108 Vorschläge (3 · 6 · 6), die schriftlich vorliegen. Deshalb wird die Methode 635 auch **Brainwriting** genannt. Durch den Austausch der Vordrucke entstehen Assoziationsketten, die Innovationen hervorbringen. Im Gegensatz zum Brainstorming entfällt die Problematik der Leitung der Gruppe.

Voraussetzungen für den erfolgreichen Einsatz der Methode 635 sind:

- Entspannte Atmosphäre in der Gruppensitzung
- Die Teilnehmer sollen etwa die gleiche Qualifikation haben
- Die Beteiligten sollen ein hohes Kreativitätspotenzial mitbringen
- Für die Lösungen sind qualitative und quantitative Aspekte zu beachten
- Die Kritik der niedergeschriebenen Ideen hat zu unterbleiben
- Durch die Ideenproduktion entsteht keinerlei Urheberrecht.

13

In der Organisationsabteilung der Firma Inno GmbH versuchen ein Organisator, zwei Verkäufer und drei weitere Experten zu ergründen, wie die Kundenzufriedenheit durch organisatorische Maßnahmen zu verbessern ist. Es gibt immer wieder Beanstandungen von Kunden, die sich über die Serviceleistungen des Unternehmens beklagen. Die Gruppe beschließt nach der Methode 635 vorzugehen.

- Worin können die Voraussetzungen für den erfolgreichen Einsatz der Methode 635 gesehen werden?
- Wie ist diese Methode zu beurteilen?

Seite 238

2.3.3 Synektik

Die Synektik ist eine Kreativitätstechnik, bei der eine **Zusammenfassung von Elementen** bewirkt wird, die von Natur aus nicht zueinander gehören. Oft ist in einem kreativen Prozess die gefühlsmäßige, irrationale Seite viel bedeutender als der rationale Aspekt. Dabei wird wie folgt vorgegangen:

- Zunächst gilt es, das »**Fremde vertraut zu machen**«, sich ihm zu öffnen. Im Rahmen der Verfremdung von Vorgängen versucht sich der Mitarbeiter durch Analogiebildung in einen Gegenstand hineinzuversetzen.

  Dies geschieht, um den irrationalen Einflüssen die Möglichkeit zu geben, sich zu entfalten. So erhält ein Mitarbeiter neue Impulse.

- Sodann wird versucht, das »**Vertraute fremd zu machen**«, sich also von dem Gewohnten zu distanzieren und die zu lösenden Probleme aus einem neuen Blickwinkel zu sehen.Die Verfremdung bekannter Tatsachen soll Voreingenommenheit verhindern. Manche kreative Lösung kann ohne diese Technik gegebenenfalls übersehen werden.

Die Ergebnisse werden i.d.R. durch die Bildung von **Analogien zu anderen Lebensbereichen** erzielt. Da die Synektik nicht einfach anzuwenden ist, setzt sie eine sorgfältige Auswahl dafür geeigneter Personen voraus, z. B. Personen mit hohem Kreativitätspotenzial und logischem Denkvermögen.

2.3.4 Morphologie

Die morphologische Methode ist eine Kreativitätstechnik, bei der strukturanalytisch vorgegangen wird. Sie dient der möglichst vollständigen Erfassung aller Lösungsalternativen einer Problemstellung und der Prüfung ihrer Kombinationsmöglichkeiten. Das zu lösende Problem ist dabei zunächst möglichst allgemein zu beschreiben, um Lösungsmöglichkeiten nicht von vornherein auszuschließen.

Die **Vorgehensweise** der morphologischen Methode lässt sich am Beispiel einer zu entwickelnden Kaffeemaschine zeigen:

Funktionen	Lösungsalternativen		
	1	2	3
Wasser kochen	Heizplatte (außen)	Heizspirale (innen)	Induktionserhitzung
Kaffee filtern	Filterpapier	poröses Material	Zentrifuge
Kaffee warmhalten	Wärmezufuhr	Isolierung	Wärmehaube
Kaffee ausschenken	Zweitbehälter zum Ausgießen	Pumpe zum Ausgeben	Hahn zum Ausschenken

Erläuterungen:

1. Alternative

2. Alternative

Daraus ergeben sich folgende **Schritte**:

1	Zunächst wird ein morphologischer Kasten aufgestellt.
2	Dann werden die Funktionen des Objektes festgelegt und vertikale Eintragungen vorgenommen, z. B. Wasser kochen, Kaffee filtern, Kaffee warmhalten usw.
3	Für jede Funktion wird nach Alternativen gesucht, z. B. zum Kochen von Wasser die Heizplatte, Heizspirale und Induktionserhitzung.
4	Der erste Lösungsvorschlag wird diagonal eingetragen, z. B. Heizspirale, Filterpapier, Isolierung, Zweitbehälter.
5	Der zweite Lösungsvorschlag wird ebenfalls diagonal vermerkt, z. B. Heizplatte, poröses Material, Wärmehaube, Hahn.
6	Es können weitere Lösungsvorschläge entwickelt werden.

Die möglichst totale Erfassung des jeweiligen Problemfeldes erfordert von den Bearbeitenden umfassende Kenntnisse.

3. Organisationsmethoden

Die Organisationsmethoden zeigen die Art und Weise des planmäßigen Vorgehens durch den Organisator. Sie sind schrittweise vorgegebene **Vorgehensweisen** zur zielgerichteten Lösungserarbeitung. Nach *Schmidt* regeln die Organisationsmethoden die Vorgehenssystematik.

Folgende **Arten** der Organisationsmethoden lassen sich unterscheiden (*Olfert/Rahn*):

- Die **Zehnstufen-Aufbaumethode**, die mit der gezielten Aufbauvorbereitung beginnt und mit der Einführung der betrieblichen Aufbauorganisation endet – siehe ausführlich S. 81.

- Die **Dreistufen-Prozessmethode**, an deren Anfang die Prozessvorbereitung steht und die mit der Einführung der neuen Prozessorganisation endet – siehe ausführlich S. 157.

- ❑ Die **Vierstufen-Projektmethode**, die mit der Projektvorbereitung beginnt und mit der Einführung der neuen Projektorganisation endet – siehe ausführlich S. 198.

Allen drei Methoden ist gemeinsam, dass sie mit der Analyse der gegebenen betrieblichen Bedingungen beginnen, dann mit der Planung fortgeführt werden, bevor die Gestaltung der jeweiligen Organisationsart vorgenommen wird und die Einführung erfolgt.

14

Erläutern Sie, was unter den folgenden Begriffen zu verstehen ist, die Sie in diesem Kapitel kennen gelernt haben!

- ❑ Organisationsinstrumente
- ❑ Organisationstechniken
- ❑ Befragung
- ❑ Fragebogen
- ❑ Beobachtung
- ❑ Multimomentaufnahme
- ❑ Selbstaufschreibung
- ❑ Dokumentenauswertung
- ❑ Experiment
- ❑ Checklistentechnik
- ❑ Benchmarking
- ❑ Schwachstellenanalyse
- ❑ Wirtschaftlichkeitsanalyse
- ❑ ABC-Analyse
- ❑ Brainstorming
- ❑ Methode 635
- ❑ Synektik
- ❑ Morphologie

Seite 251 ff.

C. Aufbauorganisation

Die Aufbauorganisation ist die wirksame Gestaltung des statischen Beziehungszusammenhangs eines soziotechnischen Systems. Sie wird auch **Gebildestrukturierung** (*Kosiol*) genannt und zeigt die Ordnung der Aufgaben-, Kompetenz- und Verantwortungsinhalte im Unternehmen.

Den Ausgangspunkt der Gestaltung einer Aufbauorganisation bildet vielfach der **Organisationsauftrag** der Unternehmensleitung an den Organisator. Durch die Konkretisierung des Organisationsauftrages mit entsprechender Zielsetzung wird eine feste Ausgangsbasis für die organisatorische Planung, Durchführung und Kontrolle der Aufbauorganisation geschaffen (*Weidner / Freitag / Gernet / Ulbrich).*

Zur Gestaltung der Aufbauorganisation eines Unternehmens kann die **Zehn-Stufen-Aufbaumethode** angewendet werden, die folgende Schritte umfasst (*Rahn*):

Organisationsauftrag →

1	**Vorbereitung der Aufbauorganisation** (Aufbauanalyse und Aufbauplanung)
2	**Gestaltung der Stellen** (Aufgabenanalyse und Aufgabensynthese)
3	**Erfassung der Organisationseinheiten** (Stellen, Instanzen und Arbeitsplätze)
4	**Festlegung der Aufbauordnung** (Dezentralisation bzw. Zentralisation)
5	**Charakterisierung der Tätigkeitsarten** (Vollzeit- bzw. Teilzeittätigkeiten)
6	**Zuordnung von Aufgabenträgern** (Bezeichnungen bzw. Anforderungsprofile)
7	**Ausstattung mit Kompetenzen und Verantwortung** (Aufgabe, Kompetenz, Verantwortung)
8	**Bestimmung der Verbindungsarten** (Längs-, Quer-, Diagonal-, Richtlinienverbindungen)
9	**Erfassung der Gesamtorganisation** (Gruppen, Bereiche, Leitung, Unternehmen)
10	**Einführung der Aufbauorganisation** (Vorbereitung, Durchsetzung, Kontrolle)

→ Auftragserledigung

Bei der **Neuorganisation** entfällt die erste Stufe. Liegt dieser Fall vor, wird sofort mit der Aufgabenanalyse und Aufgabensynthese begonnen. In der betrieblichen Praxis ist diese Situation allerdings wesentlich seltener gegeben als die Reorganisation.

Bei der **Reorganisation** werden im Unternehmen organisatorische Veränderungen vorgenommen. Es wird dabei zunächst von der gegebenen Situation des Unternehmens ausgegangen und sodann die neue Struktur auf dieser Basis organisiert.

Als Aufbauorganisation sollen dargestellt werden:

Aufbau-organisation	Aufbauvorbereitung
	Stellenaufbauorganisation
	Gruppenaufbauorganisation
	Bereichsaufbauorganisation
	Unternehmensaufbauorganisation
	Aufbaueinführung
	Aufbaucontrolling

1. Aufbauvorbereitung

Bevor der Organisator eine Reorganisation beginnen kann, hat er bestimmte Arbeiten zu erledigen, welche als Aufbauvorbereitung bezeichnet werden können, die umfasst:

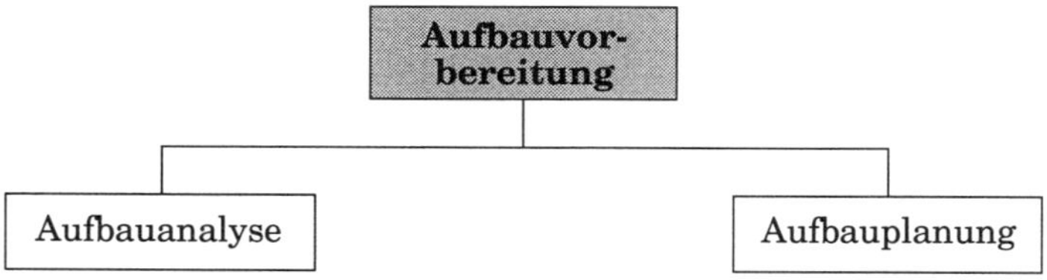

1.1 Aufbauanalyse

Die Aufbauanalyse stellt die Erfassung und kritische Untersuchung der bestehenden Bedingungen des Unternehmens dar. Sie ist Bestandteil der **Organisationsanalyse** (*Acker*) bzw. **Systemanalyse** *(Heinrich, Krallmann, Schmidt)* und geschieht in zwei Phasen:

- **Ist-Aufnahme**
- **Ist-Kritik**.

1.1.1 Ist-Aufnahme

Die Aufnahme des Ist-Zustandes einer Organisation besteht in der Sammlung, Ordnung und Untersuchung von Daten der bisher gegebenen Aufbaustruktur.

Als **Ist-Zustand** kann der gegebene Untersuchungsgegenstand bezeichnet werden, der ein System von Regelungen und menschlichen Beziehungen enthält.

Die bisherigen Aufbauregelungen sind vielfach verbesserungsbedürftig, da die Unternehmen ständigen Veränderungen unterworfen sind. Die Dokumentation des Ist-Zustands ist selten vollständig oder auf dem aktuellen Stand. Deshalb erweist sich die Ermittlung von Aufnahmedaten als notwendig.

Die Aufnahmedaten sind mithilfe verschiedener **Organisationstechniken** ermittelbar. Dazu zählen – siehe ausführlicher Kapitel B:

- Die **Selbstaufschreibung** grundlegender Unternehmensdaten, die sich aus Geschäftsberichten, Organisationshandbüchern bzw. aus Rundschreiben und Werkszeitschriften ergeben, z.B.:

○ Unternehmensaufgaben	○ Technologie
○ Führungsstil	○ Personalstruktur
○ Organisationsform	○ Unternehmensumfeld

- Die **Interviews mit Stelleninhabern**, die systematische Befragungen umfassen. Die Antworten der Auskunftspersonen können z.B. sein:

○ Bei **offenen Fragen** frei formulierbar
○ Bei **geschlossenen Fragen** lediglich Ja-nein-Antworten

  Den Ergebnissen der Interviews mit Stelleninhabern können Informationen über Stärken und Schwächen des bestehenden Organisationsaufbaus entnommen werden.

- Die **Fragebögen**, deren Ergebnisse Details zur bisherigen Aufbauorganisation offen legen, z.B. Aufbauerfassungsbögen zu den bisherigen Aufgaben der Stellen. Durch Erläuterungen und Mustereintragungen kann ein möglichst fehlerfreies Ausfüllen des Fragebogens bewirkt werden.

  Es sind – wie bei den Interviews – zu unterscheiden:

○ **Offene Fragen**, bei denen Befragte die Antworten zum Aufbau selbst formulieren
○ **Geschlossene Fragen**, die auch als Multiple-choice-Fragen bezeichnet werden

- Die **Dokumentationsauswertung**, die ein Verfahren zur Analyse des Inhaltes von für die Ist-Aufnahme relevanten **Schriftstücken** darstellt. Ihr Zweck ist die Informationsgewinnung aus bereits vorhandenen Aufbaudaten.

  Auswertbare **Dokumente** können z.B. sein:

○ Aufgabenverteilungspläne	○ Stellenbeschreibungen
○ Organigramme	○ Namensverzeichnisse
○ Befugnisverzeichnisse	○ Stellenpläne

Darüber hinaus sollten auch allgemeine **Aufbaudaten** gesammelt werden, z.B. Berichte der Unternehmensleitung über geplante Veränderungen bzw. über neue Ziele. Für die Erarbeitung von Organisationsvorschlägen können auch **Gesetze und Verordnungen** bedeutsam sein, die dem Unternehmen Mindestanforderungen auferlegen.

Die Ist-Aufnahme kann mit **Schwierigkeiten** verbunden sein:

- **Persönliche Schwierigkeiten**, die bei den Betroffenen in der Abteilung bestehen, z.B. die Furcht vor Neuerungen, mangelndes Erinnerungsvermögen, Eitelkeit, Prahlsucht, Schönfärberei, Angst vor Bestrafung, Verschweigen von Misserfolgen.

- **Sachliche Schwierigkeiten**, die sich aus den zu untersuchenden Tatbeständen ergeben, welche häufig einem erheblichen Wandel unterliegen, z.B. werden sachlich notwendige Anpassungen an Marktveränderungen vollzogen.

- **Zeitliche Schwierigkeiten**, die im Zeitdruck der Betroffenen bzw. des Organisators zu suchen sind, z.B. Termindruck, zu kurze oder zu lange Vorbereitungsphasen, falsche Terminvorstellungen.

Weil es vor allem den unerfahrenen Organistoren schwer fällt, den Zeitrahmen der Ist-Aufnahme richtig einzuschätzen, gibt *Acker* folgende **Grundregeln** an:

- Die **Ist-Aufnahme** sollte ein Viertel bis ein Drittel der Gesamtzeit für die ganze Arbeit des Organisators beanspruchen.

- Die **Ist-Kritik** bzw. die Diskussion verschiedener Alternativen und die Feststellung der Grundkonzeption des Soll-Zustandes sollte etwa ein Drittel der Zeit umfassen.

- Die **Realisierung des Soll-Zustands** und seine Kontrolle bzw. Einführung sollte vom Organisator ebenfalls mit einem Drittel der Gesamtzeit genutzt werden.

Der Ist-Aufnahme schließt sich die Ist-Kritik an, die in der organisatorischen Praxis auch als **Ist-Analyse** bezeichnet wird.

15

Die Effizienz einer Aufbauanalyse hängt u.a. von der Vorgehensweise und von der Qualität der Prüflisten ab, die ein Organisator verwendet.

- Erstellen Sie eine Prüfliste mit 20 Fragen zur Aufbaustruktur des Marketingbereiches!
- Entwickeln Sie 10 Prüffragen zu möglichen Einflussfaktoren der gesamten Aufbaustruktur eines Unternehmens!

Seite 238

1.1.2 Ist-Kritik

In vielen Fällen besteht das Ziel der Organisationsarbeit in der Weiterentwicklung der bestehenden Organisation, die als **Reorganisation** bezeichnet wird. Dabei sucht der Organisator nach Schwachstellen im bisherigen Organisationsaufbau und nach Möglichkeiten seiner Verbesserung.

Diese Aufgabe erfordert von ihm ein hohes Maß an Fantasie und kreativen Fähigkeiten. Er benötigt eine **kreative Veranlagung**, d.h. er muss eine Vorstellung von etwas haben, das in der Realität noch nicht existent ist. Dabei kann der Organisator hilfsweise Prüflisten einsetzen.

Mit **Prüflisten** lassen sich Fehlerquellen bzw. Schwachstellen der bestehenden Organisation gezielt ermitteln. Wenn ein Organisator über zweckentsprechende Aufbau-Prüflisten verfügt, kann eine erfolgreiche Ist-Analyse dadurch erheblich gefördert werden.

In der Praxis werden solche Checklisten vielfach verwendet, damit bei der Beurteilung des bestehenden Aufbaus keine wesentlichen Gesichtspunkte vergessen werden. Es ist auf eine möglichst treffende **Begründung der Kritik** zu achten, z.B. bei:

- ❑ Aufgabenüberschneidungen verschiedener Stellen
- ❑ Kompetenzanmaßung von Aufgabenträgern
- ❑ Delegationsmängeln bei Vorgesetzten
- ❑ Mangelnder Flexibilität von Mitarbeitern
- ❑ Doppelarbeit an verschiedenen Organisationseinheiten
- ❑ Unangemessener Verteilung der Aufgaben an Stellen.

Die Ergebnisse der Ist-Aufnahme bzw. Ist-Kritik sind in einem **Bericht** sachlich und verständlich zu dokumentieren. Zur Vereinfachung können Abkürzungen verwendet werden, die allerdings in einem Verzeichnis zu erklären sind.

Die Ist-Aufnahme und die Ist-Kritik sind im Rahmen der betrieblichen Aufbauanalyse eng miteinander verknüpft.

16

Die Ist-Aufnahme ist vom Organisator genau und vollständig vorzunehmen. Sie besteht in der Sammlung, Ordnung und Untersuchung von Daten der bisher gegebenen Aufbaustruktur des Unternehmens.

❑ Lesen Sie den folgenden Text aufmerksam durch und entwickeln Sie eine Ist-Aufnahme für die »Isoliermittel AG« nach den folgenden Kriterien:

❍ Rechtsform	❍ Betriebsaufgaben	❍ Organisationsform
❍ Mitarbeiterzahl	❍ Führungsstil	❍ Umsatz
❍ Branche	❍ Ort des Stammhauses	❍ Dividende
❍ Produkte	❍ Orte der Werke	❍ Gezeichnetes Kapital

»Im Jahre 1900 gründete der Chemiker F. Alkali in Frankfurt eine Isoliermittelfabrik als Einzelunternehmen. Erst 55 Jahre später wurde das Unternehmen in eine AG umgewandelt. Die AG firmierte damals als »Allkali Isoliermittel AG«. Am 30. Juni 1986 beschloss die Hauptversammlung dieser AG eine Fusion mit der Mineralfaser GmbH, Darmstadt (Stammkapital: 50 Mio €). So entstand die »Isoliermittel AG« in Frankfurt. Diese Firma hat sich als Betriebsaufgabe die Herstellung, den Vertrieb und die Montage von Isoliermitteln für die Baubranche gestellt. Es wurden die Produkte »Faserit« und »Usolan« hergestellt. Zum Untersuchungszeitpunkt hatte die »Isoliermittel AG« einen Umsatz von 700 Mio €. Es wurde eine Dividende von 10 % auf das gezeichnete Kapital (80 Mio €) ausgeschüttet. In den Werken Frankfurt (Stammhaus) und Darmstadt bzw. Mannheim arbeiten 10.000 Beschäftigte. Die bisherige Unternehmensleitung pflegte einen straffen Führungsstil, der von der Zentrale ausgeht. Die dezentralen Werke sind von der Zentrale abhängig. Der Betrieb hat eine Funktionalorganisation.«

Berücksichtigen Sie bei Ihrem Lösungsvorschlag, dass zum Untersuchungszeitpunkt eine neue Unternehmensleitung ihre Arbeit aufgenommen hat, die den kooperativen Führungsstil pflegt!

- ❑ Nehmen Sie eine Ist-Kritik vor und berücksichtigen Sie dabei, dass die Unternehmensleitung die gegebene Organisationsform ändern möchte, weil die künftige Führungsstrategie mehr Gewinn und Kostenverantwortung der Werke vorsieht. Kritisieren Sie die bestehende Organisationsform und unterbreiten Sie einen Vorschlag für die Soll-Konzeption!

Seite 238

1.2 Aufbauplanung

Die Aufbauplanung schließt sich der Aufbauanalyse an. Mit ihr legt der Organisator in der Gegenwart fest, welche Struktur der Aufbauorganisation für einen bestimmten Planungszeitpunkt geschaffen werden soll.

Ein organisatorisches **Problem**, das gegebenenfalls im Rahmen der Aufbauanalyse festgestellt wurde, ist der Ausgangspunkt für die Aufbauplanung. Die Schwierigkeiten der Aufbauplanung liegen in der mangelnden Vorausbestimmbarkeit bzw. der fehlenden Voraussehbarkeit künftig geeignet erscheinender Aufbaustrukturen.

Als Aufbauplanung sind zu unterscheiden:

- **Zielplanung**
- **Konzeptplanung**.

1.2.1 Zielplanung

Mit der Gestaltung der Aufbauorganisation verfolgt ein Unternehmen bestimmte Ziele. Erst wenn diese Ziele bekannt sind, kann beurteilt werden, ob eine aufbauorganisatorische Lösung sinnvoll ist (*Schmidt*). Deshalb sind die aufbauorganisatorischen Ziele zu planen.

Die Ziele der Aufbauplanung ergeben sich aus den **Organisationszielen**, die ihrerseits aus den Zielen des Unternehmens abzuleiten sind. Die Zielplanung hat die Erreichung der Erfolgsziele des Unternehmens zu unterstützen.

Ziele der Aufbauorganisation sind z. B. (*Hoffmann*):

- **Aufgabenorientierte Ziele**, z.B. Erhöhung der Produktivität, klare Abgrenzung von Aufgaben und Kompetenzen, Minimierung der Kosten und des Zeitaufwands.

- **Sozialorientierte Ziele**, z.B. Schaffung eines guten Betriebsklimas und interessanter Arbeitsbereiche im Rahmen der Arbeitsgestaltung.

- **Flexibilitätsorientierte Ziele**, z.B. Schaffung einer anpassungsfähigen Aufbaustruktur, die den sich verändernden Bedingungen des Marktes gewachsen ist.

Über die Ziele des Unternehmens hinaus sind auch **Ziele der Mitarbeiter** bzw. **Ziele der Kunden** zu berücksichtigen, wie sie bereits dargestellt wurden – siehe S. 33 f. In jedem Fall müssen die Interessenlagen der verschiedenen Zielträger gegeneinander abgewogen werden (*Schmidt*).

1.2.2 Konzeptplanung

Die Aufbauplanung bedarf der Entwicklung eines organisatorischen Konzeptes. Dieses ergibt sich, indem **Anforderungen** definiert werden, die durch die Planung erfüllt werden sollen, z. B. (*Drumm*):

- Schaffung informatorischer **Grundlagen** für die gründliche Erfassung von betrieblichen Organisationsproblemen

- Gewährleistung einer Auswahl geeigneter **Aufbaualternativen** zur Lösung der gegebenen Organisationsprobleme

- Zielbezogene **Vorbereitung** der Einführung lösungsgerechter Alternativen zur betrieblichen Aufbaustruktur

- **Kontrolle** des Planungsprozesses und seiner Einzelschritte.

Zur weiteren konzeptionellen **Differenzierung** können geplant werden:

- **Personelle Aspekte**, z.B. Zuständigkeiten für Entscheidungen zur Aufbauorganisation und Übertragung der entsprechenden Verantwortung

- **Technische Aspekte**, z.B. der Einsatz benötigter Organisationsmittel und Organisationstechniken zur Aufbauorganisation

- **Ökonomische Aspekte**, z.B. die Planung anfallender Aufbaukosten und die Finanzierung des organisatorischen Aufbaus

- **Zeitliche Aspekte**, z.B. die Planung des kurz-, mittel- und langfristiger Zeitrahmens der Aufbauorganisation

- **Strukturelle Aspekte**, z.B. die Planung der Aufgaben, der Dokumentation und des Berichtswesens, die im Rahmen der Aufbauorganisation anfallen

- **Methodische Aspekte**, z.B. das Vorgehen nach der 10-Stufen-Methode oder einer anderen geeigneten Methode.

Die Ergebnisse der Zielplanung und der Konzeptplanung können in einem **aufbauorganisatorischen Plan** festgehalten werden, dessen Einhaltung später im Rahmen der Aufbaukontrolle überprüft wird.

Der Aufbauplanung folgt die Gestaltung des organisatorischen Aufbaus eines Unternehmens, die mit der Stellenaufbauorganisation beginnt und mit der Unternehmensaufbauorganisation endet.

2. Stellenaufbauorganisation

Die Stellenaufbauorganisation ist die Gestaltung einzelner organisatorischer Einheiten zur Erfüllung von Aufgaben im Rahmen einer **Neuorganisation**. Dabei sind zunächst die einzelnen Stellen der Aufbauorganisation zu gestalten, bevor weitere aufbauorganisatorische Maßnahmen ergriffen werden.

2.1 Stellengestaltung

Unter einer **Stelle** wird eine einzelne organisatorische Einheit verstanden. Der Organisator hat die Stellen zu gestalten. Im Folgenden werden dargestellt:

- **Aufgabenanalyse**
- **Aufgabensynthese**.

2.1.1 Aufgabenanalyse

Zur Gestaltung der Aufbauorganisation hat der Organisator alle zur Aufgabenerledigung erforderlichen Stellen zu bilden. Dabei wird von der **Gesamtaufgabe** ausgegangen, die eindeutig festgelegt ist und damit ein Datum darstellt.

Die Erreichung der angestrebten Ziele des Unternehmens ist nur dann möglich, wenn viele **Teilaufgaben** erledigt werden, sodass sich die Gesamtaufgabe als ein Kombinat von Teilaufgaben erweist (*Kosiol, Weidner / Freitag / Gernet / Ulbrich*). In praktischer Sicht lässt sich dieser Zusammenhang zwischen Gesamtaufgabe und Teilaufgaben in folgender Weise darstellen (*Olfert / Pischulti*):

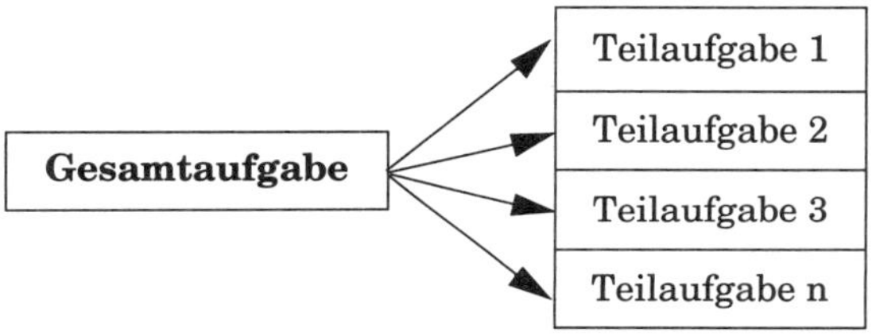

Das schrittweise und systematische Zerlegen der Gesamtaufgabe soll unabhängig von der späteren Aufgabensynthese vorgenommen werden.

Die **Aufgabenanalyse** kann auf verschiedene Weisen erfolgen:

- *Kosiol* schlägt eine schrittweise Zerlegung der Gesamtaufgabe in ihre einzelnen Bestandteile vor und analysiert nach folgenden fünf **Gesichtspunkten**:

Verrichtungs-analyse	Diese Analyseform stellt die **Tätigkeit** in den Vordergrund, z.B. bei der Gesamtaufgabe des Unternehmens das Beschaffen, Fertigen, Absetzen und Verwalten von Produkten.
Objekt-analyse	Jede Verrichtung bezieht sich auf ein **Objekt**, beispielsweise in der Automobilbranche auf die Objekte PKW und LKW. In diesem Zusammenhang werden Werkzeuge, Transportmittel und Maschinen eingesetzt.
Rang-analyse	Jeder **Ausführungsaufgabe** geht in der Regel eine **Entscheidungsaufgabe** voraus, z.B. erfolgt zuerst die Entscheidung über die Zufuhr des Automobils an den Kunden und dann die Ausführung der Zufuhr an ihn.
Phasen-analyse	**Planungsaufgaben, Durchführungsaufgaben** und **Kontrollaufgaben** sind festzustellen, z.B. die Planung, Realisierung und Überwachung des Arbeitskräfteeinsatzes, der Arbeitszeiten bzw. der zu fertigenden Automobile selbst.

Zweck-analyse	Es können Zweck- und Verwaltungsaufgaben im Rahmen der Zweckanalyse unterschieden werden: ❍ Die **Zweckaufgaben** beziehen sich z.B. auf das Einkaufen von Material. ❍ Die **Verwaltungsaufgaben** können im Ablegen von Schriftstücken bestehen.

Die vorgeschlagene Vorgehensweise ist zwar theoretisch ausgewogen, erfordert aber einen sehr **hohen Zeitaufwand**, vor allem bei einer schon bestehenden Aufbauorganisation. Außerdem ist die fünfdimensionale Betrachtung unübersichtlich (*Schwarz*).

Auch werden in der Praxis die **Vorstellungen der Unternehmensleitung** häufig zu zwingenden Beschränkungsfaktoren für die Gestaltung durch den Organisator. Dann kann das Prinzip der Synthese-Neutralität nicht eingehalten werden, d.h. die Aufgabenanalyse des Organisators wird von Vorgaben beeinflusst, die eigentlich erst in die Syntheseüberlegungen eingehen sollten.

❑ *Gaugler* empfiehlt, **weitere Kriterien** in die Analyse einzubeziehen, z.B.:

❍ Regionen, z.B. Ost,West, Süd und Nord ❍ Branchen, z.B. Lebensmittelbranche, Automobilbranche ❍ Sektoren, z.B. kaufmännischer und gewerblicher Sektor

❑ *Schwarz* schlägt für die Aufgabenanalyse das vereinfachte Verfahren der *Gesellschaft für Organisation* vor, das die oben dargestellte Fünf-Dimensionalität der Aufgabe auf drei wesentliche **Dimensionen** reduziert.

Der Aufgabengliederungsplan geht dabei von den Zweck- bzw. Verwaltungsaufgaben aus und unterteilt in:

Sach-gliederung	**Verrichtungen** und **Objekte** werden hier gemeinsam analysiert und nicht – wie oben – auseinander gerissen. So entsteht z.B. die Aufgabe der Beschaffung von Rohstoffen.
Phasen-gliederung	Sie enthält – wie oben dargestellt – die Elemente der **Planung**, **Durchführung** und **Kontrolle**, z.B. die Beschaffungsplanung, Beschaffungsdurchführung und Beschaffungskontrolle von Rohstoffen.
Rang-gliederung	Es wird hier ebenfalls in **Entscheidungsaufgaben** und **Ausführungsaufgaben** unterschieden, z.B. in die Entscheidungsaufgabe über die Durchführung der Beschaffung von Rohstoffen bzw. deren Ausführung.

- *Olfert/Steinbuch* stellen fest, dass sich die betriebliche Organisationspraxis häufig mit einer Verrichtungs- und Objektanalyse begnügt. Dies ist damit zu erklären, dass der Organisator bei seiner Tätigkeit meistens unter erheblichem Zeitdruck steht.

  Dem recht hohen Zeitaufwand für eine umfassende Aufgabenanalyse kann oder möchte die organisatorische Praxis vielfach nicht entsprechen.

Der **Organisationspraktiker** geht mitunter von dem in seinem Unternehmen gegebenen Ist-Zustand aus und versucht durch zweckentsprechende Verbesserungsvorschläge am bestehenden Organisationssystem zu neuen Ergebnissen zu gelangen.

Diese Vorgehensweise kann allerdings zur Folge haben, dass die Maßnahmen nicht zu dem nötigen Wandel führen, weil die Loslösung vom Bestehenden nicht gelingt.

17

Gestalten Sie eine Aufgabenanalyse als

- Verrichtungsanalyse
- Objektanalyse
- Ranganalyse
- Phasenanalyse
- Zweckanalyse

indem Sie von der Gesamtaufgabe »Geschäftsbriefe verfassen und schreiben« ausgehen. Berücksichtigen Sie dabei entsprechende Arbeitsmittel einschließlich des Computers und des Druckers!

Das Kuvertieren bzw. Frankieren des Briefes soll nicht mehr betrachtet werden.

Seite 239

2.1.2 Aufgabensynthese

Der Aufgabenanalyse folgt die Aufgabensynthese. Sie stellt die Zusammenfassung der durch die Aufgabenanalyse gewonnenen Teilaufgaben zu koordinierbaren Aufgabenkomplexen dar *(Kosiol)*. Je nach Umfang der analysierten Teilaufgaben entstehen:

- **Stellen** als Aufgabenkombinate *mit* oder *ohne* Leitungsbefugnis
- **Instanzen** als Stellen *mit* Leitungsbefugnis.

In horizontaler Betrachtung werden bei der Aufgabensynthese zunächst die Basisstellen gestaltet, die dann durch die Gruppen-, Bereichs- und Gesamtleitungsinstanzen ergänzt werden.

Daraus ergibt sich folgendes Bild:

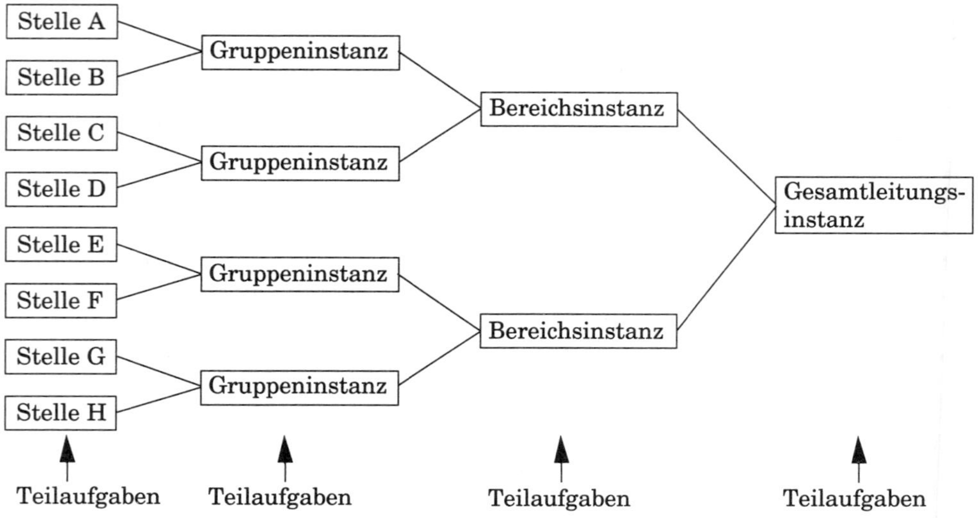

Die Stelle ist damit ein Aufgabenkombinat, das je nach Zielsetzung unterschiedlich gestaltet werden kann. Die Zahl, die Art und der Umfang der Teilaufgaben, die zu einer Stelle zu vereinigen sind, hängt vor allem vom erwarteten Leistungsvermögen des Aufgabenträgers ab.

Deshalb empfiehlt es sich, bei der Aufgabenkombination die folgenden **Organisationsprinzipien** zu beachten *(Gaugler):*

- Orientierung am **normalen Leistungspotenzial**, d.h. der Organisator sollte die Stellen so bilden, dass die Aufgaben mit Normaleignung bzw. einem normalen Arbeitspensum des Aufgabenträgers bewältigt werden können, denn ein Eignungsüberschuss oder Eignungsmangel können zu Unlust, mangelhafter Ausführung und Ablehnung der Arbeit führen.

- Ausrichtung an **normaler Leistungsbereitschaft**, d.h. der Aufgabenträger sollte sich mit der Bewältigung der Aufgabenkombinate identifizieren können. Die Aufgaben sind so zusammenzufassen, dass möglichst homogene Kombinate entstehen, d.h. störende Nebenaufgaben sind zu eliminieren.

- Orientierung an **aufgabenbedingten Grundsätzen**, d.h. die Stellen sollten gegenüber der Umwelt anpassungsfähig sein und die Wirkungszusammenhänge gewahrt werden. Auch das Prinzip der Übereinstimmung von Aufgabe, Kompetenz und Verantwortung, die später beschrieben werden, ist zu beachten.

Aus Gründen der Systematik und Übersichtlichkeit erscheint es für die praktische Organisationsarbeit sinnvoll, die globale Aufgabensynthese aufzuspalten und eine **detaillierte Vorgehensweise** zu wählen. So ergibt sich ein übersichtlicher Prozess der Aufbauorganisation in Einzelschritten.

18

Entwickeln Sie eine zweckmäßige Aufgabensynthese für die Gesamtaufgabe »Verfassen und Schreiben von Angeboten mit dem Computer«, indem Sie von folgenden Teilaufgaben bzw. Objekten ausgehen!

(1) Aufsetzen, Lesen, Beschaffen, Einlegen, Eintippen, Ausdrucken, Unterschreiben
(2) Papier, Brief
(3) Schreibentscheidung, Schreibdurchführung
(4) Planen, Realisieren und Kontrollieren der Angebote
(5) Anfragen, Angebote
(6) Ablegen

Bilden Sie homogene Aufgabenkombinate für zwei Stellen A und B mit je vier Teilaufgaben!

Seite 240

2.2 Aufbaufestlegungen

Bevor die Stellenbildung abgeschlossen werden kann, sind noch verschiedene Teilprobleme zu lösen. Bei den Festlegungen zum Stellenaufbau geht es um:

- **Organisationseinheiten**
- **Zentralisation/Dezentralisation**
- **Tätigkeiten**
- **Aufgabenträger**
- **Aufgabe/Kompetenz/Verantwortung**
- **Verbindungen**.

2.2.1 Organisationseinheiten

Da organisatorische Regelungen dauerhaften Charakter haben sollen, ist es empfehlenswert, die Gestaltung der Organisationseinheiten nicht von der Stellenbesetzung abhängig zu machen, denn beim Wechsel der Aufgabenträger müssten die Organisationseinheiten oftmals umgestaltet werden.

Als einzelne **Organisationseinheiten**, die vom Organisator zu gestalten sind, lassen sich nennen:

Symbole:

- ❑ Die **Instanz** als Stelle mit Leitungsbefugnis, bei der Führungsaufgaben überwiegen und Entscheidungen hinsichtlich anderer Stellen zu treffen sind. Sie sind mit **Weisungsbefugnissen** auszustatten.

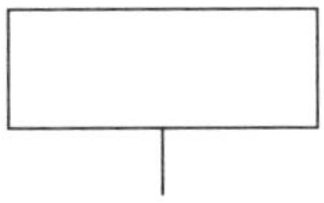

- Die **Linienstelle** als Aufgabenkombinat, das aus dauerhaft zu verrichtenden Teilaufgaben besteht. Sie ist zweckorientiert und von anderen Linienstellen abgrenzbar, aber auch mit ihnen verbindbar. Die Linienstelle ist **mit** oder **ohne Leitungsbefugnis** ausgestattet.

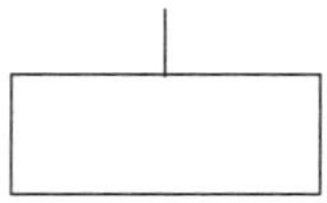

- Die **Stabsstelle** als Leitungshilfsstelle, die keine Entscheidungs- und Weisungsbefugnisse besitzt, sondern nur **Vorschlagsrechte** hat. Sie unterstützt, berät ihr übergeordnete Instanzen und kann bei der Übernahme der Entscheidungsvorbereitung entlastend wirken.

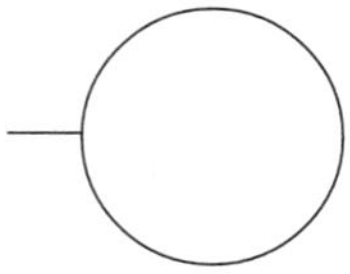

- Der **Arbeitsplatz** als organisatorische Einheit, bei welcher der örtliche Aspekt im Vordergrund steht. Es ist möglich, dass die Stelle einem Arbeitsplatz entspricht, sie kann aber auch aus mehreren Arbeitsplätzen bestehen, z.B. bei Aufgabenträgern mit Teilzeittätigkeiten.

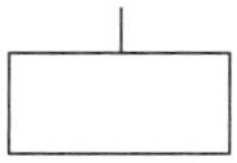

- Der **Ausbildungsplatz**, bei dem örtliche Aspekte bedeutsam sind. Er zählt zu den singularen Organisationseinheiten, erfüllt aber *nicht* die Merkmale einer Stelle, weil er hauptsächlich Lernzwecken dient.

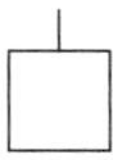

Diese singularen Organisationseinheiten werden zunächst in eine **Rangordnung** gebracht und genauer **bezeichnet**. Zur systematischen Bearbeitung kann der Organisator bei der Stellenbildung folgendes Schema verwenden:

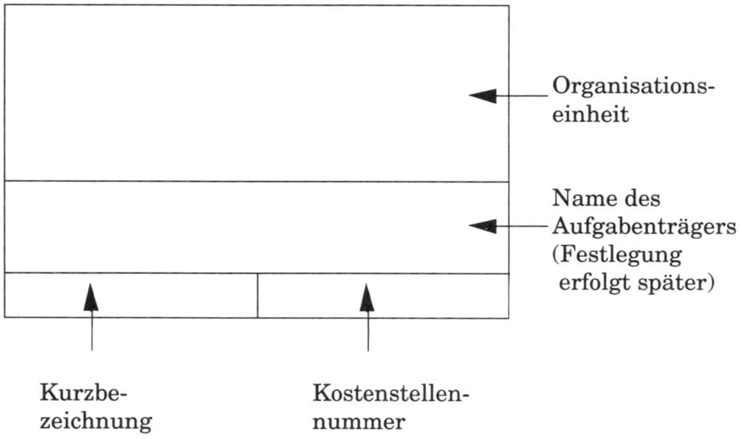

2.2.2 Zentralisation/Dezentralisation

Für die Gestaltung der Organisationseinheiten ist es bedeutsam, dass die Aufbauordnung zweckentsprechend geregelt wird. So muss entschieden werden, in welchem Maße die Stellen an ein Zentrum gebunden werden. Entsprechend sind zu unterscheiden:

- **Zentralisation**
- **Dezentralisation**.

2.2.2.1 Zentralisation

Die Zentralisation ist im Rahmen der Aufbauorganisation die **Zusammenfassung gleichartiger Teilaufgaben** zu einem Zentrum als Mittelpunkt *(Olfert / Rahn)*. Dies kann z.B. eine Abteilung oder eine Stelle sein. Die Zentralisierung ist nach verschiedenen Kriterien möglich. Dementsprechend gibt es *(Beuermann, Jung, Olfert / Steinbuch)*:

- ❑ Die **Verrichtungszentralisation**, bei der Aufgaben zusammengefasst werden, denen gleiche Verrichtungen zu Grunde liegen, z.B. Aufgaben des Beschaffens bzw. des Verwaltens.

- ❑ Die **Phasenzentralisation**, bei der Aufgaben gekoppelt werden, die der Planung, Realisation und Kontrolle dienen.

- ❑ Die **Entscheidungszentralisation**, bei der zentrale Aufgaben unter dem Gesichtspunkt der Entscheidungen zusammengefasst werden.

Die **Vorteile** der Zentralisation sind:

- ❑ Durchsetzung des Leitungswillens der Zentralinstanzen
- ❑ Vermeidung des stärkeren Einflusses von Dezentralinstanzen
- ❑ Verringerung dezentraler Abteilungsegoismen
- ❑ Nutzung langfristiger Prognosevorteile
- ❑ Straffung der gesamten Aufgabenerfüllung
- ❑ Vermeidung von Doppelarbeit in den Werken
- ❑ Entsprechung geographischer Konzentration
- ❑ Gewährleistung von räumlicher Überschaubarkeit.

Als **Problemfelder** der Zentralisation sind zu beachten:

- ❑ Zu straffe Zentralisation behindert die Entfaltung der abhängigen Aufgabenträger.

- ❑ Bei Entscheidungen sind Genehmigungen einzuholen, die den Ablauf verzögern können.

- Unsicherheiten bei der Zentralplanung, wenn rasche Veränderungen in dezentralen Märkten eintreten.
- Eine Konzentration auf das Zentrum kann zur Überlastung der betreffenden Stelleninhaber führen.

Der Zentralisation im Unternehmen steht die Dezentralisation gegenüber.

2.2.2.2 Dezentralisation

Die Dezentralisation ist im Rahmen der Aufbauorganisation eine Verteilung gleichartiger Aufgaben auf mehrere Abteilungen bzw. Stellen, die nicht zu einem Zentrum gehören. Es lassen sich vor allem unterscheiden:

- Die **Objektdezentralisation**, bei der Aufgaben erfasst werden, die sich auf gleichartige Objekte weitab vom Zentrum beziehen, z.B. auf ein Werk A und ein Werk B in einem Industrieunternehmen.
- Die **Entscheidungsdezentralisation**, bei der Aufgaben verteilt werden, die weitab vom Zentrum gleichartige Entscheidungen betreffen, z.B. eigenständig entscheidende Organisationseinheiten als Filialen eines Handelsunternehmens.
- Die **Phasendezentralisation**, bei der Aufgaben zu verteilen sind, die sich auf die Planung, Durchführung und Kontrolle fern des Zentrums beziehen, z.B. in den einzelnen Niederlassungen eines Versicherungsunternehmens.

Mit der Dezentralisation werden an die Dezentralinstanzen entsprechende **Befugnisse** und **Verantwortung** delegiert.

Vorteile der Dezentralisierung sind:

- Sie entspricht vielfach eher geographischen bzw. produktionstechnischen Bedürfnissen.
- Das verfügbare Wissenspotenzial der Mitarbeiter »vor Ort« kann besser genutzt werden.
- Raschen Anpassungen an akute dezentrale Umweltänderungen kann entsprochen werden.
- Größere Entscheidungsfreiräume und mehr Selbstständigkeit der dezentralen Träger sind möglich.
- Verantwortungsgefühl und die Arbeitsfreude dezentraler Aufgabenträger werden gefördert.
- Die zentralen Aufgabenträger werden entlastet.

Als **Problemfelder** der Dezentralisierung gelten:

- Die Zentralträger können den Überblick verlieren, wenn die Willensbildung auseinander strebt.
- Egoistische Dezentralinteressen können sich entwickeln und dem Gesamtunternehmen schaden.
- Die Voraussagemöglichkeiten dezentraler Träger begrenzen sich, wenn der Überblick fehlt.
- Unwirtschaftliche Doppelarbeiten bei ähnlicher Fertigung in Dezentraleinheiten sind möglich.

19

Die Sorgen GmbH in Gütersloh hat als kleines Dienstleistungsunternehmen einen dezentralisierten Schreibdienst. Viele Sachbearbeiter schreiben ihre Briefe selbst, wobei die Schriftform oft nicht einwandfrei ist. Sie erhalten als Organisator den Auftrag, dieses System zu überprüfen und zu verbessern.

Der Geschäftsführer möchte mehr Transparenz schaffen und den Schreibdienst künftig an sein Zentralbüro binden. Damit sollen Doppelarbeit vermieden und die Sachbearbeiter von Schreibarbeiten entlastet werden.

Welche Argumente sprechen für die Zentralisierung des Schreibdienstes?

Seite 240

2.2.3 Tätigkeiten

In Verbindung mit der Stellengestaltung ist auch auf die Tätigkeiten der Aufgabenträger einzugehen. Dabei sind zu unterscheiden:

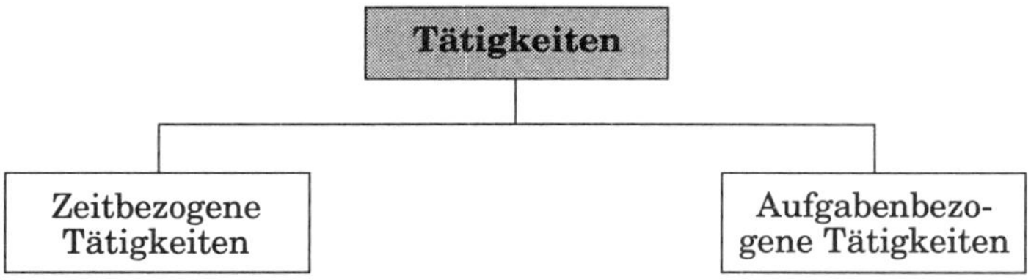

2.2.3.1 Zeitbezogene Tätigkeiten

Vielfach wurde in der Vergangenheit bei der Betrachtung von Stellen grundsätzlich von Vollzeittätigkeiten ausgegangen. In jüngerer Zeit ist davon aber vielfach nicht mehr auszugehen, sodass diese Problematik auch für die Organisation bedeutsam ist.

Die Aufgabenträger können in einem Unternehmen heute in ganz unterschiedlichem Umfang beschäftigt werden. Der Organisator sollte die unterschiedliche Zeitbelastung und voneinander abweichende Tätigkeitsarten in seine Überlegungen einbeziehen.

Es lassen sich hinsichtlich der **Zeitbelastung** unterscheiden:

- Die **Vollzeittätigkeit**, bei der die Aufgabenträger zur Aufgabenerfüllung die gesamte Arbeitszeit benötigen, z.B. Leiter der Fertigung. Alle Vollzeitmitarbeiter sollten allerdings mit Arbeit ausgelastet sein, damit keine Leerkosten entstehen. Eine Aufblähung der Aufbauorganisation ist aus Kostengründen zu vermeiden.

- Die **Teilzeittätigkeit**, bei der das Arbeitsvolumen der Stelle von zwei oder mehr Aufgabenträgern wahrzunehmen ist, z.B. beim Job sharing. Für jeden Aufgabenträger fällt dann ein geringerer Umfang und Zeitaufwand als bei der Vollzeittätigkeit an.

  Wird die Tätigkeit des Aufgabenträgers nicht in Vollzeit sondern z.B. von zwei Aufgabenträgern in Teilzeit erfüllt, dann können sich daraus folgende **Probleme** ergeben:

  - Durch Abstimmungsprobleme zwischen den beiden Aufgabenträgern können Engpässe auftreten.
  - Ungerechtigkeiten bei der Aufgabenverteilung bergen die Gefahr, die Motivation der Betroffenen negativ zu beeinflussen.
  - Verfügbarkeitsprobleme bei Mitteln und Informationen können sich auf die Aufgabenerfüllung negativ auswirken.

2.2.3.2 Aufgabenbezogene Tätigkeiten

Diese Tätigkeiten fallen bei der Organisation des betrieblichen Ausbildungswesens an, der vor allem in Großunternehmen verstärkte Bedeutung beigemessen wird. Hier lassen sich folgende **Tätigkeitsarten** unterscheiden:

- Die **hauptamtliche Tätigkeit**, bei der die Stelle bestimmte Aufgaben umfasst, die vom Aufgabenträger ausschließlich zu bearbeiten sind, z.B. ist ein Ausbildungsleiter hauptamtlich in vollem Zeitumfang mit der Planung, Realisierung und Kontrolle des Ausbildungswesens beschäftigt.

- Die **nebenamtliche Tätigkeit**, bei der ein Stelleninhaber zum großen Teil bestimmte Sachaufgaben zu bearbeiten hat. Darüber hinaus fallen aber auch Ausbildungsaufgaben an, z.B. ist ein Einkäufer auch nebenamtlich Ausbilder, der neben seiner »normalen« Tätigkeit in einem relativ geringen Umfang auch Unterweisungsaufgaben hat.

- Die **halbamtliche Tätigkeit**, bei der die Stelle Aufgaben umfasst, die zur Hälfte Hauptaufgaben des Aufgabenträgers und zur anderen Hälfte Ausbildungsaufgaben sind. Ein Verwaltungsleiter hat zu 50 % Dispositionsaufgaben und zu 50 % Ausbildungsaufgaben als halbamtlicher Ausbildungsleiter.

2.2.4 Aufgabenträger

Ein Aufgabenträger ist eine Person, welche eine Stelle besetzt. Mit *Schwarz* können folgende **Arten** der Aufgabenträger unterschieden werden:

- ❑ Einzelpersonen, z.B. der Leiter des Personalwesens
- ❑ Personengruppen, z.B. eine Verkäufergruppe
- ❑ Mensch-Maschinen-Kombinationen, z.B. Person am Computer.

Eine Personengruppe oder eine Kombination von Mensch und Maschine ist aber nur dann als ein Aufgabenträger anzusehen, wenn sich die Notwendigkeit des Zusammenwirkens aus dem Wesen der Aufgabe ergibt.

Maschinen *allein* können nicht zum Aufgabenträger werden, da zur Aufgabenerfüllung auch die Initiativ- und Verantwortungsfunktion gehören.

Während bei Instanzen im Allgemeinen *ein* Aufgabenträger einer Stelle zugeordnet wird, können Nichtleitungsstellen einen oder mehrere Aufgabenträger haben. Die Festlegung richtet sich nach den Zielen und Bedingungen des jeweiligen Unternehmens.

Den vom Organisator ermittelten Stellen sind nicht nur die Aufgabenträger als Personen zuzuordnen, sondern auch deren **Bezeichnung** und **Befähigung** zu dokumentieren:

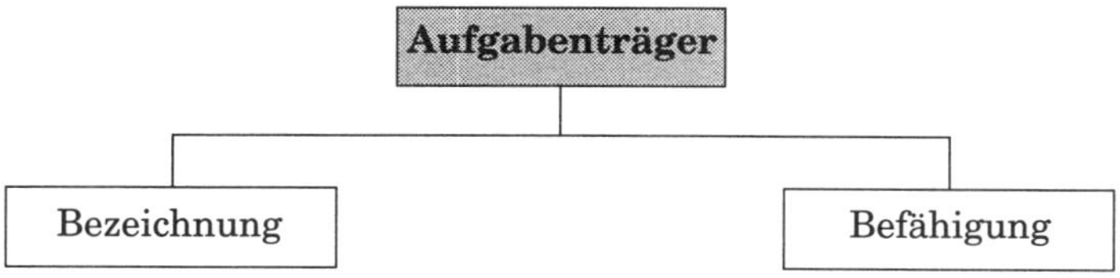

Bereits im Rahmen der Aufgabensynthese wurde darauf hingewiesen, dass der Organisator bei der Stellenbildung vom normalen Leistungspotenzial und von der normalen Leistungsbereitschaft eines Aufgabenträgers ausgehen soll.

2.2.4.1 Bezeichnung

Die Bezeichnung von Aufgabenträgern hat zunächst unabhängig von bestimmten Personennamen zu erfolgen und **Sachbezeichnungen** zu enthalten, denn die spätere Stellenbesetzung ist eine Aufgabe der Personalabteilung bzw. der betreffenden Fachabteilung.

Beispiel:

Bezeichnung von Aufgabenträgern	
Organisationseinheit	**Trägerbezeichnung**
Unternehmensleitung	Vorstand
Leitungsstelle Personalwesen	Personalleiter
Leitungsstelle Einkauf	Einkaufsleiter
Gruppenleiter Fertigung	Meister
Gruppenleiter Marketing	Verkäufer

Mit der Bezeichnung von Trägern für Organisationseinheiten stellt sich für den Organisator – später auch für die Personalabteilung – die Frage nach der Qualifikation dieser Aufgabenträger.

2.2.4.2 Befähigung

Hinsichtlich der Befähigung der Aufgabenträger zur Aufgabenlösung sollte der Organisator von einem normalen Leistungspotenzial und einer normalen Leistungsbereitschaft der Aufgabenträger ausgehen. Wenn im Rahmen der Aufbauorganisation nicht auf die Erfüllung der erforderlichen Qualifikationsmerkmale geachtet wird, können später Fehler bei der Aufgabendurchführung entstehen.

Der Organisator sollte bei der Festlegung eines Anforderungsprofils also von der **Normaleignung** eines Aufgabenträgers ausgehen.

Beispiel:

Muster für Anforderungsprofile	
Bildungsabschlüsse	Schul-,Berufs-, Hochschulabschlüsse
Erfahrungen	Zahl der erwarteten Berufsjahre
Kenntnisse	Wissen im Fachgebiet
Fertigkeiten	Geschicklichkeit
Verhalten	Initiative, Auftreten, Kontaktfähigkeit
Sonstige Anforderungen	Körperkraft, Führerschein

Werden die Qualifikationsmerkmale nicht beachtet, dann können folgende **Nachteile** entstehen:

- ❑ Anforderungsmängel bzw.-überschüsse führen zu Demotivation
- ❑ Mängel in der Erfahrung bringen Anfängerfehler mit sich
- ❑ Fehlende Kenntnisse bzw. Fertigkeiten können Leistungsdefizite auslösen.

20

Sie erhalten als Organisator vom Leiter des Personalwesens der Gerhard Hurtig GmbH den Auftrag, die Leitung der Fortbildung neu zu organisieren.

Erstellen Sie ein Anforderungsprofil für eine Leitungsstelle der Fortbildung!

Seite 240

2.2.5 Aufgabe/Kompetenz/Verantwortung

Im Rahmen der Übertragung von Zuständigkeiten der Aufgabenträger ist auf das **Prinzip der Kongruenz**, also auf die Übereinstimmung von Aufgaben, Kompetenzen und Verantwortung (*Gaugler*) zu achten. Anderenfalls kann eine selbstständige und eigenverantwortliche Erfüllung der Aufgaben nicht erwartet werden:

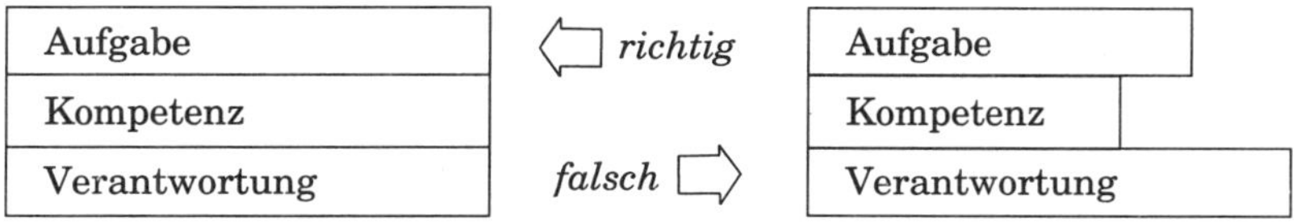

2.2.5.1 Aufgabe

Ausgangspunkt aller Bemühungen organisatorischer Gestaltung ist die Aufgabe. Sie stellt eine dauerhaft wirksame Aufforderung an einen Aufgabenträger dar, festgelegte Verrichtungen wahrzunehmen. Die Aufgabe leitet sich aus Zielen ab. Die von einer Stelle wahrzunehmenden Aufgaben sind die Basis für die Gestaltung der anderen Stellenelemente.

Zur Kennzeichnung einer Aufgabe reichen die Kriterien Objekt und Verrichtung aus, die als Merkmale einer Aufgabe bezeichnet werden können. Es sind folgende **Arten** von Aufgaben zu unterscheiden:

- **Unternehmensbezogene Aufgaben**, die innerhalb eines Unternehmens anfallen, z.B. Materialwirtschafts-, Fertigungs-, Marketing- und Verwaltungsaufgaben.

- **Marktbezogene Aufgaben**, die außerhalb des Unternehmens durch dessen Auftreten auf Märkten zu bewältigen sind, z.B. Aufgaben der Marktforschung »vor Ort«.

- **Gesellschaftsbezogene Aufgaben**, die sich aus den Verpflichtungen ergeben, die das Unternehmen gegenüber der Gesellschaft hat, z.B. ökologische Aufgaben, Ausbildung über den Bedarf hinaus, Sozialpläne.

Zur Beschreibung der Aufgabe selbst ist es organisatorisch nicht notwendig zu sagen, *welche Person* die Aufgabe erfüllen soll, denn die Aufgabe besteht unabhängig von dem, der sie ausführt. Gleiches gilt für die Sachmittel, die herangezogen werden müssen, um die Aufgaben zu erfüllen (*Schmidt*).

2.2.5.2 Kompetenz

Die Kompetenz ist die **Befugnis** einer Person, auf der Basis fachlicher Zuständigkeit Maßnahmen zur Erfüllung von Aufgaben zu ergreifen, für deren Bewältigung sie die Verantwortung übernimmt.

Im Hinblick auf Kompetenzen sind zu unterscheiden (*Olfert/Pischulti*):

- Die **sachbezogene Kompetenz** als die fachliche Zuständigkeit des Stelleninhabers. So verfügt ein Vorgesetzter oder Mitarbeiter z. B. über besondere Fachkenntnisse und Fertigkeiten. Sie bilden die Grundlage für die Befugnis, Maßnahmen im Sinne des Unternehmens ergreifen zu können.

- Die **personenbezogene Kompetenz** als die persönliche Zuständigkeit des Stelleninhabers für die Erfüllung der Aufgaben. Für deren ordnungsgemäße Bewältigung trägt er die Verantwortung. Ohne die Befugnis ist der Stelleninhaber nicht verantwortlich zu machen.

Arten der Kompetenz bzw. Befugnis sind:

- Die **Entscheidungskompetenz** als die Befugnis, bestimmte Entscheidungen zu treffen, z.B. über den Kauf eines Betriebsmittels entscheiden.

- Die **Weisungskompetenz**, welche die Befugnis der Bestimmung des Verhaltens von Aufgabenträgern anderer Stellen umfasst, z.B. Aufträge oder Anweisungen an Mitarbeiter geben.

- Die **Verpflichtungskompetenz** als die Befugnis gegenüber der Umwelt des Unternehmens, z.B. die Berechtigung von Prokuristen (§ 49 Abs. 1 HGB) oder Handlungsbevollmächtigten (§ 54 Abs. 1 HGB) Briefe zu unterschreiben.

- Die **Verfügungskompetenz**, welche die Befugnis der Verfügung über Sachen und Rechte klärt, z.B. kann ein Sachbearbeiter über einen Personalcomputer verfügen.

- Die **Informationskompetenz** als die Befugnis, bestimmte Daten beziehen zu können, z.B. darf der Personalreferent aus einer Datenbank notwendige Informationen abrufen.

- Die **Antragskompetenz**, welche die Befugnis umfasst, handlungsinitiativ tätig zu werden, z.B. kann der Betriebsrat verlangen, dass eine innerbetriebliche Stellenausschreibung erfolgt.

- Die **Vertretungskompetenz** als die Befugnis der Unternehmensleitung, das Unternehmen nach außen zu vertreten, oder das Recht zur Stellvertretung eines Kollegen.

2.2.5.3 Verantwortung

Verantwortung ist das **persönliche Einstehen** für die Folgen von selbstständigen Handlungen und Entscheidungen. Das Handeln und Entscheiden erfolgt durch Aktivitäten, aber auch dadurch, dass eine Person ein Tun unterlässt. Die Verantwortung bezieht sich auf erfolgreiches wie auch erfolgloses Handeln.

Arten der Verantwortung sind (*Bronner, Hauschildt*):

- Die **Erfolgs-** bzw. **Ergebnisverantwortung**, bei der eine Führungskraft die Verantwortung dafür trägt, dass ein Erfolg oder auch ein Misserfolg eintritt.
- Die **Budgetverantwortung**, bei der eine Führungskraft die Verantwortung dafür übernimmt, dass Kostenvorgaben eingehalten werden. Sie hat Budgetüberschreitungen zu vertreten.
- Die **Personalverantwortung**, bei der eine Führungskraft die Verantwortung für den Personaleinsatz und dessen Effizienz trägt.
- Die **Sachmittelverantwortung**, bei der eine Führungskraft oder ein Mitarbeiter für den ordnungsgemäßen Einsatz am Arbeitsplatz benötigter Sachmittel verantwortlich ist.
- Die **Terminverantwortung**, bei der eine Führungskraft oder ein Mitarbeiter die Verantwortung dafür trägt, dass festgesetzte Termine eingehalten werden, z.B. Fertigstellungstermine und Liefertermine.

Die Verantwortung muss übertragen werden, um eine Person verantwortlich machen zu können. Mit der **Übertragung** von Verantwortung wird dokumentiert, dass mit dieser Maßnahme dem Mitarbeiter Vertrauen entgegengebracht wird. Sie kann aber auch für den Mitarbeiter belastend sein, wenn die Verantwortung objektiv nicht tragbar ist oder als subjektiv überhöht empfunden wird.

21

Die Verpflichtungskompetenz ist die Befugnis gegenüber der Umwelt des Unternehmens, bestimmte Aufgaben wahrnehmen zu dürfen, z.B. die Unterschriftsberechtigung.

Klären Sie das Wesen der Prokura bzw. Handlungsvollmacht im Unternehmen und verwenden Sie dabei die Regelungen des § 49 HGB bzw. § 54 HGB!

Seite 240

2.2.6 Verbindungswege

Der Organisator hat auch die Aufgabe, die gestalteten singularen Organisationseinheiten in eine Verbindung miteinander zu bringen. Diese Verbindungswege werden auch **Informationswege** bzw. **Kommunikationswege** genannt. Sie stellen festgelegte Beziehungen zwischen mindestens zwei Stellen eines Unternehmens dar – siehe ausführlich *Rahn*:

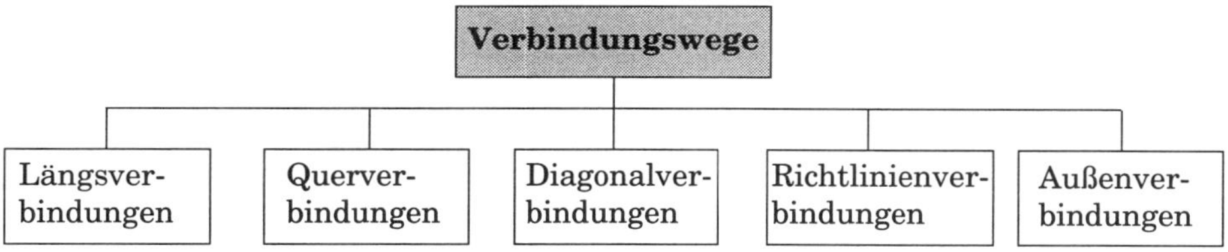

2.2.6.1 Längsverbindungen

Die Längsverbindungen sind Ausdruck von Über- und Unterordnungsverhältnissen eines Aufbausystems. Sie geben damit Aufgabenträgern die volle **Weisungsbefugnis** gegenüber den untergeordneten Organisationseinheiten.

Vorteile	Nachteile
❍ Klare Unterstellungsverhältnisse ❍ Einheitlichkeit der Auftragserteilung ❍ Klare Kompetenzen ❍ Durchsetzung der Betriebsinteressen	❍ Gefahr zu großer Subordinationsquote als Mitarbeiter-Unterstellungsquote ❍ Geringe Anpassungsfähigkeit ❍ Gefahr eines »zu straffen« Instanzenweges ❍ Gefahr eines zu langen Instanzenweges

Die Längsverbindungen zeigen als Abwärtsverbindungen den Informationsfluss von »oben nach unten«. In umgekehrter Sicht können auch Aufwärtsverbindungen vom Mitarbeiter zum Vorgesetzten gegeben sein.

Folgendes Strukturbild zeigt die **Längsverbindungen** (——————) zwischen Stellen des Personalwesens:

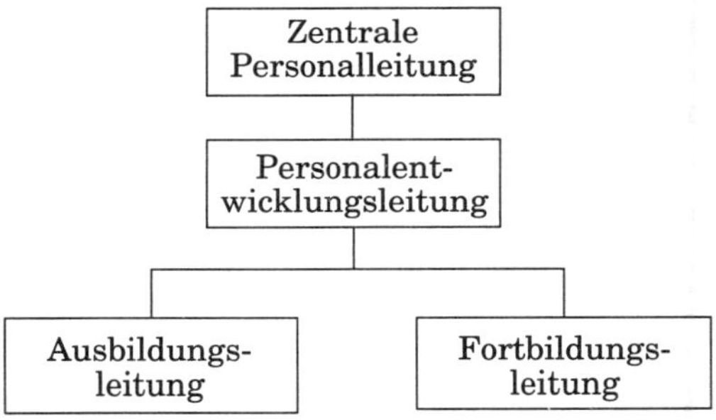

Die Längsverbindungen sind die Grundlage für jedes hierarchisch strukturierte Unternehmen. Sie erscheinen in jedem **Organigramm**.

2.2.6.2 Querverbindungen

Die Querverbindungen zwischen Stellen bringen **keine Weisungsbefugnisse** mit sich und gehen nicht von einer Über- und Unterordnung aus. Diese Regelung gibt einem Aufgabenträger die Möglichkeit der Information und Beratung anderer Stelleninhaber. Diese Verbindungswege werden auch als **Querkontakte** bezeichnet.

Vorteile	Nachteile
❍ Beschleunigter Informationsfluss ❍ Sachkontakte werden verstärkt ❍ Unnötiger Weg über Vorgesetzte entfällt	❍ Querkontakte werden zu Tratsch genutzt ❍ Kompetenzüberschreitungen möglich ❍ Meinungsvielfalt führt u.U. zu Konflikten

Folgendes Strukturbild zeigt **Querverbindungen** (—· —·—) zwischen Stellen verschiedener Bereiche:

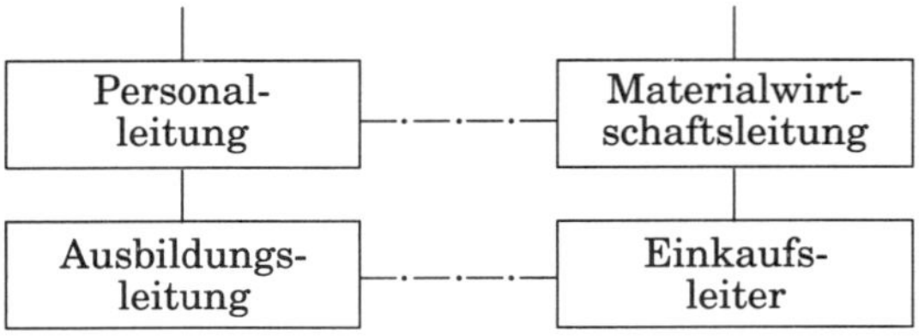

Die Querverbindungen kommen praktisch im ganzen Unternehmen vor. Ohne Querkontakte funktioniert kein Unternehmen. Diese Verbindungen erscheinen aus Gründen der Übersichtlichkeit und Vereinfachung nicht im Organigramm. Sie sind von **interner Bedeutung**.

2.2.6.3 Diagonalverbindungen

Die Diagonalverbindungen bringen dem Stelleninhaber auf einem begrenzten Teilsektor ein endgültiges Entscheidungsrecht. Diese Regelung eröffnet damit die Möglichkeit, dass ein Aufgabenträger **begrenzte Weisungsbefugnis** erhält.

Diagonalverbindungen gibt es entweder innerhalb eines Bereichs oder sie verlaufen von einem Bereich in einen anderen Bereich hinein.

Vorteile	Nachteile
○ Zügiger Arbeitsvollzug ○ Anweisung durch fachkundige Stelle ○ Anfragemöglichkeit bei Fachpersonal	○ Keine einheitliche Gesamtdirektive ○ Prestige- und Machtkämpfe ○ Koordinationsschwierigkeiten

Folgendes Strukturbild zeigt **Diagonalverbindungen** (— — —) zwischen verschiedenen Bereichen:

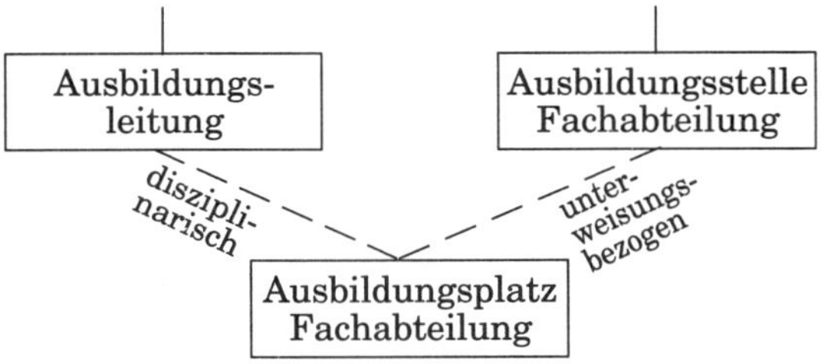

Die Diagonalverbindungen erscheinen im **Organigramm** einer Matrixorganisation. Ansonsten sind sie von interner Bedeutung.

2.2.6.4 Richtlinienverbindungen

Die Richtlinienverbindungen enthalten **keine Weisungsbefugnisse**. Diese Regelung gibt dem Aufgabenträger die Gelegenheit, auf Mitarbeiter anderer Bereiche starken Einfluss auszuüben, wenn diese gegen vereinbarte Prinzipien verstoßen bzw. sich nicht an die getroffenen Vereinbarungen halten.

Vorteile	Nachteile
❍ Interessen schneller durchsetzbar ❍ Richtlinien werden besser eingehalten	❍ Bereichsmitarbeiter empfinden Druck ❍ Kompetenzprobleme

Folgendes Strukturbild zeigt eine **Richtlinienverbindung** (=======) zwischen verschiedenen Bereichen:

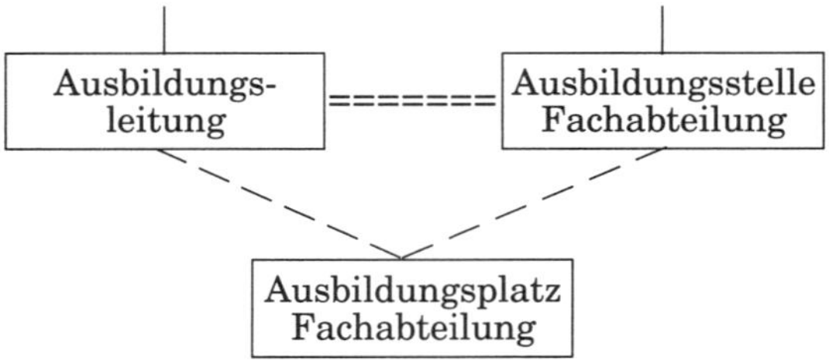

Die Richtlinienverbindungen kommen im Organisationsbereich und im Personal- bzw. Ausbildungsbereich des Unternehmens vor. Im Organigramm erscheinen sie nicht. Sie sind lediglich von **interner Bedeutung**.

2.2.6.5 Außenverbindungen

Die Außenverbindungen sind Beziehungen zu externen Organisationen, ohne die ein Unternehmen nicht existenzfähig wäre. Sie geben dem Aufgabenträger die Möglichkeit, Kontakte zu anderen Personen, Unternehmen oder zu Gremien außerhalb des eigenen Unternehmens aufzunehmen. Weisungsbefugnisse sind damit in der Regel nicht verbunden.

Vorteile	Nachteile
❍ Fruchtbarer Informationsaustausch ❍ Aufgabenträger ist in Umwelt integriert	❍ Zu viele Aktivitäten ❍ Interne Aufgaben vernachlässigt

Das folgende Beispiel zeigt die **Außenverbindungen** (~~~~~~~~) zwischen dem Unternehmen und seiner Umwelt:

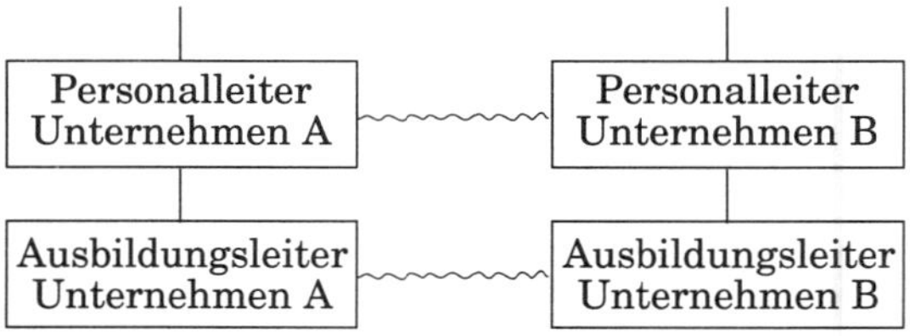

Die Außenverbindungen erscheinen nicht im Organigramm des Unternehmens, haben aber **interne Bedeutung**. Sie sind genau festzulegen, damit die Aufgabenträger ihre externen Befugnisse kennen. Dadurch wird auch dokumentiert, dass die Stelleninhaber ihre internen Aufgaben nicht vernachlässigen, z.B. durch zeitaufwändige externe Ausschusstätigkeiten.

22

Tragen Sie in das folgende Schema alle Verbindungswege ein die sich aus folgenden Regelungen ergeben:

- ❑ Die Ausbildungsleitung soll gegenüber den Fachabteilungen Beratungsbefugnis, aber keine Weisungsbefugnis haben.
- ❑ Der Ausbildungsleiter hat gegenüber den Ausbildungsplätzen begrenzte Weisungsbefugnis (z.B. disziplinarisch).
- ❑ Die nebenamtlichen Ausbilder haben bei Unterweisungen begrenzte Weisungsbefugnis gegenüber Auszubildenden.

Die Außenverbindungen sind nicht zu berücksichtigen!

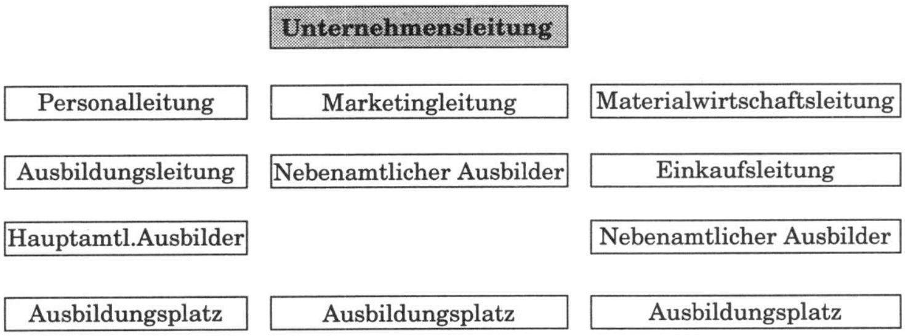

Seite 241

Auf der Grundlage der Stellengestaltung und der beschriebenen weiteren Aufbaufestlegungen kann die Gruppenaufbauorganisation erfolgen. Dabei hat der Organisator alle zur Aufgabenerledigung erforderlichen Gruppen zu bilden.

3. Gruppenaufbauorganisation

Bei der Gruppenaufbauorganisation stehen die betrieblichen **Teams** im Vordergrund der organisatorischen Betrachtung, die in unterschiedlicher Weise strukturiert werden können. Sie wird im Sinne der betrieblichen Zielerreichung geplant bzw. bestimmt und bezieht sich ausschließlich auf die untere Ebene des Unternehmens, also auf das **Lower Management**.

Es sollen dargestellt werden:

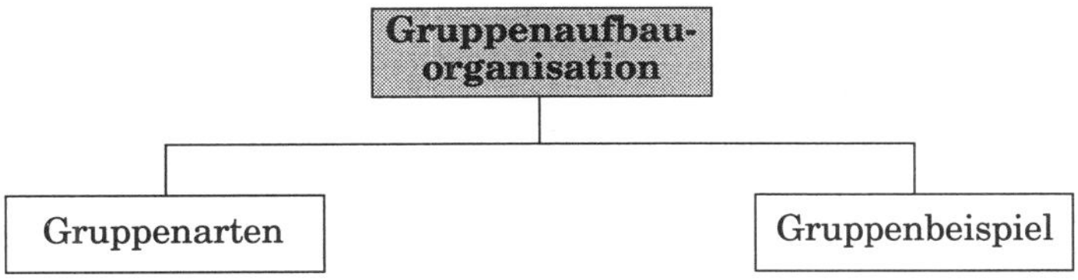

3.1 Gruppenarten

Aus der Zusammenfassung von Stellen können sich z.B. folgende **Gruppenarten** mit folgenden Aufgaben ergeben (*Rahn*):

- Die **Materialwirtschaftsgruppen**, die mit Aufgaben des Einkaufs und der Lagerwirtschaft beschäftigt sind, z.B. Angebote einholen und vergleichen, Bestellungen schreiben, Karteien führen, Termine überwachen, Waren annehmen, die Qualität prüfen, Waren einordnen und pflegen, Bedarfsmeldungen abgeben.

- Die **Fertigungsgruppen**, die Aufgaben der Produktion wahrnehmen, z.B. Fertigprodukte erstellen, Rohstoffe und Hilfsstoffe transportieren, Betriebsmittel, Betriebsstoffe einsetzen, Maschinen umrüsten, Fertigungstermine halten, Laufkarten und Stücklisten sichten und Lohnzettel erstellen.

- Die **Marketinggruppen**, die u.a. im Verkauf bzw. in der Werbung arbeiten, z.B. Kundenaufträge bearbeiten, Angebote erstellen, Aufträge ausführen. Waren verkaufen, Werbung betreiben, Rechnungen schreiben, Reklamationen bearbeiten, Waren verpacken und versenden und Versandpapiere ausstellen.

- Die **Personalwesengruppen**, die in der Personalwirtschaft tätig sind, z.B. bearbeiten sie Personalzugänge und Personalabgänge, führen Lohnabrechnungen aus, betreuen Mitarbeiter, führen Personaltraining durch, bearbeiten Personalakten, erstellen Personalstatistiken, führen Dateien des Personalbereichs und bearbeiten Personaldatenbanken.

- Die **Finanzwesengruppen**, die Aufgaben der Kapitalbeschaffung bzw. der Kapitalverwendung und Kapitalverwaltung wahrnehmen, d. h. Zahlungseingänge sichern, Zahlungsausgänge abwickeln, Wechsel und Schecks bearbeiten, Überweisungen ausfüllen und Investitionsrechnungen durchführen.

- Die **Rechnungswesengruppen**, die sich u.a. mit Aufgaben der Buchführung und Kostenrechnung beschäftigen, z.B. Eingangsbelege und Ausgangsbelege buchen, Preise kalkulieren, Statistiken anfertigen, Betriebsabrechnungsbögen erstellen, Steuern und Versicherungen berechnen und verwalten, Bilanzvorarbeiten bewältigen.

- Die **Informatikgruppen**, die im Informationsbereich arbeiten, z.B. am Computer schreiben, Drucker betätigen, Informationen bereitstellen, Daten pflegen, Informationen abwickeln, Informationen speichern, Festplatten und Disketten verwalten, Programme erstellen.

- Die **Controllinggruppen**, die Aufgaben der Planung, Kontrolle, Steuerung und Informationsversorgung wahrnehmen, z.B. Indikatoren erfassen, Ist-Werte der Bereiche aufnehmen, Soll-Ist-Vergleiche durchführen, Ergebnisse untersuchen, Kontrollen vornehmen, Berichte schreiben.

23

Der Organisator muss eine genaue Vorstellung von der Zuordnung der einzelnen Aufgaben zu Gruppen haben. Klären Sie, welche der folgenden Aufgaben von welchen Betriebsgruppen zu bearbeiten ist!

- ❑ Rohstoffe verarbeiten
- ❑ Bestellungen schreiben
- ❑ Investitionsrechnungen durchführen
- ❑ Rechnungen schreiben
- ❑ Maschinen umrüsten
- ❑ Eingangsbelege buchen

Seite 241

Die Gruppenaufbauorganisation kann wie folgt beurteilt werden:

Vorteile	Nachteile
❍ Die Festlegung der formellen Gruppenstruktur durch den Organisator des Unternehmens dient der betrieblichen Zielerreichung. ❍ Aus der Sicht des Unternehmens kann im Sinne dieser Zielerreichung eine optimale Gruppenstruktur in verschiedenen Bereichen entstehen.	❍ Bei der Vorgabe starrer und unflexibler Gruppenorganisation kann die Leistungsbereitschaft von Gruppenmitgliedern leiden. ❍ Eine fehlerhafte Gruppenaufbauorganisation birgt die Gefahr eines schlechten Betriebsklimas und hoher Fluktuation.

3.2 Gruppenbeispiel

Bei der Gruppen- oder Teamorganisation werden Entscheidungsbefugnisse in einem bestimmten Umfang auf Teams übertragen. Für den **Fertigungsbereich** lässt sich folgendes Beispiel zeigen:

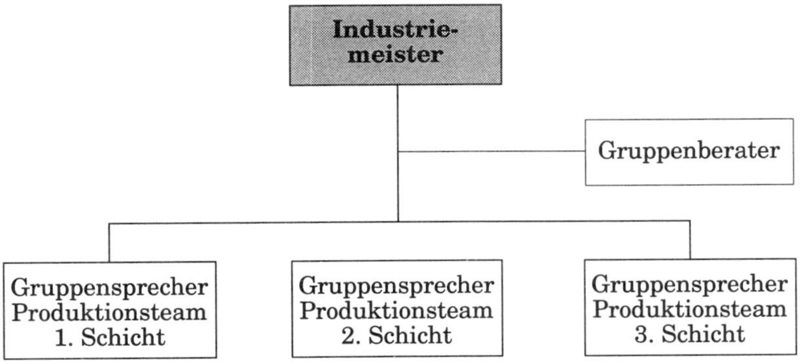

Dabei sind als **Aufgabenträger** zu unterscheiden:

- ❑ Der **Meister** als disziplinarischer Vorgesetzter der Gruppen. Nach Abstimmung mit den Teams legt er die Gruppenziele fest und kontrolliert deren Erreichung. Der Meister unterstützt die Gruppenmitglieder und hat die Kostenverantwortung.

- ❑ Der **Gruppensprecher** wird von der Gruppe gewählt. Er vertritt die Interessen der Gruppe, ohne Vorgesetzter zu sein. Informationen des Meisters werden an ihn weitergegeben und umgekehrt.

- ❑ Die **Gruppe** entscheidet in abgegrenzten Teilbereichen selbst und ist für die Ordnung verantwortlich. Außerdem trägt sie Verantwortung für ihre Material- und Zeitplanung. Ihre Urlaubspläne regelt sie selbst.

- ❑ Der **Gruppenberater** unterstützt die Gruppe bei Fragen zur Fachtechnologie. Er erstellt nach Bedarf Schulungsunterlagen und führt auch selbst Schulungen durch.

Wesentliche Merkmale der **Gruppen- bzw. Teamorganisation** sind:

- ❍ Gruppenverantwortung für Arbeitsergebnis
- ❍ Gemeinsames Lösen der Gruppenaufgaben
- ❍ Räumlich abgegrenzte Gruppen
- ❍ Gleiche Arbeitszeit der Gruppenmitglieder
- ❍ Überschaubare Größe der Gruppen
- ❍ Bleibende Gruppenzusammensetzung

4. Bereichsaufbauorganisation

Nach der Gruppenorganisation entwickelt der Organisator die Aufbauorganisation der Bereiche des Unternehmens. Ein **Bereich** ist eine plurale Organisationseinheit, die vielfach einer Abteilung oder Hauptabteilung entspricht. In einem Industrieunternehmen können z.B. folgende Bereiche vorkommen:

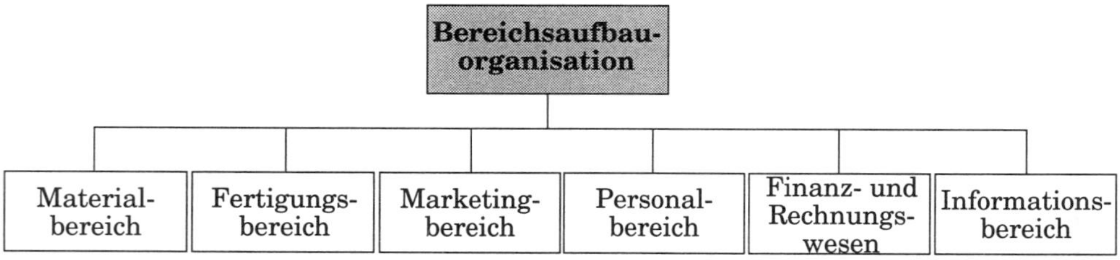

4.1 Materialbereich

Der Materialbereich beschäftigt sich mit der Beschaffung, Lagerung und Verteilung und – soweit erforderlich – Entsorgung der vom Unternehmen benötigten Materialien. Als **Aufgaben** des Materialbereichs sind zu unterscheiden:

- ❑ Die **Materialbedarfsplanung** als zeitliche Vorwegnahme des in einer Periode benötigten Bedarfs an Material, nach Art, Menge, Qualität und Zeit.

- Die **Materialbestandsplanung** als gedankliche Vorwegnahme des zukünftigen Materialbestandes, um zu hohe oder zu geringe Lagerbestände zu vermeiden.

- Die **Materialbeschaffungsplanung** als Vorwegnahme der Bereitstellung des Materials, das im Unternehmen benötigt wird.

- Die **Durchführung der Materialwirtschaft** als Rationalisierung, Beschaffung, Lagerung, Verteilung und Entsorgung des nötigen Materials.

- Die **Materialkontrolle** als Überwachung der materialwirtschaftlichen Ist-Werte, die mit den Soll-Werten zu vergleichen sind. Die Abweichungen werden daraufhin untersucht.

Die **Aufbaugestaltung** des Materialbereichs ist wie folgt möglich:

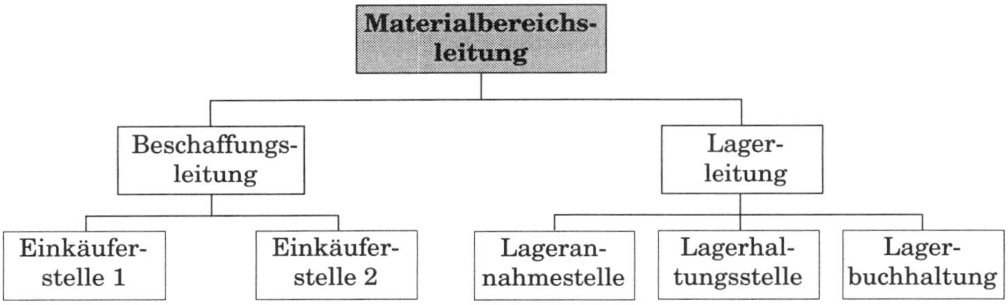

4.2 Fertigungsbereich

Im Fertigungsbereich fallen Aufgaben der industriellen Leistungserstellung an, die unter Berücksichtigung des ökonomischen Prinzips erfolgen. Dieser Sektor wird auch als **Produktionsbereich** bezeichnet, der aber i.d.R. als umfassender angesehen wird, indem er auch die Erstellung von Dienstleistungen umfasst, z.B. im Handel, bei Banken und Versicherungen.

Wesentliche **Aufgaben** des Fertigungsbereichs sind:

- Die **Fertigungsplanung** als gegenwärtige gedankliche Vorwegnahme zukünftigen wirtschaftlichen Handelns in der Fertigungswirtschaft, z.B. als Erzeugnisplanung.

- Die **Fertigungsdurchführung** als Realisierung der Fertigungswirtschaft, die je nach Verfahren der Fertigung unterschiedlich ist, z.B. als Massenfertigung.

- Die **Fertigungskontrolle** als Überwachung und Untersuchung der Ergebnisse der Fertigungsdurchführung, z.B. als Qualitätskontrolle.

Die **Aufbaugestaltung** des Fertigungsbereiches kann wie folgt aussehen:

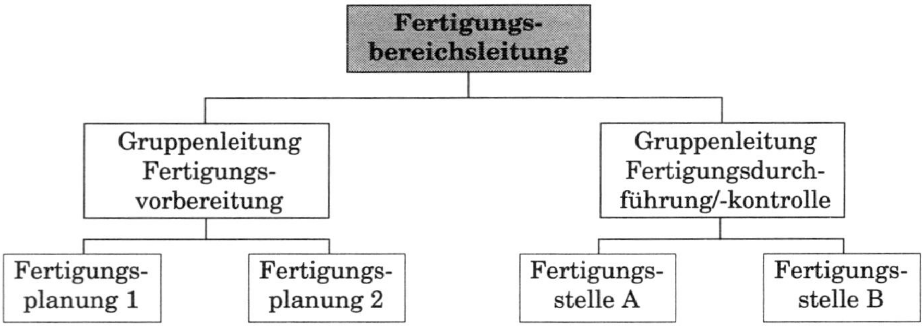

4.3 Marketingbereich

Der Marketingbereich hat die Aufgabe, bestehende Absatzmärkte zu durchdringen und auszuschöpfen sowie neue Absatzmärkte zu erkunden und zu erschließen.

Als **Aufgaben** des Marketingbereichs können genannt werden:

- Die **Marketingplanung** als gegenwärtige gedankliche Vorwegnahme zukünftigen Marktgeschehens, z.B. als Aufgaben der Marktforschung.
- Die **Marketinggestaltung** als Realisierung des Marketing, z.B. als Aufgaben der Produkt-, Kontrahierungs-, Distributions- und Kommunikationspolitik.
- Die **Marketingkontrolle** als Überwachung und Untersuchung der Ergebnisse, z.B. als Erfassung, Ermittlung, Vergleich und Auswertung der Daten.

Die **Aufbaugestaltung** des Marketingbereichs kann erfolgen:

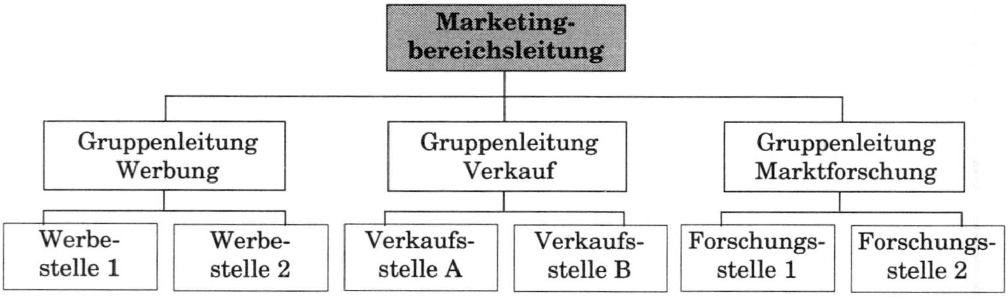

4.4 Personalbereich

Der Personalbereich umfasst in Form der Personalabteilung die Gesamtheit der mitarbeiterbezogenen Gestaltungs- und Verwaltungsaufgaben im Unternehmen.

Zu den **Aufgaben** des Personalbereichs zählen:

- Die **Personalplanung** als gegenwärtige gedankliche Vorwegnahme des zukünftigen personalwirtschaftlichen Geschehens, z.B. als Personalkostenplanung.

- Die **Durchführung der Personalwirtschaft** als Realisierung, z.B. als Personalbeschaffung, Personaleinsatz, Personalführung, Personalentlohnung, Personalentwicklung, Personalfreistellung.

- Die **Personalkontrolle** als Überwachung und Untersuchung der Ergebnisse der Personalwirtschaft, z.B. der Fehlzeiten, Fluktuation.

Die **Aufbaugestaltung** des Personalbereichs ist wie folgt möglich:

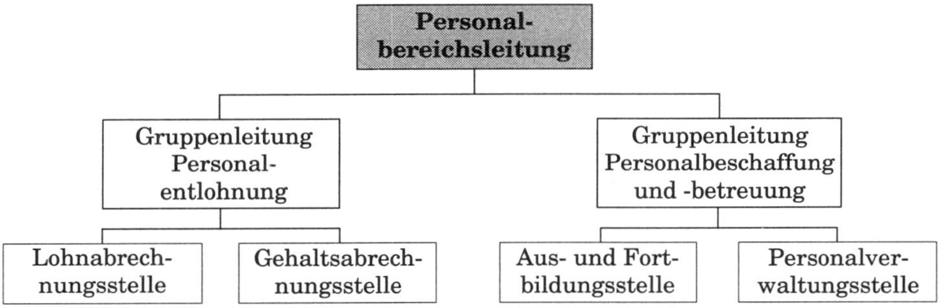

4.5 Finanz- und Rechnungswesen

Die **Finanzwirtschaft** umfasst Maßnahmen der Planung, Durchführung und Kontrolle der betrieblichen Einzahlungen und Auszahlungen. Sie dient der Beschaffung, Verwendung, Freisetzung und Verwaltung des Kapitals. Ihre **Aufgaben** sind:

- Die **Finanzierung** als Aufgabe, das Unternehmen mit dem erforderlichen Kapital zu versorgen, z.B. in Form der Innen- oder Außenfinanzierung.

- Die **Investition**, die Auszahlungen für Vermögensteile darstellt und sich z.B. auf das Sach-Anlagevermögen und das Sach-Umlaufvermögen bezieht.

- Der **Zahlungsverkehr**, der zur Abwicklung der finanziellen Transaktionen als Barzahlungsverkehr, halbbarer und bargeldloser Zahlungsverkehr dient.

Das **Rechnungswesen** ist die Gesamtheit der Einrichtungen und Verrichtungen mit der Aufgabe, alle wirtschaftlichen Gegebenheiten und Vorgänge zahlenmäßig nach Geld und – soweit möglich – nach Mengeneinheiten zu erfassen. Als **Aufgaben** können vor allem unterschieden werden:

- Die **Buchhaltung**, in der alle Geschäftsvorfälle im zeitlichen Ablauf lückenlos aufgezeichnet werden.

- Die Erstellung der **Bilanz**, indem eine Gegenüberstellung von Vermögen und Kapital eines Unternehmens zu einem Stichtag erfolgt.

- Die Ermittlung der **Gewinn und Verlustrechnung**, bei der Erträge und Aufwendungen gegenübergestellt werden, um den Gewinn/Verlust zu errechnen.

- Die **Kostenrechnung**, bei der die Ermittlung der Kosten als in Geld gemessenem Verzehr an Gütern und Dienstleistungen im Mittelpunkt steht.

Die **Aufbaugestaltung** des Finanz- und Rechnungswesens in einem kleineren Unternehmen ist wie folgt möglich:

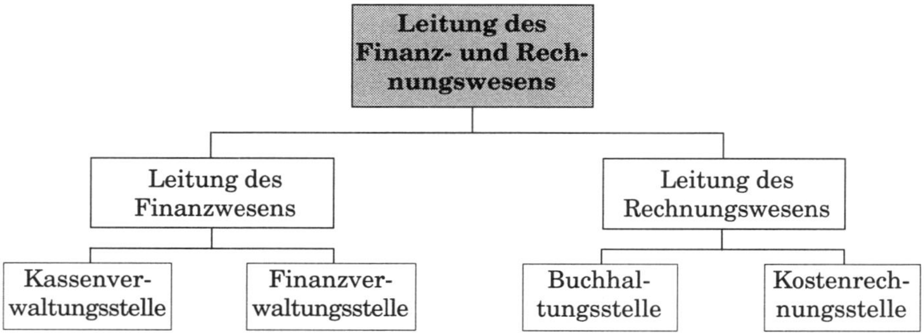

Während der Bereich in einem **mittleren Unternehmen** zu einer Abteilung zusammengefasst und darunter je eine eigene Leitung des Finanz- bzw. Rechnungswesens eingerichtet sein kann, werden diese getrennten Leitungen im **kleineren Unternehmen** entfallen.

Demgegenüber sind **große Unternehmen** dadurch gekennzeichnet, dass Finanzwesen und Rechnungswesen getrennte Hauptabteilungen darstellen.

4.6 Informationsbereich

Der Informationsbereich befasst sich mit der Planung, Verarbeitung und Kontrolle von Daten als **Informationen**, die in direkter Verbindung mit den betrieblichen Zielen stehen. Sie sind zweckorientiertes, personen- und arbeitsplatzbezogenes Wissen und dienen dazu, Handlungen vorzubereiten und durchzuführen.

Aufgaben des Informationsbereichs sind:

- Die **Verwaltungsaufgaben**, bei denen es um Datenpflege, Abwicklungs-, Abrechnungs-, Buchhaltungsaufgaben und Aufgaben des Zahlungsverkehrs geht.

- Die **Informationsaufgaben**, z.B. als Aufgaben der Gewinnung, Verarbeitung und Bereitstellung von Informationen.

- Die **Planungs-**, **Dispositions-** und **Kontrollaufgaben**, z.B. als Vergleich von Soll- und Ist-Werten in den verschiedenen Unternehmensbereichen.

- Die **Steuerungsaufgaben**, die dazu dienen, Informationen in Maßnahmen umzusetzen, z.B. als Steuerung des Transportes oder des Außendienstes.

Die **Aufbaugestaltung** des Informationsbereiches in einem mittleren Unternehmen *(Olfert/Steinbuch)* kann folgendes Aussehen haben:

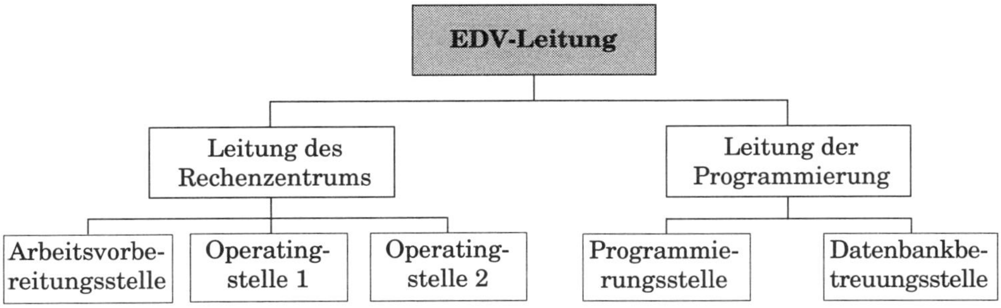

24

Bei der Bereichsaufbauorganisation geht es um die Strukturierung der einzelnen Abteilungen des Unternehmens. Welche der folgenden Aufgaben dürfen nicht dem Beschaffungswesen zugeordnet werden?

- ❑ Stücklisten aufstellen
- ❑ Grundlagenforschung betreiben
- ❑ Rohstoffe einkaufen
- ❑ Anfragen an Lieferanten richten
- ❑ Lagerwerte verbuchen

Seite 241

5. Unternehmensaufbauorganisation

Nach der Stellenorganisation sowie der Strukturierung von Gruppen und Bereichen ist die Organisation des gesamten Unternehmensaufbaus zu gestalten:

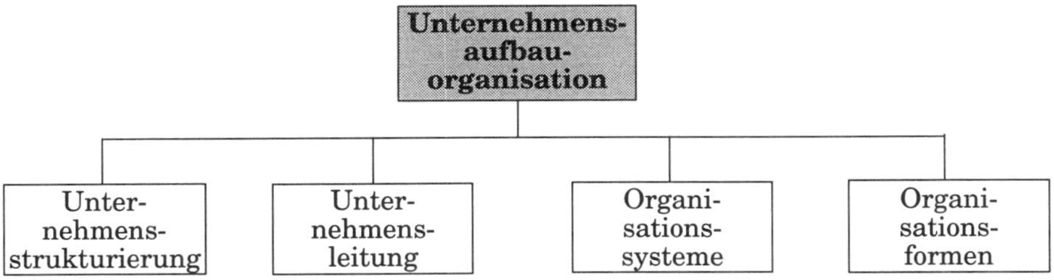

5.1 Unternehmensstrukturierung

Um den Aufbau des gesamten Unternehmens zu gestalten, bedient sich der Organisator der Unternehmensstrukturierung. Sie erfolgt in zweifacher Weise – siehe ausführlich *Olfert/Pischulti*, *Olfert/Steinbuch:*

- **Horizontale Unternehmensstrukturierung**
- **Vertikale Unternehmensstrukturierung**.

5.1.1 Horizontale Unternehmensstrukturierung

Die horizontale Strukturierung des Unternehmens kann vom Organisator in vier **Schritten** durchgeführt werden:

Stellen-organisation	Sie bildet den ersten Schritt. Es wird zunächst von der Gesamtaufgabe ausgegangen, die im Rahmen der Aufgabenanalyse schrittweise und systematisch in Teilaufgaben zu zerlegen ist. Diese werden bei der Aufgabensynthese zu koordinierbaren Aufgabenkomplexen als Stellen und Instanzen zusammengefasst.
⇩	
Gruppen-aufbau-organisation	Ihre Gestaltung ist der nächste Schritt. Aus ihr ergeben sich plurale Organisationseinheiten, die mehrere Stellen mit je einer Instanz umfassen, z.B. Materialwirtschaftsgruppen, Fertigungsgruppen, Marketinggruppen, Verwaltungsgruppen.
⇩	
Bereichs-aufbau-organisation	Als Nächstes erfolgt ihre Gestaltung, indem mehrere Stellen bzw. Gruppen mit exakt abgrenzbaren Aufgabeninhalten zu einem Bereich zusammengefasst werden, z.B. als Finanzbereich, Personalbereich, Rechnungswesen.
⇩	
Unternehmens-aufbau-organisation	Das Ergebnis zeigt die Unternehmensaufbauorganisation als Struktur von Stellen, Instanzen, Gruppen und Bereichen, über denen die Unternehmensleitung angesiedelt ist. Die Verbindungswege zwischen den Organisationseinheiten mit ihren Aufgabenträgern geben der gesamten Organisationsform ihre Struktur, z.B. als Funktionalorganisation oder Spartenorganisation.

Grundsätzlich gelten für die horizontale Strukturierung folgende **Erkenntnisse**:

- Je komplizierter die Aufgabenstruktur, desto geringer ist die Überschaubarkeit.
- Bei Erhaltung der Überschaubarkeit durch Bildung vieler kleiner Gruppen besteht die Gefahr der Überorganisation.

5.1.2 Vertikale Unternehmensstrukturierung

Bei der vertikalen Unternehmensstrukturierung, die auch als **hierarchische Unternehmensstrukturierung** bezeichnet wird, geht es um zwei Problemkreise:

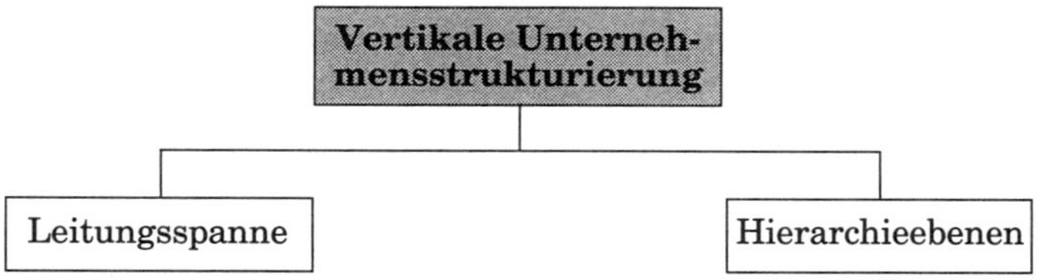

5.1.2.1 Leitungsspanne

Die Leitungsspanne ist die Anzahl der optimal betreubaren, einem Vorgesetzten direkt unterstellten Mitarbeiter. Sie wird auch **Kontrollspanne** oder **Subordinationsquote** genannt. Eine Festlegung auf eine bestimmte Zahl von Organisationseinheiten ist nicht möglich, weil diese von den jeweiligen Bedingungen abhängig ist.

Die Größe der Leitungsspanne wird von mehreren **Einflussfaktoren** bestimmt (*Gaugler*), insbesondere sind das:

- Das **Leistungspotenzial** der Aufgabenträger, z.B. Leistungsfähigkeit, Normaleignung und Fähigkeit zur räumlichen Überschaubarkeit.
- Die **fachliche und menschliche Qualifikation** der Mitarbeiter, wobei insbesondere auf die charakterlichen Qualitäten hinzuweisen ist.
- Das **Ausmaß der Selbstständigkeit**, die man zugeordneten Aufgabenträgern zubilligen kann bzw. möchte.
- Die **Unterstellungsbereitschaft** der Aufgabenträger, wobei insbesondere die oberste Instanz des Unternehmens betroffen ist.
- Das **Verhältnis der Instanzenkosten zur Instanzenleistung**, denn eine Veränderung der Instanzenzahl variiert den Aufwand der Führung, der in Relation zur Führungsleistung zu setzen ist.
- Die **Komplexität der Aufgaben** der unterstellten Stellen, die zu einer unterschiedlichen Beanspruchung der vorgesetzten Instanzen führen können.
- Die **Arbeitsorganisation** in den unterstellten Bereichen bzw. Gruppen, d.h. es ist zu prüfen, ob die Gruppe beständige und regelmäßig zusammenarbeitende Mitarbeiter hat.

Auch die Art des **Führungsstils** sowie die Art und der Umfang des **Sachmitteleinsatzes** können sich auf die Bestimmung der Leitungsspanne auswirken.

Untersuchungen zufolge schwankt sie vielfach zwischen drei und sechs Mitarbeitern auf der oberen und acht bis 25 Mitarbeitern auf der unteren Führungsebene.

5.1.2.2 Hierarchieebenen

Die Festlegung der Hierarchieebenen ist nicht für alle Unternehmen in gleicher Weise vollziehbar. Ihre Zahl ist z.B. abhängig von (*Olfert / Pischulti*):

- Der **Unternehmensgröße**, da z.B. ein Großunternehmen im Regelfall mehr Hierarchieebenen als ein mittelständisches Unternehmen erfordert.

- ❑ Der **Leitungsspanne**, weil eine geringe Leitungsspanne eine ausgeprägte Hierarchie zur Folge haben kann und umgekehrt.

- ❑ Der **Art** und dem **Umfang der Unternehmensaufgaben**, denn je breiter und komplexer das unternehmerische Betätigungsfeld ist, desto mehr hierarchische Ebenen werden benötigt.

- ❑ Der **geographischen Strukturierung** des Unternehmens, da ein international tätiges Unternehmen zumeist vor Ort mit Stützpunkten bzw. Niederlassungen vertreten ist.

Je größer die Zahl der Mitarbeiter und damit auch die Zahl der Stellen ist, um so mehr Hierarchieebenen sind im Unternehmen erforderlich. Das kann zu langen Instanzenwegen führen, die schwerfällig sein und Informationsverfälschungen bewirken können.

In der Praxis existieren keine einheitlich verwendeten Begriffe für die einzelnen Hierarchieebenen. Weit verbreitet ist bei größeren Unternehmen folgende **hierarchische Grundstruktur**:

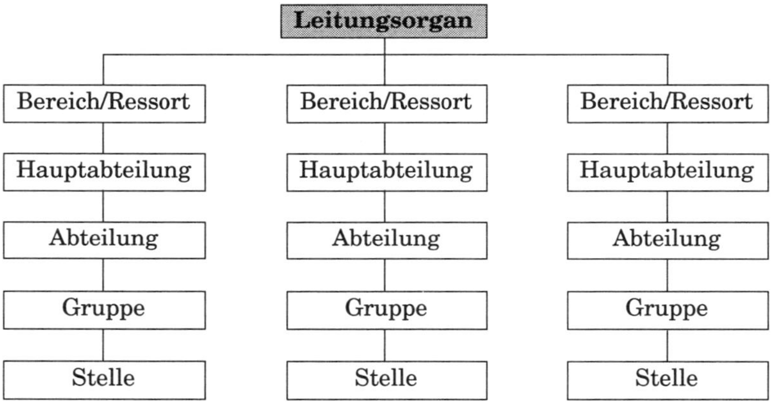

Wie zu sehen ist, können z.B. unterschieden werden:

- ❑ Das **Leitungsorgan**, z.B. als Vorstand (AG) oder Geschäftsführer (GmbH)
- ❑ Der **Bereich** bzw. das Ressort, z.B. in Form mehrerer Hauptabteilungen
- ❑ Die **Hauptabteilung**, z. B. mit Vorgesetztenfunktion für mehrere Abteilungen
- ❑ Die **Abteilung**, die aus mehreren Stellen oder Gruppen besteht
- ❑ Die **Stelle** als die kleinste organisatorische Einheit innerhalb der Hierarchie.

Über dieses Fachabteilungssystem hinaus kann im Unternehmen auch ein **Referentensystem** existieren, z.B. als Ressortreferat, Hauptreferat, Referat. Dies gibt es z.B. für Spezialisten im Personal- und Bildungswesen (*Jung*).

25

Die Lebensmittelfirma Fritz Wohlleben KG hat etwa 120 Beschäftigte. Erstellen Sie ein Organigramm, das auch Namen der Aufgabenträger enthält! Berücksichtigen Sie dabei folgende Bedingungen:

- ❑ Unternehmensleiter ist der Komplementär Fritz Wohlleben
- ❑ Ihm unterstehen die Abteilungen Beschaffung, Fertigung, Verkauf und Verwaltung
- ❑ Dem Unternehmensleiter ist die Stabstelle Organisation zuzuordnen
- ❑ Das Beschaffungswesen und die Verwaltung enthält je zwei Gruppen

Seite 241

5.2 Unternehmensleitung

An der Spitze des Unternehmens steht die Unternehmensleitung, welche die Unternehmensführung wahrnimmt. Der Leitungsaufbau der Unternehmensspitze ist ebenfalls zu organisieren. Sie hat als organisatorische Einheit grundlegende und strategische Entscheidungen zu treffen. Außerdem muss sie die ihr unterstellten Unternehmensbereiche so koordinieren, dass die Betriebswirtschaft zwischen Absatzmarkt und Beschaffungsmarkt erfolgreich agieren kann.

Zu unterscheiden sind:

- **Rechtsform-Modelle**
- **Prinzipien-Modelle**
- **Ressort-Modelle**.

5.2.1 Rechtsform-Modelle

Das deutsche Gesellschaftsrecht sieht drei alternative Modelle vor, die an die Rechtsform (*Olfert/Rahn*) und die Mitbestimmung gekoppelt sind:

- ❑ Das **Eingremium-Modell**, das z.B. beim Einzelunternehmen mit der Leitung durch den Unternehmer bzw. bei der Offenen Handelsgesellschaft (OHG) mit der Leitung durch die geschäftsführenden Gesellschafter gegeben ist.

- ❑ Das **Zweigremium-Modell**, das z.B. bei einer mitbestimmungsfreien GmbH existiert, in der die Geschäftsführer der GmbH die Leitung bilden und außerdem die Gesellschafterversammlung zu berücksichtigen ist.

- ❑ Das **Dreigremium-Modell**, das z.B. bei den mitbestimmten Kapitalgesellschaften (AG bzw. GmbH) vorkommt, mit der Leitung bei der AG durch den Vorstand unter Einbezug des Aufsichtsrates und der Hauptversammlung. Mit zunehmender Betriebsgröße nimmt i.d.R. auch die Kopfzahl der Leiter zu.

5.2.2 Prinzipien-Modelle

Als Prinzipien-Modelle sind im Wesentlichen zwei Modelle zu unterscheiden, die sich voneinander nach den zu Grunde liegenden Organisationsprinzipien unterscheiden *(Krüger, Kosiol, Olfert/Pischulti, Riester)*, die sein können:

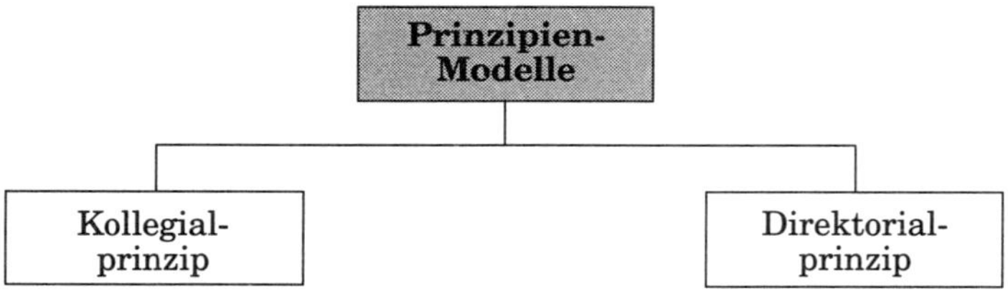

5.2.2.1 Kollegialprinzip

Die Kollegialorganisation ist nach dem Kollegialprinzip gestaltet. Es ist auf die gemeinsame Willensbildung der Träger von Organisationseinheiten ausgerichtet, die sich auf gleicher Entscheidungsebene befinden. Nach diesem Prinzip ist in vielen Fällen der Aufbau der Unternehmensleitung in großen Unternehmen strukturiert.

Zu unterscheiden sind:

- Die **Primatkollegialität**, bei der ein Mitglied des Top Managements »Erster unter Gleichen« ist. Bei Meinungsverschiedenheiten ist seine Stimme ausschlaggebend. Zuweilen behält sich der »Primus inter Pares« auch wichtige Entscheidungen vor. Diese Form findet sich in großindustriellen Unternehmen.

- Die **Abstimmungskollegialität**, bei der alle Entscheidungen gemeinsam nach dem Mehrheitsprinzip zu treffen sind. Nach diesem Prinzip sind häufig leitende Gremien von Kreditinstituten organisiert *(Büschgen)*. Als Sonderfall kann bei Stimmengleichheit die Stimme des am meisten von dem Vorgang Betroffenen ausschlaggebend sein.

- Die **Kassationskollegialität**, bei der die verschiedenen gleichberechtigten Unternehmensleiter das Recht der gegenseitigen Aufhebung oder Anerkennung der getroffenen Entscheidungen wahrnehmen, z.B. durch die unterlassene oder erfolgte Gegenzeichnung von Dokumenten. Ein Mitglied kann z.B. ein Vetorecht geltend machen, indem es die Gegenzeichnung verweigert.

- Die **Ressortkollegialität**, bei der jeder Entscheidungsträger für ein Ressort zuständig ist und eigenverantwortlich über seinen Zuständigkeitsbereich entscheidet. Bereichsübergreifende Fragen bleiben aber der gemeinsamen Entscheidung der Beteiligten vorbehalten. In regelmäßigen Abständen werden gemeinsame Sitzungen der Ressortleiter angesetzt. Diese Form ist bei Großunternehmen weit verbreitet.

5.2.2.2 Direktorialprinzip

Bei dem Direktorialprinzip entscheidet eine einzelne Person in einem Leitungsgremium allein. Eine Direktorialorganisation kann sich in folgender **Struktur** niederschlagen:

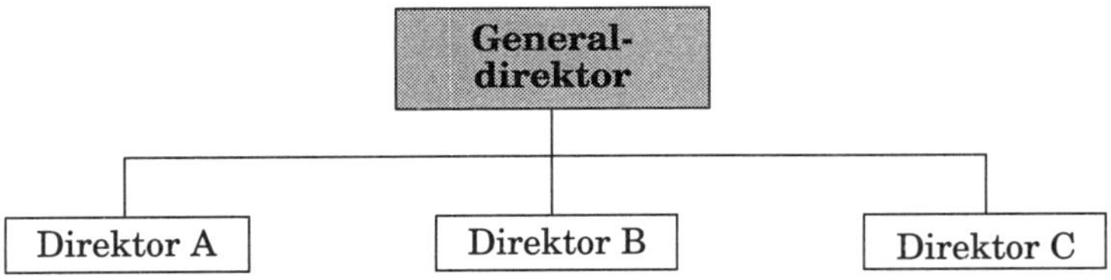

Damit ist zwar eine einheitliche Willensbildung gewährleistet, aber es konzentrieren sich hier große Machtbefugnisse, die zu »einsamen Entscheidungen« führen können. In diesem Fall besteht die Gefahr, dass die ganze Entwicklung des Unternehmens von einer einzigen Person abhängt.

5.2.3 Ressort-Modelle

Die Ressort-Modelle basieren auf der **Ressortkollegialität**, nach der jeder Entscheidungsträger für ein Ressort eigenverantwortlich zuständig ist. Die Ressortbildung kann in der Unternehmensleitung einer großen Aktiengesellschaft folgende **Formen** annehmen (*Rahn):*

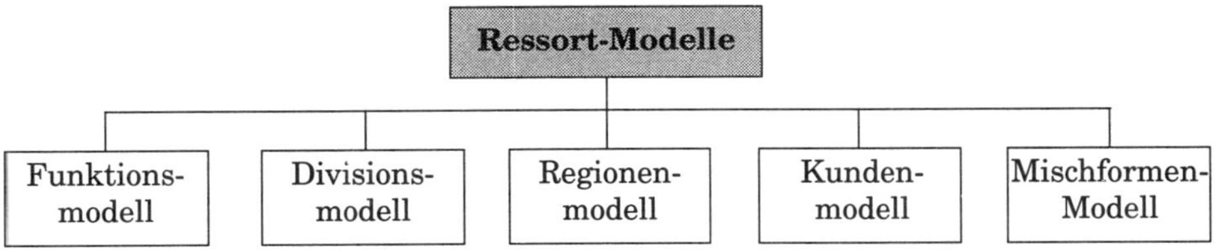

5.2.3.1 Funktionsmodell

Das Funktionsmodell der Unternehmensleitung teilt die Vorstandsressorts nach Verrichtungen auf. Es kann in einem **Industrieunternehmen** z.B. folgende grundlegende Struktur haben:

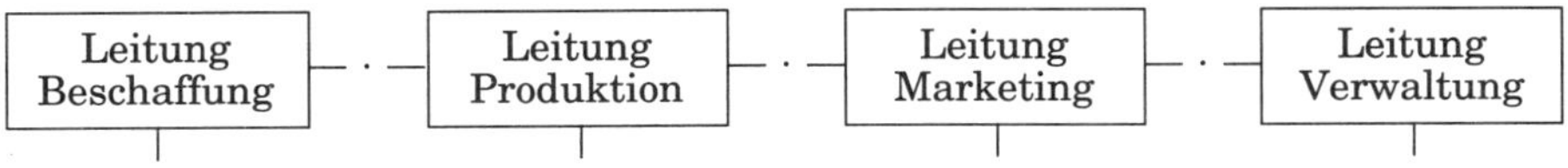

Für das Funktionsmodell entscheidet sich die Unternehmensleitung, wenn Größenvorteile zu nutzen sind und im Top Management vorrangig verrichtungsorientierte Entscheidungsprozesse anfallen. Dabei können Spezialisierungsvorteile genutzt werden.

5.2.3.2 Divisionsmodell

Das Divisionsmodell der Unternehmensleitung gruppiert die Vorstandsressorts nach Sparten bzw. Produkten. Es kann in einem großen **Chemieunternehmen** z.B. folgende Struktur haben:

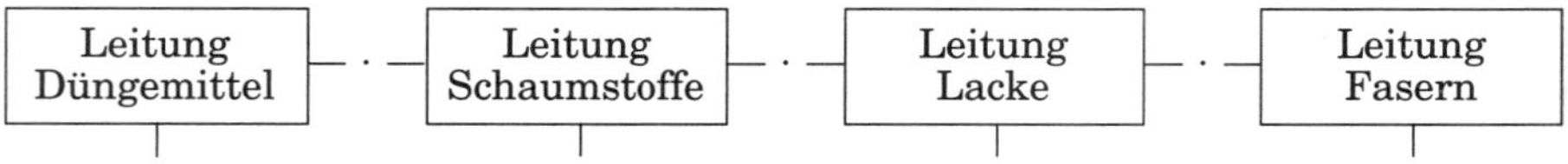

Die Entscheidung der Unternehmensleitung für diese Form ist zu erwägen, wenn die Entscheidungsprozesse im Top Management vorrangig produktbezogen erfolgen und ein gewisses Maß an Dezentralisierung angestrebt wird.

5.2.3.3 Regionenmodell

Das Regionenmodell der Unternehmensleitung teilt die Vorstandsressorts nach regionalen Gesichtspunkten auf. Es kann in einem **Handelsunternehmen** z.B. als Struktur aufweisen:

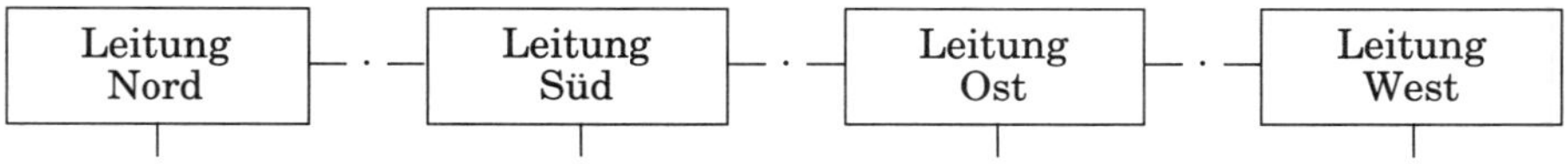

Für das Regionenmodell wird sich die Unternehmensleitung entscheiden, wenn die Entscheidungsprozesse vorrangig auf regionalen Gesichtspunkten basieren und dezentrale Gesichtspunkte eine hervortretende Rolle spielen.

5.2.3.4 Kundenmodell

Das Kundenmodell der Unternehmensleitung unterteilt die Vorstandsressorts nach Kundengruppen. Es kann in einem **Versicherungsunternehmen** folgende grundlegende Struktur haben:

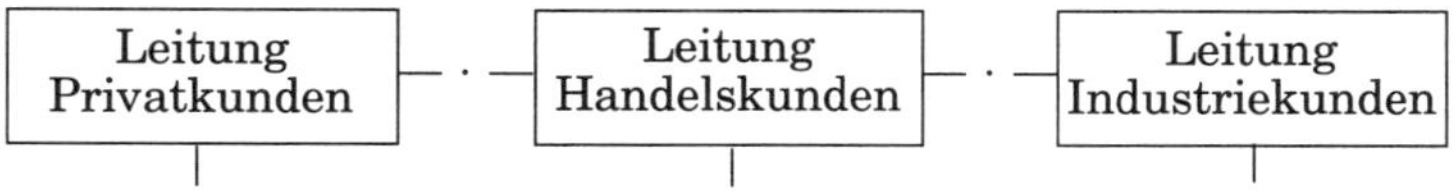

Die Unternehmensleitung entscheidet sich für dieses Modell, wenn die Entscheidungsprozesse mit einer möglichst optimalen Kundenbetreuung verbunden sind. Jeder Vorstand ist hier für eine Kundengruppe zuständig.

5.2.3.5 Mischformen-Modell

Das Mischformen-Modell der Unternehmensleitung gliedert nicht nach bestimmten Verrichtungen, Regionen oder Produkten, sondern es werden Teilelemente verschiedener Idealtypen verwendet, z.B. ist für einen großen **Automobilhersteller** typisch:

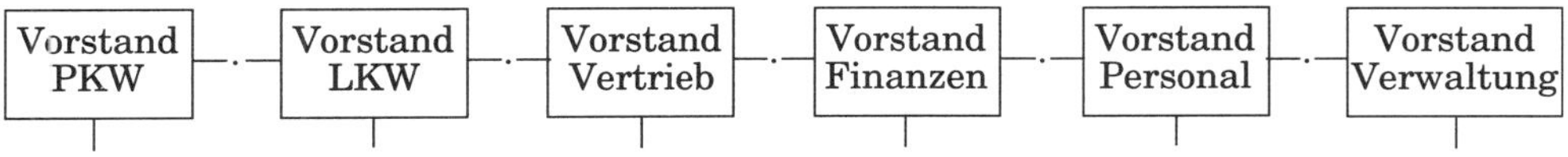

Für dieses Modell kann sich die Unternehmensleitung entscheiden, wenn nicht eine reine Leitungsform infrage kommt, sondern sich die Entscheidungsprozesse nach Mischkriterien richten.

26

Die Isoliermittel Montage GmbH hat ein Stammhaus und drei rechtlich unselbstständige Werke, die in getrennter Fertigung Isoliermatten bzw. Isolierfilze und Isolierplatten herstellen. Der Organisator im Stammhaus erhält von der Unternehmensleitung den Auftrag, einen Vorschlag zu unterbreiten, der das Stammhaus als Obergesellschaft und die Werksleiter in einem kollegialen System mit Querverbindungen vorsieht. Entwerfen Sie einen Vorschlag!

Seite 241

5.3 Organisationssysteme

Ein System ist eine Menge von Elementen, die miteinander verbunden sind. Seine organisatorische Struktur kann unterschiedliche Ausprägungen haben. Zu unterscheiden sind (*Olfert / Pischulti, Olfert / Steinbuch, Rahn, Staerkle*):

- **Liniensystem**
- **Funktionsssystem**
- **Stabliniensystem**.

5.3.1 Liniensystem

Das Liniensystem ist eine Organisationsstruktur, bei der Stellen und Abteilungen in einen **einheitlichen Instanzenweg** eingegliedert sind, der von der obersten Instanz bis zur untersten Stelle reicht. Damit wird das »Prinzip der Einheit von Auftragserteilung und Auftragsempfang« verwirklicht.

Es stellt die straffste Form der organisatorischen Gliederung dar. Jeder Mitarbeiter ist dabei nur einem Vorgesetzten unterstellt. Weisungen und Informationen gehen jeweils an die unmittelbar unterstellten Stelleninhaber, bis die zum Empfang bestimmte Stelle erreicht wird, z.B. von der Unternehmensleitung bis zum Mitarbeiter C:

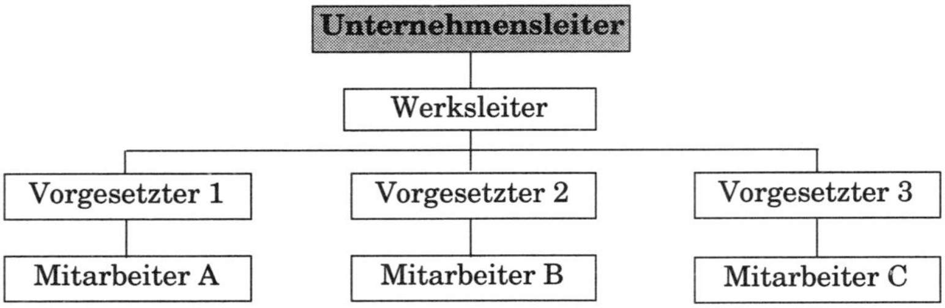

Das Liniensystem ist wie folgt zu beurteilen:

Vorteile	Nachteile
❍ Klare, eindeutige Regelungen der Unterstellungsverhältnisse, Kompetenzen und Verantwortungen ❍ Einfacher Aufbau ❍ Überschaubare, transparente Struktur ❍ Keine Eingriffe Dritter ❍ Eindeutige Kommunikations- und Berichtswege ❍ Vorgesetztenorientierter Entscheidungsprozess ❍ Einfache Steuer- und Betreubarkeit der Mitarbeiter ❍ Hohes Maß an Ordnung durch straffe Disziplin ❍ Einheitlichkeit der Auftragserteilung bewirkt die Einhaltung des Dienstweges	❍ Übergeordnete Einheiten werden mit Koordinationsaufgaben stark beansprucht ❍ Überlastung der Führungskräfte durch Routinetätigkeiten ❍ Zusammenarbeit wird erschwert ❍ Lange Weisungswege bei entsprechend langen Instanzen ❍ Kritische Position der »Zwischeninstanzen« ❍ Persönliche Abhängigkeiten der Mitarbeiter ❍ Unflexible Entscheidungsfindung ❍ Problem der Informationsfilterung insbesondere bei langen Instanzenwegen ❍ Fehlende Dynamik des Systems

In der Praxis wird das Liniensystem vielfach durch Querverbindungen ergänzt, die in das Gesamtsystem eingebaut werden.

Ein **Liniensystem mit Querverbindungen** kann eine Beschleunigung des Informationsflusses dadurch bewirken, dass in dem als Abbildung oben dargestellten Beispiel der Mitarbeiter C nicht den Instanzenweg über seinen Vorgesetzten 3 und den Werkleiter einhalten muss, sondern unmittelbaren Kontakt zu Mitarbeiter A aufnehmen kann.

Um die Dienstwege insbesondere unter dem Gesichtspunkt der Kundenorientierung möglichst kurz zu gestalten, sollte nach dem Prinzip der Delegation von Aufgaben und Verantwortung verfahren werden, sodass sich ein **Liniensystem mit Delegation** ergibt.

5.3.2 Funktionssystem

Das Funktionssystem ist ein **Mehrliniensystem,** bei dem der Informationsfluss nicht durch einen einzigen Instanzenweg erfolgt. Das bedeutet, dass jeder Mitarbeiter funktionsbedingt mehreren Vorgesetzten unterstellt ist und von diesen Aufträge erhält.

Das Funktionssystem wird auch als **Funktionsmeistersystem** bezeichnet. Es kann folgendes Aussehen aufweisen:

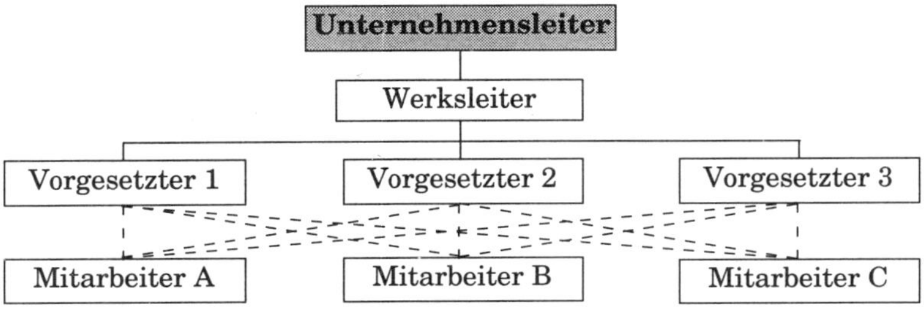

Durch die im Funktionssystem praktizierte Mehrfachunterstellung wird das »**Prinzip des kürzesten Weges**« realisiert. Die Eignung des Funktionssystems kann beurteilt werden:

Vorteile	Nachteile
○ Spezialisierung ○ Direkte Weisungswege ○ Direkte Informationswege ○ Betonung der Fachautorität ○ Produktivität sachlicher Konflikte ○ Relativ schnelle Ausführung ○ Erschwerte Informationsfilterung ○ Kontrolle durch mehrere Vorgesetzte ○ Einzelweisungen durch Kompetenz ○ Kein schwerfälliger Instanzenweg ○ Größere Dynamik der Führungskräfte	○ Probleme der Abgrenzung von Zuständigkeiten, Weisungen und Verantwortlichkeiten ○ Schwierige Fehlerzurechnung ○ Persönliche Konflikte zwischen den Vorgesetzten ○ Schwierigkeit der einheitlichen Umsetzung der Unternehmensziele ○ Konfliktpotenzial und mangelnde Arbeitsdisziplin durch Mehrfachunterstellung der Mitarbeiter

5.3.3 Stabliniensystem

Das Stabliniensystem ist ein Organisationssystem, bei dem das Liniensystem mit dem Stabsprinzip verbunden wird. Dabei lässt sich die Unternehmensleitung von Fachkräften beraten, die als Stäbe tätig sind.

Die Fachkräfte haben grundsätzlich kein unmittelbares **Weisungsrecht** gegenüber anderen Stellen, z.B. als Organisationsabteilung, Controlling, Rechtsabteilung. Die Weisungsbefugnis liegt bei der vom Stab zu beratenden Instanz.

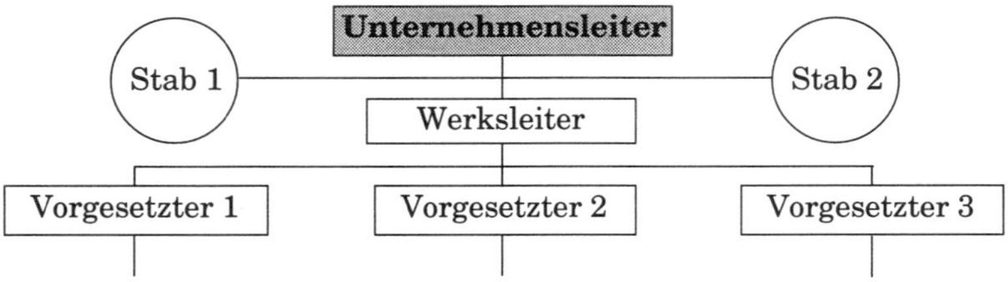

In der noch anzusprechenden Funktional- und Spartenorganisation gibt es häufig Stäbe, die bei großen Unternehmen als **Zentralabteilungen** geführt werden. Das Stabliniensystem ist zu beurteilen:

Vorteile	Nachteile
○ Übersichtliche Struktur ○ Einheitlicher Instanzenweg ○ Klare Zuständigkeiten ○ Nutzung von Größenvorteilen ○ Nutzung von Spezialisierungsvorteilen ○ Beratungsvorteile durch Stäbe ○ Entlastung der Führungkräfte ○ Verbesserung der Entscheidungsqualität	○ Konfliktgefahr durch Trennung von Entscheidungsvorbereitung und Entscheidung ○ Bereichsdenken und Egoismus möglich ○ Blockierung von Stabsvorschlägen denkbar ○ Mangelnde Produktverantwortung möglich ○ Gefahr von Stab-Linien-Konflikten ○ Demotivation des Stabes durch fehlende Entscheidungsbefugnis ○ Kompetenzüberschreitung des Stabes möglich ○ Gefahr der Überdimensionierung der Stabsstellen ○ Informelle Macht von Stäben durch Informationsvorsprung zu Entscheidungsträgern und Manipulationsmöglichkeit der Mitarbeiter

Das Stabliniensystem ist in der Praxis in kleinen Unternehmen weniger ausgeprägt als in größeren Unternehmen.

5.4 Organisationsformen

Die Organisationsform ist Ausdruck der Strukturierung des gesamten Unternehmensaufbaus. Sie besteht aus Organisationseinheiten und Informationswegen. Die **Unternehmensleitung** hat zu entscheiden, welche Organisationsform für die Bereichsorganisation gültig ist.

Folgende **Einflussfaktoren** beeinflussen diese Entscheidung *(Kieser / Kubicek):*

- ❑ Das **Leistungsprogramm**, das sich in den Marktleistungen des Unternehmens zeigt, z.B. im Angebotsprogramm von Sachgütern und Dienstleistungen.

- Die **Unternehmensgröße**, die sich z.B. anhand der Mitarbeiterzahl, des Umsatzes oder der Bilanzsumme bestimmen lässt.

- Die **Fertigungstechnologie**, die sich im Grad der Spezialisierung äußert, z.B. zeigt sie sich bei Großunternehmen in der Zahl und Art der Fertigungsabteilungen.

- Die **Informationstechnologie**, die sich in dem Einsatz von EDV-Anlagen zeigt. Sie kommt heute in allen Organisationsformen vor, unterscheidet sich aber je nach Ausstattung, z.B. zwischen Kleinunternehmen und Großunternehmen.

- Die **Unternehmensform**, die sich z.B. bei Einzelunternehmen mit kleineren Organisationsstrukturen äußert. Demgegenüber existieren in Kapitalgesellschaften umfassende Formen der betrieblichen Aufbauorganisation.

- **Sonstige interne Faktoren**, die sich z.B. im Alter der Organisation, in der Art der Gründung und im Entwicklungsstadium der Organisation zeigen.

- **Externe Faktoren**, z.B. Arbeitsmarkt, Konkurrenzverhältnisse, Kundenstruktur, Lieferanten, Kapitalgeber, Gesetzgeber und gesellschaftlich-kulturelle Bedingungen.

Die Organisationsformen lassen sich einteilen in:

- **Grundformen**
- **Abgeleitete Organisationsformen**.

5.4.1 Grundformen

Die Grundformen der Aufbauorganisation sind die **traditionellen Aufbaustrukturen**. Sie können sein (*Bleicher, Bühner, Frese, Krüger, Olfert/Pischulti, Olfert/Steinbuch, Rahn):*

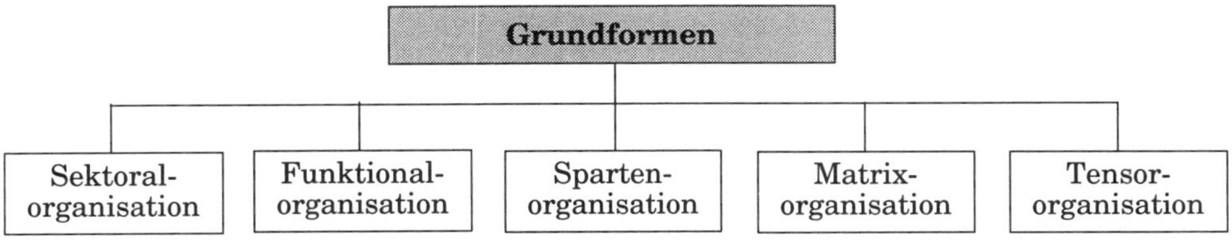

5.4.1.1 Sektoralorganisation

Die Sektoralorganisation ist eine Form der Aufbauorganisation, deren **zentrale Organisationsstruktur** durch eine Zweiteilung auf der zweiten Hierarchieebene in einen technischen und einen kaufmännischen Sektor geprägt ist, was einer sektoralen Zentralisierung entspricht:

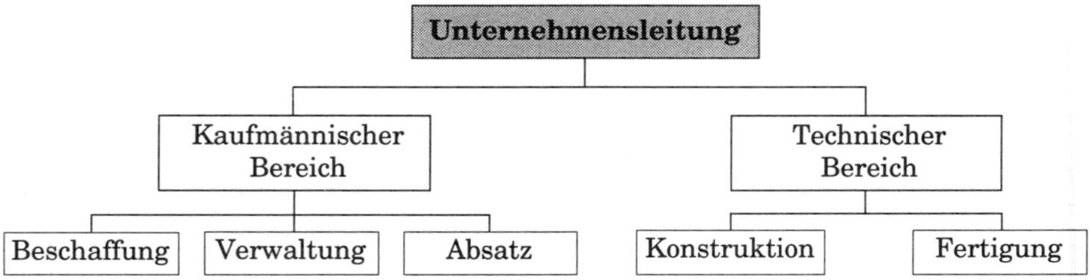

Bei der Sektoralorganisation erfolgt die Leitung des Unternehmens nach dem Liniensystem, wobei die beiden Sektoren der Unternehmensleitung verantwortlich unterstellt sind. Sie ist in folgender Weise zu beurteilen:

Vorteile	Nachteile
❍ Große Übersichtlichkeit ❍ Einheitlicher Instanzenweg ❍ Vorzüge der Zentralisation ❍ Spezialisierungsvorteile	❍ Schwerfälligkeit/Starrheit ❍ Überlastung der Führungskräfte ❍ Begrenzte Flexibilität ❍ Geringe Bereitschaft zur Delegation

Der **Einsatz** der Selektoralorganisation bietet sich bei einer geringen Unternehmensgröße, einer relativ stabilen Umwelt und einem relativ homogenen Leistungsprogramm an.

5.4.1.2 Funktionalorganisation

Die Funktionalorganisation ist eine Organisationsform, die auf der zweiten Hierarchieebene nach **Verrichtungen** gegliedert ist. Sie knüpft dabei i.d.R. an dem güterwirtschaftlichen Prozess des Unternehmens an, sodass sich als Organisationseinheiten ergeben können:

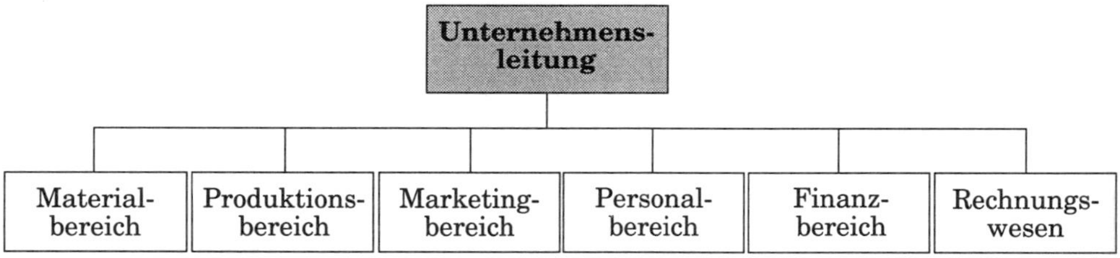

Da diese funktional gegliederte Organisationsform hauptsächlich durch die Zentralisierung geprägt ist, kann von **Verrichtungszentralisierung** gesprochen werden. Die Funktionsbereiche können je nach Wirtschaftszweig inhaltlich verschieden sein. Die Leitung geschieht nach dem **Liniensystem**.

Die Eignung der Funktionalorganisation ist wie folgt zu beurteilen:

Vorteile	Nachteile
○ Sehr übersichtlich ○ Einheitlicher Instanzenweg ○ Nutzung von Größenvorteilen ○ Nutzung von Spezialisierungsvorteilen ○ Kompetenz und Verantwortung bei den Instanzen ○ Zentralisierung gewährleistet eine straffe Organisation	○ Schwerfälliger Informationsfluss ○ Überlastung der Führungskräfte wegen mangelnder Delegation ○ Bereichsdenken/Egoismus ○ Motivationsprobleme in nachgeordneten Führungsebenen ○ Mangelnde Produktverantwortung ○ Einschränkung der Innovationskraft durch hohen Spezialisierungsgrad

Der **Einsatz** der Funktionalorganisation kann sich bei kleinen bis mittleren Unternehmen, relativ stabiler Umwelt und relativ homogenem Leistungsprogramm anbieten.

27

Der Organisator erhält vom Vorstand der Fixoflex AG in Hamburg die Aufgabe, eine Funktionalorganisation zu gestalten, die mindestens folgende Abteilungen enthält:

- ❑ Werbung
- ❑ Finanz- und Rechnungswesen
- ❑ Einkauf
- ❑ Personalwesen
- ❑ Materiallager
- ❑ Verkauf

Als Bedingung ist vorgegeben, dass dem Vorstand vier Hauptabteilungsleiter unterstehen, denen jeweils die obigen Abteilungen in zweckmäßiger Weise zu unterstellen sind. Entwerfen Sie einen Organisationsplan!

Seite 242

5.4.1.3 Spartenorganisation

Die Spartenorganisation ist eine Organisationsform, deren Organisationsstruktur hauptsächlich durch die **Dezentralisierung** geprägt ist. Sie wird auch als **Divisionalorganisation** bezeichnet.

Die zweite Hierarchieebene des Unternehmens ist nach **Objekten** gegliedert, die z.B. Produkte oder Werke sein und als Profit Center geführt werden können.

Wesentliche Elemente sind bei der Spartenorganisation die **Zentralabteilungen**, die für die leistungsprozessbezogenen Abteilungen bzw. Bereiche vielfältige Dienstleistungen erbringen.

Die Zentralabteilungen übernehmen häufig auch Koordinationsaufgaben, um ein »Eigenleben« der Sparten zu begrenzen, die sich von den Unternehmenszielen entfernen, z.B. durch eine zentrale Personalabteilung, damit die betriebliche Personalpolitik »mit einer Stimme« vertreten wird.

Die folgenden Formen der Spartenorganisation sind durch das **Stabliniensystem** geprägt, bei dem sich die Unternehmensleitung von Fachkräften beraten lässt.

- **Produktorganisation**
- **Regionalorganisation**
- **Kundenorganisation**.

5.4.1.3.1 Produktorganisation

Die Produktorganisation stellt eine Spartenorganisation dar, die auf der zweiten Unternehmensebene nach **Erzeugnissen** bzw. **Erzeugnisgruppen** gegliedert ist. Es handelt sich um autonome Sparten, die als Subsysteme des Gesamtsystems Unternehmen interpretierbar sind (*Wittlage*). Sie enthalten verstärkt dezentrale Elemente.

Beispiel eines Industrieunternehmens:

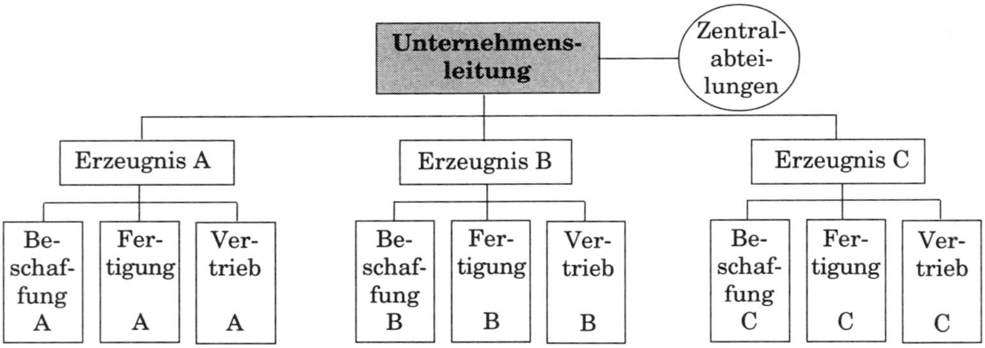

Die Produktorganisation kann sich für ein Unternehmen anbieten, bei dem die Entscheidungsprozesse nach Erzeugnisarten dezentralisiert ablaufen sollen.

Die Produktorganisation weist folgende Vor- und Nachteile auf:

Vorteile	Nachteile
❍ Einheitlicher Instanzenweg ❍ Klare Zuständigkeiten ❍ Entlastung der Unternehmensleitung von Routineentscheidungen ❍ Nutzung von Entscheidungsfreiräumen ❍ Flexibilität/Reaktionsfähigkeit ❍ Fehlbesetzungen treffen nur die Sparte ❍ Übersichtlichkeit/Transparenz ❍ Sparten mit Gewinnverantwortung ❍ Leistungsmotivation durch Spartenautonomie	❍ Gefahr des Eigenlebens der Sparten ❍ Tendenz zum Spartenegoismus ❍ Anstreben von Divisionszielen anstelle der Unternehmensziele ❍ Kompetenzprobleme zwischen Zentralabteilungen und Sparten ❍ Überzogene Verteilungskämpfe um knappe Ressourcen ❍ Doppelarbeit bei ähnlichen Erzeugnissen/Problemlösungen ❍ Größerer Bedarf an Führungskräften ❍ Verfolgung kurzfristiger Ziele

5.4.1.3.2 Regionalorganisation

Die Regionalorganisation ist eine Form der Aufbauorganisation, die durch geographisch abgegrenzte Aufgabenbereiche gekennzeichnet ist (*Alewell*). Die zweite Hierarchieebene ist durch **Regionen** oder **Gebiete** geprägt.

Beispiel eines Handelsunternehmens:

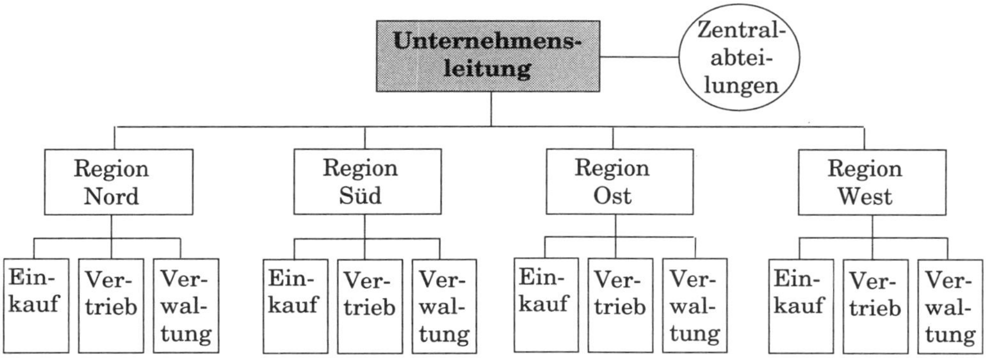

Darüber hinaus können regional gegliederte Formen der betrieblichen Aufbauorganisation weitere Betrachtungsebenen enthalten:

- ❑ Kontinentbezogene Bereiche, z.B. Asien, Südamerika, USA, Europa, Afrika
- ❑ Staatenbezogene Bereiche, z.B. Frankreich, Großbritannien, USA, Japan
- ❑ Regionalbezogene Bereiche, z.B. Ruhrgebiet, Südhessen, Pfalz
- ❑ Bundesländerorientierte Bereiche, z.B. Nordrhein-Westfalen, Saarland
- ❑ Städteorientierte Bereiche, z.B. Berlin, Hamburg, Bremen, Frankfurt.

Die Regionalorganisation kann in folgender Weise beurteilt werden:

Vorteile	**Nachteile**
❍ Regionale Differenzierung ❍ Klare Zuständigkeiten ❍ Einheitlicher Instanzenweg ❍ Entlastung der Unternehmensleitung ❍ Regionale Flexibilität ❍ Übersichtlichkeit	❍ Tendenz zum Eigenleben der Regionaleinheiten ❍ Regionale Aspekte werden u.U. überbetont ❍ Überzogene Verteilungskämpfe bei knappen Mitteln

Die Regionalorganisation ist eine geeignete Organisationsform, wenn die Entscheidungsprozesse dezentralisiert sind und vorrangig auf regionalen Gesichtspunkten basieren.

5.4.1.3.3 Kundenorganisation

Die Kundenorganisation ist eine Spartenorganisation, die auf der zweiten Hierarchieebene nach **Kunden** oder **Kundengruppen** gegliedert ist. Sie enthält ebenfalls dezentrale Elemente und spaltet das Unternehmen in marktbezogene und anpassungsfähige Teilsysteme auf.

Typische **Formen** der Kundenorganisation sind z. B. (*Farny, Hill / Fehlbaum / Ulrich*):

- ❑ Lokale Niederlassungen von Großbanken
- ❑ Warenhäuser von Konzernen
- ❑ Werke von Industrieunternehmen
- ❑ Lokale Departements von Verwaltungsunternehmen.

Beispiel eines Versicherungsunternehmens:

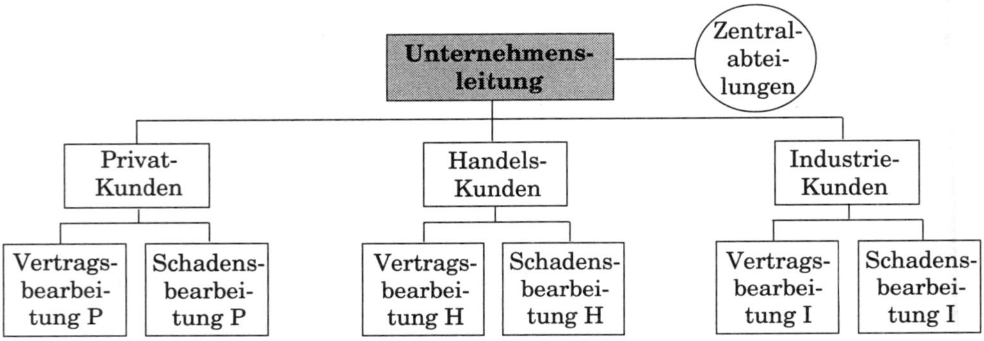

Die Kundenorganisation lässt sich beurteilen:

Vorteile	Nachteile
❍ Differenzierung nach Kunden bzw. Kundengruppen ❍ Einheitlicher Instanzenweg ❍ Eindeutige Zuständigkeiten ❍ Flexibilität bei der Anpassung an Kundenwünsche ❍ Übersichtliches System ❍ Unternehmensleitung wird entlastet	❍ Kundenorientierung wird u. U. überbetont ❍ Tendenz zum Spartenegoismus ❍ Divisionsziele werden zu sehr in den Vordergrund gestellt ❍ Bei knappen Ressourcen überzogene Verteilungskämpfe ❍ Doppelarbeit möglich

Der Einsatz der Spartenorganisation ist sinnvoll, wenn die Entscheidungsprozesse dezentralisiert sind und vor allem produkt-, regional- bzw. kundenbezogenen Aspekten entsprochen werden soll.

Aus der Spartenorganisation wurden verschiedene Organisationsformen abgeleitet – siehe Seite 136 f.:

❍ Center-Organisation	❍ Holding-Organisation	❍ SGE-Organisation

5.4.1.4 Matrixorganisation

Die Matrixorganisation ist eine Organisationsform, bei der auf der zweiten Hierarchieebene **zwei Gliederungsprinzipien** gleichzeitig und gleichberechtigt verfolgt werden (*Bleicher, Frese, Olfert / Pischulti, Olfert / Steinbuch, Rahn, Scholz*):

- ❑ In der **Horizontalen** der Matrix lassen sich zentrale Funktionen aufnehmen, z.B. Personalwesen, Produktpolitik und Forschung.
- ❑ Die **Vertikale** der Matrix kann die Objekte als dezentrale Organisationseinheiten ausweisen, z.B. Produkte bzw. Produktgruppen in Sparte A bzw. Sparte B.

Daraus ergibt sich folgendes Strukturbild:

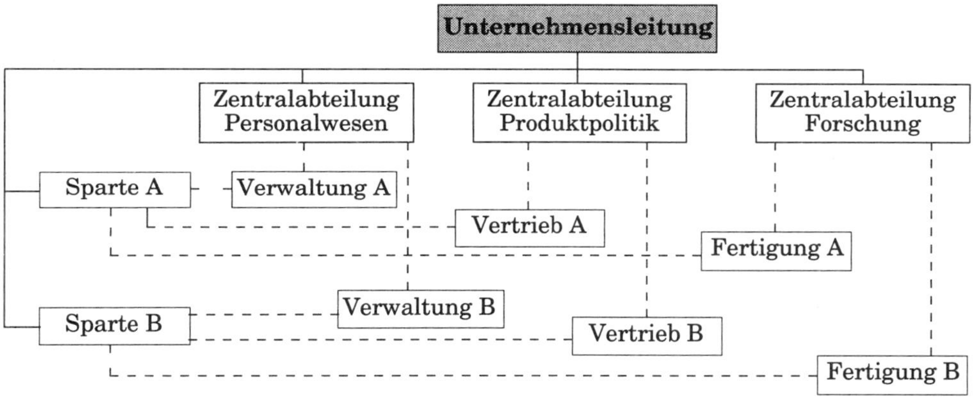

In den Schnittstellen von Funktionen und Objekten befinden sich als Organisationseinheiten – wie oben zu sehen ist – drei Aufgabenkombinate mit dem Merkmal A:

- ❑ Die **Verwaltung A**, die in Fragen der Personalverwaltung der Zentralabteilung Personalwesen und bezüglich der Produkte der Sparte A unterstellt ist.
- ❑ Der **Vertrieb A**, der in Fragen der Produktpolitik der Zentralabteilung und bezüglich der Produkte selbst der Sparte A zugeordnet ist.
- ❑ Die **Fertigung A**, die hinsichtlich der Forschung und Entwicklung der Zentralabteilung und in Produktfragen der Sparte A unterstellt ist.

Für die Organisationseinheiten mit dem Merkmal B gelten die Aussagen analog. **Konflikte** zwischen den Zentralabteilungen und den Sparten sind als systemimmanent zu betrachten, weil am Entscheidungsprozess relativ viele Personen beteiligt sind.

Die Matrixorganisation lässt sich wie folgt beurteilen:

Vorteile	Nachteile
❍ Sehr flexibles System ❍ Intensive Kommunikation ❍ Verbesserung der Entscheidungsqualität ❍ Ausschaltung der spezifischen Stab-Linien-Konflikte möglich ❍ Motivation durch Beteiligung am Entscheidungsprozess ❍ Gute Eignung bei heterogenem Produktionsprogramm/Umweltbedingungen ❍ Anpassungsfähigkeit an die Umweltdynamik ❍ Direkte Verbindungswege ❍ Entlastung des Top Managements durch Entscheidungsdelegation ❍ Umfassende Betrachtungsweise der Aufgaben ❍ Förderung von kreativen/qualitativ hochwertigen Problemlösungen	❍ Konfliktgefahr durch Mehrfachunterstellung ❍ Kaum vermeidbare Kompetenzüberschneidungen zwischen den Entscheidungen ❍ Kontraproduktive Tendenzen (Machtkämpfe, Entscheidungsverzögerung, Abschiebung von Verantwortung) ❍ Überforderung der Matrix-Stelleninhaber ❍ Hohe Koordinations-, Kommunikations- und Informationskosten ❍ Unklare Unterstellungsverhältnisse der Organisationseinheiten in den Schnittstellen der Matrix ❍ Zeitliche Verzögerung von Entscheidungsprozessen ❍ Kompetenzkämpfe um knappe Mittel und evtl. Fehlleitung von Ressourcen ❍ Kein klarer Instanzenweg ❍ Weniger Übersichtlichkeit ❍ Hohe persönliche Belastung durch ausgeprägtes Konfliktpotenzial ❍ Zeitaufwändiger Zwang zum Konsens

Der Einsatz der Matrixorganisation kann sich bei relativ instabiler Umwelt und heterogenem Leistungsprogramm anbieten. Um Konfliktpotenziale in Grenzen zu halten, sind besondere Regelungen der Kompetenzabgrenzung nötig, z.B. hinsichtlich der Weisungsbefugnisse.

28

Die Firma Sohaware AG vertreibt Personalcomputer. Der Organisator erhält von der Unternehmensleitung den Auftrag zur Reorganisation der Aufbauorganisation des Marketingbereichs, die für den Markt inzwischen nicht mehr flexibel genug erscheint:

Die Unternehmensleitung beabsichtigt in dem wachsenden Markt, den Verkäufereinsatz nach selbstständigen Verkaufseinheiten in den Regionen Nord und Süd mit dem entsprechenden Service zu organisieren. Dort soll eine Spezialisierung der Verkäufer erfolgen, die sich mehr als bisher an den einzelnen Branchenbedürfnissen und den speziellen Belangen der bestehenden Kundengruppen orientieren. Entwickeln Sie einen Vorschlag!

Seite 242

5.4.1.5 Tensororganisation

Die Tensororganisation ist eine Organisationsform, bei der **drei Dimensionen** des Unternehmens berücksichtigt werden. Sie umfasst z.B.:

- Zentralbereiche (Forschung und Entwicklung, Beschaffung)
- Regionalbereiche (West, Süd, Ost)
- Unternehmensbereiche (PKW, LKW, Bus).

Beispiel:

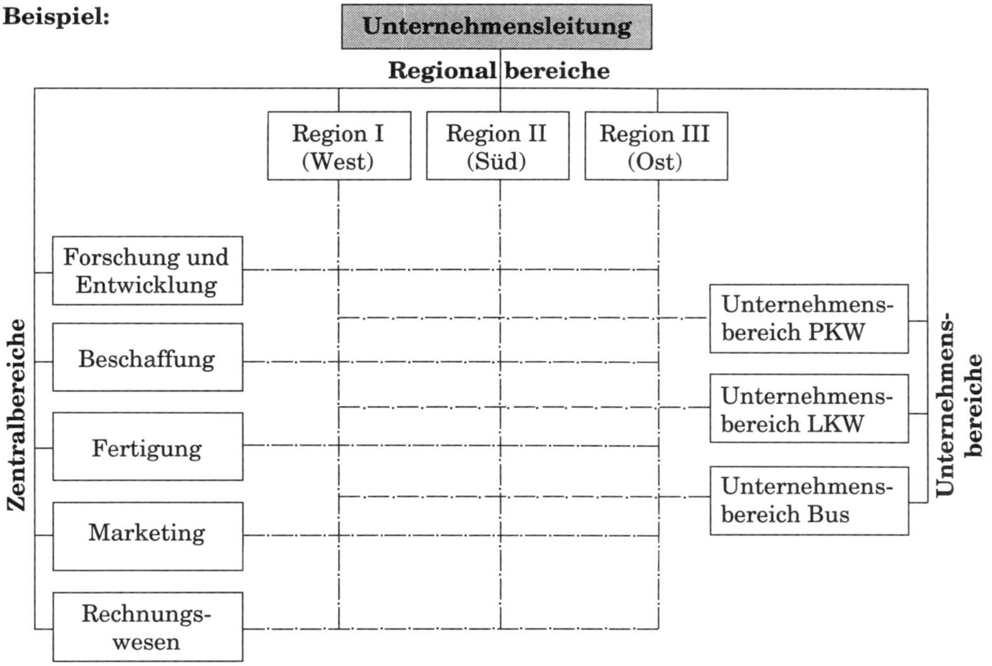

Die Eignung der Tensororganisation ist in folgender Weise zu beurteilen:

Vorteile	Nachteile
❍ Sehr hohe Flexibilität ❍ Ausgesprochene Marktorientierung ❍ Intensive Kommunikation ❍ Spezialisierungsvorteile ❍ Entscheidungsfreiräume	❍ Konflikte im Wirkzusammenhang ❍ Hoher Koordinationsbedarf ❍ Kein klarer Instanzenweg ❍ Überforderte Aufgabenträger ❍ Weniger Übersichtlichkeit

Die Tensororganisation wird vielfach von multinationalen Großunternehmen genutzt, die auf unterschiedlichen Märkten bei relativ instabilen Umwelten tätig sind. Sie stellt hohe Anforderungen an die Kooperationsfähigkeit der Stelleninhaber.

5.4.2 Abgeleitete Organisationsformen

Abgeleitete Organisationsformen sind der Lösung spezieller Aufgaben förderlich. Sie wurden aus den grundlegenden Organisationsformen entwickelt, um in den Unternehmen anfallende **Sonderaufgaben** besser bewältigen zu können.

Es können folgende Organisationsformen abgeleitet werden – siehe ausführlicher *Olfert / Steinbuch*:

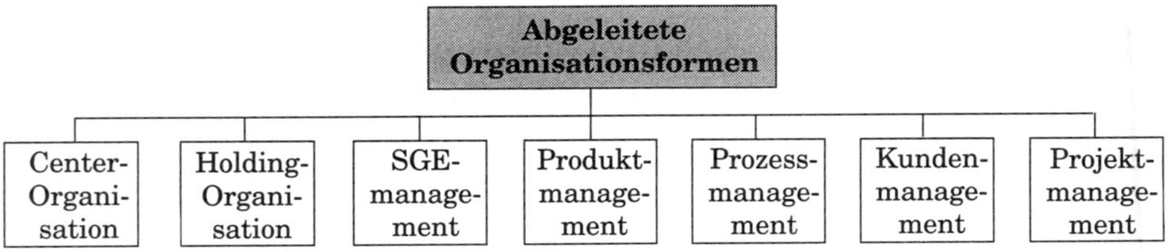

5.4.2.1 Center-Organisation

Die Bildung von Organisationseinheiten nach dem Objektprinzip, stellt die Grundlage für die Verwirklichung der Center-Organisation dar. Sie wurde aus der grundlegenden Form der **Spartenorganisation** abgeleitet – siehe S. 129.

Als Center-Konzepte sind zu unterscheiden:

- Das **Profit-Center**, bei dem mindestens für eine Produktgruppe eine Erfolgszurechnung erfolgt, d.h. die Verantwortlichkeit der Aufgabenträger am Erfolg orientiert ist. Ein Profit-Center umfasst mindestens die Bereiche Fertigung und Marketing.

- Das **Cost-Center**, bei dem der Leiter des Centers lediglich im Rahmen des vorgegebenen Kostenbudgets entscheidet. Es sind entweder bestimmte Kostenbudgets einzuhalten oder die Kosten müssen bei vorgegebenem Leistungsvolumen minimiert werden.

- Das **Revenue-Center**, bei dem der Leiter insbesondere die Höhe des Umsatzerlöses zu verantworten hat. Voraussetzung für diese Form ist die Bestimmung des Leistungsprogramms nach Art, Quantität und Qualität.

- Das **Investment-Center**, bei dem der Leiter des Centers auch die Kompetenz der Gewinnverwendung in Rahmen reinvestiver Maßnahmen hat. In diesem Falle ist der Grad der Autonomie besonders stark ausgeprägt.

Allen Formen der Center-Organisation ist gemeinsam, dass deren Leiter **relativ autonom** entscheiden können, d.h. die Unternehmensleitung gewährt ihnen mehr oder weniger umfangreiche Entscheidungsfreiheiten.

5.4.2.2 Holding-Organisation

Eine Holding ist eine aus der **Spartenorganisation** abgeleitete Organisationsform, bei der eine **Dachgesellschaft** nicht selbst am Markt auftritt. Es gibt hier Beteiligungen an mehreren, rechtlich selbstständigen Unternehmen als Beteiligungsgesellschaften.

Formen der Holding-Organisation sind (*Bea / Göbel*):

- Die **Management-Holding**, bei der die Dachgesellschaft die Leitung und Koordination der gesamten Holding-Organisation einschließlich der strategischen Aufgaben übernimmt. Diese Organisationsform wird auch genannt:

○ Holdinggesellschaft	○ Konzern-Holding
○ Dach-Holding	○ Geschäftsführende Holding

- Die **Finanz-Holding**, bei der die Dachgesellschaft keine strategischen Führungsaufgaben übernimmt. Die einzelnen Beteiligungsgesellschaften sind dafür selbst zuständig. Die Aufgabe der Dachgesellschaft liegt im Halten von Anteilen der Holdinggesellschaften. Dennoch besitzt sie eine gesamtunternehmerische Finanzperspektive.

Beiden Formen der Holding-Organisation ist gemeinsam, dass die rechtliche **Selbstständigkeit** der Unternehmen durch die Beteiligungen erhalten bleibt.

5.4.2.3 SGE-Management

Das SGE-Management besteht aus **strategischen Geschäftseinheiten** (SGE), die sich auf strategische Geschäftsfelder (SGF) beziehen (*Bea / Göbel*). Sie sind Ausdruck von Produkt-Markt-Kombinationen, die in einzelne, voneinander unterscheidbare Organisationseinheiten zerlegt und von der **Spartenorganisation** abgeleitet werden.

Die strategischen Geschäftseinheiten sollen ihre Aufgaben effizient und eigenverantwortlich erledigen. Es empfiehlt sich, ihre Anzahl überschaubar und handhabbar zu halten. Sie befinden sich in Konkurrenz zu anderen Anbietern und richten sich an eine klar abgrenzbare Kundengruppe (*Bühner, Wittlage*).

5.4.2.4 Produktmanagement

Das Produktmanagement ist eine abgeleitete Organisationsform, durch welche sich die Anpassungsfähigkeit der Organisation an veränderte Märkte oder Marktsegmente verbessern und dadurch die Wettbewerbsposition und die Überlebensfähigkeit des Unternehmens gesichert werden sollen (*Vahs*).

Tragendes Element dieser Organisationsform ist der **Produktmanager**, der Produktspezialist und Funktionsgeneralist in einer Person ist. In der Praxis sind drei **Formen** des Produktmanagements anzutreffen:

- Das **Stabs-Produktmanagement**, bei dem der Produktmanager der Unternehmensleitung in Stabsfunktion zugeordnet ist. Er wird vor allem als Produktkoordinator tätig, hat aber keine Weisungsbefugnisse gegenüber Fachabteilungen.

- Das **Linien-Produktmanagement**, bei dem der Produktmanager als Linienstelle innerhalb des Marketingsbereichs eingeordnet ist. Die aufbauorganisatorische Stellung des Produktmanagers kann hier leiden, wenn der Marketingleiter einen starken Einfluss hat.

- Das **Matrix-Produktmanagement**, bei dem über eine vertikale, funktionale Gliederung eine horizontale, produktorientierte Organisationsstruktur gelegt wird. Für die Einheiten in den Schnittstellen der Matrix ergeben sich daraus Doppelunterstellungen.

Dem Produktmanager obliegen die Planung, Entscheidung und Koordination eines seinem Verantwortungsbereich übertragenen Erzeugnisses.

5.4.2.5 Prozessmanagement

Das Prozessmanagement stellt eine abgeleitete Organisationsform dar, bei der **Prozessmanager** agieren, die für den effizienten Ablauf der jeweiligen Prozesse im Unternehmen zuständig und verantwortlich sind. Es wird auch **Prozess-Manager-Organisation** genannt.

Im Rahmen des **Business Reengineering** als fundamentalem Überdenken und radikalem Redesign von Unternehmen wurde die hohe Bedeutung der Geschäftsprozesse für den Erfolg des Unternehmens erkannt (*Hammer/Champy*).

Daraus entstand die Überlegung, die Organisation der Geschäftsprozesse durch Prozessmanager in drei **Varianten** wirksam verfolgen zu lassen. So gibt es:

- Den **Prozessmanager mit voller Weisungsbefugnis**, also mit Längsverbindungen zu den zugeordneten Stellen. Sein Machtpotenzial ist umfassend, denn er hat das Alleinentscheidungsrecht. Den Bereichsmanagern kommt lediglich ein Mitspracherecht zu.

- Den **Prozessmanager ohne Weisungsbefugnis**, der damit nur Querverbindungen zu den zugeordneten Stellen aufweist. Sein Machtpotenzial ist sehr begrenzt, weil die Bereichsmanager das Alleinentscheidungsrecht besitzen.

- Den **Prozessmanager mit begrenzter Weisungsbefugnis** und damit Diagonalverbindungen zu den zugeordneten Stellen. Das Machtpotenzial ist zwischen dem Prozessmanager und dem Bereichsmanager aufgeteilt. Dementsprechend müssen beim matrixorientierten Prozessmanagement die Kompetenzen genau abgegrenzt werden.

Die bestehende Organisationsform wird durch die Regelungen oftmals nicht geändert, es erfolgt nur eine **Überlagerung** durch das Prozessmanagement.

5.4.2.6 Kundenmanagement

Das Kundenmanagement ist eine abgeleitete Organisationsform, bei der die **Kundenmanager** die Nähe zum Kunden suchen, damit dessen Zufriedenheit erreicht werden soll. Kundennähe und Kundenzufriedenheit gelten heute als bedeutsame Erfolgsfaktoren von Unternehmen (*Vahs*).

Da die angestrebte Kundenorientierung durch die mitunter schwerfälligen Regelungen der **Kundenorganisation** als Ausprägung der Spartenorganisation behindert wird, kommen verstärkt Kundenmanager zum Einsatz. Das Kundenmanagement gibt es in folgenden **Formen**:

- Als **Stabs-Kundenmanagement**, bei dem der Kundenmanager der Unternehmensleitung bzw. dem Marketingleiter in Stabsfunktion zugeordnet ist. Durch die fehlende Entscheidungs- bzw. Weisungsbefugnis ist es möglich, dass der Kundenmanager von dem Kunden nicht als vollwertiger Verhandlungspartner akzeptiert wird.

- Als **Linien-Kundenmanagement**, bei dem der Kundenmanager direkt in den Marketingbereich eingeordnet wird. Das kann sinnvoll sein, wenn die Kundenmanager selbstständig entscheiden und autonom Abschlüsse tätigen. Bei sehr starkem Einfluss des Marketingleiters ist es aber möglich, dass die Indentifikation des Kundenmanagers leidet.

- Als **Matrix-Kundenmanagement**, bei dem der Kundenmanager begrenzte Weisungsbefugnisse z.B. gegenüber dem Außendienst bzw. dem Absatzbereich hat, um die Wünsche der Kunden besser befriedigen zu können. Er hat darauf zu achten, dass das kundenbezogene Marketingkonzept in allen Bereichen wirksam umgesetzt wird.

Die Kundenmanager können mehr auf die **Bedürfnisse** des einzelnen Kunden eingehen. Damit wird das Ziel verfolgt, den Bedarf des Kunden möglichst schnell, preiswert und flexibel zu befriedigen.

5.4.2.7 Projektmanagement

Das Projektmanagement ist eine abgeleitete Organisationsform, bei der die Projektmanager anspruchsvolle Projekte zu lösen versuchen.

Aus der Koppelung von Organisationseinheiten und deren Informationswegen können die folgenden **Gestaltungsformen** des Projektmanagements entstehen (*Burghardt, Olfert / Steinbuch*):

- Das **Linien-Projektmanagement**, bei dem der jeweilige Projektleiter dem Leiter der Fachabteilung direkt unterstellt ist. Die aufbauorganisatorische Stellung des Projektleiters wird der Bedeutung eines Projektes vielfach nicht gerecht, weil der jeweilige Fachabteilungsleiter über einen starken Einfluss verfügt.

- Das **reine Projektmanagement**, bei dem die Projektgruppen für die Projektdauer vollständig aus den Fachabteilungen herausgelöst und zeitlich befristet in die Aufbauorganisation integriert werden.

- Das **Stabs-Projektmanagement**, bei dem der Einfluss des Projektleiters vergleichsweise gering ist. Er hat z.B. als Inhaber einer Stabsstelle über Querverbindungen nur die Aufgabe der Koordination, weshalb er auch Projektkoordinator heißt.

- Das **Matrix-Projektmanagement**, bei dem die Projektmitglieder, die für die Dauer des Projektes aus den Fachabteilungen zu einem Teil herausgelöst werden, in disziplinarischen Fragen weiterhin der Fachabteilung und in abgegrenzten Projektfragen dem Projektleiter unterstehen.

Die Formen der **Projektorganisation** werden auf S. 202 f. genauer vorgestellt.

6. Aufbaueinführung

Die Einführung der neuen Aufbauorganisation bildet die letzte Phase dieses Organisationsprozesses. Sie ist eine Bewährungsprobe für die Vorschläge der Organisationsabteilung. Für sie sollte ein geeigneter Zeitraum ausgewählt werden, denn neue Aufbausysteme bringen sowohl für die betroffenen Mitarbeiter als auch für das Unternehmen vielfältige Umstellungsprobleme mit sich.

Die Umstellungsprobleme bei den Mitarbeitern können sich in **Widerständen** der Betroffenen gegen die neue Aufbauorganisation äußern, deren Begründung z.B. liegt in:

- Der Furcht vor Neuerungen, z.B. negative Reaktionen von Betroffenen
- Persönlichen Problemen, z.B. fehlende Akzeptanz des neuen Systems
- Gegebenen persönlichen Nachteilen, z.B. durch Umzug in eine andere Region
- Dem Sperren gegen Neuerungen, z.B. wegen der Mehraufgaben
- Der Angst vor dem Versagen, z.B. nicht mit der Umstellung zurechtkommen
- Der Bequemlichkeit, z.B. Scheu vor dem Erwerb neuer Qualifikationen
- Den informellen Einflüssen, z.B. Voreingenommenheit gegen Personen
- Der inneren Kündigung, z.B. gestörtes Betriebsklima.

Um diese Widerstände möglichst gering zu halten, ist vom Organisator in der Einführungsphase entsprechend zu disponieren. Die Einführung umfasst:

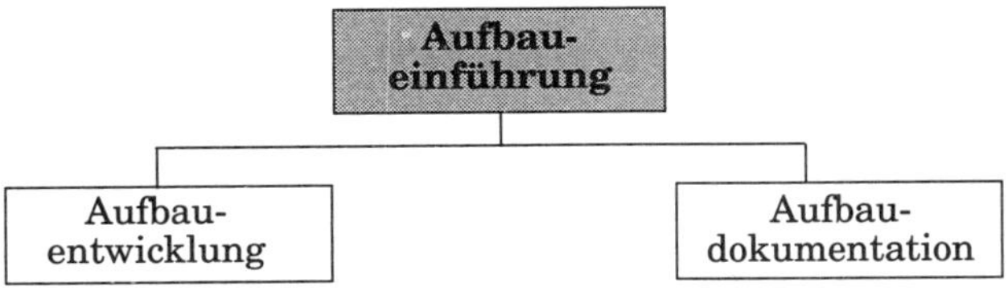

6.1 Aufbauentwicklung

Die Aufbauentwicklung dient der Vorbereitung der neuen Aufbauorganisation und vollzieht deren kontrollierte Realisierung. Es sind zu untersuchen:

- **Aufbauvorbereitung**
- **Aufbaupräsentation**
- **Aufbaurealisierung**
- **Aufbaukontrolle**.

6.1.1 Aufbauvorbereitung

Nach Abschluss der Organisationsarbeiten zur Gestaltung der neuen Aufbauorganisation bereitet der Organisator für die Unternehmensleitung einen **Abschlussbericht** vor. Für ihn gelten folgende Grundregeln:

- ❑ Einfache Ausdrucksweise und klarer Schreibstil
- ❑ Vermeidung sprachlicher Schwerfälligkeiten
- ❑ Inhaltliche Aufbereitung zur leichten und schnellen Informationsaufnahme.

Der Abschlussbericht sollte aus folgenden **Teilen** bestehen:

- ❑ Der **einleuchtenden Kritik** der bisherigen Aufbauorganisation wobei die wesentlichen Daten der Ist-Aufnahme und der Ist-Analyse übersichtlich zusammenzufassen sind. Bei der Beurteilung des bestehenden Aufbausystems ist auf eine ausgewogene und treffende Begründung der Nachteile dieses Systems zu achten.

- ❑ Der **überzeugenden Darstellung** der neuen Aufbauorganisation, die in einer knapp gefassten Darlegung der Einzelschritte besteht, die zum neuen System geführt haben, z.B. dem Vorstellen der neuen Organisationsform durch Hervorhebung seiner Vorteile und auch seiner Grenzen sowie der Betonung konkreter Änderungen gegenüber dem alten Aufbausystem.

Damit die Unternehmensleitung als Auftraggeber vom Sinn und Zweck der neuen Aufbauorganisation überzeugt wird und den Veränderungen zustimmt, empfiehlt sich eine entsprechende Präsentation der Fakten.

6.1.2 Aufbaupräsentation

Der Organisator präsentiert der Unternehmensleitung die Inhalte des vorbereiteten Abschlussberichtes. Um den **Erfolg** der Präsentation zu sichern, muss sie gut vorbereitet werden.

Dabei sollten folgende **Präsentationsregeln** beachtet werden:

- Blickkontakt der Teilnehmer suchen, er verleiht der Präsentation Lebendigkeit
- Aufmerksamkeit erzeugen, denn damit wird das Interesse geweckt
- Wesentliches verdeutlichen, denn darauf legen die Teilnehmer Wert
- Informationen anschaulich aufbereiten, denn dann sind sie besser verständlich
- Lebens- und Praxisnähe einbringen, denn Praktiker sind damit am ehesten zu überzeugen.

Bei der Präsentation der Aufbauorganisation ist zu achten auf:

- Das **Präsentationsziel**, das die Auswahl der Argumente bestimmt, z.B. durch Präsentieren der Vorteile der neuen Aufbauorganisation. Es wird vor allem auf die Ziele und Wünsche der Teilnehmer der Präsentation abgestimmt.

- Die **Teilnehmer** als voraussichtlich anwesende Personen, die analysiert werden sollten, z.B. nach Alter, Zusammensetzung, Entscheidungskompetenz, Einstellungen, Wertmaßstäben, Kenntnisstand, Erwartungen, Nutzen für die Teilnehmer.

- Die Fixierung des **Präsentationsaufbaus**, z.B. die Eröffnung und Begrüßung der Teilnehmer, Einstimmung auf die Problematik, überzeugende Kritik des bisherigen Systems, Darstellung des neuen Systems, Begründung der Vorteile und Formulierung des Nutzens, Abschluss.

- Die Festlegung der **Methoden und Techniken**, mit denen die Teilnehmer von der Effizienz der neuen Aufbauorganisation überzeugt werden sollen, z.B. durch einen packenden Vortrag mit entsprechendem Engagement des Organisators.

- Die Bestimmung des **Zeitpunktes** und **Informationsortes**, der im Regelfall innerhalb des Unternehmens in einen repräsentativen Raum gelegt wird. Dabei ist zu prüfen, ob die geplanten Visualisierungsmittel vorhanden sind.

- Schließlich sind geeignete **Visualisierungsmittel** einzusetzen, die sein können (*Olfert/Steinbuch*):

Tafel	Sie zählt zu den ältesten Visualisierungsmitteln und dient dazu, wesentliche Informationen stichpunktartig darzustellen. Traditionell ist die Tafel – meist als Wandtafel – schwarz, inzwischen gibt es zunehmend auch weiße Tafeln, die mit speziellen Filzstiften beschriftet werden.

Flipchart	Der Flipchart ist ein dreibeiniger Ständer mit einem beweglichen Papierblock. Er dient dazu, stichpunktartige Informationen, z.B. (über) Begriffe, Abläufe oder Organigramme aufzunehmen. Außerdem ist er geeignet, Diskussionsbeiträge von Teilnehmern schriftlich festzuhalten.
Overhead-Projektor	Er ist ein besonders häufig eingesetztes Projektionsmittel für Darstellungen auf Klarsichtfolien im Format DIN A4. Mit ihm können z.B. Begriffe, Gliederungen, begrenzte Texte, Schaubilder und Diagramme übermittelt werden. Bei schrittweisem Vorgehen ist es möglich, Teile der Folien zunächst abzudecken.
Pinnwand	Sie ist eine Platte aus Hartschaum, die auf zwei Standbeinen steht und durch einen Rahmen stabilisiert wird. Die Pinnwand eignet sich besonders zum Entwickeln von Gedankengängen, indem kartonierte Kärtchen mit Stecknadeln aufgeheftet bzw. auf angeheftetes Packpapier mit Filzstift geschrieben werden kann.
Tonband	Es sind akustische Präsentationsmittel, deren Aufnahmen qualitativ hochwertig sein müssen, wenn sie wirksam sein sollen. Für das Tonband wird außerdem ein akustisch günstiger Platz im Raum benötigt. Denn schlechte Verständlichkeit der Aufnahmen kann die Teilnehmer in Unruhe versetzen.
Dias/ Kurzfilm	Hier ist es notwendig, den Raum zu verdunkeln. Diese Gegebenheiten sind in die Planungen einzubeziehen. Durch die Verdunkelung geht der Blickkontakt und u.U. auch die Aufmerksamkeit der Teilnehmer verloren. Nach dem Zeigen von Dias oder Kurzfilmen ist oft eine kurze Pause angebracht.

Zum besseren Verständnis ist es ratsam, kurzgefasste Teile des Abschlussberichts am Ende der Präsentation den Teilnehmern als **Handout** zu überlassen. Gerade diese Informationen sind besonders sorgfältig vorzubereiten, weil diese Unterlagen noch nach Tagen Diskussionsgegenstand sein können.

Der **Präsentationserfolg** hängt entscheidend von der persönlichen und sachlichen Überzeugungskraft des Organisators bzw. von seinem Auftreten, Engagement und seiner Qualifikation ab.

6.1.3 Aufbaurealisierung

Wenn die Unternehmensleitung über die neue Aufbauorganisation positiv entschieden hat, müssen die Verantwortlichen dafür sorgen, dass sie auch entsprechend durchgesetzt wird. Allerdings soll und kann das neue System den Führungskräften und Mitarbeitern nicht aufgezwungen werden, sondern es ist für die neue Konzeption zu werben.

Dabei sind vor allem diejenigen Aufgabenträger vorrangig zu informieren, die direkt von den Veränderungen betroffen sind. Als **Informationsmittel** können dienen:

❍ Persönliche Kontakte	❍ Versenden von Rundschreiben
❍ Persönliche Briefe	❍ Informationen in der Werkszeitschrift
❍ Anschlag am Schwarzen Brett	

Vor allem dort sollten persönliche Kontakte gepflegt werden, wo der **Widerstand** gegen das neue System am größten ist. Hier hat der Organisator nicht nur seine fachlichen Qualifikationen nachzuweisen, sondern er muss oft auch psychologische Fähigkeiten zeigen.

Auch **Schulungsmaßnahmen** können sich im Rahmen der Umstellung auf neue Systeme als sinnvoll erweisen.

6.1.4 Aufbaukontrolle

Die Aufbaukontrolle ist ein Vorgang der Gewinnung von Informationen über die Aufbauorganisation. Sie kann einerseits begleitend zur gesamten Gestaltung des organisatorischen Aufbaus und andererseits nach Abschluss der Anlaufphase durch den Leiter der Organisationsabteilung, den Organisator oder ein Gremium erfolgen.

Die Aufbaukontrolle dient der **Prüfung**, ob die Vorgaben des Organisationsauftrages erreicht wurden. Dementsprechend bezieht sie sich auf den Vergleich:

- ❑ Des **Solls der Aufbauorganisation**, das sich im Rahmen der Aufbauplanung aus der Zielplanung und der Konzeptplanung ergibt.

- ❑ Des **Ists der Aufbauorganisation**, das aus der realisierten Organisation resultiert und den tatsächlichen organisatorischen Zustand wiedergibt.

Führt die Aufbaukontrolle zu **Differenzen**, so ist zu untersuchen, welche Gründe dafür vorliegen.

Um die Gestaltung der Aufbauorganisation auch längerfristig abzusichern, sollte die Aufbaudokumentation vorgenommen werden.

29

Die Präsentation der Aufbauorganisation ist eine Veranstaltung, bei der ein Organisator der Unternehmensleitung die Inhalte des neuen Systems vorstellt. Gehen Sie davon aus, dass er eine Teilnehmeranalyse vorgenommen hat und der Präsentationstermin sowie der Präsentationsort festliegen.

Das Präsentationsziel besteht im Vorstellen der Vorteile der neuen Aufbauorganisation. Die Teilnehmer sollen von der Effizienz des neuen Konzeptes überzeugt werden. Entwickeln Sie einen Vorschlag für den Aufbau der Präsentation und die zu verwendenden Visualisierungsmittel!

Seite 242

6.2 Aufbaudokumentation

Die Dokumentation der Aufbauorganisation ist die schriftliche Ordnung von Daten, welche die Aufbauorganisation betreffen. Mit ihr wird die Organisationsstruktur eines Unternehmens dargestellt. Dazu dienen (*Olfert / Rahn, Rahn*):

- **Organisationshandbuch**
- **Organisationsplan**
- **Stellenbeschreibung**
- **Stellenbesetzungsplan**
- **Funktionendiagramm**.

Weitere Instrumente der Aufbaudokumentation, auf die hier jedoch nicht näher eingegangen wird, sind:

- ❑ **Arbeitsplatzbeschreibungen**, welche die Aufgaben an den Arbeitsplätzen dokumentieren und die Arbeitserfordernisse offen legen.
- ❑ **Kommunikationstabellen**, die in Matrixform die Kommunikationsbeziehungen zwischen den Sendern und Empfängern von Informationen zeigen.
- ❑ **Kommunikationsdiagramme**, die tabellarische und grafische Techniken zur Offenlegung kommunikativer Beziehungen verbinden.
- ❑ **Kommunikationsnetzwerke**, die aus Elementen und ihren Verbindungen bestehen. Häufigkeit und Dauer der Kommunikation zeigen sich in der jeweiligen Strichstärke.

Die Dokumentation der Aufbauorganisation soll eindeutig und verständlich erfolgen. Sie ist ständig zu pflegen, d.h. veränderte Daten bzw. Änderungen in Teilbereichen und Maßnahmen der Reorganisation sind computergestützt zu erfassen.

6.2.1 Organisationshandbuch

Das Organisationshandbuch ist eine gegliederte Zusammenfassung aller wesentlichen **Organisationsregelungen** eines Unternehmens (*Frese, Olfert / Pischulti, Schmidt*). In der Praxis wird auch gesprochen vom:

- ❑ Unternehmenshandbuch
- ❑ Personalhandbuch
- ❑ Datenverarbeitungshandbuch.

Mit den Daten des Organisationshandbuches sollen den Mitarbeitern die organisatorischen Gegebenheiten zugänglich gemacht werden. Es dient der praktischen Unternehmensführung bzw. der Information der Mitarbeiter und sollte in jedem Bereich bzw. Gruppe des Unternehmens verfügbar sein.

Inhalte des Organisationshandbuches können sein:

Darstellung des Unternehmens	Hier wird auf die Geschichte bzw. auf die wesentliche Entwicklung des Unternehmens und auf aktuelle Unternehmensziele eingegangen.
Darstellung der Aufbauorganisation	In übersichtlicher Weise werden Organisationsplan, Stellenbesetzungsplan und Stellenbeschreibung offen gelegt bzw. es wird auf spezielle Kompetenzregelungen hingewiesen.
Darstellung der Prozessorganisation	Es werden Arbeitsabläufe bzw. Informationsabläufe und Kommunikationsregelungen im Unternehmen festgelegt und damit den Mitarbeitern zugänglich gemacht.
Darstellung übergreifender Informationen	Hier werden z.B. Adressensammlung, Lageplan, gültige Geschäftsbedingungen, Kontenplan, Organisationsmittel und Kostenartenplan gezeigt.

Das Organisationshandbuch wird in der Praxis zweckmäßigerweise als **Loseblattsammlung** gestaltet, die ständig zu aktualisieren ist. Das erfordert einen permanenten Pflege- und Änderungsdienst, der heute überwiegend problemlos mithilfe der EDV vorgenommen wird.

6.2.2 Organisationsplan

Der Organisationsplan dokumentiert die Aufbauorganisation. In ihm werden z.B. die Bereiche, Hauptabteilungen, Abteilungen und Stellen ausgewiesen. Er kann auch als **Strukturbild** bzw. **Organigramm** bezeichnet werden und weist als Inhalte auf:

- ❑ Die **hierarchische Ordnung** der betrieblichen Organisationseinheiten als Über- und Unterordnung.
- ❑ Die **Informationswege** zwischen den Organisationseinheiten, die zeigen, welche Instanzen weisungsbefugt sind.
- ❑ Das **Organisationssystem** des Unternehmens bzw. der Bereiche, z.B. als Linien-, Stablinien- oder Funktionssystem.
- ❑ Die **Organisationsform** als Ausdruck der Organisationsstruktur, z.B. Sektoral-, Funktional-, Sparten-, Matrix- oder Tensororganisation.

Der Organisationsplan ist in seiner Eignung wie folgt zu beurteilen:

Vorteile	Nachteile
❍ Hilfsmittel zur grafischen Darstellung des Soll- und Istzustandes von Organisationsstrukturen ❍ Möglichkeit zur Veranschaulichung der Aufgabengliederung ❍ Möglichkeit zur Visualisierung der Kommunikationsbeziehungen zwischen den organisatorischen Einheiten	❍ Teilweise hoher Änderungsaufwand ❍ Förderung des »Besitzstanddenkens« der Mitarbeiter ❍ Tendenz zur Inflexibilität durch Festschreibung von Gegebenheiten ❍ Behinderung organisatorischer Weiterentwicklungen

In der Praxis gibt es aber nicht *den* Organisationsplan, sondern die Organigramme der Unternehmen sind je nach Branche sehr unterschiedlich ausgeprägt (*Rahn*).

Als Organisationspläne von Unternehmen unterschiedlicher Branchen sollen dargestellt werden:

- **Handelsunternehmen**
- **Banken**
- **Versicherungen**
- **Verkehrsunternehmen**
- **Industrieunternehmen**.

6.2.2.1 Handelsunternehmen

Ein Handelsunternehmen ist ein soziotechnisches System, dessen Haupttätigkeit im Austausch von Gütern besteht. Es fertigt als Einzel- bzw. Großhandelsunternehmen selbst keine Produkte, sondern nimmt ausschließlich Aufgaben der Distribution von angebotenen Gütern wahr.

Handelsunternehmen können folgende funktionale **Struktur** haben:

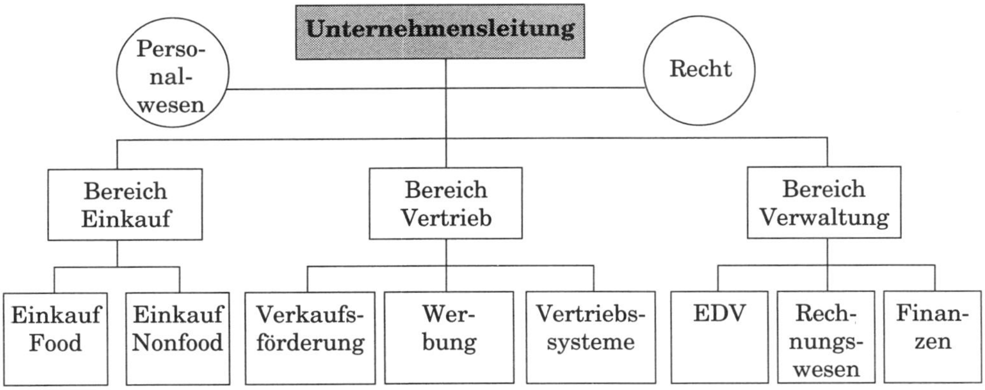

Der Unternehmensleitung sind im Beispiel als **Stabsabteilungen** (ohne Entscheidungsrecht) das Personalwesen und das Rechtswesen zugeordnet. Im mittleren Management gibt es die Bereichsleiter Einkauf, Vertrieb und Verwaltung. Der Einkauf ist in den Lebensmittelbereich (Food) und sonstigen Bereich (Nonfood) unterteilt.

6.2.2.2 Banken

Als Banken werden Kreditinstitute bezeichnet, die Geldanlagen, Finanzierungen, Zahlungsabwicklungen und sonstige Leistungen anbieten, z.B. Beratung, Vermittlung, Verwaltung. Sie nehmen Finanzmittel der Sparer auf und sind damit in der Lage, Kredite zu vergeben.

Die Aufbauorganisation einer großen Bank kann folgende **Struktur** aufweisen:

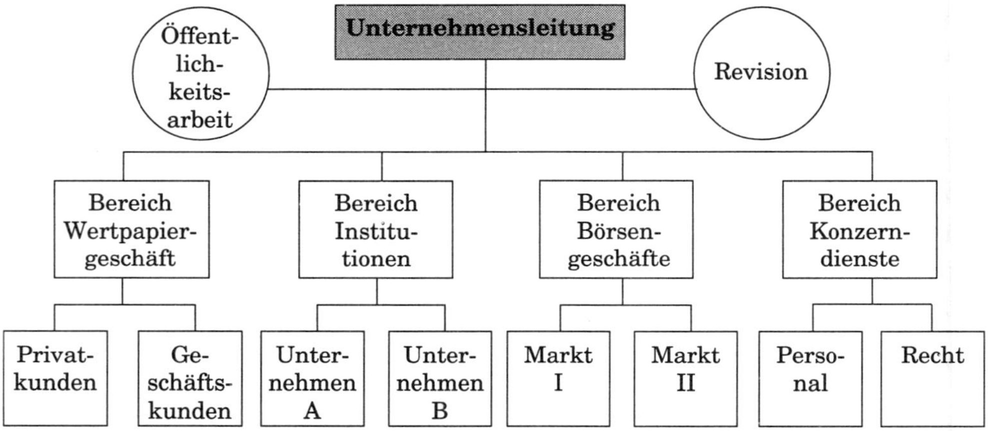

Hinzu können weitere Stäbe mit Beratungsfunktion kommen, z.B. für Treasuring (Finanzmanagement), Beteiligungen, Planung und Kreditrisiken.

6.2.2.3 Versicherungen

Versicherungen sind Unternehmen, die gegen Prämien der Versicherten deren Risiko abdecken und im Schadensfall Leistungen erbringen. In den meisten Versicherungsunternehmen werden bei der Strukturgestaltung funktionale mit anderen Aufbauprinzipien vermischt.

Für die Aufbauorganisation einer großen Versicherung gilt folgende funktionale **Struktur**:

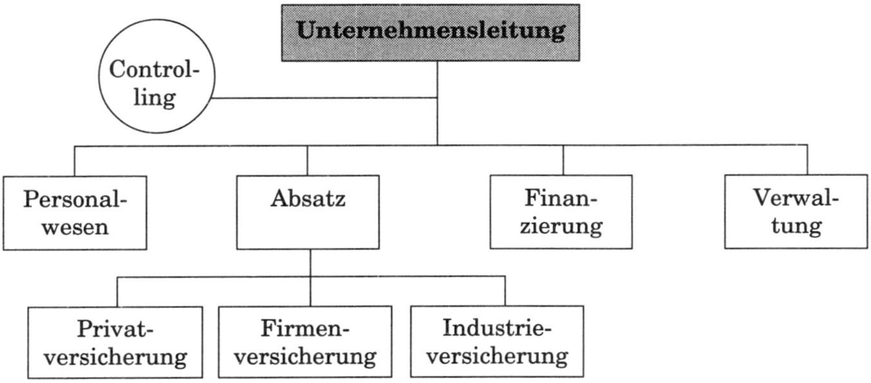

Das Ziel einer Aufbauorganisation nach **Kundengruppen** ist eine möglichst optimale Kundenbetreuung. Die obige Aufbaugliederung ermöglicht es den Verantwortlichen im Absatzbereich, auf die speziellen Bedürfnisse der Privat-, Firmen- bzw. Industriekunden gezielt eingehen zu können.

Ein Versicherungsunternehmen kann aber auch nach regionalen Gesichtspunkten organisiert sein, z.B. in die Versicherungsbereiche Nord, Mitte, Süd, Ost.

30

Organisationspläne sind auch für Unternehmen in den freien Berufen hilfreich, denn sie zeigen die hierarchische Ordnung in übersichtlicher Form.

- ❑ Erläutern Sie wesentliche Aufgaben eines Maklerunternehmens!
- ❑ Skizzieren Sie einen zweistufigen Organisationsplan für ein Maklerunternehmen, das nach Objekten gegliedert ist!

Seite 242

6.2.2.4 Verkehrsunternehmen

Die Verkehrsunternehmen sind im Luft-, Schienen-, Wasser- und Straßenverkehr tätig. Es sind z.B. Personentransportunternehmen, Luftfahrtgesellschaften und Speditionen zu unterscheiden.

Ein großes Speditionsunternehmen kann auf internationaler Ebene nach Regionen gegliedert sein. Aber auch Spartengliederungen sind denkbar,was sich auf nationaler Ebene anbieten kann. Die Niederlassungen von Speditionen werden vielfach als **Profit-Center** organisiert.

Die Aufbauorganisation einer Spedition kann folgende **Struktur** aufweisen:

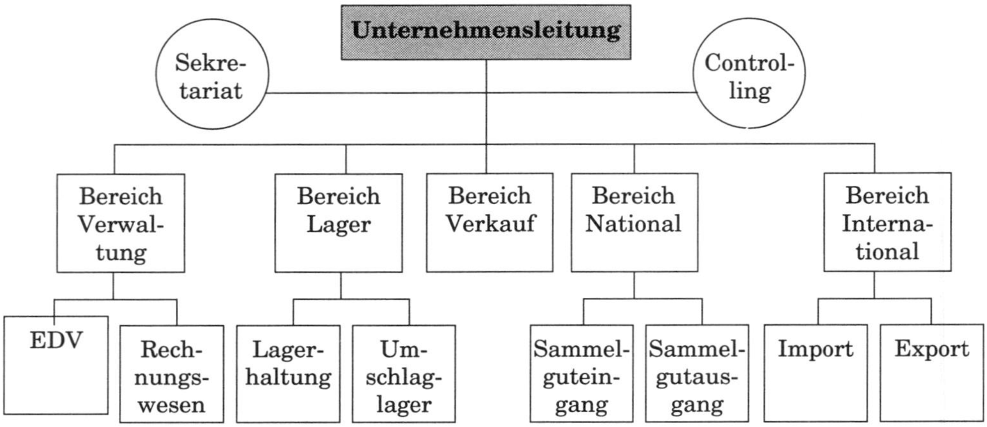

Der Unternehmensleitung sind das Sekretariat und das Controlling als Stabstellen zugeordnet. Es können aber auch andere Stabstellen eingerichtet werden, z.B. die Stelle eines Qualitätsbeauftragten.

Der nationale Bereich der Spedition lässt sich untergliedern in:

- **Sammelgut-Ausgang**, bei dem aus der Sicht des Umschlagsterminals diejenigen Sendungen zusammengefasst werden, die z.B. mit dem Nahverkehr-Fuhrpark bei den Versendern abgeholt, in Terminals umgeschlagen und mit Fernverkehr-Fahrzeugen an Empfangsspediteure weitergeleitet werden.

- **Sammelgut-Eingang**, bei dem diejenigen Sendungen gebündelt werden, die mit Fernverkehr-Fahrzeugen im Terminal eintreffen, dort umgeschlagen und mit dem Nahverkehr-Fuhrpark den Endempfängern zugestellt werden.

Der **Sammelgut-Verkehr** umfasst die Sammlung der von den Versendern übergebenen, im Regelfall kleingewichtigen Einzelsendungen als Stückgüter, die Zusammenfassung zu einer Sammelsendung als Sammelladung und die Verteilung der Einzelsendungen an die Empfänger durch einen Empfangs- bzw. Versandspediteur.

6.2.2.5 Industrieunternehmen

Die Industrieunternehmen befassen sich mit der Rohstoff- bzw. Materialgewinnung oder mit der Veredlung und Herstellung von Gütern. Ihr funktionaler Aufbau kann wie folgt aussehen:

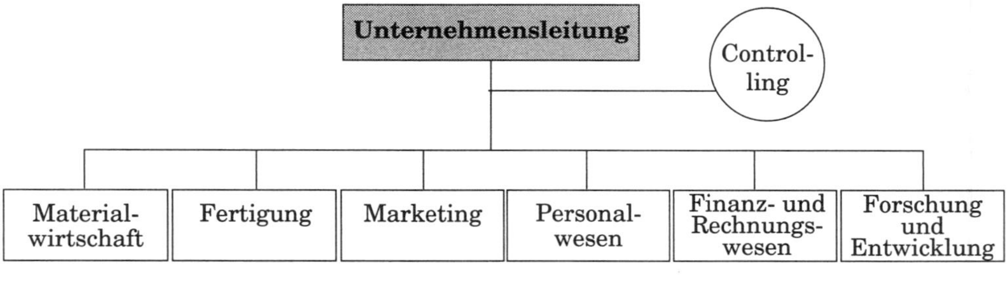

Bei Industrieunternehmen sind als Organisationseinheiten zu unterscheiden:

- Die **Materialwirtschaft**, welche die Gesamtheit aller Einrichtung und Maßnahmen der Planung, Beschaffung, Lagerung, Verwaltung, Verteilung, Entsorgung und Kontrolle der Materialien umfasst.

- Die **Fertigungswirtschaft**, welche die Umwandlung von Produktionsfaktoren in zum Absatz bestimmte Fertigprodukte betrifft und auch als betriebliche Leistungserstellung bezeichnet wird.

- Das **Marketing**, das Ausdruck eines marktorientierten, unternehmerischen Denkens und Handelns ist. Es erfolgt hier eine systematische Ausrichtung der Aktivitäten auf die Kundschaft.

- Die **Personalwirtschaft**, welche die Gesamtheit der mitarbeiterbezogenen Gestaltungs- und Verwaltungsaufgaben umschließt.

- Das **Finanz- und Rechnungswesen**, das sich einerseits mit den betrieblichen Einzahlungen und Auszahlungen befasst und andererseits alle wirtschaftlichen Gegebenheiten und Vorgänge im Industrieunternehmen nach Geld- bzw. Mengeneinheiten feststellt.

- Die **Forschung und Entwicklung**, die den naturwissenschaftlich-technischen Bereich betrifft.

- Das **Controlling** als Stabstelle, das die unterstützende Planung, Kontrolle, Informationsversorgung und Steuerung im Industrieunternehmen umfasst.

6.2.3 Stellenbeschreibung

Die Stellenbeschreibung ist ein Mittel der Aufbaudokumentation, mit dem alle wesentlichen Merkmale einer Stelle formularmäßig ausgewiesen werden (*Knebel / Schneider*, *Schwarz / Nicolai*). Sie wird auch bezeichnet als:

- Arbeitsplatzbeschreibung
- Tätigkeitsbeschreibung
- Job description.

Inhalte der Stellenbeschreibung sind:

Stellen-bezeicnung	Außer dem Namen der Stelle kann ein Nummernsystem verwendet werden.
Stellen-einordnung	Es sind die vorgesetzte Instanz, die untergebenen Stellen und die Abteilungszugehörigkeit zu ersehen.

Stellen-aufgaben	Hier sind die einzelnen Sachaufgaben detalliert auszuweisen soweit es sich um Daueraufgaben handelt.
Stellen-befugnisse	Das sind Kompetenzen des Stelleninhabers sowie z.B. Unterschriftsbefugnisse bzw. Befugnisse hinsichtlich der Arbeitsordnung.
Stellen-verantwortung	Es ist auf die aufgabenbezogene Verantwortung des Stelleninhabers hinzuweisen, die sich mit den Befugnissen decken soll.
Stellen-ziele	Sie sind qualitativ und soweit wie möglich quantitativ festgelegt, um ihre Erreichung messen zu können.
Stell-vertretungen	Es kann ausgewiesen werden, von welcher Stelle eine Vertretung erfolgt und welche Stelle vertreten wird.
Stellen-anforderungen	Hier können die Einzelanforderungen an den Stelleninhaber definiert werden, z.B. Kenntnisse und Fertigkeiten, Erfahrungen.

Oft sind Stellenbeschreibungen ein wesentlicher Bestandteil von Organisationshandbüchern. Sie weisen als Vorteile und Nachteile auf:

Vorteile	Nachteile
○ Unternehmensstruktur wird im Detail transparent ○ Mitarbeiter kennen Aufgaben, Befugnisse und Verantwortung ○ Leichtere Personalplanung durch klare Strukturen ○ Mitarbeiterleistungen sind einfacher zu beurteilen ○ Mitarbeiter kennen ihre Unterstellungsverhältnisse ○ Objektivierung der Lohn- und Gehaltsstruktur möglich	○ Erhebliche Gestaltungskosten und aufwändiger Änderungsdienst ○ Gefahr, dass Stellenbeschreibung und Ist-Zustand differieren ○ Der Inhalt der Stellenbeschreibung wird als »Besitzstand« gesehen ○ Verlust an Flexibilität durch Überorganisation

6.2.4 Stellenbesetzungsplan

Der Stellenbesetzungsplan ist ein Mittel der Aufbaudokumentation, mit dem die Stellenbesetzung ausgewiesen wird (*Jung, Olfert, Olfert / Steinbuch*). Er kann manuell oder durch EDV-Ausdruck der Stellen- bzw. der Arbeitsplatzstammdatei erstellt werden und lässt sich in zwei **Ausprägungsformen** darlegen:

- In **einfacher Form** enthält er die Bezeichnungen der Stellen und die Namen der Stelleninhaber:

Stellenbezeichnung	Stelleninhaber
Abteilungsleitung Programmierung	H. Müller
Systemprogrammierung	H. Maier
Anwendungsprogrammierung	Fr. Mauser
Rechnungswesen	

- In **erweiterter Form** können weitere Daten hinzukommen, z.B. Namen der Stellvertreter, Eintrittsdatum bzw. Dienstalter des Stelleninhabers:

Stufe	Stellenbezeichnung	Untergebene dir.	Untergebene indir.	Stellen-inhaber	Stellen-vertreter
3	Leitung Organisation	6	72	Schneider	Schulze
4	Leitung Allgemeine Organisation	4	12	Schulze	Schmidt
4	Leitung Datenverarbeitung	5	54	Schnabel	Müller

Für die Planung des Personalbedarfes ist es wichtig, dass die Inhalte des Stellenbesetzungsplans aktuell sind, was einen entsprechenden **Änderungsdienst** notwendig macht.

6.2.5 Funktionendiagramm

Das Funktionendiagramm ist ein Dokumentationsmittel der Aufbauorganisation (*Olfert / Steinbuch, Wittlage*). Es wird auch genannt:

- Funktionsdiagramm
- Funktionsmatrix
- Aufgabenverteilungsplan
- Funktionsverteilungsplan

In Form einer Matrix enthält das Funktionendiagramm:

- In den **Spalten** sind z.B. die Stellen aufzunehmen, welche die Aufgaben zu erledigen haben.

- In den **Zeilen** werden z.B. die Aufgaben aufgelistet, die an den Stellen zu verrichten sind.

Das folgende Funktionendiagramm gibt in der Horizontalen bestimmte Stellen an, deren Aufgaben durch prozessbezogene Elemente, wie Planung, Ausführung, Kontrolle und Entscheidung konkretisiert werden.

	Stelle 1	Stelle 2	Stelle 3	Stelle 4	....	Stelle n
Aufgabe A	K	E	A			
Aufgabe B		K	X			
Aufgabe C	P		X			
Aufgabe D				X		
....						
Aufgabe N						

Symbole: A = Ausführung
E = Entscheidung
K = Kontrolle
P = Planung
X = Gesamtfunktion

Die Aufgaben und Stellen werden mit den **Befugnissen** verknüpft, die in Form von Symbolen im Schnittpunkt der Aufgaben und Stellen ausgewiesen werden.

Die Aufbaudokumentation mithilfe des Funktionendiagramms ermöglicht einen aktuellen Überblick über die Verteilung der Aufgaben und Befugnisse auf die Stellen des Unternehmens.

7. Aufbaucontrolling

Das Aufbaucontrolling ist den Aktivitäten der Organisationsabteilung parallel- bzw. übergelagert und zielt dabei auf die aufbauorganisatorische Effizienz ab. Es stellt den Koordinationsprozess der Planung, Kontrolle und Steuerung betrieblicher Aufbaustrukturen dar.

Außerdem versorgt das Aufbaucontrolling die an der Organisationsarbeit beteiligten Personen und Gremien mit den notwendigen Informationen. Es sind zwei **Problemkreise** zu betrachten – siehe ausführlich *Olfert / Steinbuch*:

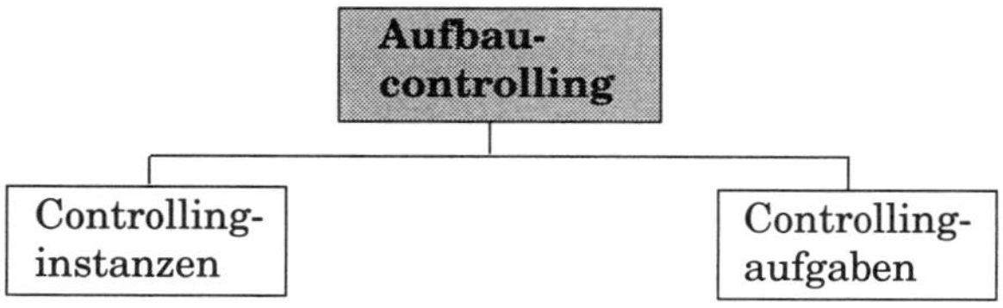

7.1 Controllinginstanzen

Controllinginstanzen sind Organisationseinheiten, welche die Organisationsabteilung bei der Wahrnehmung ihrer aufbaubezogenen Aufgaben unterstützen, sie aber auch kontrollieren.

Träger des Aufbaucontrolling können sein:

- Die **Unternehmensleitung**, die das gesamte Organisationscontrolling selbst ausübt und die entsprechenden Entscheidungen trifft.
- Der **Gesamtcontroller**, der auch noch weitere Controllingaufgaben in anderen Bereichen wahrzunehmen hat.
- Der **Organisationsausschuss**, der aus internen Organisationsexperten besteht und durch externe Experten ergänzt werden kann.

Das Aufbaucontrolling weist folgende **Vorteile** auf:

- Das Aufbaucontrolling hat Abstand zum Organisationsproblem.
- Die Mitarbeiter dieser Einheiten verfügen über aufbauorganisatorische Erfahrungen, die sie in ihre Organisationsarbeit einbringen.
- Sie haben einen Gesamtüberblick und Spezialwissen.

Beim Einsatz eines Controllers ist eine kooperative **Zusammenarbeit** zwischen der Organisationsabteilung und ihm anzustreben.

7.2 Controllingaufgaben

Die wesentlichen Aufgaben des Aufbaucontrolling sind:

- Die **Aufbauplanung**, bei der vor allem die organisatorischen Ziele fixiert werden, die sich aus dem Zielbündel des Unternehmens ergeben und als Soll-Werte zu interpretieren sind, z.B. das Ziel der Erstellung eines funktionsfähigen Organigrammes.
- Die **Aufbaukontrolle**, bei der über die Kontrolle des organisatorischen Aufbaus durch die Organisationsabteilung hinaus eine Fremdkontrolle durch den Gesamtcontroller erfolgt. Dieses Vorgehen hat den Vorteil, dass Probleme nicht »unter den Tisch gekehrt« werden können, sondern offen gelegt werden.
- Die **Aufbausteuerung**, die auf Abweichungen zwischen den Soll- und Istwerten basiert. Wesentlich ist, dass organisatorische Fehler im Aufbau nicht nur frühzeitig erkannt sondern auch umgehend mit Gegenmaßnahmen beantwortet werden.
- Die **Informationsvermittlung** über die Aufbauorganisation, die aus der Weitergabe bzw. Mitteilung zweckdienlicher Daten besteht, z.B. durch das Berichtswesen. So liefert der Gesamtcontroller der Unternehmensleitung die erforderlichen Informationen.

Das Aufbaucontrolling soll bei auftretenden Störungen und Problemen der Aufbauorganisation das Organisationspersonal aktiv unterstützen und auf die vorgegebenen Ziele im Kostenrahmen unter Einhaltung der Terminvorgaben hinwirken

31

Erläutern Sie, was unter den folgenden Begriffen zu verstehen ist, die Sie in diesem Kapitel kennen gelernt haben!

- ❑ Aufbauorganisation
- ❑ Aufbauanalyse
- ❑ Aufbauplanung
- ❑ Zielplanung
- ❑ Konzeptplanung
- ❑ Stelle
- ❑ Stellenaufbauorganisation
- ❑ Aufgabenanalyse
- ❑ Aufgabensynthese
- ❑ Organisationseinheit
- ❑ Instanz
- ❑ Linienstelle
- ❑ Stabstelle
- ❑ Arbeitsplatz
- ❑ Zentralisation
- ❑ Dezentralisation
- ❑ Aufgabenträger
- ❑ Aufgabe
- ❑ Kompetenz
- ❑ Verantwortung
- ❑ Verbindungswege
- ❑ Gruppenaufbauorganisation
- ❑ Bereichsaufbauorganisation
- ❑ Unternehmensaufbauorganisation
- ❑ Leitungsspanne
- ❑ Hierarchieebene
- ❑ Kollegialprinzip
- ❑ Direktorialprinzip
- ❑ Ressort-Modell
- ❑ Organisationssystem
- ❑ Liniensystem
- ❑ Funktionssystem
- ❑ Stabliniensystem
- ❑ Grundlegende Organisationsform
- ❑ Sektoralorganisation
- ❑ Funktionalorganisation
- ❑ Spartenorganisation
- ❑ Produktorganisation
- ❑ Regionalorganisation
- ❑ Kundenorganisation
- ❑ Matrixorganisation
- ❑ Tensororganisation
- ❑ Abgeleitete Organisationsform
- ❑ Center Organisation
- ❑ Holding Organisation
- ❑ SGE-Management
- ❑ Produktmanagement
- ❑ Prozessmanagement
- ❑ Kundenmanagement
- ❑ Projektmanagement
- ❑ Präsentation
- ❑ Aufbaukontrolle
- ❑ Aufbaudokumentation
- ❑ Organisationshandbuch
- ❑ Organisationsplan
- ❑ Stellenbeschreibung
- ❑ Stellenbesetzungsplan
- ❑ Funktionendiagramm
- ❑ Aufbaucontrolling

Seite 251 ff.

D. Prozessorganisation

Die Prozessorganisation ist die wirksame Gestaltung des dynamischen Beziehungszusammenhangs eines soziotechnischen Systems. Sie wurde in der Vergangenheit als **Ablauforganisation** bezeichnet, was auch heute noch vielfach geschieht.

Im Hinblick auf die Gestaltung dynamischer Beziehungszusammenhänge setzt es sich aber zunehmend durch, von Prozessorganisation zu sprechen.

Die **Gestaltungsaufgaben** der Prozessorganisation und der Ablauforganisation entsprechen sich grundsätzlich. Sie sind auf die Abläufe bzw. Prozesse im Unternehmen gerichtet, die als synonyme Begriffe angesehen und im Folgenden auch in dieser Weise verwendet werden.

Die Prozessorganisation kann in unterschiedlicher **Beziehung zu der Aufbauorganisation** stehen:

- Bei der **Neuorganisation** schließt sich die Gestaltung der Prozessorganisation vielfach der Festlegung der Aufbauorganisation an. Die Aufbauorganisation ist also der Ausgangspunkt der organisatorischen Aktivitäten.

- Bei der **Reorganisation** bietet es sich häufig an, mit der Gestaltung der Prozessorganisation zu beginnen, der dann die Festlegung der zu verändernden Aufbauorganisation folgt.

Die Prozessorganisation und die Aufbauorganisation sind keine völlig voneinander getrennten Organisationsarten. Sie stehen vielmehr in enger Abhängigkeit zueinander und beeinflussen sich gegenseitig. Das bedeutet, dass Veränderungen in der Prozessorganisation auch zu Veränderungen bei der Aufbauorganisation führen und umgekehrt.

In Zusammenhang mit der Prozessorganisation wird auch von **Business Reengineering** als einem fundamentalen Überdenken und radikalen Redesign von Unternehmen und von Kernprozessen gesprochen (*Hammer / Champy, Derszteler, Olfert / Steinbuch*).

Die hohe wirtschaftliche Dynamik und der steigende Wettbewerbsdruck zwingen die Führungskräfte in Unternehmen, sich verstärkt mit den **Arbeitsprozessen** auseinander zu setzen und daraufhin die betrieblichen Strukturen entsprechend anzupassen.

Die Prozessorganisation erfolgt im Unternehmen nach Vorliegen eines Organisationsauftrags durch die Unternehmens- bzw. Bereichsleitung. Ihre Gestaltung kann nach der **Drei-Stufen-Prozessmethode** erfolgen:

Organisationsauftrag →		
	1	**Vorbereitung der Prozessorganisation** (Prozessanalyse und Prozessplanung)
	2	**Gestaltung der neuen Prozessorganisation** (Wesen und Arten der Prozessorganisation)
	3	**Einführung der neuen Prozessorganisation** (Vorbereitung, Präsentation, Durchsetzung, Kontrolle) ← Auftragserledigung

Ziele der Prozessorganisation sind (*Eversheim, Mangler*):

- ❍ Verkürzung der Durchlaufzeiten
- ❍ Erhöhung der Prozessqualität
- ❍ Verbesserung der Innovationen
- ❍ Senkung der Prozesskosten
- ❍ Durchführung mit wenig Aufwand
- ❍ Termingerechte Arbeitsausführung
- ❍ Benutzerfreundlichkeit

Im Rahmen der Prozessorganisation sollen unterschieden werden – siehe ausführlich *Olfert / Steinbuch*:

Prozess-organisation	Prozessvorbereitung
	Einzelprozessorganisation
	Gruppenprozessorganisation
	Bereichsprozessorganisation
	Unternehmensprozessorganisation
	Prozesseinführung
	Prozesscontrolling

Während die Aufbauorganisation die zu bewältigenden Aufgaben nach den Kriterien **Verrichtung** (»was«) und **Objekt** (»woran«) festlegt, werden sie in der Prozessorganisation darüber hinaus nach den Merkmalen **Raum** (»wo«) und **Zeit** (»wann«) gestaltet.

Bei einer Gestaltung der Prozesse unter Einsatz der elektronischen Datenverarbeitung wird auch von **EDV-Organisation** oder **DV-Organisation** gesprochen.

1. Prozessvorbereitung

Bevor mit der Gestaltung der Prozessorganisation begonnen werden kann, sind vorbereitende Arbeiten zu verrichten. Sie umfassen:

Prozessvorbereitung

- Prozessanalyse
- Prozessplanung

1.1 Prozessanalyse

Die Prozessanalyse ist Bestandteil der Organisationsanalyse. Sie stellt ein Verfahren zur **Ermittlung** und kritischen **Beurteilung des Ist-Zustandes** von dynamischen Systemen dar. Die Prozessanalyse dient der Gestaltung der Prozessorganisation und bezieht sich auf die bestehende Organisationsstruktur.

Unter Einbezug des Aufbausystems kann die Prozessanalyse auch als **Systemanalyse** bezeichnet werden *(Heinrich, Krallmann, Olfert / Steinbuch)*.

Wesentliche **Gründe** für eine Prozessanalyse sind (*Birker*):

❍ Mängel in der bestehenden Ablaufgestaltung	❍ Einführung neuer Verfahrenstechniken
❍ Veränderungen in der Aufbauorganisation	❍ Einführung teilautonomer Arbeitsgruppen
❍ Verkürzung von Arbeitsabläufen	❍ Zu lange Durchlaufzeiten

Die Prozessanalyse liefert die Basis, Verbesserungspotenziale und erforderliche Veränderungen zu erkennen. Sie besteht aus:

- **Ist-Aufnahme**
- **Ist-Kritik**.

1.1.1 Ist-Aufnahme

Die Ist-Aufnahme ist die Aufnahme des Bestandes der bestehenden Prozessorganisation. Mit ihr lassen sich Informationen über den gegebenen Arbeitsablauf ermitteln, z.B. im Hinblick auf:

❍ Prozesse	❍ Sachmittel
❍ Mengen	❍ Kapazitäten
❍ Zeiten	❍ Kosten
❍ Anforderungen	❍ Formulare

Die Ermittlung von Aufnahmedaten über betriebliche Prozesse kann notwendig werden, weil die bisher gültigen Prozessregelungen verbesserungsbedürftig sind bzw. die Dokumentation des gegebenen Ist-Zustands unvollständig oder nicht auf dem aktuellen Stand ist.

Die Ist-Aufnahme ist durch den Organisator oder durch externe Fachleute möglich, z.B. Unternehmensberater. Ihr **Ziel** besteht darin, die betrieblichen Prozesse zu ermitteln und zu dokumentieren als:

❑ Einzelprozessorganisation
❑ Gruppenprozessorganisation
❑ Bereichsprozessorganisation
❑ Unternehmensprozessorganisation.

Die Daten der betrieblichen Prozesse lassen sich vom Organisator mithilfe folgender **Organisationstechniken** erfassen – siehe ausführlich Kapital B:

- ❑ Der **Selbstaufschreibung** von Daten über betriebliche Abläufe, indem der Organisator sich »vor Ort« begibt, um Details gegebener Betriebsprozesse festzustellen. Diese Aufzeichnungen sind möglichst vollständig vorzunehmen.

- ❑ Der **Interviews** mit Stelleninhabern, die systematische Befragungen über die bisherigen Abläufe umfassen. Aus den Ergebnissen der Interviews mit Stelleninhabern können Informationen über Stärken und Schwächen der bestehenden Abläufe eingeholt werden.

- ❑ Der **Fragebogen-Erhebungen**, die Details zur bisherigen Prozessorganisation offen legen, z.B. mithilfe von Ablauferfassungsbögen. Durch Erläuterungen und Mustereintragungen kann ein möglichst fehlerfreies Ausfüllen der Fragebögen bewirkt werden.

- ❑ Der **Dokumentationsauswertungen**, die ein Verfahren zur Analyse des Inhaltes von für die Istaufnahme relevanten **Schriftstücken** darstellen. Ihr Zweck ist die Informationsgewinnung aus bereits vorhandenen Ablaufdaten, z.B. Ablaufplänen, Ablaufskizzen.

Darüber hinaus sollten auch vergleichbare Ablaufdaten gesammelt werden, z.B. Berichte über Durchlaufzeiten der Fertigung von anderen Unternehmen und/oder im Branchendurchschnitt.

Die Ist-Aufnahme von Abläufen kann in der Organisationspraxis mit folgenden **Schwierigkeiten** verbunden sein:

- ❑ **Persönlichen Schwierigkeiten**, die bei den Betroffenen im Bereich bestehen, z.B. Furcht vor Prozessneuerungen, mangelndes Erinnerungsvermögen, Eitelkeit, Prahlsucht, Schönfärberei, Angst vor Bestrafung, Verschweigen von Misserfolgen.

- ❑ **Sachlichen Schwierigkeiten**, die sich auf erhebungsbedingte Gegebenheiten beziehen, z.B. mangelhaft gestaltete Fragebögen oder fehlende Schriftstücke bei der Dokumentation.

- ❑ **Zeitlichen Schwierigkeiten**, die im Zeitdruck der Betroffenen bzw. des Organisators zu suchen sind. Der zeitliche Druck zeigt sich z.B. in zu kurzen Vorbereitungsphasen bzw. falschen Terminvorstellungen.

Der Ist-Aufnahme schließt sich die Ist-Kritik an.

1.1.2 Ist-Kritik

Die Ist-Kritik der Abläufe ist notwendig, um Schwachstellen und Verbesserungsvorschläge deutlich zu machen. Sie wird auch als **Ist-Analyse** bezeichnet und erfordert vom Organisator ein hohes Maß an Fantasie und innovativen Fähigkeiten.

Der Organisator sollte vor allem eine Vorstellung von Prozessen haben, die u.U. in der Realität noch nicht existent sind. Dabei kann der Organisator vielfach **Checklisten** als Hilfsmittel einsetzen.

Mithilfe solcher **Prüflisten** können Fehlerquellen der bestehenden Prozesse gezielt ermittelt werden. Durch die Verwendung von Prüflisten wird eine erfolgreiche Ist-Analyse gefördert.

Nicht zuletzt helfen die Prüflisten, dass bei der Beurteilung der bestehenden Abläufe keine wesentlichen Gesichtspunkte vergessen werden.

Die Ist-Kritik bestehender Abläufe, sollte so treffend wie möglich sein und z.B. **Hinweise** geben auf:

- ❑ Zu hohe Kosten bei zu geringem Nutzen
- ❑ Zu lange Durchlaufzeiten
- ❑ Schleppende Terminabwicklung
- ❑ Überflüssige Abläufe
- ❑ Mangelnde Benutzerfreundlichkeit bei Arbeitsmitteln
- ❑ Unzweckmäßige Anordnung von Räumen bzw. Mitteln.

Die Ergebnisse der Ist-Aufnahme bzw. Ist-Kritik sollten in einem **Bericht** in sachlicher und verständlicher Weise dargestellt werden.

32

Herr Findig ist Organisator in der ASGR AG, die 20.000 Mitarbeiter beschäftigt. Da Abwicklung verschiedener Prozesse im Fertigungsbereich nicht mehr wirtschaftlich erfolgt, wurde Herr Findig mit der Ist-Aufnahme und Ist-Kritik der bestehenden Abläufe beauftragt.

❑ Mit welchen Schwierigkeiten kann Herr Findig bei der Ist-Aufnahme von Prozessen im Fertigungsbereich rechnen?

❑ Worauf kann die zweckentsprechende Ist-Kritik von bestehenden Prozessen Hinweise geben?

Seite 243

Die Ist-Aufnahme und die Ist-Kritik sind in der betrieblichen Praxis der Prozessanalyse sehr eng miteinander verknüpft.

1.2 Prozessplanung

Die Prozessplanung folgt der Prozessanalyse und legt zum gegenwärtigen Zeitpunkt fest, welche Struktur der Prozessorganisation bis zu einem bestimmten Planungszeitpunkt entwickelt werden soll.

Als gegenwärtige gedankliche Vorwegnahme der künftigen Prozessstruktur ist sie ein wesentlicher Bestandteil der Organisationsplanung (*Drumm*).

Die Prozessplanung umfasst:

- **Zielplanung**
- **Konzeptplanung**.

Die **Probleme** der Prozessplanung bestehen in der mangelnden Vorausbestimmbarkeit bzw. in der fehlenden Voraussehbarkeit künftiger Prozessstrukturen.

1.2.1 Zielplanung

Mit prozessorganisatorischen Regelungen verfolgt ein Unternehmen bestimmte Ziele, welche die Führungskräfte und Mitarbeiter kennen müssen. Erst wenn diese Ziele präzise formuliert und bekannt sind, kann die Erfüllung **prozessorganisatorischer Ziele** gemessen werden. Deshalb sind diese Ziele zu planen.

Die Ziele der Prozessorganisation ergeben sich aus den Organisationszielen, die aus dem Zielbündel des Unternehmens abgeleitet sind. Die Zielplanung soll die Erreichung der Erfolgsziele des Unternehmens unterstützen.

Ziele der Prozessorganisation sind vor allem (*Bea / Göbel, Eversheim, Fischermanns / Liebelt, Olfert / Rahn*):

- ❑ **Aufgabenorientierte Ziele**, die sich auf die Tätigkeiten der Prozessorganisation beziehen. Zu ihnen zählt z.B. Erhöhung der Produktivität.

- ❑ **Sozialorientierte Ziele**, die z.B. in der Schaffung eines kooperativen Organisationsklimas bestehen können, was durch Motivation der Mitarbeiter bewirkt werden kann.

- ❑ **Flexibilitätsorientierte Ziele**, welche z.B. auf die Schaffung einer anpassungsfähigen Prozessstruktur ausgerichtet sind, die den sich laufend verändernden Bedingungen des Marktes über längere Zeit gewachsen ist.

Über die Ziele der Prozessorganisation hinaus sind auch **Ziele der Mitarbeiter** bzw. **Ziele der Kunden** zu berücksichtigen, wie sie bereits Seite 34 f. dargestellt wurden. Die Interessenlagen der verschiedenen Zielträger müssen dabei gegeneinander abgewogen werden (*Schmidt*).

1.2.2 Konzeptplanung

Die Prozessplanung bedarf der Entwicklung eines organistorischen Konzeptes. Ein organisatorisches Konzept ergibt sich, indem Anforderungen definiert werden, die durch die Prozessplanung erfüllt werden sollen.

Die Konzeptplanung umfasst:

- **Zeitliche Aspekte** als kurz-, mittel- und langfristiger Zeitrahmen der Prozessorganisation, z.B. einjähriger, vierjähriger oder zehnjähriger Zeitrahmen.
- **Örtliche Aspekte** als Planung der im Prozess gegebenen Arbeitsorte, z.B. zentrale bzw. dezentrale Arbeitsorte der Mitarbeiter.
- **Personelle Aspekte** als Zuständigkeiten für Entscheidungen zur Prozessorganisation, z.B. Planung der Kompetenzen und der Verantwortung für Prozesse.
- **Technische Aspekte** als Einsatz der Sachmittel und Arbeitsmittel, z.B. Planung der Datenverarbeitungsmittel und Kommunikationsmittel.
- **Ökonomische Aspekte** als Planung der Prozesskosten und Planung der Finanzierung der neuen Prozesse.
- **Methodische Aspekte** als Planung des Vorgehens z.B. nach der Drei-Stufen-Methode oder Planung eines anderen geeigneten Verfahrens.
- **Strukturelle Aspekte** als Planung z.B. der Arbeiten, der Dokumentation und des Berichtswesens im Rahmen der Prozessorganisation.

Die Ergebnisse der Zielplanung und der Konzeptplanung lassen sich in einem **prozessorganisatorischen Plan** festhalten, dessen Einhaltung später im Rahmen der Prozesskontrolle überprüft wird.

Der Prozessplanung folgt die Gestaltung des organisatorischen Prozesses.

2. Einzelprozessorganisation

Die Einzelprozessorganisation ist der Teil der Organisation, der den vom einzelnen Mitarbeiter zu verrichtenden Prozess betrifft. Er bezieht sich auf einzelne **Arbeitsvorgänge** und **Arbeitsfestlegungen**. Dabei stellt er eine Kette aufeinander aufbauender Schritte mit definiertem Anfang und Ende dar. Der Prozess hat einen Input und einen Output.

Die Gestaltung der Arbeitsgänge im Rahmen der Einzelprozessorganisation folgt zunächst dem gleichen Konzept, wie es bereits im Rahmen der Aufbauorganisation dargestellt wurde (*Kosiol)*.

Als Einzelprozessorganisation sind zu unterscheiden:

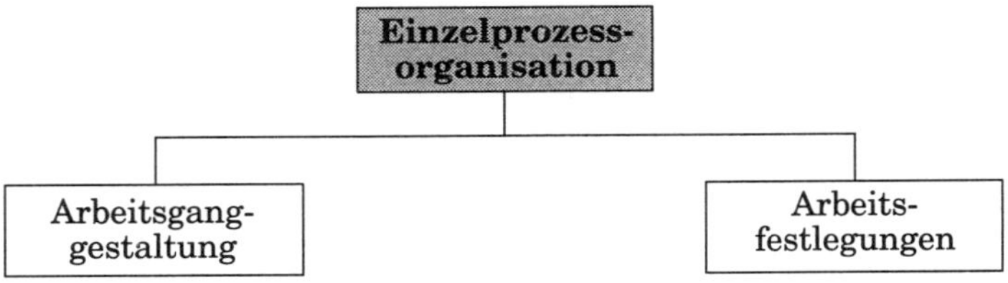

2.1 Arbeitsganggestaltung

Der Arbeitsgang ist als Basiselement der Prozessorganisation die Summe von Teilaufgaben, die von einer Stelle oder von einem Arbeitsplatz ausgeführt wird *(Olfert / Steinbuch)*.

Auf der Grundlage der durch die Arbeitsanalyse festgestellten Arbeitsteile kann später die Arbeitssynthese vollzogen werden, die den einzelnen Arbeitsablaufprozess festlegt *(Weidner / Freitag / Gernet / Ulbrich)*. Das Ergebnis stellt die Einzelprozessorganisation dar.

Die Gestaltung der Arbeitsgänge geschieht demnach in zwei **Schritten**:

- **Arbeitsanalyse**
- **Arbeitssynthese**.

2.1.1 Arbeitsanalyse

Die Arbeitsanalyse ist die **Untergliederung** der durch die Analyse der Gesamtaufgaben gewonnenen Teilaufgaben. Sie umfasst einen Teil der vollständigen Aufgabenanalyse, der bei den Teilaufgaben niedrigster Ordnung beginnt.

Diese Analyse beschränkt sich auf den Arbeitsvorgang als dem erfüllenden Bestandteil der Teilaufgaben, d.h. es geht vorrangig um die **Verrichtungen** bzw. **Objekte**. Die formalen Analysen nach Rang, Phase und Zweckbeziehung haben hier geringere Bedeutung.

Die Arbeitsanalyse stellt eine verlängerte Aufgabenanalyse dar (*Kosiol*). Sie muss aber eine viel größere Gliederungstiefe aufweisen als die Aufgabenanalyse in Form der Verrichtungsanalyse.

Ein **Beispiel** einer Arbeitsanalyse geben *Weidner / Freitag / Gernet / Ulbrich:*

Installieren eines Kabelbaums	Verlegen	Maschine mit Kran auf Montagetisch stellen
		Material gemäß Arbeitskarte bereitlegen
		Schaltplan lesen
		Steuerleitungen grob zuschneiden
		Steuerleitungen verlegen
	Spezialmontieren	Werkzeug bereitlegen
		Montagematerial bereitlegen
		Steuerleitungen gemäß Zeichnung befestigen
		Steuerleitungen auf Maß zuschneiden
	Anschließen	Mantel abisolieren auf Maß
		Adern abisolieren
		Kabelschuhe auf Adern quetschen
		Kabelschuhe gemäß Schaltplan anschrauben
		Nach Anschluss aller Kabelschuhe Funktionsprüfung durchführen
		Maschine weiterleiten zum folgenden Arbeitsplatz

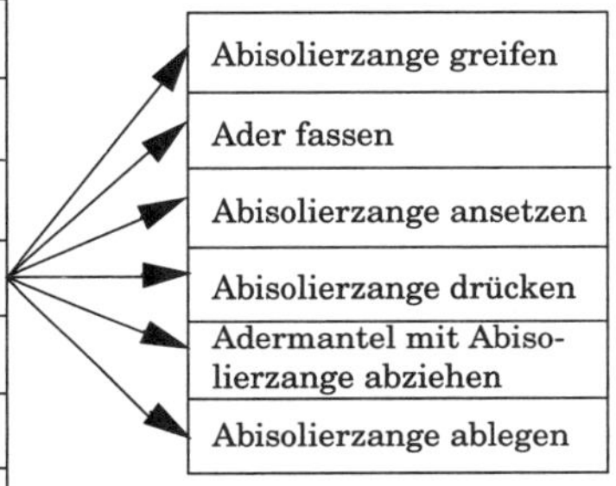

Weitere Untergliederungen sind möglich.

Als **Ausgangspunkt** der Arbeitsanalyse aus den Teilaufgaben ergeben sich analytische Arbeitsteile höchster Ordnung. Sie werden in der Analyse bis zu letzten Arbeitsteilen niedrigster Ordnung weiter untergliedert, wie im Beispiel dargestellt.

Die Arbeitsanalyse gibt einen Überblick über die Gesamtheit aller anfallenden und auf Aufgabenträger zu verteilenden analytischen Arbeitsteile beliebiger Ordnung. Sie unterscheidet sich von der Aufgabenanalyse nur durch die besondere **Betonung** der in **Raum** und **Zeit** zu realisierenden Erfüllungsvorgänge.

Für die spätere synthetische Bildung von Arbeitsgängen ist sie als Vorstufe unerlässlich, da sie die analytischen Arbeitsteile dieser Gänge erkennen lässt. Der Übergangspunkt von der Aufgabenanalyse zur Arbeitsanalyse liegt nicht auf einem bestimmten gleichen Gliederungsniveau, sondern ist grundsätzlich auf verschiedenen Höhen ansetzbar. Seine Lage wird im konkreten Fall bei einer gegebenen Verrichtung allein durch den Grad der **Arbeitsteilung** im Unternehmen festgelegt.

Die Arbeitsanalyse kann als Verlängerung der Aufgabenanalyse betrachtet werden. Das Ergebnis der Arbeitsanalyse enthält:

- Alle elementaren Arbeitsaufgaben
- Die Reihenfolge der Arbeitsaufgaben
- Parallel liegende elementare Arbeitsaufgaben.

Die Analyse der Stellenaufgaben und die Analyse der Arbeitsgänge decken sich. Es schließt sich die Arbeitssynthese an.

2.1.2 Arbeitssynthese

Die Arbeitssynthese verbindet sich mit der Aufgabensynthese. Mit ihr erfolgt die Gestaltung des Arbeitsablaufes. Die Synthese der analytischen Teilaufgaben zu Stellenaufgaben setzt sich in der Bildung von **Arbeitsgängen** fort und bedeutet daher zugleich (personale) Arbeitssynthese.

Die Arbeitssynthese basiert auf den Ergebnissen der Arbeitsanalyse und erfolgt als:

- **Personale Synthese**, welche alle Fragen behandelt, die mit der Leistungszuweisung an Personen auftreten. Sie kann daher auch als **Arbeitsverteilung** bezeichnet werden.

  Unter Wahrung des Grundsatzes der Gleichwertigkeit von subjektiven und objektiven Anforderungen wird jeder Aufgabenträger mit der Menge an Arbeitsgängen bedacht, die ihn während eines bestimmten Zeitraumes voll beschäftigt.

  Die Einordnung der **Arbeitsmittel** bzw. **Arbeitsträger** wirft ein zusätzliches, Problem der Arbeitstechnik auf, das über die Arbeitsorganisation hinausgeht.

- **Zeitliche Synthese**, die sich als Arbeitsvereinigung mit dem Folgezusammenhang von Arbeitsteilen beliebiger Ordnung befasst. Wird der Vollzug einzelner, verschiedener oder gleichartiger Arbeitsgänge durch ein Arbeitssubjekt betrachtet und reiht man sie zeitlich aneinander, so entsteht eine Arbeitsgangfolge, die organisatorisch zu gestalten und mit anderen Gangfolgen abzustimmen ist.

  Die vollständige Reihung aller Arbeitsteile beliebiger Ordnung an einem Objekt für einen Aufgaben- und Arbeitsträger macht stets den Handlungsinhalt eines Arbeitsganges aus. Hier geht es um die Ermittlung der in einer Zeiteinheit von mehreren Aufgabenträgern mit ihren Arbeitsmitteln durchschnittlich zu bewältigenden Arbeitsmenge.

- **Lokale Synthese**, die zur Bestimmung der optimalen Durchlaufgeschwindigkeit aller Objekte durch das Unternehmen als bestmögliche Raumgestaltung erforderlich ist. Sie umfasst die räumliche Anordnung der Arbeitsplätze und die Arbeitsplatzgestaltung. Denn zur Ausführung von Arbeitsgängen werden Arbeitsplätze benötigt, die entsprechenden Stellen zugeordnet sind.

33

Gehen Sie von den Ergebnissen folgender Aufgabenanalyse aus und entwickeln Sie die Arbeitsanalyse bzw. die einzelnen Arbeitsgänge (ähnlich *Weidner / Freitag / Gernet / Ulbrich*):

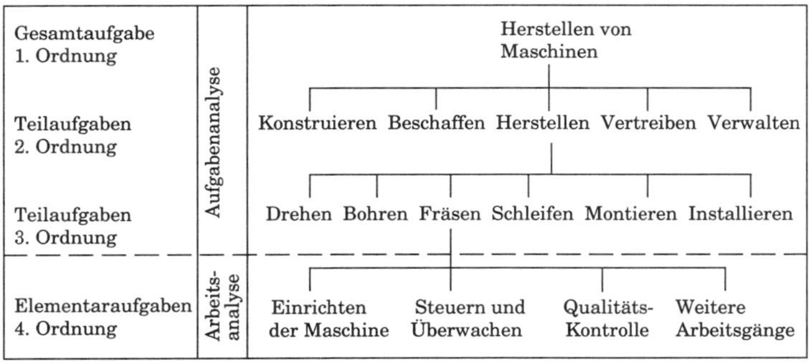

Seite 243

Die Arbeitssynthese hat schwerpunktmäßig die Bildung von Arbeitsgängen und deren Zusammenfassung zu Arbeitsgangfolgen zum Inhalt. Dabei ist jeder Arbeitsgang durch das **EVA-Prinzip** gekennzeichnet, das am Beispiel des Arbeitsganges »Verpacken« erklärt werden kann (*Olfert / Steinbuch*):

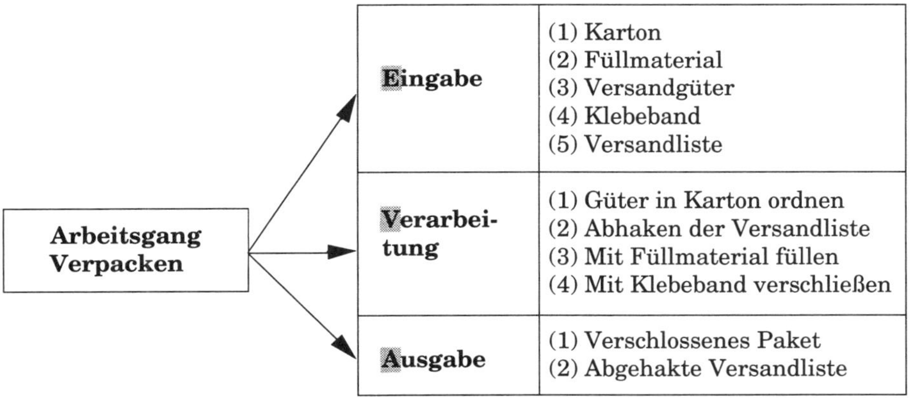

Der Organisator im Unternehmen hat also für jeden gebildeten Arbeitsgang die folgenden drei **Inhaltsmerkmale** des EVA-Prinzips zu definieren:

- Die **Eingabe**, z.B. Daten von vorhergehenden Arbeitsgängen, gespeicherte Daten und Eingabedaten bei Nutzung der Elektronischen Datenverarbeitung.
- Die **Verarbeitung**, z.B. für jedes Arbeitselement sind der Arbeitsinhalt und das jeweilige Arbeitsverfahren festzulegen.
- Die **Ausgabe**, z.B. Arbeitsergebnisse der gespeicherten Daten, denn ein Arbeitsgang ohne Ausgabe ist sinnlos.

34

Zu den Aufgaben eines Einkäufers zählt es, aus verschiedenen Angeboten das günstigste Angebot auszuwählen. Sie haben als Organisator den Auftrag, diesen Vorgang nach dem EVA-Prinzip zu strukturieren. Nach der Arbeitsgangdefinition sind Angebotsdaten zu vergleichen, eine Entscheidung zu Gunsten eines Lieferanten zu treffen und die Bestellung vorzubereiten. Unterbreiten Sie einen Vorschlag!

Seite 244

2.2 Arbeitsfestlegungen

Die Arbeitsfestlegungen sind auf einzelne Stellen oder Arbeitsplätze bezogen. Zur Ausführung von Arbeitsgängen werden Arbeitsplätze benötigt, die Stellen zugeordnet sind. Um Einzelprozesse entwickeln zu können, die dann ein System ergeben, können folgende **Schritte** erfolgen:

- **Arbeitsplatzbedarfsermittlung**
- **Arbeitsplatzgestaltung**
- **Arbeitsprozessgestaltung**.

2.2.1 Arbeitsplatzbedarfsermittlung

Zunächst ist vom Organisator der Bedarf an erforderlichen Arbeitsplätzen zu ermitteln. Dabei sind folgende **Bedarfsarten** zu unterscheiden:

- ❑ Der **quantitative Bedarf**, der sich über die Normalkapazität ermitteln lässt. Sie ist dasjenige Arbeitsvolumen, das unter normalen Umständen verfügbar ist. Bei der Ermittlung sind die durchschnittlichen Urlaubszeiten, krankheitsbedingte Abwesenheit, Fehlzeiten und durchschnittliche Überstundenleistungen einzubeziehen.

- ❑ Der **qualitative Bedarf**, der sich z.B. aus den Eignungsfaktoren für die Aufgabenerfüllung an Arbeitsplätzen ergeben kann, d.h. nötige Bildungsabschlüsse, Erfahrungen, Kenntnisse, Fertigkeiten, Verhaltensanforderungen und sonstige Anforderungen, z.B. Sprachkenntnisse, Führerschein.

Nachdem der Bedarf an Arbeitsplätzen sowohl quantitativ als auch qualitativ ermittelt ist, wird die Bereitstellung der erforderlichen Arbeitsplätze geprüft *(Olfert / Steinbuch)*.

2.2.2 Arbeitsplatzgestaltung

Bei der Gestaltung der Arbeitsplätze des Unternehmens kann es sich um bereits vorhandene Arbeitsplätze mit oder ohne Änderungsbedarf oder um neu für das Unternehmen zu schaffende Arbeitsplätze handeln.

Zu ihrer Durchführung sind von den Verantwortlihen z.B. folgende arbeitsbezogene **Festlegungen** zu treffen:

- Die **Arbeitsplatzaufgaben**, die sich aus den bisher dargestellten analytischen und synthetischen Überlegungen des Organisators ergeben.
- Die **Arbeitsbefugnisse**, die der Arbeitsplatzinhaber erhalten soll, z.B. Entscheidungsbefugnisse, Weisungsbefugnisse und Verfügungsbefugnisse.
- Die **Arbeitsplatzverantwortung**, die das Einstehen des Arbeitsplatzinhabers für die Folgen seiner Entscheidungen regelt.
- Die **Mitarbeiterqualifikation**, die z.B. Bildungsvoraussetzungen sowie Erfahrungen, Kenntnisse und Fertigkeiten umfasst.
- Die **Sachmittelausstattung**, die z.B. Räume, Maschinen, Kommunikationsmittel, Arbeitsmittel und Arbeitsunterlagen betrifft.

Die ermittelten Arbeitsplatzmerkmale werden in **Arbeitsplatzbeschreibungen** bzw. **Stellenbeschreibungen** dokumentiert.

2.2.3 Arbeitsprozessgestaltung

Die Gestaltung der Arbeitsprozesse bildet den letzten Schritt, mit dem die einzelnen Arbeiten festzulegen und in eine sinnvolle Reihenfolge zu bringen sind. Ein Einzelarbeitsprozess lässt sich dabei in Form einer Reihung der ermittelten Arbeitsgänge übersichtlich darstellen, z.B.:

Arbeitsgang 1 ⇨ Arbeitsgang 2 ⇨ Arbeitsgang 3 ⇨ Arbeitsgang 4

Beispiel für einen Einzelarbeitsprozess an einem Arbeitsplatz in der Rechnungsprüfung:

Sammeln der Eingangsrechnungen von Lieferanten ⇨ Sortieren der Rechnungen durch den Aufgabenträger ⇨ Prüfung der Rechnung nach Kopf, Kern und Summen ⇨ Transport der Rechnung zur Buchhaltung

Vom Bedarf an Arbeitsplätzen ausgehend werden also die einzelnen Arbeitsgänge vom Organisator strukturiert und zu Einzelarbeitsprozessen zusammengefasst, die möglichst effektiv und kostengünstig zu gestalten sind.

35

Gehen Sie als Organisator von der Tätigkeit eines Personalleiters einer AG aus, der an seinem Arbeitsplatz eine Bedarfsanforderung für einen qualifizierten Einkäufer bearbeitet, die bereits vom Vorstand genehmigt ist.

Stellen Sie die einzelnen Arbeiten zusammen, die zu diesem Einzelprozess insgesamt gehören können!

Seite 244

3. Gruppenprozessorganisation

Die Gruppenprozessorganisation baut auf den Einzelarbeitsprozessen auf und ist auf **Gruppen** bezogen. Als Gruppenprozesse können Vorgänge bezeichnet werden, die innerhalb der Bereiche einzelne Arbeitsgruppen betreffen, z.B. im Fertigungs- oder Marketingbereich. Es sollen betrachtet werden:

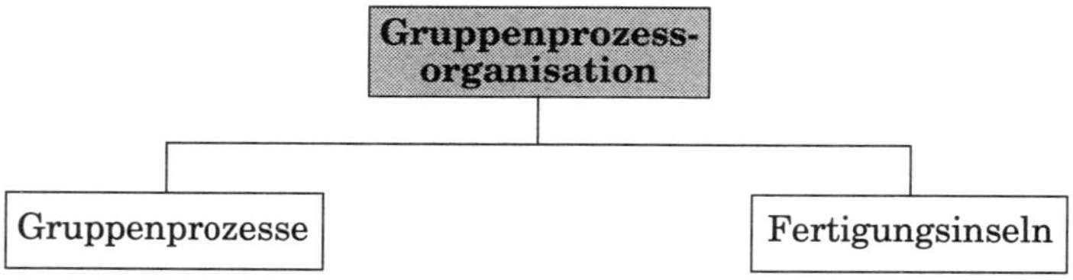

3.1 Gruppenprozesse

Der Gruppenprozess ist eine gruppenbezogene Kette aufeinander folgender Schritte. Der Bedarf an Koordination steigt mit wachsender Differenzierung einer Organisation *(Wiswede)*. Es gibt:

- Die **wirtschaftlichen Gruppenprozesse** als Vorgänge in Gruppen, die von ökonomischer Bedeutung sind, z.B. im Rahmen der Fertigung. Dort können Mitarbeiter und Betriebsmittel zu Funktionsgruppen, Fertigungsinseln, Montageinseln oder flexiblen Fertigungszellen zusammengefasst werden.

  Dadurch entstehen teilautonome Arbeitsgruppen, wie in Kapitel A beschrieben, mit erweiterter Entscheidungsfreiheit des einzelnen Mitarbeiters.

- Die **sozialen Gruppenprozesse** als Vorgänge in Gruppen, bei denen Mitglieder z.B. gemeinsame Entscheidungen treffen müssen. Nach Gruppendiskussionen ist abzustimmen und eine Gruppenentscheidung zu bewirken.

  In und zwischen Gruppen können Gruppendruck und Schwierigkeiten auftreten. Es sind aber auch Synergie-Effekte möglich, denn durch das Zusammenwirken der Gruppenmitglieder kann eine höhere Problemlösungsqualität als durch die Addition der Einzelbeiträge entstehen.

3.2 Fertigungsinseln

Die steigenden Anforderungen der Kunden und der erhöhte Wettbewerb zwischen den Unternehmen zwingen zu Anpassungsmaßnahmen auch hinsichtlich der Prozessorganisation. Hinzu kommt, dass die hierarchisch orientierte Gruppenorganisation oft lange Durchlaufzeiten, hohen Aufwand an Steuerungszeit und beträchtliche Lagerbestände mit sich bringt.

Die Umstellung auf flexible Organisationsstrukturen mit hochqualifizierten Mitarbeitern an **Fertigungsinseln** kann zu einem entscheidenden Wettbewerbsfaktor werden.

Im Fertigungsprozess treten dann besonders hervor:

- Selbstorganisation der Gruppen, z.B. hinsichtlich der Arbeitsverteilung
- Selbststeuerung der Gruppen, z.B. Maßnahmen selbst ergreifen
- Selbstoptimierung der Gruppen, z.B. kostenbewusstes Handeln.

Den Mitarbeitern kann eine erweiterte Organisationskompetenz eingeräumt werden, sodass sie im Rahmen der **Selbstorganisation** autonom an der betreffenden Ordnung mitwirken können *(Göbel)*. Dies gilt auch für Fragen der Schichteinteilung und Urlaubsregelung.

Bei den Fertigungsinseln erfolgt die Bündelung bestimmter **Arbeitspakete**, d.h. Maschinen, Werkzeuge und Mitarbeiter werden zu Inseln zusammengefügt. Erst nach Abschluss mehrerer Arbeitsgänge verlässt das Zwischenerzeugnis die Fertigungsinsel. Dabei entsteht ein Gruppenprozess:

Die Mitarbeiter der Fertigungsinseln können an **EDV-Terminals** den direkten Kontakt zum Kunden aufrecht erhalten. Durch die Nutzung der Computer lässt sich die Auftragssituation besser überschauen. Die Fertigungsinseln sind auch mit den Zulieferern über Kommunikationskanäle direkt verbunden, sodass Zeit und Geld gespart wird. Unnötige Arbeitsprozesse werden vermieden.

Die Aufträge der Kunden werden von der Auftragsabwicklung erfasst und in Betriebsaufträge umgesetzt. Daraufhin erfolgt die Erstellung der Stücklisten und die Ermittlung des **Materialbedarfes**. Die Bestellung der benötigten Materialien geschieht über die Materialwirtschaft, nicht über die Fertigungsinseln. Diese haben für die produktive Wertschöpfung zu sorgen.

Die Wertschöpfungskette funktioniert bei diesem Konzept besser, denn der Materialfluss stabilisiert sich bei geringen Lagerbeständen. Zwischenläger werden nicht mehr benötigt. So kann dem **»Just-in-Time-Prinzip«** entsprochen werden, mit dem die produktionssynchrone Beschaffung von Werkstoffen ermöglicht wird.

Die Planung des kurzfristigen Materialbedarfs und der Kapazitäten wird der aktuellen Fertigungssituation angepasst. Die **Fertigung** erfolgt in allen Stufen **auf Abruf**. Der Prozess endet mit der raschen Ablieferung der fertigen Produkte beim Kunden. Als Maßeinheit für die Periodenlänge in den einzelnen Fertigungsstufen gilt vielfach ein Tag. So wird von der Arbeitsgruppe »heute produziert, was morgen benötigt wird«.

Ziele der Gruppenprozessorganisation sind:

- ❍ Fehler in der Fertigung verringern
- ❍ Lagerbestände reduzieren
- ❍ Produktideen schneller umsetzen
- ❍ Durchlaufzeiten verkürzen
- ❍ Produkte schneller fertigen
- ❍ Kunden schnell beliefern
- ❍ Produktivität steigern
- ❍ Kosten reduzieren

Der flexible Personaleinsatz führt dazu, dass an die persönliche und fachliche Qualifikation der **Mitarbeiter** hohe Anforderungen gestellt werden. Diese sollen möglichst viele unterschiedliche Aufgaben bewältigen können, weshalb zusätzliche Schulungsmaßnahmen sinnvoll sind.

Außerdem empfiehlt es sich, angemessene Leistungsanreize über geeignete Entlohnungssysteme zu schaffen, die der Gruppenarbeit gerecht werden, z.B. Nutzungsprämien und Materialeinsparungsprämien.

In diesem System ist der **Industriemeister** als Betreuer einer Fertigungsinsel nicht mehr Vorgesetzter im herkömmlichen Sinne, sondern agiert eher als Coach, d.h. er ist Moderator, Berater und Förderer der Inselmitarbeiter. Der Industriemeister steht im Großunternehmen zwischen der Betriebsleitung bzw. der Inselgruppe und ist für den Erfolg der Fertigungsinseln verantwortlich.

4. Bereichsprozessorganisation

Die Organisation von Bereichsprozessen ist auf Abläufe in Abteilungen ausgerichtet. Bereichsprozesse stellen diejenigen Vorgänge dar, die in den funktionalen Bereichen des Unternehmens vorkommen, z.B. als:

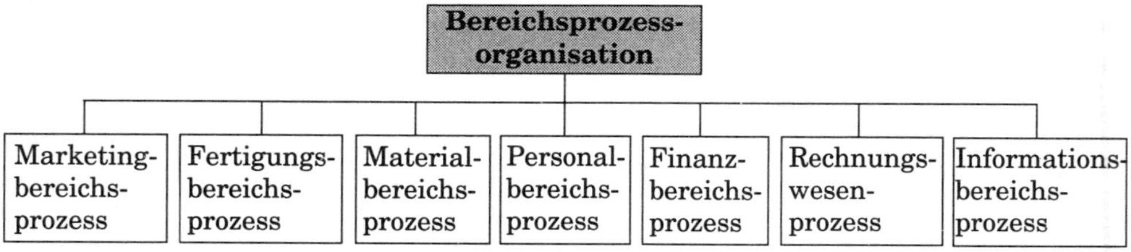

4.1 Marketingbereichsprozess

Der Marketingbereichsprozess umfasst Vorgänge, die sich auf den **Absatz** des Unternehmens beziehen. Hier erfolgt die Erkundung, Gestaltung und Erschließung der Absatzmärkte. Es werden Produktpolitik, Kontrahierungspolitik, Distributionspolitik und Kommunikationspolitik betrieben.

Für den dargestellten Marketingbereichsprozess gilt z.B. als definierter **Beginn** die Anfrage des Kunden und als definiertes **Ende** der Erhalt der Ausgangsrechnung für die gelieferte Ware. Der Marketingbereichsprozess kann grundsätzlich bestehen aus:

Beispiel:

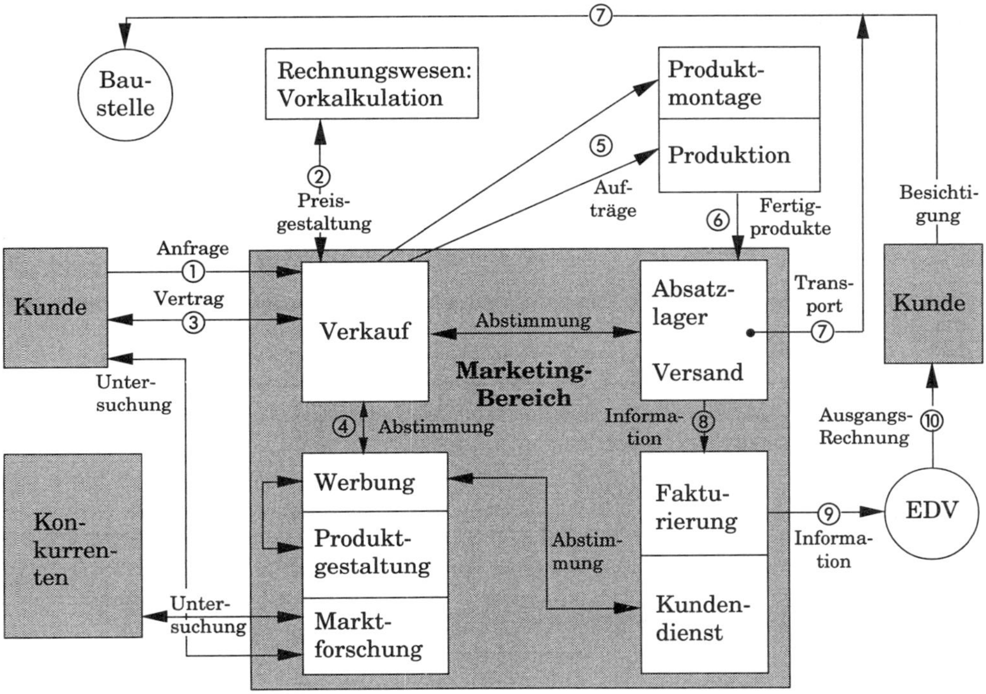

Der dargestellte Marketingbereichsprozess weist folgende **Vorgänge** auf:

① Der Kunde wendet sich mit einer Anfrage an den Verkauf.

② Der Verkauf gibt die Unterlagen zur Preisauskunft an die Vorkalkulation weiter.

③ Der Verkäufer unterbreitet dem Kunden ein Angebot.

④ Der Verkauf stimmt sich mit der Werbung, Produktgestaltung und der Marktforschung ab.

⑤ Dann gibt der Verkauf den Betriebsauftrag an die Produktion bzw. an die Montageabteilung.

⑥ Die Fertigprodukte werden später an das Absatzlager transportiert.

⑦ Der Versand transportiert die Ware zur Baustelle des Kunden.

⑧ Die Informationen werden an die Fakturierung (Rechnungsschreibung) weitergegeben.

⑨ Die Rechnungsschreibung selbst erfolgt über EDV.

⑩ Der Kunde erhält die Ausgangsrechnung.

Der Organisator hat die Aufgabe, den obigen Prozess und auch die folgenden **Bereichsprozesse** fundamental zu überdenken und nach Möglichkeiten der Kosteneinsparung zu suchen bzw. den Nutzen für das Unternehmen zu erhöhen.

36

Versetzen Sie sich in die Lage eines Organisators, der folgenden Prozess analysiert:

1	Ein Kunde fragt bei dem Verkaufsbüro des Unternehmens nach einer Spezialmaschine »PRINTY«, die in Einzelfertigung zu produzieren ist.
2	Die Vorkalkulation ermittelt den Produktionspreis und gibt die Unterlagen an das Verkaufsbüro weiter.
3	Das Verkaufsbüro schickt dem Kunden das Angebot.
4	Der Kunde bestellt die Spezialmaschine »PRINTY« per 20.06.
5	Das Verkaufsbüro gibt die Auftragsmappe an die Fertigungsvorbereitung.
6	Diese gibt die Unterlagen an die Fertigungsdurchführung.
7	Die Fertigungkontrolle prüft die gefertigte Spezialmaschine »PRINTY« und gibt sie dann an den Versand weiter.
8	Der Versand liefert die Spezialmaschine an den Kunden.

Strukturieren Sie diesen Prozess übersichtlich und berücksichtigen Sie dabei den Verbesserungsvorschlag, dass die Vorkalkulation im Verkaufsbüro mitbearbeitet werden kann!

Seite 244

4.2 Fertigungsbereichsprozess

Im industriellen Unternehmen umfasst der Fertigungsbereichsprozess jene Vorgänge, die sich im Wesentlichen auf die **Produktion** des Unternehmens beziehen, welche dazu dient, Sachgüter und/oder Dienstleistungen zu erstellen.

Ein Fertigungsbereichsprozess besteht aus einer Folge verschiedener **Arbeitsoperationen**:

- Er beginnt mit der **Produktionsvorbereitung**, zu der zählen:

  - Planung der Produktionsfaktoren Arbeit, Betriebsmittel und Werkstoffe
  - Planung des Kombinationsprozesses der Produktionsfaktoren
  - Planung der Erzeugnisstrukturen, die sich aus dem Kombinationsprozess ergeben

- Nach der Planung erfolgt die **Produktionsdurchführung**, die nach dem Verfahren der Fertigung unterschiedlich ist.

- Die **Produktionssteuerung** hat vor allem die Aufgabe, die von der Planung erarbeiteten Ergebnisse bei allen Stellen durchzusetzen.

- Die **Produktionskontrolle** schließt den Produktionsbereichsprozess ab.

  Der definierte **Beginn** des Fertigungsbereichsprozesses ist z.B. die Weitergabe des Auftrags an den Produktionsbereich und das definierte **Ende** die Abgabe der produzierten Ware an den Marketingbereich.

Beispiel:

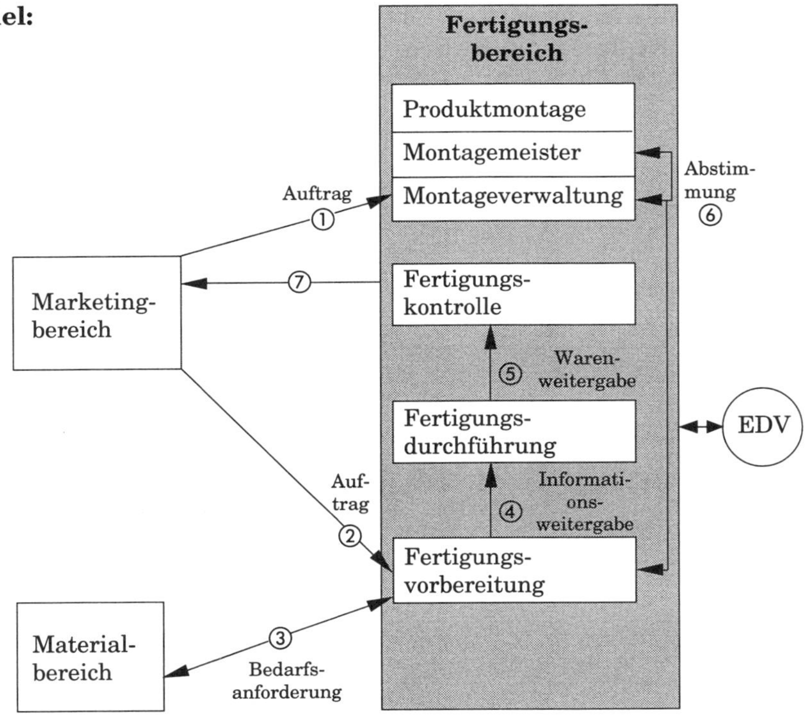

Daraus ergeben sich folgende **Abläufe:**

① Die Montageverwaltung im Fertigungsbereich erhält den Montageauftrag vom Marketing.
② Die Fertigungsvorbereitung, bekommt vom Marketingbereich den Fertigungsauftrag.
③ Die Fertigungsvorbereitung gibt eine Bedarfsanforderung an den Materialbereich.
④ Die Fertigungsvorbereitung reicht die nötigen Informationen an die Fertigung.
⑤ Die Fertigung wird durchgeführt und kontrolliert.
⑥ Der Fertigungsbereich stimmt sich mit dem Montagesektor ab.
⑦ Die Fertigungskontrolle gibt die Produkte an den Marketingbereich weiter.

4.3 Materialbereichsprozess

Der Materialbereichsprozess umfasst Vorgänge, die sich auf den **Einkauf** und die **Läger** des Unternehmens beziehen. Er dient dazu, die benötigten Waren, Werkstoffe und Zulieferteile zu beschaffen, lagern, verteilen und gegebenenfalls zu entsorgen.

Grundsätzlich besteht ein Materialbereichsprozess aus mehreren Vorgängen, wobei z.B. der definierte **Beginn** die Bedarfsanforderung bzw. der Bewilligungsantrag und das definierte **Ende** des Prozesses die Warenausgabe an den anfordernden Materialnehmer ist.

Beispiel:

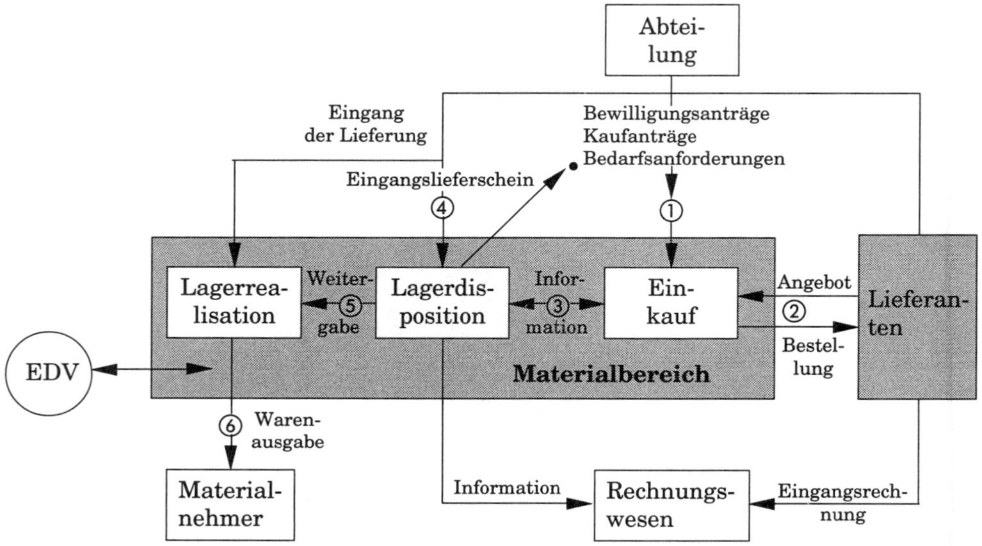

Der **Ablauf** des Materialbereichsprozesses umfasst:

① Die Material anfordernde Abteilung meldet sich beim Einkauf.
② Der Einkauf holt Angebote verschiedener Lieferanten ein, vergleicht sie und bestellt.
③ Der Einkauf informiert die Lagerdisposition über den Vorgang.
④ Die gelieferte Ware wird im Lager eingelagert und durch den Lieferschein bestätigt.
⑤ Die Lagerdisposition stimmt sich mit der Lagerrealisation ab.
⑥ Die das Material anfordernde Abteilung erhält die angeforderte Ware.

4.4 Personalbereichsprozess

Der Personalbereichsprozess umfasst Vorgänge, die sich auf die Personalplanung, Personalbeschaffung und den Personaleinsatz bzw. auf weitere Personalfunktionen beziehen.

Der Prozess im Personalwesen nimmt z.B. seinen **Beginn** mit der Weitergabe von Plandaten an den Personalbereich und sein **Ende** mit dem Personalabgang.

Beispiel:

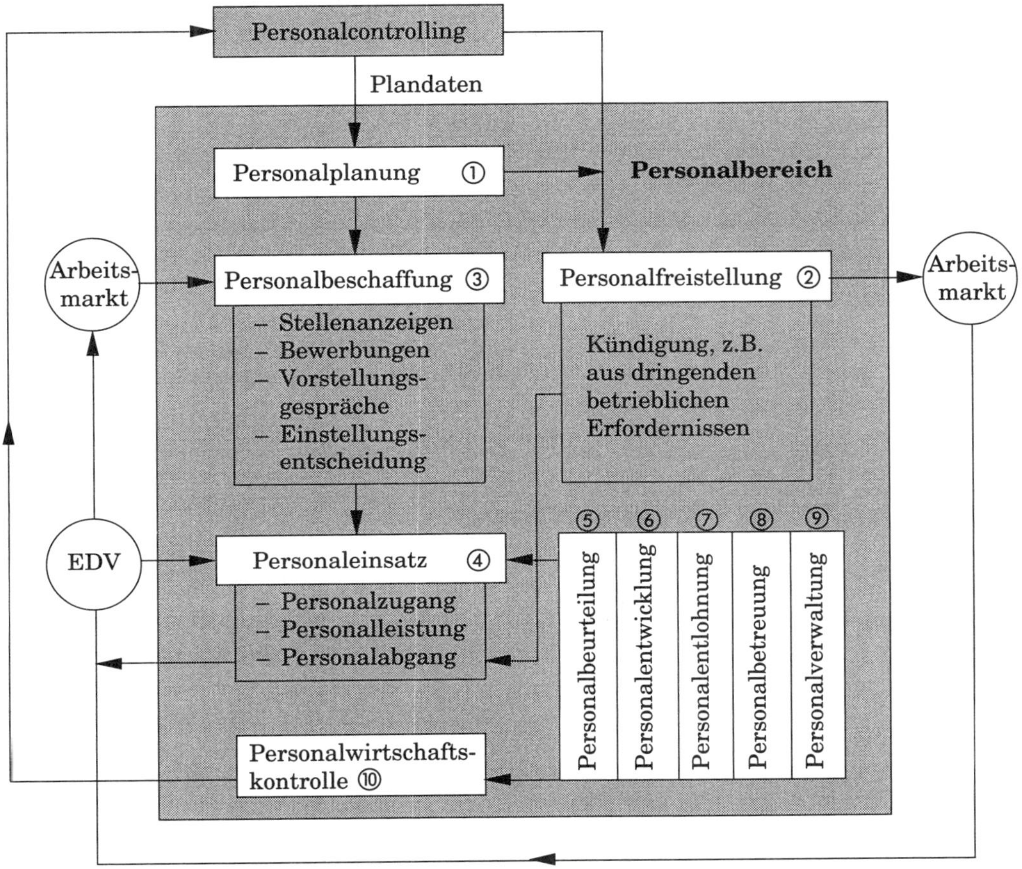

Ein Personalbereichsprozess kann z.B. folgende **Vorgänge** umfassen:

① Die Personalplanung erhält Plandaten vom Personalcontrolling.
② Ist die geplante Stellenzahl kleiner als der Personalbestand: Personalfreistellung.
③ Ist die geplante Stellenzahl größer als der Personalbestand: Personalbeschaffung.
④ Nach der Personalbeschaffung erfolgt der Personaleinsatz.
⑤ Die Mitarbeiter werden beurteilt, z.B. in der Zugangs-, Leistungs- und Abgangsphase.
⑥ Die Personalentwicklung erfolgt ebenfalls erst während des Personaleinsatzes.
⑦ Die Entlohnung beginnt mit dem Zugang und endet mit dem Abgang des Mitarbeiters.
⑧ Die Personalbetreuung umfasst z.B. die Betreuung durch einen Werksarzt.
⑨ Es werden Personalakten geführt und in das Personalinformationssystem übernommen.
⑩ Die Personalwirtschaftskontrolle achtet darauf, dass die Prozesse effizient ablaufen.

Das Personalcontrolling nimmt die Daten der Personalwirtschaftskontrolle auf, vergleicht sie mit den eigenen Erkenntnissen und bezieht sie in die neuen Plandaten ein.

37

Der Organisator der Bühlow OHG soll Abläufe im Personalbereich systematisieren. Die Ergebnisse der Personalplanung zeigen ihm, dass die für das nächste Jahr benötigte Stellenzahl kleiner ist als die voraussichtlich zum Vergleichszeitpunkt gegebene Mitarbeiterzahl pro Stelle.

Mehrere Mitarbeiter sind aufgrund der Marktlage nicht in vollem Umfang mit Arbeit ausgelastet. Erhebliche Probleme gibt es immer wieder mit zwei Mitarbeitern, die sich hinsichtlich ihrer Aufgabenerfüllung als überfordert erweisen.

Welche Schritte können sich aus diesen Feststellungen für den Personalbereichsprozess ergeben, wenn ordentliche Kündigungen nicht zu vermeiden sind?

Seite 245

4.5 Finanzbereichsprozess

Der Finanzbereichsprozess umfasst Vorgänge, welche die Finanzmittel bzw. die Investitionen betreffen. Im Finanzbereich wird Kapital beschafft, verwendet und verwaltet.

Das vorliegende Beispiel bezieht sich auf die Einzahlungen als **Beginn** und die Auszahlungen als **Ende** des Finanzbereichsprozesses:

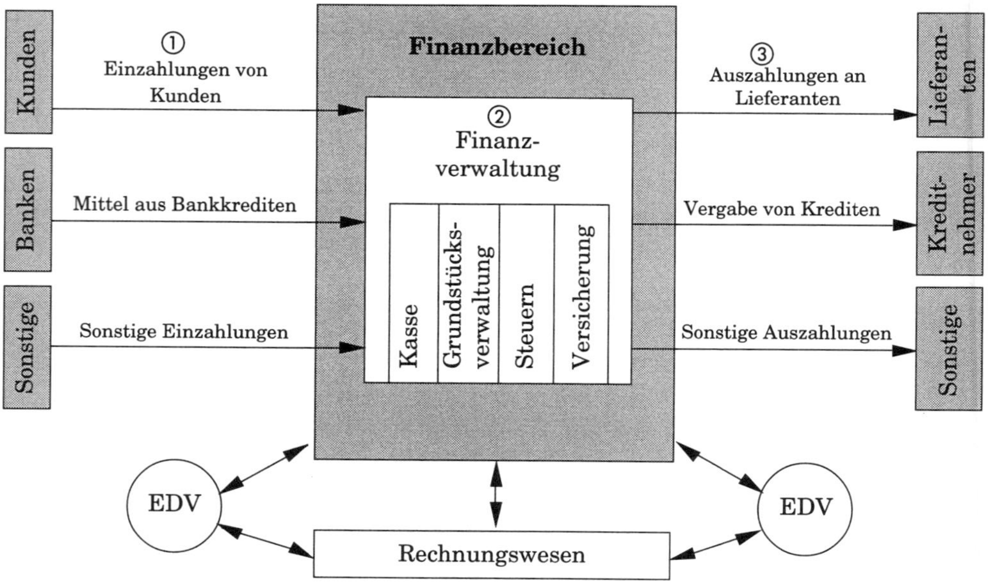

Im Einzelnen besteht der obige Finanzbereichsprozess aus folgenden **Vorgängen**:

① Die **Kapitalbeschaffung**, also die Finanzierung, besteht zu einem Teil aus den Einzahlungen von Kunden für die Lieferungen, Mittel aus Bankkrediten (Fremdfinanzierung) und aus sonstigen Zahlungen, z.B. erhaltene Zinsen.

② Die **Kapitalverwaltung** steuert den gesamten Zahlungsverkehr des Unternehmens, den Barzahlungsverkehr, den halbbaren Zahlungsverkehr und den bargeldlosen Zahlungsverkehr. Die Verwaltung des Kapitals wickelt die finanziellen Transaktionen ab.

③ Die **Kapitalverwendung** betrifft die Auszahlung von Geldmitteln an die Lieferanten bzw. Vergabe von Krediten an Kreditnehmer. Die Investitionen als Auszahlungen für Vermögensteile betreffen Anschaffungsausgaben z. B. für Maschinen.

4.6 Rechnungswesenprozess

Der Rechnungswesenprozess betrifft Vorgänge, die sich auf das Mahnverfahren, Verwaltung, die Rechnungsprüfung, den Jahresabschluss, die Buchhaltung, die Betriebsabrechnung und die Kostenrechnung beziehen.

Der Rechnungswesenprozess erfolgt in Grundzügen wie nachfolgend dargestellt:

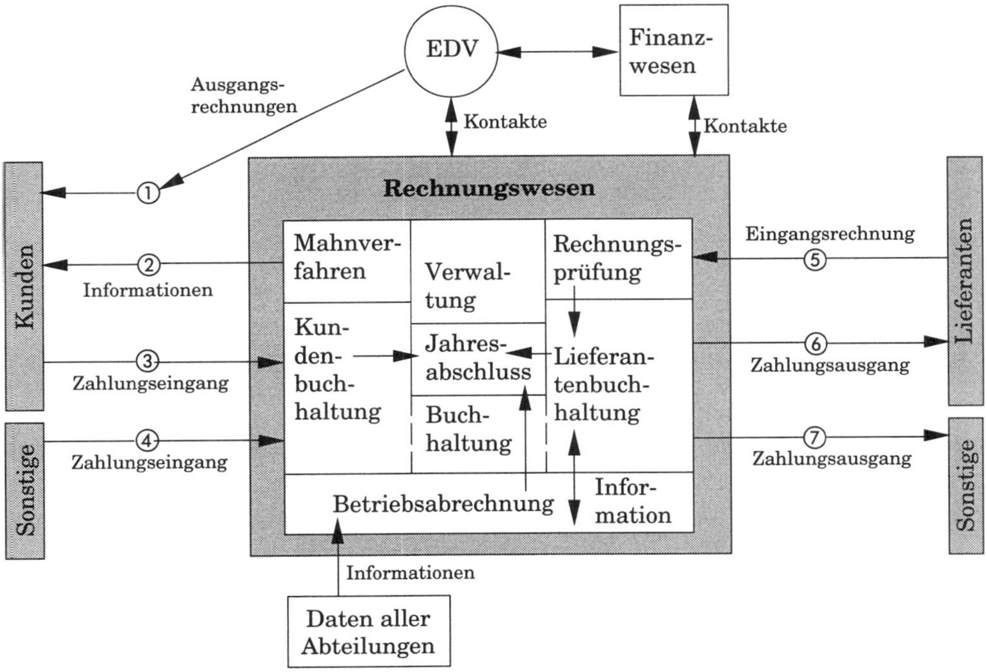

Dabei sind zu unterscheiden:

- ***Kundenbezogen*** beginnt der Rechnungswesenprozess mit der Ausgangsrechnung und endet mit dem Zahlungseingang:

① Der Kunde erhält über die EDV die Ausgangsrechnung.
② Zahlen Kunden nicht fristgemäß, wird ein Mahnverfahren eingeleitet.
③ Die Zahlungseingänge der Kunden werden von der Kundenbuchhaltung bearbeitet.
④ Weitere Zahlungseingänge werden verbucht, z.B. Bareinlagen, Subventionen.

- ***Lieferantenbezogen*** beginnt der Rechnungswesenprozess mit dem Empfang der Eingangsrechnung und endet mit dem Zahlungsausgang:

⑤ Die Lieferanten senden die Eingangsrechnungen zu, die zu prüfen sind.
⑥ Die Lieferantenbuchhaltung verbucht die eingegangene Rechnung.
⑦ Die Zahlungsausgänge werden verbucht und entsprechend abgewickelt.

4.7 Informationsbereichsprozess

Der Informationsbereichsprozess umfasst Vorgänge, welche die betriebliche Informatik betreffen. Hier werden Daten automatisch verarbeitet. Die **Information** ist dabei zweckorientiertes, personen- bzw. arbeitsplatzorientiertes Wissen.

Den **Beginn** des Informationsbereichsprozesses bilden z.B. die Eingabedaten und das **Ende** die Ausgabedaten.

Beispiel:

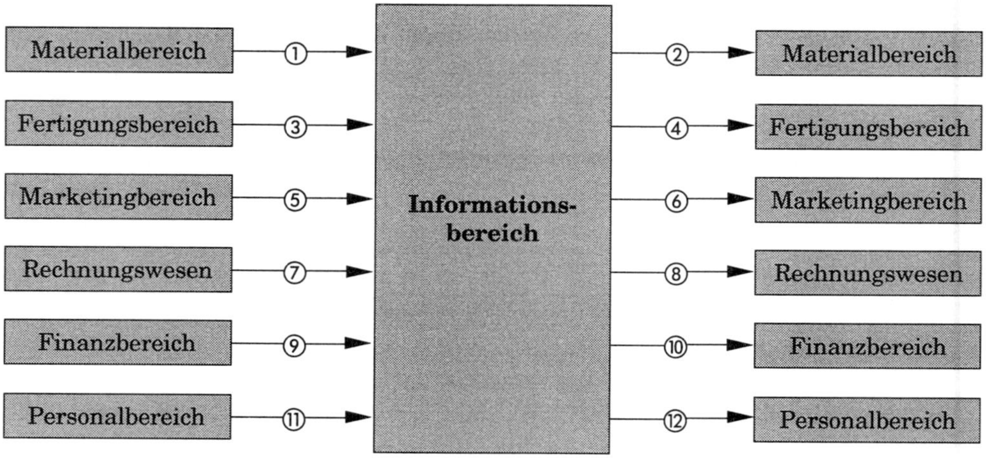

Als **Vorgänge** können beim Informationsbereichsprozess unterschieden werden:

① Der Materialbereich gibt der EDV Daten zur Materiallagerung.
② Es ergeben sich für den Materialbereich spezielle Informationen z. B. über den Lagerbestand.
③ Der Fertigungsbereich gibt der EDV Daten zur Kapazitätsauslastung.
④ Es ergeben sich Perioden mit Kapazitätsauslastung, mit Überkapazität bzw. Minderkapazität.
⑤ Der Marketingbereich liefert Daten über die gesamten Umsätze pro Periode.
⑥ Es werden von der EDV Deckungsbeiträge ermittelt, z.B. in Abhängigkeit von Produkten.
⑦ Das Rechnungswesen liefert die gesamten Daten zum Jahresabschluss.
⑧ Das Informationswesen verarbeitet diese Daten und stellt sie übersichtlich in Kontenform dar.
⑨ Der Finanzbereich liefert die Daten über die bisherigen Zahlungseingänge von Kunden.
⑩ Im Falle einer Terminüberschreitung wird der Zahlungspflichtige automatisch gemahnt.
⑪ Der Personalbereich sammelt in jeder Periode Daten zum Lohn der Mitarbeiter.
⑫ Die EDV erstellt die Brutto- bzw. Nettolohnabrechnung.

38

In einem Kleinunternehmen erfolgt die Bearbeitung von Lieferantenrechnungen in folgenden Schritten:

- ❑ Aufdrücken des Tagesstempels
- ❑ Weitergabe der Rechnung an Buchhaltung
- ❑ Eintragung in das Rechnungseingangsbuch
- ❑ Anheften des Kontrollzettels
- ❑ Weitergabe der Rechnung an den Einkauf
- ❑ Abzeichnen in der Liefererkartei
- ❑ Rechnungsprüfung im Einkauf
- ❑ Anweisung der Zahlung vom Einkauf an Finanzwesen

Entwickeln Sie diesen Prozess in weiteren acht Schritten bis zur Ablage der Lieferantenrechnung weiter!

Seite 245

5. Unternehmensprozessorganisation

Auf der Basis der Organisation der Einzelprozesse, Gruppenprozesse und Bereichsprozesse ist der Organisator in der Lage, den gesamten Prozess des Unternehmens zu strukturieren. Es sind zu unterscheiden:

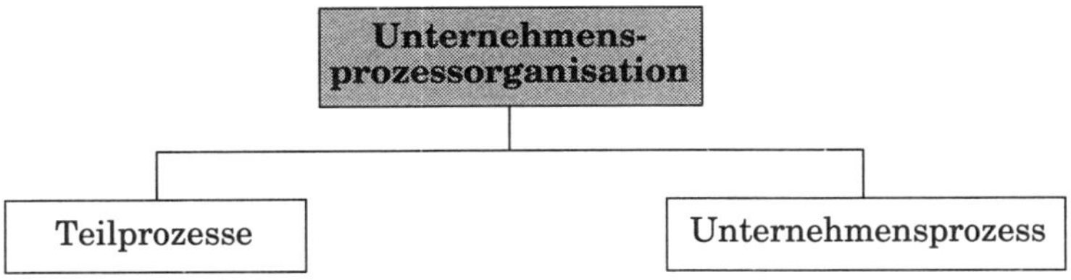

5.1 Teilprozesse

Teilprozesse sind Prozesse, die aus Elementen des Gesamtprozesses bestehen und sich auf Güter, Zahlungsströme sowie Informationen beziehen können. Dementsprechend lassen sich als Teilprozesse unterscheiden:

- **Güterwirtschaftlicher Prozess**
- **Finanzwirtschaftlicher Prozess**
- **Informationeller Prozess**.

5.1.1 Güterwirtschaftlicher Prozess

Der güterwirtschaftliche Prozess macht es notwendig, dass die Produktionsfaktoren beschafft und planvoll eingesetzt werden, um die betrieblichen Leistungen zu bewirken und zu verwerten. Die **Zeitdauer** dieses Prozesses kann erheblich sein.

Im Rahmen des güterwirtschaftlichen Prozesses erfolgen materialbezogene Abläufe zwischen den internen Bereichen und dem Umfeld des Unternehmens.

Der güterwirtschaftliche Prozess geht von den Lieferanten aus, setzt sich über den Material-, Fertigungs- und Marketingbereich fort und endet beim Kunden, der die Marktleistung des Unternehmens erhält.

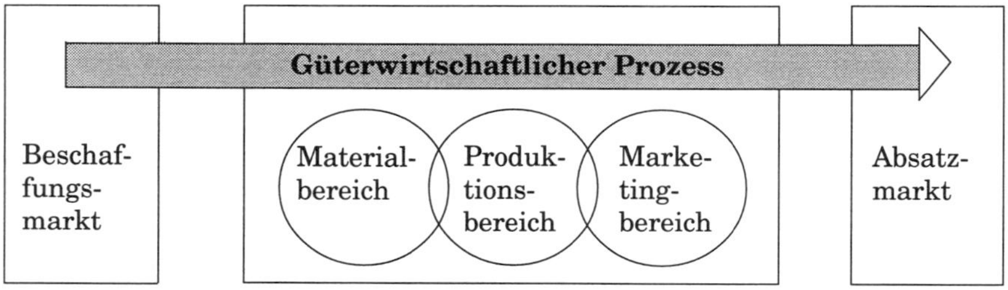

Der Organisator hat zu prüfen, ob die Prozesse vom Ausgangspunkt des Marktkontaktes mit dem Kunden bis hin zu den Kontakten mit den Lieferanten zweckentsprechend und kostengünstig verlaufen.

5.1.2 Finanzwirtschaftlicher Prozess

Die Beschaffung der Produktionsfaktoren auf der einen Seite und der Absatz der betrieblichen Leistungen auf der anderen Seite sind nicht nur Elemente des güterwirtschaftlichen Prozesses, sondern sie erfordern auch einen finanzwirtschaftlichen Prozess, der zu organisieren ist.

Denn es fallen **Auszahlungen** bzw. Ausgaben für die Leistungserstellung an und die geschaffenen betrieblichen Leistungen führen zu **Einzahlungen** bzw. Einnahmen. Diese Vorgänge stellen den finanzwirtschaftlichen Prozess dar.

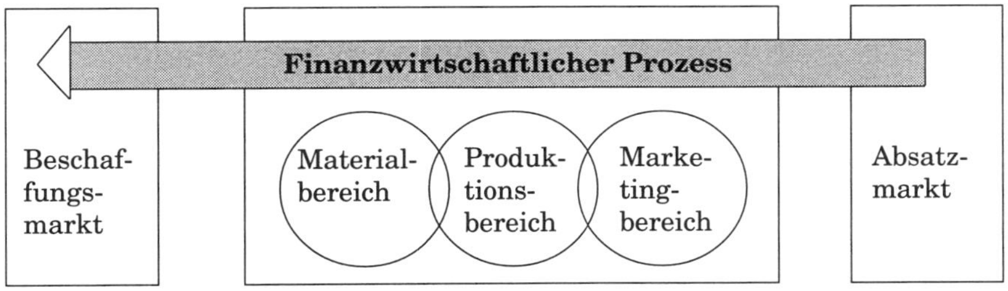

Wird der finanzwirtschaftliche Prozess nicht sachgerecht organisiert, können Verzögerungen auftreten und dadurch Zahlungsausfälle entstehen, die zu Liquiditätsproblemen führen.

5.1.3 Informationeller Prozess

Der güterwirtschaftliche und finanzwirtschaftliche Prozess werden durch den informationellen Prozess ergänzt. **Informationen** fließen als Daten zwischen den Organisationseinheiten sowie dem Personal des Unternehmens bzw. von und zu anderen Organisationen.

Unter Einbeziehung der Unternehmensleitung lässt sich dieser Unternehmensprozess vereinfacht darstellen:

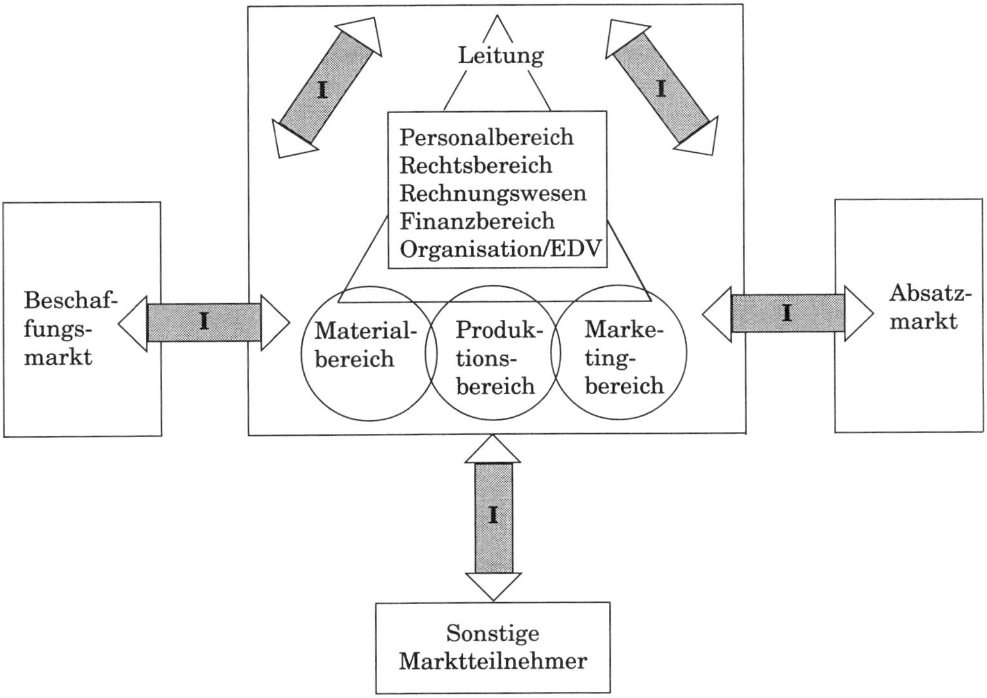

Der informationelle Prozess und die damit zu organisierenden Daten beziehen sich nicht nur auf die betrieblichen Bereiche, sondern z.B. auch auf **sonstige Marktteilnehmer**, die sein können:

- Die **Kreditinstitute**, die dem Unternehmen Fremdkapital zum Zwecke der Finanzierung bereit stellen.
- Die **Konkurrenten**, die sich ebenfalls um die Kunden des Unternehmens bemühen und mit diesem im Wettbewerb stehen.
- Die **Unternehmensberater**, welche die Leitung des Unternehmens bei ihren Erfolgsbemühungen unterstützen.
- Die **Verbände**, die als Fachverbände, Industrie- und Handelskammern, Handwerkskammern oder Arbeitgeberverbände die Interessen der Unternehmen vertreten.
- Die **Öffentlichkeit**, die z.B. als Bildungs- und Forschungsinstitute, freie Aktionsgruppen oder Medien zunehmend Bedeutung erlangen.
- Die **Behörden** des Bundes, der Länder und Gemeinden, mit denen das Unternehmen Außenverbindungen pflegt, z.B. zu Ministerien, Arbeitsamt, Finanzamt.

Werden diese Verbindungen nicht zweckentsprechend und kostengünstig organisiert, entstehen dem Unternehmen unnötige Kosten.

5.2 Unternehmensprozess

Aus dem güterwirtschaftlichen, finanzwirtschaftlichen und informationellen Prozess ergibt sich der gesamte **Unternehmensprozess**, der aufgrund seiner Komplexität nicht einfach zu organisieren ist (*Rahn*).

Vereinfacht stellt sich der Unternehmensprozess wie folgt dar:

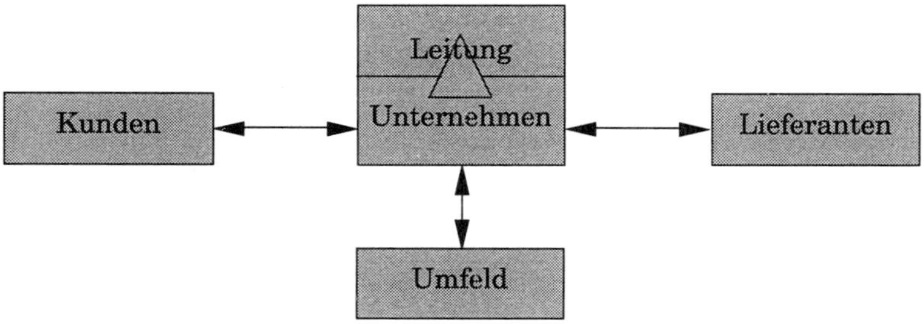

Der im Einzelnen zu gestaltende Unternehmensprozess ist auf Seite 185 dargestellt.

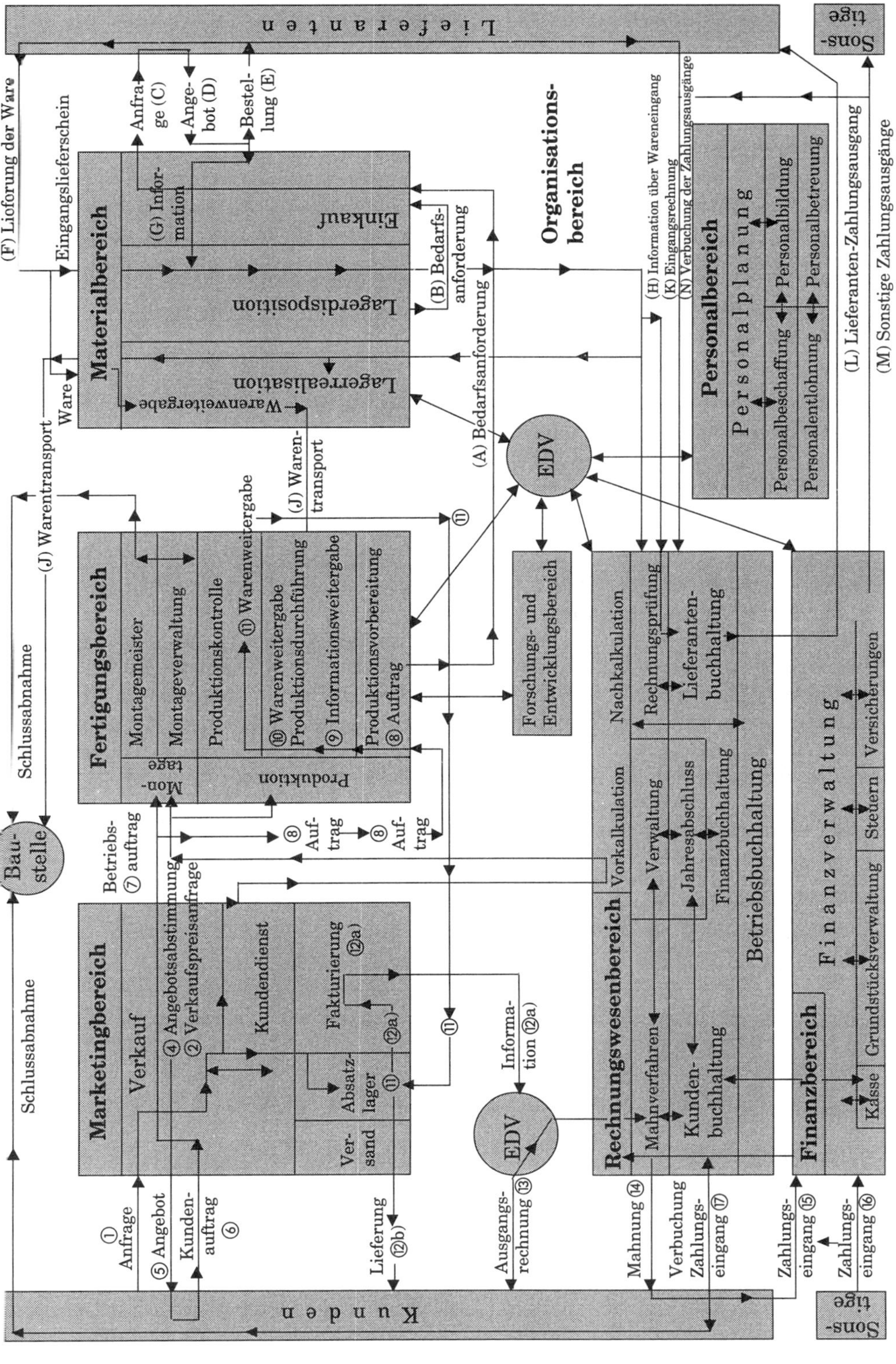
Lieferanten
Sons-tige
Kunden
Sons-tige
Organisations-bereich
Materialbereich
Einkauf
Lagerdisposition
Lagerrealisation
Warenweitergabe
(G) Information
(B) Bedarfs-anforderung
(A) Bedarfsanforderung
Anfrage (C)
Angebot (D)
Bestellung (E)
(F) Lieferung der Ware
Eingangslieferschein
Ware
Warentransport
(J) Warentransport
(H) Information über Wareneingang
(K) Eingangsrechnung
(N) Verbuchung der Zahlungsausgänge
(L) Lieferanten-Zahlungsausgang
(M) Sonstige Zahlungsausgänge
Personalbereich
Personalplanung
Personalbeschaffung
Personalbildung
Personalentlohnung
Personalbetreuung
EDV
Fertigungsbereich
Montagemeister
Montageverwaltung
Produktionskontrolle
⑪ Warenweitergabe
⑩ Warenweitergabe Produktionsdurchführung
⑨ Informationsweitergabe
Produktionsvorbereitung
⑧ Auftrag
Montage
Produktion
Forschungs- und Entwicklungsbereich
Rechnungswesenbereich
Nachkalkulation
Rechnungsprüfung
Lieferantenbuchhaltung
Vorkalkulation
Verwaltung
Jahresabschluss
Finanzbuchhaltung
Betriebsbuchhaltung
Mahnverfahren
Kundenbuchhaltung
Finanzbereich
Finanzverwaltung
Kasse
Grundstücksverwaltung
Steuern
Versicherungen
Schlussabnahme
Baustelle
Betriebs- ⑦ auftrag
⑧ Auftrag
Marketingbereich
Verkauf
④ Angebotsabstimmung
② Verkaufspreisanfrage
Kundendienst
Fakturierung ⑫a)
Absatzlager ⑪
Versand
Information ⑫a)
① Anfrage
⑤ Angebot
Kundenauftrag ⑥
Lieferung ⑫b)
Ausgangsrechnung ⑬
Mahnung ⑭
Verbuchung Zahlungseingang ⑰
Zahlungseingang ⑮
Zahlungseingang ⑯

Der Unternehmensprozess umfasst folgende **Vorgänge**:

- Eine **Kundenanfrage** ① bzw. ein Kundenauftrag ⑥ geht an den Marketingbereich.
- Der **Marketingbereich** gibt den Betriebsauftrag an den Fertigungsbereich weiter ⑦ bis ⑪.
- Der **Informationsbereich (EDV)** erstellt die Ausgangsrechnung ⑬ an den Kunden.
- Das **Mahnwesen** wird bei Zahlungsproblemen des Kunden aktiv ⑭.
- Der **Finanzbereich** nimmt die Zahlungseingänge auf und verbucht sie ⑮, ⑯, ⑰.
- Der **Personalbereich** arbeitet eng mit der EDV zusammen, z.B. bei der Personalplanung.
- Der **Materialbereich** erhält von der Fertigung die Bedarfsanforderung (A) (B).
- Der **Lieferant** erhält eine Anfrage vom Einkauf (C) und gibt ein Angebot ab (D).
- Damit kann die Bestellung durch den Einkauf erfolgen (E).
- Der **Materialbereich** erhält die Lieferung der bestellten Ware (F).
- Lagerdisposition und die Lagerrealisation werden aktiv (G).
- Die **Rechnungsprüfung** prüft die Eingangsrechnung (H) (K) über die gelieferte Ware (J).
- Das **Finanzwesen** koordiniert die Zahlungsausgänge (L) ⑪.

Die **Unternehmensleitung** hat in Zusammenarbeit mit der Organisationsabteilung die Aufgabe, den Unternehmensprozess in geeigneter Weise und kostengünstig zu gestalten sowie die richtigen Entscheidungen zu treffen, damit das Unternehmen erfolgreich tätig werden kann.

Im Rahmen der prozessorganisatorischen Gestaltung spielt die **Programmierung** eine hervortretende Rolle. Sie ist die Entwicklung eines Programms zur automatischen Verarbeitung von Daten und Anweisungen durch den Rechner einer EDV-Anlage. Mit der Programmierung, die in einer Programmiersprache erfolgen muss, werden Informationen in die Sprache des Computers übersetzt.

39

In der Innovations AG in Freiburg stellten sich der Organisationsabteilung innerhalb mehrerer Jahre folgende Situationen. Entscheiden Sie, welche Art von Prozessentscheidung der Unternehmensleitung jeweils gegeben ist!

- ❑ Der Vorstand weist einen Vorschlag an die Organisationsabteilung zurück. Es wurden erhebliche Änderungen an dem vorgeschlagenen Prozesskonzept gewünscht.
- ❑ Der Sollvorschlag zur Prozessorganisation wird vom Vorstand ohne wesentliche Änderungen angenommen. Er ist in vollem Umfang mit den Neuvorschlägen der Organisationsabteilung einverstanden.
- ❑ Der Vorstand genehmigt grundsätzlich zwar das Systemkonzept der Prozessorganisation, fordert aber darüber hinaus im Detail einzelne Änderungen.

Seite 245

6. Prozesseinführung

Die Prozesseinführung bildet die letzte Phase der Prozessorganisation. Für die Einführung der neuen Prozessorganisation sollte ein geeigneter Zeitraum ausgewählt werden, denn neue Ablaufsysteme bringen sowohl für die betroffenen Mitarbeiter als auch für das Unternehmen vielfältige Umstellungsprobleme mit sich.

Es gibt häufig **Widerstände** von Betroffenen gegen eine neue Prozessorganisation, die beruhen können auf:

- Frustration, z.B. werden persönliche Nachteile befürchtet
- Angst vor Neuerungen, z.B. negative Reaktionen von Mitarbeitern
- Fehlender Akzeptanz, z.B. Ablehnung des neuen Ablaufsystems
- Sperren gegen Neuerungen, z.B. aus Zeitdruck oder wegen der Mehraufgaben
- Angst vor dem Versagen, z.B. nicht mit der Umstellung zurechtkommen
- Bequemlichkeit, z.B. Scheu vor dem Erwerb neuer Qualifikationen
- Hohen Kosten, z.B. durch die Umstellung der Gesamtprozessorganisation
- Informellen Einflüssen, z.B. Aversion gegen die Person des Organisators
- Innerer Kündigung, z.B. fehlender Arbeitsfreude, gestörtem Betriebsklima.

Um die Widerstände möglichst gering zu halten, sind diese vom Organisator für die Einführungsphase einzuplanen. Die Prozesseinführung umfasst:

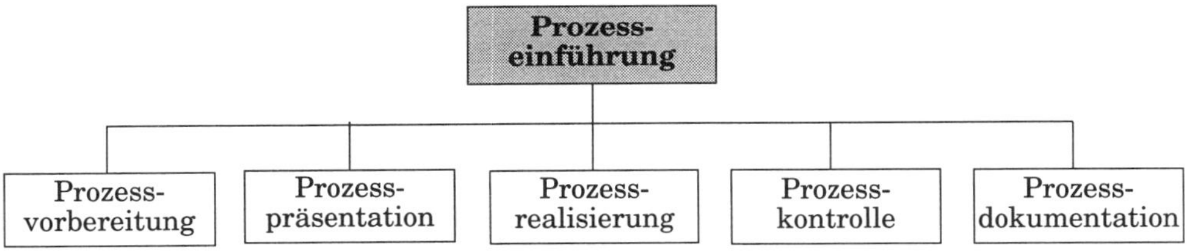

6.1 Prozessvorbereitung

Die Prozessvorbereitung umfasst einerseits die bereits erfolgte Aufnahme und kritische Untersuchung der bestehenden Prozessorganisation und andererseits die Planung der Einführung. Nach Abschluss der Organisationsarbeiten zur Gestaltung der neuen Prozessorganisation bereitet der Organisator für die Unternehmensleitung einen **Abschlussbericht** vor, der aus folgenden Teilen bestehen sollte:

- Der **Erfassung der bisherigen Prozessorganisation**, wobei die wesentlichen Daten der Ist-Aufnahme und der Ist-Kritik übersichtlich zusammenzufassen sind. Bei der Beurteilung des bestehenden Prozesssystems ist auf eine ausgewogene und treffende Begründung der Nachteile des bisherigen Systems zu achten.

- Der **Darstellung der neuen Prozessorganisation** in Form einer gekürzten Darlegung der Einzelschritte, die zum neuen System geführt haben, z.B. als

Darstellung der Vorgehensweise in drei Stufen sowie das Vorstellen des neuen Ablaufes unter Hervorhebung seiner Vorteile aber auch seiner Grenzen. Konkrete Veränderungen gegenüber dem alten Prozesssystem sollten herausgestellt werden.

Nachdem die gegebenen Prozesse erfasst und die neuen Prozesse gestaltet wurden, kann deren Einführung geplant werden. Ausgangsbasis jeder **Einführungsplanung** ist der ausgearbeitete **Prozessentwurf**.

Die Prozessvorbereitung umfasst:

- Die **Aufgabenplanung**, bei der insbesondere folgende Aufgabenkomplexe zu untersuchen sind, z.B

○ Sachmittelbeschaffung	○ Schulungsmaßnahmen
○ Einführungs-Informationen	○ Sicherungsmaßnahmen

- Die **Terminplanung**, bei der sich die Terminplanungstechniken anbieten, die auch für die Projektplanung verwendet werden, z.B. – siehe S. 215 ff.:

○ GANTT-Technik	○ PLANNET-Technik
○ Netzplantechnik	

- Die **Personalplanung** zur Prozesseinführung, bei der insbesondere zwei Aufgaben anfallen, die der Organisator zu berücksichtigen hat:

○ Mitarbeitereinsatz	○ Personalbedarf

- Die **Kosten- und Ausgabenplanung**, bei der die Kosten für die Prozesseinführung und für die neue Prozessorganisation zu planen sind. Ebenso muss der Organisator die einmaligen und die dauernden Ausgaben feststellen.

6.2 Prozesspräsentation

Die Präsentation der Prozessorganisation dient dazu, dem Auftraggeber die Inhalte des vorbereiteten Abschlussberichtes vorzustellen. Um den **Erfolg** der Präsentation zu sichern, muss sie gut vorbereitet werden.

Im Rahmen der Prozesspräsentation erfolgen:

- Die **einleuchtende Kritik** der bisherigen Prozessorganisation, wobei die wesentlichen Daten der Ist-Aufnahme und der Ist-Analyse übersichtlich und begründet zusammenzufassen sind.

- Die **überzeugende Darstellung** der neuen Prozessorganisation, die in einer knapp gefassten Darlegung der wesentlichen Inhalte des neuen Prozesses bestehen sollte.

Für die Präsentation bzw. Visualisierung gilt außerdem, was bereits im Rahmen bei der Aufbauorganisation beschrieben wurde – vgl. dazu S. 142 f.:

❍ Tafel	❍ Projektor	❍ Pinnwand	❍ Dias/Kurzfilm
❍ Flipchart	❍ Beamer	❍ Tonband	❍ Handout

6.3 Prozessrealisation

Eine wesentliche Aufgabe der für das neue Prozesssystem verantwortlichen Führungskräfte ist die Sorge dafür, dass die Regelungen der neuen Prozessorganisation auch durchgesetzt werden. Dabei ist zu achten auf – siehe ausführlich *Olfert/ Steinbuch*:

- ❑ Die **Mittelbereitstellung**, die es erforderlich macht, die Verfügbarkeit aller benötigten Sachmittel zum Bereitstellungstermin in der erforderlichen Zahl und am festgelegten Ort zu gewährleisten.

- ❑ Die **Schulung** der Mitarbeiter, die Aufgaben im Rahmen der einzuführenden Prozessorganisation übernehmen sollen. Nicht selten können Misserfolge bei der Prozesseinführung allein auf den Tatbestand zurückgeführt werden, dass das Personal nicht genügend geschult war.

- ❑ Die **Information** des Personals, denn der Organisator sollte bei den Führungskräften und Mitarbeitern für die neue Prozessorganisation werben. Dazu können z.B. persönliche Kontakte und Rundschreiben genutzt werden.

- ❑ Die **Absicherung** der Einführung der neuen Prozessorganisation, die in verschiedener Hinsicht erfolgen muss. Für den Fall, dass die Systemeinführung ganz oder teilweise misslingt, bedarf es Überlegungen, welche Maßnahmen in diesem Fall zu ergreifen sind.

- ❑ Der **Prozessanlauf** der zu keinen besonderen Problemen führen sollte. Vom Organisator vorbereitete Checklisten können beim Prozessanlauf hilfreich sein.

6.4 Prozesskontrolle

Die Prozesskontrolle ist ein Vorgang der Gewinnung von Informationen über die Prozessorganisation. Sie erfolgt einerseits **begleitend** zur gesamten Prozessgestaltung und andererseits **nach Abschluss** der Anlaufphase.

Träger der Kontrolle können dabei sein:

- ❑ Der Leiter der Organisationsabteilung
- ❑ Der Organisator
- ❑ Ein Gremium.

Die Kontrolle der Prozesseinführung bezieht sich auf den Vergleich zwischen den folgenden **Daten**:

- ❑ Das **Soll** der Prozessorganisation, das sich aus der Zielplanung und der Konzeptplanung ergibt, z.B. als aufgabenorientierte, sozialorientierte und flexibilitätsorientierte Ziele.

- ❑ Das **Ist** der Prozessorganisation, das aus den realisierten Prozessen resultiert und den tatsächlichen organisatorischen Zustand wiedergibt.

Ergeben sich **Differenzen** zwischen dem Soll und Ist, ist zu untersuchen, welche Gründe dafür vorliegen. Das können z.B. sein:

○ Sperren gegen Neuerungen	○ Angst vor dem Versagen
○ Mangelnde Akzeptanz	○ Voreingenommenheit

Die Prozesskontrolle des eingeführten Prozesses schließt oftmals mit den folgenden Schriftstücken ab:

- ❑ Dem **Abnahmeprotokoll**, das gemeinsam vom Organisator und der oder den Fachabteilungen erstellt wird. Es enthält auch den Ausweis der Restarbeiten für den Organisator.

- ❑ Dem **Abschlussbericht**, der vom Organisator dem Auftraggeber nach Abschluss der Prozessorganisation übermittelt wird und die Ergebnisse zur Dokumentation des Prozesssystems beinhaltet.

6.5 Prozessdokumentation

Die Prozessdokumentation ist die schriftliche Ordnung von Daten der Prozessorganisation. Mit ihrer Hilfe erfolgt die Darstellung der Prozessstruktur eines Unternehmens. Die Prozessorganisation wird auch **Ablaufdokumentation** oder **Systemdokumentation** genannt und nutzt vor allem folgende Instrumente (*Olfert/Rahn, Rahn, Olfert/Steinbuch*):

- **Entscheidungstabelle**
- **Prozessdiagramm**
- **Blockschaltbild**
- **Datenflussplan**
- **Programmablaufplan**.

Die Dokumentation der Prozessorganisation soll **eindeutig** und **verständlich** erfolgen. Sie ist ständig zu **pflegen**, d.h. Änderungen einzelner Daten, Änderungen in Teilbereichen und Maßnahmen der Reorganisation sind aktuell zu erfassen, was zweckmäßigerweise computergestützt erfolgt.

6.5.1 Entscheidungstabelle

Die Entscheidungstabelle ist ein Dokumentationsmittel der Prozessorganisation, mit dessen Hilfe **Entscheidungssituationen** in Form von Tabellen eindeutig zusammengefasst dargestellt werden. Sie kann sich beziehen auf:

- Ist-Aufnahme
- Ist-Kritik
- Systementwurf
- Logik der Programmierung

Entscheidungstabellen sind in der DIN 66241 genormt.

Beispiel:

Scheckeinlösung	R_1	R_2	R_3	R_4
Kreditlimit überschritten	N	N	J	J
Zahlungsverhalten gut	N	J	N	J
Scheck einlösen	X	X		X
Scheck zurückgeben			X	

Das Beispiel zeigt, dass die Scheckeinlösung aus folgenden Teilen besteht:

- Den **Bedingungen**, die im Bedingungsteil ausgewiesen werden, von denen die Entscheidungsalternativen abhängig sind, z.B. Kreditlimit überschritten, Zahlungsverhalten gut.
- Den **Regeln** (R1 bis R4), welche die Bedingungen miteinander verknüpfen und Entscheidungen auslösen, d.h. J = Ja (trifft zu), N = Nein (trifft nicht zu).
- Dem **Anzeiger** als Ausweis der für jede Bedingungskombination zutreffenden Aktionen, welche im jeweils zutreffenden Fall mit X bezeichnet werden.
- Den **Aktionen** als Tätigkeiten, welche die Entscheidungen bedingen. Jede Aktion wird im unteren Teil in einer separaten Zeile vermerkt, z.B. den Scheck einlösen oder zurückgeben.

6.5.2 Prozessdiagramm

Das Prozessdiagramm ist ein Dokumentationsmittel der Ist-Aufnahme. Es wird auch als **Ablaufdiagramm**, **Ablaufkarte**, **Ablaufschema** bzw. **Arbeitsablauf** bezeichnet und ist tabellarisch sowie symbolisch darstellbar.

Der Inhalt des Prozessdiagramms kann ausgerichtet sein:

- **Stellenorientiert** als Zuordnung einzelner Arbeitsgänge auf die ausführenden Stellen.
- **Verrichtungsorientiert** als Zuordnung der Arbeitsgänge mit Symbolen, mit denen die einzelnen Arten der Verrichtung gezeigt werden, wie nachfolgend dargestellt.

Beispiel:

Symbol	Arbeitsgang
○	Bearbeitung
⇨	Transport
□	Überprüfung
Δ	Verzögerung
▼	Lagerung

Nr.	Stufen des Arbeitsablaufs	Symbole
01	Rechnung stempeln	○ ⇨ □ Δ ▼
02	Rechnung vorlegen	○ ⇨ □ Δ ▼
03	Überblick verschaffen	○ ⇨ □ Δ ▼
04	Rechnung weiterleiten	○ ⇨ □ Δ ▼
05	Rechnung bleibt liegen	○ ⇨ □ Δ ▼
06	Rechnung prüfen	○ ⇨ □ Δ ▼

40

Der Inhalt eines Prozessdiagramms kann stellenorientiert als Zuordnung einzelner Arbeitsgänge auf die ausführenden Stellen bzw. Abteilungen erfolgen.

Legen Sie als Organisator die Arbeitsvorgänge von Übung 36 zu Grunde und verwenden Sie die Symbole wie oben beschrieben. Erstellen Sie ein Ablaufdiagramm mit 16 Arbeitsgängen, die in vier Abteilungen erfolgen.

Seite 245

6.5.3 Blockschaltbild

Das Blockschaltbild dient der übersichtlichen Darlegung von einfachen betrieblichen Prozessen. Es enthält in den Zeilen z.B. die ausführenden Stellen wie Verkauf, Rechnungs- bzw. Poststelle und in den Spalten die Arten der Tätigkeiten, z.B. Schreiben der Rechnung, Rechnungsprüfung, Trennung des Rechnungssatzes.

Beispiel:

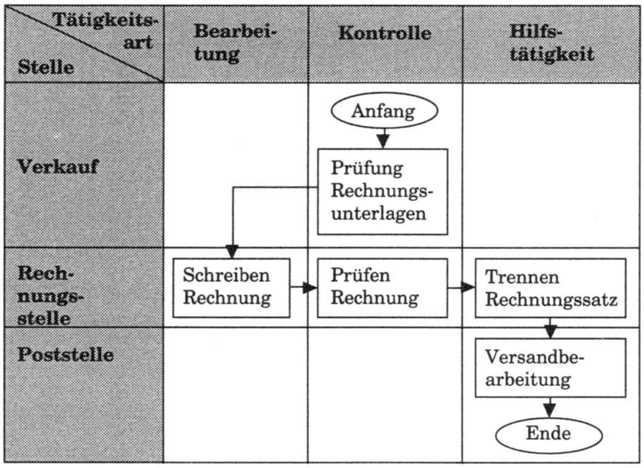

Der **Start** und das **Ende** des Prozesses werden mit speziellen Symbolen gekennzeichnet, z.B. als Ellipsen. Die Arbeitsgänge sind als Rechtecke dargestellt, z.B. die Prüfung der Rechnungsunterlagen.

6.5.4 Datenflussplan

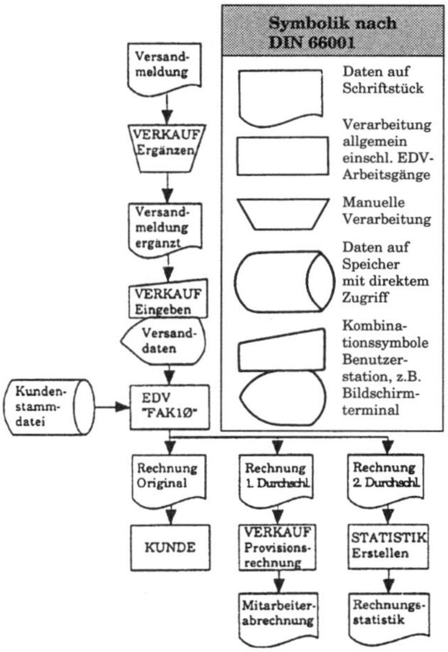

Zur Darstellung von Abläufen mit EDV-Bezug ist der Datenflussplan geeignet. Er wird auch als **Blockdiagramm** und **Flussdiagramm** bezeichnet.

Mit dem Datenflussplan wird dokumentiert, welche Daten in das System eingehen und fließen, welche Stellen an Arbeitsabläufen beteiligt sind, welche Datenträger bzw. Programme benutzt werden bzw. welche Ergebnisse sich aus dem Ablauf ergeben.

Die **Symbolik** des Datenflussplanes ist in DIN 66001 geregelt. Sie soll streng eingehalten werden. Die Vorzugsrichtung ist von oben nach unten bzw. von links nach rechts.

Der Datenflussplan ist nicht so detailliert wie ein Programmablaufplan. Er ermöglicht aber ein relativ schnelles Erkennen von Datenzusammenhängen.

6.5.5 Programmablaufplan

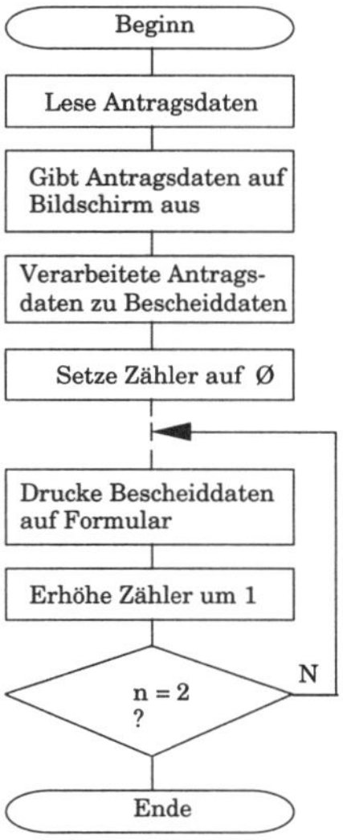

In der betrieblichen Praxis wird der Programmablaufplan zur systematischen Gestaltung von Prozessen relativ häufig eingesetzt. Er ist in der DIN-Norm 66001 genormt.

Für verschiedene Arten von **Operationen** werden entsprechende Symbole verwendet, z.B.

- ❑ Zylinderdarstellung (Beginn, Ende)
- ❑ Rechtecke (Lese Antragsdaten)
- ❑ Rauten (n = 2)
- ❑ Pfeile und Striche.

Die **Vorzugsrichtung** ist von oben nach unten bzw. von links nach rechts. Die Ablauflinie ist beim Verlassen der Vorzugsrichtung mit einer Pfeilspitze zu ergänzen (vgl. N).

Der **Anfang** und das **Ende** des Ablaufs sind mit einer Zylinderdarstellung auszuweisen.

Die Wiedergabe des Programmablaufes sollte so einfach wie möglich, aber so komplex wie nötig sein, d.h. die Struktur ist übersichtlich zu halten.

7. Prozesscontrolling

Das Prozesscontrolling ist den Aktivitäten der Organisationsabteilung parallel- bzw. übergelagert und zielt auf die prozessorganisatorische Effizienz ab. Es stellt den **Koordinationsprozess** der Planung, Kontrolle und Steuerung betrieblicher Prozessstrukturen dar.

Außerdem versorgt das Prozesscontrolling die an der Organisationsarbeit beteiligten Personen bzw. Gremien mit den notwendigen Informationen. Es kann z.B. von einem Gesamtcontroller wahrgenommen werden und dient dazu, die Aktivitäten des Organisationspersonals zielorientiert zu beeinflussen.

Zwei **Problemkreise** sind zu betrachten – siehe ausführlich *Olfert/Steinbuch*:

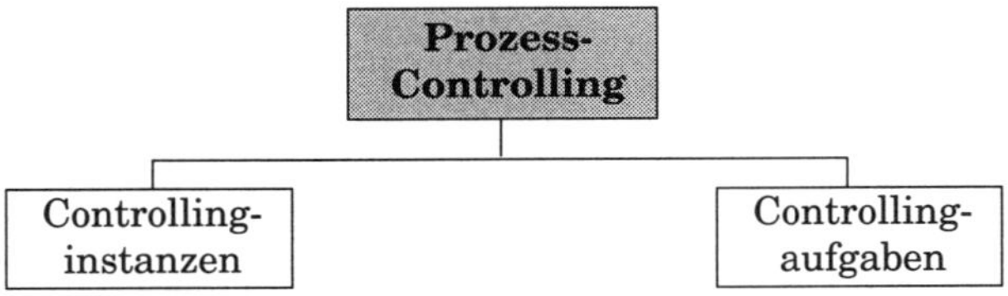

7.1 Controllinginstanzen

Controllinginstanzen sind Organisationseinheiten, welche die Organisationsabteilung bei der Wahrnehmung ihrer prozessbezogenen Aufgaben unterstützen, sie aber auch kontrollieren. Das Prozesscontrolling kann wahrgenommen werden durch:

- Die **Unternehmensleitung**, die das Organisationscontrolling selbst ausübt und die entsprechenden Entscheidungen trifft.
- Den **Gesamtcontroller**, der auch noch weitere Controllingaufgaben in anderen Bereichen hat.
- Den **Organisationsausschuss**, der aus internen Organisationsexperten besteht und durch externe Experten ergänzt werden kann.

Beim Einsatz eines Prozesscontrollers ist darauf zu achten, dass eine kooperative **Zusammenarbeit** zwischen ihm und der Organisationsabteilung gewährleistet wird.

7.2 Controllingaufgaben

Wesentliche **Aufgaben** des Prozesscontrolling sind:

- ❑ Die **Prozessplanung**, mit der vor allem die organisatorischen Ziele fixiert werden, die sich aus dem Zielbündel des Unternehmens ergeben und als Soll-Werte zu interpretieren sind, z.B. das Ziel der Erstellung funktionsfähiger Abläufe auf allen Unternehmensebenen.

- ❑ Die **Prozesskontrolle**, die über die Kontrolle der organisatorischen Prozesse durch die Organisationsabteilung bzw. den Organisator hinaus als Fremdkontrolle durch den Gesamtcontroller erfolgt. Dieses Vorgehen hat den Vorteil, dass Probleme nicht »unter den Tisch gekehrt«, sondern konkretisiert werden.

- ❑ Die **Prozesssteuerung**, die auf Abweichungen zwischen den Soll- und Ist-Werten basiert. Wesentlich ist, dass organisatorische Fehler in den Prozessen frühzeitig erkannt und umgehend mit geeigneten Gegenmaßnahmen beantwortet werden.

- ❑ Die **Prozessinformation**, die als Informationsversorgung aus der Weitergabe bzw. Mitteilung wesentlicher Daten über die Prozessorganisation besteht, z.B. durch das Berichtswesen. Der Gesamtcontroller liefert der Unternehmensleitung die erforderlichen Informationen.

Das Prozesscontrollings dient dazu, bei auftretenden Störungen und Problemen der Prozessorganisation das Organisationspersonal aktiv zu unterstützen und auf die vorgegebenen Ziele im Kostenrahmen unter Einhaltung der Terminvorgaben hinzuwirken.

41

Erläutern Sie, was unter den folgenden Begriffen zu verstehen ist, die Sie in diesem Kapitel kennen gelernt haben!

- ❑ Prozessorganisation
- ❑ Neuorganisation
- ❑ Reorganisation
- ❑ Business Reengineering
- ❑ Prozessanalyse
- ❑ Prozessplanung
- ❑ Zielplanung
- ❑ Konzeptplanung
- ❑ Einzelprozessorganisation
- ❑ Arbeitsanalyse
- ❑ Arbeitssynthese
- ❑ Arbeitsplatzbedarfsermittlung
- ❑ Arbeitsplatzgestaltung
- ❑ Arbeitsprozessgestaltung
- ❑ Gruppenprozessorganisation
- ❑ Gruppenprozess
- ❑ Fertigungsinsel
- ❑ Bereichsprozessorganisation
- ❑ Unternehmensprozess-organisation
- ❑ Prozesseinführung
- ❑ Prozesskontrolle
- ❑ Prozessdokumentation
- ❑ Entscheidungstabelle
- ❑ Prozessdiagramm
- ❑ Blockschaltbild
- ❑ Programmablaufplan
- ❑ Prozesscontrolling

Seite 251 ff.

E. Projektorganisation

Die Projektorganisation ist eine eigenständige Form der Unternehmensorganisation. Sie ist einerseits die Strukturierung von Projekten als Zustand und andererseits die Gestaltung von Arbeitssystemen zur Projektdurchführung (*Beck, Birker, Burghardt, Grün, Jendrosch, Haberfellner, Olfert / Pischulti, Olfert / Steinbuch, Rahn*).

Ein **Projekt** ist nach DIN 69901 ein Vorhaben, das im Wesentlichen durch die Einmaligkeit der Bedingungen in ihrer Gesamtheit gekennzeichnet ist, die sich z. B. zeigen in:

❍ Zielvorgabe	❍ Abgrenzung gegenüber anderen Vorhaben
❍ Finanzieller Begrenzung	❍ Örtlicher Begrenzung
❍ Personeller Begrenzung	

Darüber hinausgehende **Merkmale** eines Projektes sind:

- ❑ Die **Einmaligkeit**, die im Gegensatz zu den laufend im Unternehmen anfallenden »Routineaufgaben« steht. Das Projekt ist in seiner Aufgabenstellung exakt definiert.

- ❑ Die **Dauer**, die begrenzt ist. Sie umfasst immer häufiger einen eher größeren Zeitraum, der vor allem in der technologischen Entwicklung begründet ist.

- ❑ Die **Komplexität**, da der Schwierigkeitsgrad eines Projektes grundsätzlich eher als hoch anzusehen ist.

- ❑ Der **Umfang**, der i.d.R. über einen einzelnen Unternehmensbereich hinausgeht und damit eine interdisziplinäre Bewältigung des Projektes erfordert.

- ❑ Das **Risiko**, das sich aus dem Charakter der Sonderaufgabe ergibt. Deshalb können abgesicherte Prognosen über die Erreichung der Projektziele nicht abgegeben werden.

Die Betreuung eines Projektes erfolgt durch einen **Projektleiter**. Seine Aufgabe ist es, die Projektgruppe zu führen. Dabei hat er das Spannungsdreieck der Projektorganisation zu beachten, bei dem ein Projekt in bestimmter Zeit, in angemessener Qualität und zu vertretbaren Kosten abzuwickeln ist (*Mehrmann / Wirtz*):

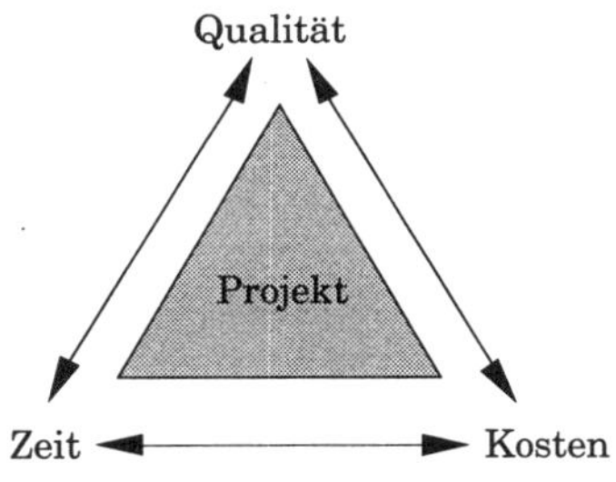

Arten von Projekten können z. B. sein:

- ❑ **Staatliche Projekte**, z.B. Bau einer ICE-Trasse, Modernisierung eines Bahnhofes, Sanierung eines historischen Gebäudes, Bau eines Staudamms bzw. Kernkraftwerkes.

- ❑ **Private Projekte**, z.B. Bau eines Privathauses, Vorbereitung einer Jubiläumsveranstaltung, Planung des Ausbildungsweges bzw. der Karriere.

- ❑ **Betriebliche Projekte**, die ein Organisationsproblem des Unternehmens beinhalten, das einer Lösung zuzuführen ist, als:

  - ○ Einzelprojekte, z.B. Entwicklung eines neuen Teilproduktes
  - ○ Gruppenprojekte, z.B. Gestaltung einer Fertigungsinsel
  - ○ Bereichsprojekte, z.B. Einführung der EDV im Marketing
  - ○ Unternehmensprojekte, z.B. Errichtung eines Werkes

Im Folgenden sollen betriebliche Projekte behandelt werden.

42

Die Organisation beschäftigt sich nicht nur mit unternehmensbezogenen Projekten. Sie kann sich auch auf private oder staatliche Projekte beziehen. Ordnen Sie die folgenden Beispiele diesen Projektarten zu!

- ❑ Gestaltung einer Fertigungsinsel
- ❑ Bau eines Bahnhofes
- ❑ Leistung eines Spezialproduktes
- ❑ Bau eines Einfamilienhauses
- ❑ Bau einer U-Bahn
- ❑ Entwicklung eines neuen Produktes

Seite 246

Ein Projekt wird i.d.R. durch einen **Projektauftrag** initiiert. Er kann durch die Unternehmens- bzw. Bereichsleitung einem Projektleiter erteilt werden.

Dem Projektauftrag schließt sich die Projektorganisation an, die nach der **Vier-Stufen-Projektmethode** gestaltet werden kann:

Projektauftrag →

1	**Vorbereitung der Projektorganisation** (Problemermittlung, Problemanalyse, Projektanalyse)
2	**Planung der Projektorganisation** (Vorbereitung: Aufgaben, Personal, Termine, Mittel, Kosten)
3	**Gestaltung der Projektorganisation** (Projektdurchführung: Eigentliche Projektarbeit)
4	**Einführung der Projektorganisation** (Lösungseinführung, Abschlussarbeiten, Kontrolle)

→ Auftragserledigung

Die Projektorganisation endet, wie zu sehen ist, mit der Auftragserledigung. Im Rahmen der Projektarbeit sind vom Projektleiter viele Entscheidungen zu fällen.

Als Projektorganisation sollen behandelt werden:

Projektorganisation	Projektaufbauorganisation
	Projektprozessorganisation
	Projektcontrolling

1. Projektaufbauorganisation

Die Projektaufbauorganisation zeigt die Zuständigkeiten und Strukturen, welche dann auch für die Projektprozessorganisation bedeutsam sind. Dabei sind Entscheidungen zu treffen hinsichtlich (*Heeg, Rinza, Mehrmann / Wirtz, Olfert / Pischulti, Olfert / Steinbuch*):

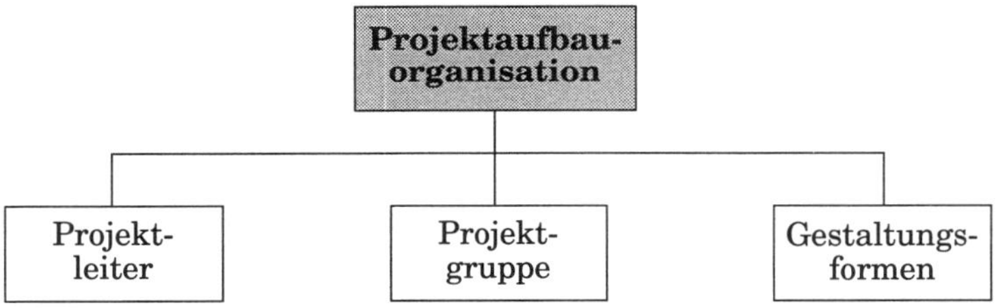

1.1 Projektleiter

Der Projektleiter ist die Führungskraft, die für ein Projekt verantwortlich ist. Als Projektmanager hat er folgende **Aufgaben:**

- Führen der Projektgruppe
- Kontakte zu Fachabteilungen halten
- Verhandlungen führen
- Konflikte lösen
- Laufende Projektabstimmung
- Sammlung von Informationen
- Ausarbeitung von Vorschlägen
- Koordination der Beiträge von Projektmitgliedern

Die Entscheidungs- und Weisungsbefugnisse des Projektleiters sind von der jeweiligen Gestaltungsform der Projektaufbauorganisation abhängig.

Merkmale der Tätigkeit des Projektleiters sind:

- Die **Projektaufgaben**, zu denen die Projektdefinition, Projektplanung, Projektziele, Projektgestaltung und der Projektabschluss in sachlicher, personeller, terminlicher und budgetmäßiger Hinsicht zählen. Bei ihrer Bewältigung ist auf die Einhaltung der Wirtschaftlichkeit des Projektes zu achten.

- Die **Projektverantwortung**, die das persönliche Einstehen des Projektleiters für die Folgen seiner Handlungen und Projektentscheidungen beinhaltet, soweit diese von ihm beeinflusst werden konnten. Er trägt die Verantwortung für Personal, Budget, Sachmittel, Termin und Ergebnis.

- Die **Projektbefugnisse**, die z.B. Anweisungsbefugnis, Entscheidungsbefugnis, Informationsbefugnis sein können. Ohne erforderliche Kompetenzen kann der Projektleiter die ihm übertragenen Aufgaben nicht erfüllen. Die Arten der Befugnisse sind vom jeweiligen Projekt abhängig.

Die dem Projektleiter übertragenen Aufgaben, Befugnisse und Verantwortung sollten qualitativ und quantitativ deckungsgleich sein.

Die **Anforderungen** an den Projektleiter sind hoch. Sie beziehen sich auf:

- **Persönliche Qualifikationen**, zu denen z.B. zählen:

○ Teamfähigkeit	○ Verhandlungsgeschick
○ Initiative	○ Entscheidungsfreudigkeit
○ Durchsetzungsvermögen	○ Frustrationstoleranz
○ Kreativität	○ Kooperationsbereitschaft

- **Fachliche Qualifikationen**, die z.B. umfassen:

  - Kenntnisse bezüglich Organisationsmethoden und Organisationstechniken
  - Fertigkeiten in Bezug auf Organisationsmethoden und Organisationstechniken
  - Erfahrungen mit Organisationsmethoden und Organisationstechniken
  - Erfahrungen mit dem zu gestaltenden System

1.2 Projektgruppe

Die Projektgruppe umfasst eine begrenzte Anzahl von Personen, die i.d.R. **hauptamtlich** und **vollzeitlich** eine Projektlösung erarbeitet. Da ein Projekt üblicherweise zeitlich begrenzt ist, arbeitet auch die Projektgruppe zeitlich befristet.

Maßgebend für die **Planung** einer Projektgruppe sind:

- Die Projektaufgabe und ihre Komplexität
- Die Notwendigkeit zur Nutzung unterschiedlicher Kenntnisse und Erfahrungen
- Die Einbeziehung der Fachabteilungen in die Projektarbeit.

Von erheblicher Bedeutung für den Erfolg eines Projektes ist die **Zusammensetzung** einer Projektgruppe. *Jendrosch* weist darauf hin, dass Nörgler, Pedanten und Opportunisten eine Projektgruppe lähmen können. Gefürchtet ist in jeder Projektgruppe der »Killer«, der die Arbeit des Projektes sabotiert, Kompetenzen anzweifelt und u.U. gegenüber dem Projektleiter persönlich und verletzend wird.

Gelingt es dem Projektleiter nicht, negative Einflüsse und Störungen in der Projektgruppe zu beseitigen, kann der Gesamterfolg des Projektes gefährdet sein. Deshalb sollte der Projektleiter den Einsatz des situationsbedingt geeigneten **Führungsstils** anstreben. Es sind zu unterscheiden (*Rahn*):

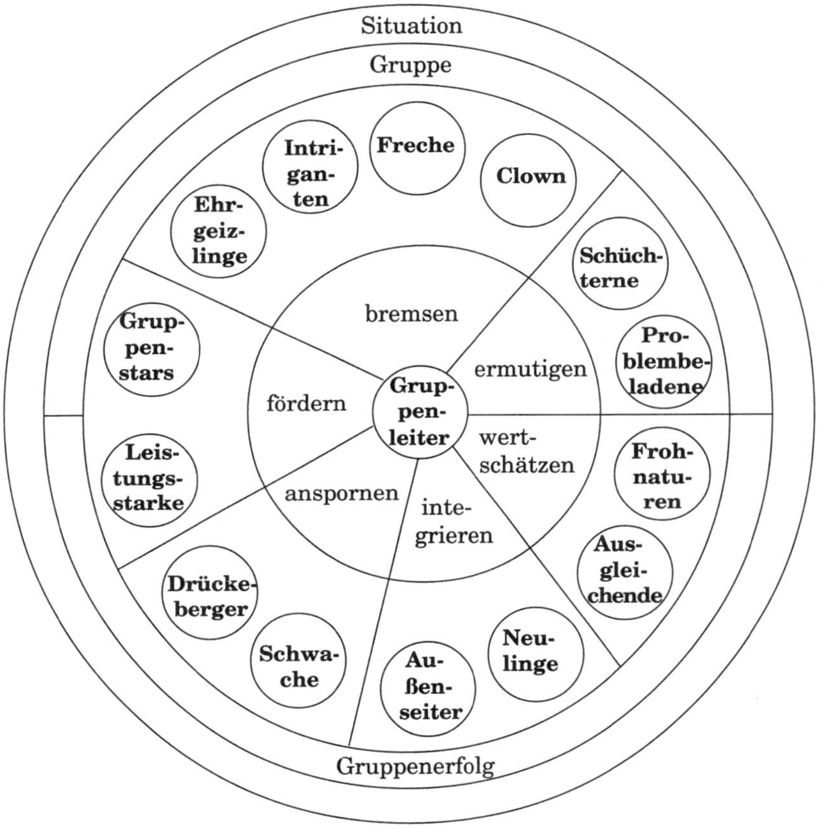

Die Arbeit mit Projektgruppen kann beurteilt werden:

Vorteile	**Nachteile**
○ Für das Projekt ergibt sich eine gemeinsame Verantwortung. ○ Die Koordination einer Projektgruppe ist relativ einfach. ○ Es können Spezialisten hinzugezogen werden. ○ Das Risiko der Gruppenlösung ist üblicherweise eher gering. ○ Verschiedene Fachbereiche und Hierarchiestufen sind einsetzbar.	○ Es besteht die Gefahr der Bürokratisierung der Projektarbeit. ○ Eine übereinstimmende Willensbildung ist oft schwierig. ○ Zwischen Gruppenmitgliedern verschiedener Fachbereiche sind Sachkonflikte nicht auszuschließen.

Je nach **Gestaltungsform** können z.B. folgende Personen in ein Projekt eingebunden sein:

- Führungskräfte und Mitarbeiter von Fachabteilungen
- Unternehmensberater und Sponsoren
- Betriebsrat als Mitarbeitervertretung.

Wenn die Mitarbeiter von Fachabteilungen aus unterschiedlichen Tätigkeitsbereichen nur **nebenamtlich** in einem Gremium arbeiten, kann es sich um einen Ausschuss oder um ein Kollegium handeln:

- In einem **Kollegium** werden zeitlich befristet Sonderaufgaben bearbeitet, z.B. durch Mitarbeiter, die aus unterschiedlichen Bereichen kommen.

- Der **Ausschuss** dient der zeitlich unbefristeten Bearbeitung von Daueraufgaben, z.B. der Lenkungsausschuss mit Bereichsverantwortlichen, die Projektentscheidungen treffen.

43

Die Zusammensetzung einer Projektgruppe ist für den Projekterfolg von großer Bedeutung. Gefürchtet ist in jeder Projektgruppe der «Killer«, der die Arbeit des Projektes sabotiert und mit Wichtigtuerei Kompetenzen anzweifelt.

Bedauerlicherweise haben Sie einen solchen Mitarbeiter in Ihrer Gruppe. Er sagt zu Ihnen als Projektleiter in frechem Ton: »Sie haben hier überhaupt nichts zu sagen!« Wie führen Sie dieses Mitglied der Projektgruppe? Nennen Sie 10 geeignete Führungsregeln!

Seite 246

1.3 Gestaltungsformen

Die Projektorganisation kann in die betriebliche Aufbauorganisation in unterschiedlicher Weise eingebunden werden. Der Einfluss des Projektleiters ist aus der jeweiligen Art der Verbindungswege zur Fachabteilung bzw. zur Projektgruppe geprägt – siehe Seite 103 ff.

Als Gestaltungsformen der Projektorganisation lassen sich unterscheiden (*Burghardt, Heeg, Mehrmann / Wirtz, Olfert / Pischulti, Olfert / Steinbuch, Rahn*):

- **Reine Projektorganisation**
- **Stabs-Projektorganisation**
- **Matrix-Projektorganisation**
- **Linien-Projektorganisation**.

1.3.1 Reine Projektorganisation

Bei der reinen Projektorganisation wird die Projektgruppe für die Projektdauer vollständig aus den Fachabteilungen herausgelöst und zeitlich befristet in die Aufbauorganisation integriert. Sie wird auch genannt:

○ Task Force	○ Projektmanagement-Organisation	○ Totale Projektorganisation

Diese Form der Projektorganisation wird vor allem bei Großprojekten eingesetzt, die oft sehr umfangreich, zeitintensiv und strategisch bedeutend sind. Hier arbeitet die Projektgruppe ausschließlich für die Ziele des Projektes.

Der **Projektleiter** hat die **volle Kompetenz**, d. h. die gesamte Weisungs- und Entscheidungsbefugnis, und die Projektmitarbeiter sind ihm disziplinarisch und fachlich unterstellt:

Beispiel:

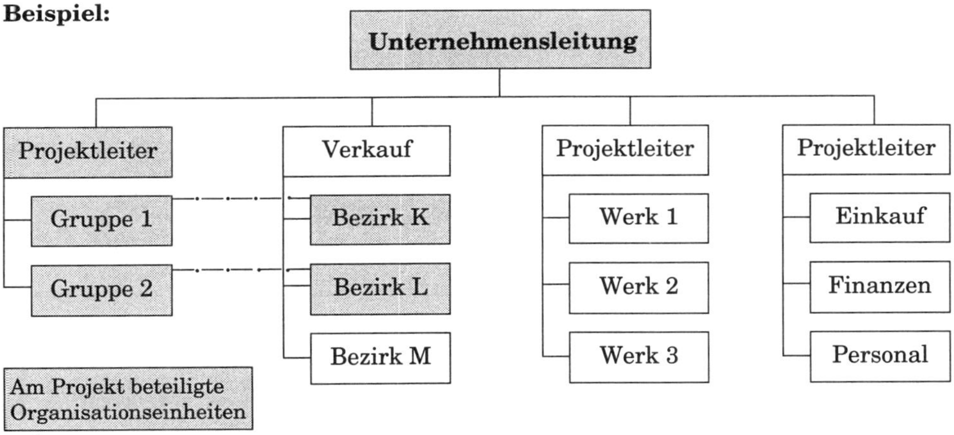

Die reine Projektorganisation lässt sich beurteilen:

Vorteile	Nachteile
○ Straffe Projektarbeitsform ○ Direktzugang zur Unternehmensleitung ○ Volle Kompetenz des Projektleiters ○ Schnelles Reagieren auf Störungen ○ Identifikation der Gruppe mit Projekt	○ Probleme des Einsatzes von Projektmitarbeitern nach dem Projektende ○ Dauerhafte Projektetablierung ○ Projektgruppe in Konkurrenz zur Linie ○ Kompetenzüberschreitung durch Leiter

Bei dieser Art der Projekteinbindung sind Probleme der Kompetenzabgrenzung weniger häufig, weil die Projektgruppe dem Projektleiter uneingeschränkt untersteht. Die Projektgruppe nutzt die Querinformationswege, um sich Daten aus der Fachabteilung zu beschaffen.

1.3.2 Stabs-Projektorganisation

Bei der Stabs-Projektorganisation ist der Einfluss des Projektleiters vergleichsweise gering. Er hat als Inhaber einer Stabsstelle oder Leiter einer Stabsgruppe bzw. Stabsabteilung über Querverbindungen nur die Aufgabe der Koordination. Deshalb kann eher von einem **Projektkoordinator** gesprochen werden, der gegenüber den Fachabteilungen verschiedene Informations- und Beratungsbefugnisse hat.

Die Stabs-Projektorganisation wird auch bezeichnet als:

- Koordinations-Projektmanagement
- Projektkoordination
- Einflussprojekt-Organisation

Die Kompetenzen sind bei der Stabs-Projektorganisation der Fachabteilung zugeordnet, deren Leiter auf die Arbeit der Projektgruppe einen hohen Einfluss ausüben.

Beispiel:

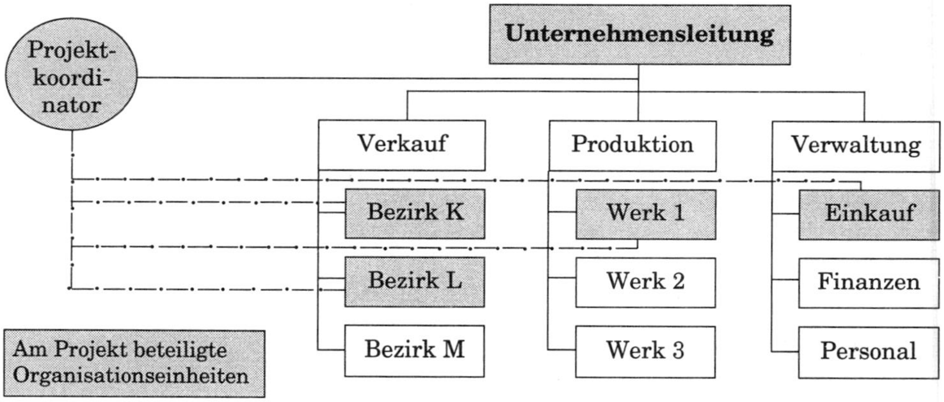

Die Stabs-Projektorganisation weist Vor- und Nachteile auf:

Vorteile	Nachteile
○ Unmittelbare Koordination der Einzelprojekte ○ Mitarbeitereinsatz ist optimierbar ○ Projekteinführung erfordert nur geringe organisatorische Änderungen	○ Weniger Bedeutung und Befugnisse des Projektmanagers ○ Schwierigkeiten der Koordination bei unterschiedlichen Projekten

Da der Projektleiter gegenüber den Fachabteilungen nur Querinformationswege nutzen kann, um Informationen zu beschaffen, sind seine **Kompetenzen** nur relativ gering ausgeprägt.

1.3.3 Matrix-Projektorganisation

Bei der Matrix-Projektorganisation unterstehen die Projektmitglieder, die für die Dauer des Projektes aus den Fachabteilungen zu einem Teil herausgelöst werden, in disziplinarischen Fragen weiterhin der **Fachabteilung** und in abgegrenzten Projektfragen dem **Projektleiter**.

Die Fachabteilungsleitung und die Projektleitung arbeiten gleichberechtigt zusammen und tragen gemeinsam die Projektverantwortung.

Die Einheitlichkeit der Auftragserteilung wird in der Fachabteilung zum Vorteil des jeweils kürzesten Informationsweges aufgegeben. Die auch als **begrenzte Projektorganisation** bezeichnete Art der Projekteinbindung wird in der Praxis vorzugsweise bei abteilungsübergreifenden Projekten eingesetzt.

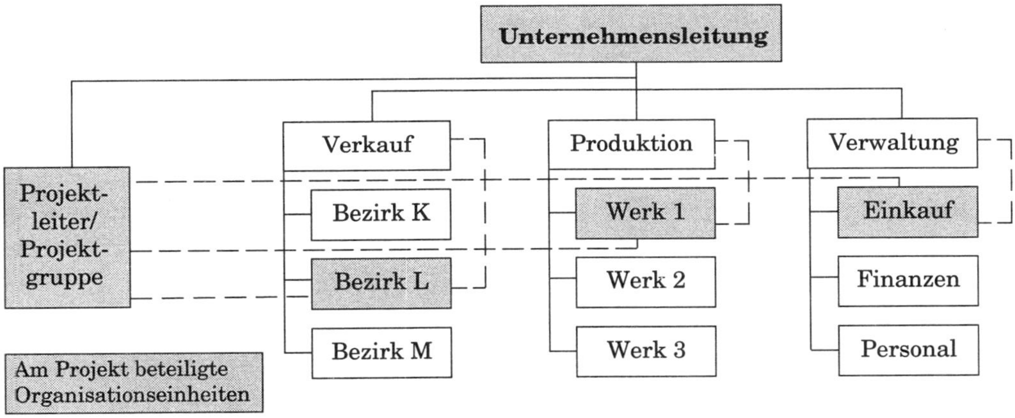

Die Matrix-Projektorganisation kann in folgender Weise beurteilt werden:

Vorteile	Nachteile
❍ Flexibler Personaleinsatz für Fachabteilung und Projektleiter ❍ Fachabteilung und Projektleiter haben in ihrem Fachgebiet Einfluss auf die Gruppe ❍ Synergieeffekte sind hier eher möglich	❍ Hoher Aufwand für die Kompetenzabgrenzungen ❍ Konfliktpotenzial zwischen Fachabteilung und Projektleiter kann sich erhöhen ❍ Schwierige Abstimmung der Ergebnisse

Durch die Doppelunterstellungen können **Kompetenzprobleme** auftreten, vor allem dann, wenn die Befugnisse zwischen Fachabteilung und Projektleiter nicht genau abgegrenzt sind.

1.3.4 Linien-Projektorganisation

Die Lösung von Projektaufgaben erfordert nicht grundsätzlich die Einrichtung einer eigenständigen Projektorganisation, sondern kann in Form von **Einzelprojekten** in die gegebene Aufbauorganisation integriert werden (*Burghardt*). Dies gilt vor allem für funktional ausgerichtete Projekte, z.B.:

- Markteinführungsprojekte
- Entwicklungsprojekte
- Informatikprojekte.

Die Linien-Projektorganisation ist eine Form der Projekteinbindung, bei welcher der jeweilige **Projektleiter** z.B. als Gruppenleiter dem Leiter der Fachabteilung direkt unterstellt wird.

Projekte können z.B. in folgender Weise eingeordnet sein:

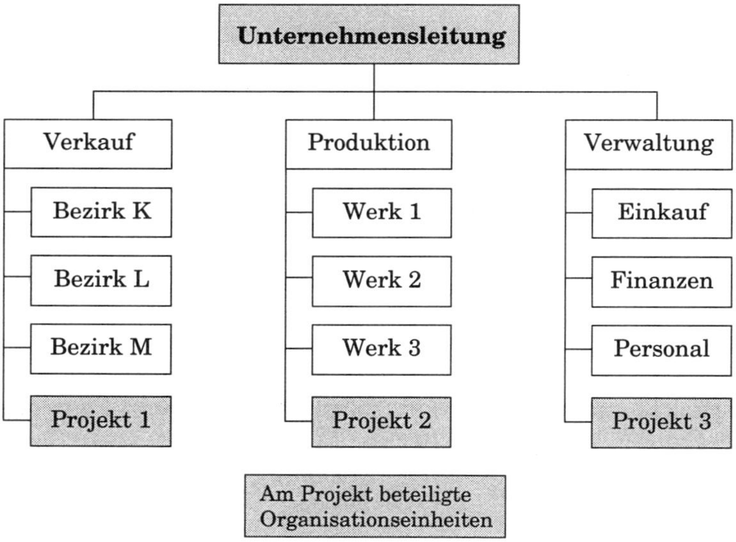

Die Linien-Projektorganisation kann beurteilt werden:

Vorteile	Nachteile
○ Bessere Koordination durch fachliche Zuordnung ○ Fähige Mitarbeiter müssen nicht an andere Fachabteilungen abgegeben werden ○ Bereichsressourcen stehen unmittelbar dem Projekt zur Verfügung	○ Die Bedeutung der Projekte wird aufbauorganisatorisch nicht deutlich ○ Die Stellung des Projektleiters ist von den Intentionen der Fachabteilungsleiter abhängig ○ Weniger Identifikation der Unternehmensleitung mit dem Projekt

Die aufbauorganisatorische Stellung des Projektleiters wird der Bedeutung eines Projektes vielfach nicht gerecht, wenn der jeweilige Fachabteilungsleiter über einen zu starken Einfluss verfügt.

44

Der Vertriebsleiter der Höllisch KG hat in Abstimmung mit der Unternehmensleitung eine Projektgruppe gebildet, die ein neues Werbekonzept für den Vertrieb von Fahrrädern entwickeln soll. Der Projektleiter ist für die Terminhaltung verantwortlich und hat gegenüber der Vertriebsprojektgruppe begrenzte Weisungsbefugnis.

In Fragen der bisherigen Werbepraxis untersteht die Projektgruppe dem Vertriebsleiter. Dieser soll einen engen Kontakt zum Projektleiter pflegen. Der Vertriebsleiter und der Projektleiter unterstehen der Unternehmensleitung.

- Erstellen Sie ein Strukturbild mit den Beteiligten unter Kennzeichnung der Verbindungswege, wie in Kapitel B beschrieben, und interpretieren Sie das Ergebnis!
- Wie ist diese Art der Projektorganisation zu beurteilen?

Seite 246

2. Projektprozessorganisation

Die Projektprozessorganisation ist die befristete Gestaltung von prozessorientierten Gesamtvorhaben bzw. von Einzelvorhaben innerhalb eines soziotechnischen Systems. Sie kann in folgenden **Phasen** ablaufen:

Den Ausgangspunkt der Projektprozessorganisation bildet i.d.R. der schriftliche **Projektauftrag** (*Birker, Burghardt*) durch die Unternehmensleitung oder einer entsprechend autorisierten Führungsebene an einen zu berufenden Projektleiter bzw. eine zu bildende Projektgruppe.

Der Projektauftrag beinhaltet üblicherweise:

- Name des gesamten Projektes
- Name des Projektleiters / der Projektgruppe
- Kurzbeschreibung des Vorhabens
- Geplante Kosten des Projektes
- Voraussichtliche Zwischentermine
- Mögliche Endtermine
- Zu beachtende Risiken des Projektes
- Unterschriften der Auftraggeber und Auftragnehmer

Projekte werden oft durch **Ideen** bzw. **Visionen** ausgelöst, die sich darauf beziehen, wie eine Verbesserung herbeigeführt werden kann. Auch das Erkennen eines Mangels bzw. Problems kann zum Wunsch nach Veränderung führen.

2.1 Projektvorbereitung

Der Ablauf eines Projektes beginnt mit der Projektvorbereitung, die nicht zufällig erfolgen sollte, sondern sorgfältig zu planen ist, um die Projektkosten auf ein Minimum zu begrenzen. Sie umfasst im Einzelnen folgende **Schritte**:

- **Problemermittlung**
- **Problemanalyse**
- **Projektanalyse**.

2.1.1 Problemermittlung

Betriebliche Projekte entstehen vielfach aus einem Problem heraus. Als Problem kann z.B. die **Abweichung** zwischen einem gewünschten **Soll-Zustand** und dem vorzufindenden **Ist-Zustand** gesehen werden.

Ursachen für eine Problemermittlung können z.B. sein:

❍ Unzufriedenheit von Marktpartnern ❍ Erweiterter Marktbedarf ❍ Zu hohe Kosten des Unternehmens ❍ Logistische Probleme	❍ Unterkapazität im Fertigungsbereich ❍ Mangelnder Bekanntheitsgrad der Produkte

Die Problemermittlung kann initiiert oder gefördert werden durch:

❍ Kunden bzw. die Lieferanten ❍ Unternehmensleitung ❍ Führungskräfte und Mitarbeiter	❍ Organisator ❍ Projektleiter ❍ Projektgruppe

Von der projektauslösenden Instanz wird ein **Grobziel** des Projektes bestimmt. Daraufhin sind Vorschläge zur Realisierung des Projektes zu äußern, z.B. hinsichtlich der Projektleitung, Projektgruppe und der Gestaltungsform, wie bereits beschrieben.

2.1.2 Problemanalyse

Ist das zu lösende Problem ermittelt, schließt sich seine Untersuchung an. Mithilfe der Problemanalyse werden die wesentlichen Ausprägungen eines Problems erarbeitet. Sie umfasst – siehe ausführlich *Olfert / Steinbuch*:

- Die **Problemdefinition**, wodurch das zu analysierende Problem begrifflich eindeutig und zutreffend zu bezeichnen ist. Im Rahmen der Projektdefinition sind festzulegen:

○ Anforderungskatalog	○ Pflichtenheft
○ Projektziele	○ Leistungsbeschreibung

- Die **Problemabgrenzung**, mit welcher der zu untersuchende Problemkreis bestimmt wird. Das organisatorische Problem kann in folgender Weise abgegrenzt werden:

○ prozessual	○ sachlich	○ räumlich	○ zeitlich

- Die **Problemdarlegung**, die sich auf die Ursachen und auf die Wirkungen des untersuchten Problems bezieht. Als Problemwirkungen sind möglich:

○ Höherer Kostenanfall	○ Vermehrte Gewährleistungen
○ Mehrbedarf an Zeit	○ Erhöhter Ausschuss/Nacharbeit

- Die **Problemlösung**, wobei bereits jetzt erkannte Möglichkeiten zur Problemlösung hier vermerkt werden sollten. Zur Erarbeitung von Lösungskonzepten kann es sich anbieten, eine **Problemlösungskonferenz** einzuberufen.

Die Ergebnisse der Problemanalyse bedürfen der **Dokumentation**.

2.1.3 Projektanalyse

Die Projektanalyse ist die Erfassung und kritische Untersuchung der dem Projekt zu Grunde liegenden Aufgaben und Gegebenheiten. Sie ist Bestandteil der **Organisationsanalyse**.

Maßnahmen der Projektanalyse sind:

- Die **Aufnahme des Ist-Zustandes**, die in der Sammlung und Ordnung von Daten der bisher gegebenen Aufgabenstruktur besteht. Als Ist-Zustand kann die bisher gegebene Aufgabenstruktur bezeichnet werden, auf der das Projekt beruht.

- Die **Kritik des Ist-Zustandes**, die eine kritische Beurteilung der aufgenommenen Aufgabenstrukturen ist. Die Projektgruppe sucht nach Schwachstellen bzw. Fehlern und nach Möglichkeiten der Verbesserung.

Die einzelnen Projektaufgaben werden durch die Projektanalyse besser strukturiert. In Art und Vorgehensweise ist die Projektanalyse der Aufbauanalyse und der Prozessanalyse ähnlich.

45

Entwerfen Sie ein Muster für ein Projektauftrags-Formular mit folgenden Mindestinhalten:

- ❑ Name des Projektes: Bau einer Lagerhalle als Stabs-Projekt
- ❑ Name der Entscheidungsperson: Fertigungleiter Herr Kunz
- ❑ Name des Projektleiters: Herr Krause als Stabs-Projektleiter
- ❑ Namen der Projekt-Mitarbeiter: Frau Kola, Herr Buse, Herr Eisele
- ❑ Hauptbetroffene Organisationseinheit: Fertigungsabteilung
- ❑ Projekt-Start-Termin: 01.02.2004 und Endtermin: 30.04.2004
- ❑ Spätester Einführungstermin: 02.05.2004
- ❑ Gesamtbudget: 1,3 Millionen €

Seite 247

2.2 Projektplanung

Die Projektplanung stellt die vorausschauende Festlegung der Realisierung von Projekten dar. Sie ist an sich ein Teil der Projektvorbereitung. Wegen der hervortretenden Bedeutung der Planung innerhalb der Projektorganisation soll ihr jedoch ein eigenes Kapitel gewidmet werden.

Im Rahmen der Projektplanung sind die **Projektziele** festzulegen. Diese sollen folgenden Anforderungen gerecht werden (*Mehrmann / Wirtz*):

- ❑ Sie sind lösungsneutral zu formulieren
- ❑ Sie müssen erreichbar sein
- ❑ Sie müssen verständlich und klar formuliert sein
- ❑ Sie dürfen keine »versteckten« Ziele enthalten
- ❑ Sie sind zu dokumentieren, d.h. schriftlich zu fixieren.

Es gibt verschiedene Projektplanungen, aus denen entsprechende Pläne resultieren (*Aggteleki, Burghardt, Haynes, Mende / Bieta, Olfert / Steinbuch*):

- **Aufgabenplanung**
- **Personalplanung**
- **Terminplanung**
- **Sachmittelplanung**
- **Kostenplanung**
- **Finanzplanung**.

2.2.1 Aufgabenplanung

Die Aufgabenplanung ist die vorausschauende Festlegung der durchzuführenden Aufgaben und des Lösungsprozesses. Am Anfang jeder Projektplanung stehen zwei **Schritte** der Aufgabenplanung:

- ❑ Ermittlung aller Aufgaben des Projektes
- ❑ Festlegung des Ablaufes der Aufgabenausführung.

Bei der Aufgabenplanung kann sich der Projektleiter an bereits existierenden Projektkonzepten orientieren oder er muss ganz neue Wege gehen. Das Ergebnis der Aufgabenplanung ergibt sich aus dem **Projektstrukturplan**, der grundsätzlich folgendes Aussehen haben kann (*Olfert / Steinbuch)*:

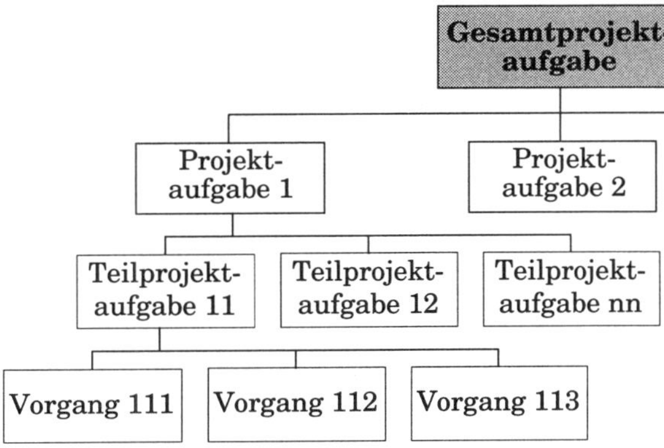

Der Projektstrukturplan unterteilt ein Projekt in Untereinheiten oder Arbeitsabschnitte. Dabei ist sorgfältig vorzugehen, damit alle Projektaufgaben erfasst werden. Ein Strukturplan gliedert sich im Regelfall in zwei oder drei Ebenen auf. Die Teilaufgaben bzw. Arbeitsabschnitte sind so zu formulieren, dass sie klar abgegrenzte Aufgabengebiete enthalten (*Burghardt, Mehrmann / Wirtz*).

Ein praktisches Beispiel für einen **Projektstrukturplan** gibt *Haynes*:

Projektdefinition: Umbau des Firmengebäudes, vier zusätzliche Büros bis Ende des dritten Quartals bei Kosten nicht über 18.000 € fertig stellen.

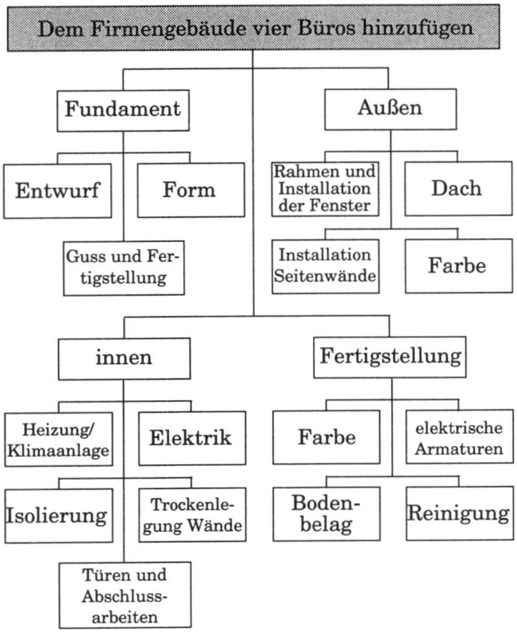

Von dem Projektstrukturplan ausgehend können für alle Untereinheiten des Projektes folgende Festlegungen getroffen werden, z.B.:

○ Zu verwendende Materialien	○ Durchzuführende Tests
○ Zu beachtende Maßstäbe	○ Einzusetzende Mittel

Das Ergebnis der Aufgabenplanung ist der **Projektaufgabenplan**, der als übersichtliches Schema und/oder als Liste erstellt werden kann und alle Verrichtungen mit den zugehörigen Projektdaten aufzeigt, z.B. Aufgaben, Mitarbeiter, Aufwand, Termine.

2.2.2 Personalplanung

Der Erfolg eines Projektes wird in hohem Maße von der Qualität der Projektmitarbeiter bestimmt. Deshalb ist die projektbezogene Personalplanung von besonderer Bedeutung.

Es sind zu unterscheiden *(Olfert, Olfert/Steinbuch)*:

- Die **quantitative Personalbedarfsplanung**, die Daten über die Anzahl der Projektmitarbeiter liefert, z.B. bei einem Umbau eines Firmengebäudes die Zahl der Architekten, Statiker, Maurer, Elektriker. Zur Ermittlung des quantitativen Personalbedarfes sind zwei **Verfahren** zu unterscheiden:

  - ○ Das **Schätzverfahren**, z.B. Schätzungen des Bedarfs durch Projektmitarbeiter bzw. Anwendung von summarischen oder analytischen Schätzverfahren.
  - ○ Das **Rechenverfahren**, z.B. Hochrechnung des Personalbedarfs für ein Gesamtprojekt aufgrund von Erfahrungswerten.

- Die **qualitative Personalbedarfsplanung**, die Informationen über die Qualifikation der am Projekt beteiligten Mitarbeiter gibt, z.B. Bildungsabschluss, Kenntnisse, Fertigkeiten, Erfahrungen und Verhaltensanforderungen. Die Verantwortlichen haben darauf zu achten, dass entsprechende Leistungsfähigkeit und Leistungsbereitschaft gegeben sind.

  Im Hinblick auf das Projektpersonal sind gegenüberzustellen:

  - ○ Das **Anforderungsprofil**, das sich aus den künftigen Inhalten der Projektarbeit ergibt und mithilfe von Untersuchungen und Beobachtungen feststellbar ist.
  - ○ Das **Fähigkeitsprofil**, das die momentan gegebenen Kenntnisse und Fertigkeiten zeigt und durch Qualifikationsanalysen ermittelbar ist.

- Die **Personalentwicklungsplanung**, die Schulungsmaßnahmen umfasst, damit die vor Beginn des Projektes gegebenen Kenntnis- bzw. Fertigkeitslücken geschlossen werden, z.B. durch Trainingsmaßnahmen, Job-rotation-Aktionen oder Selbstmanagement.

In einem Projekt einsetzbare Mitarbeiter müssen mit der Projektmitarbeit einverstanden und für die Projektarbeit abkömmlich sein. Wenn keine geeigneten Mitarbeiter verfügbar sind, ist zu prüfen, ob externe Projektmitarbeiter einbezogen werden sollen.

Das Ergebnis der Personalplanung zeigt sich im **Projektpersonalplan**, der dementsprechend den Personalbedarf, die Personalentwicklung und den Personaleinsatz über die Projektzeit hinweg dokumentiert.

2.2.3 Terminplanung

Die Basis der Terminplanung bilden die einzelnen Projektaufgaben oder Projektarbeitsabschnitte. Auch die prozesslogische Abhängigkeitsstruktur bildet eine wesentliche Voraussetzung der Terminplanung.

Die **Aufgaben** der Terminplanung umfassen:

- Die **Projekttermine** sind festzulegen, d.h. die Anfangs- und Endtermine müssen berechnet werden, z.B. Bestimmung des frühesten/spätesten Anfangstermins und frühesten/spätesten Endtermins.
- Die **Pufferzeiten** müssen ermittelt werden. Dabei handelt es sich um jene Zeitspannen, um welche die Lage oder die Dauer eines Vorganges verändert werden kann, ohne dass sich dies auf die Projektdauer auswirkt (DIN 69900).
- Der **kritische Pfad** ist festzulegen. Das ist jener Weg, der nicht verschoben werden kann, ohne dass sich der Projekttermin verändert. Dieser Pfad stellt die Verbindung aller Vorgänge dar, die keine Pufferzeit besitzen (DIN 69900).

Die Terminplanung kann unterstützt werden:

- Durch **Projektlisten**, welche die Spalten Vorgang, Dauer mit Zeiteinheit, Anfangs- und Endtermin enthalten. Der Endtermin ergibt sich aus der Summe von Anfangstermin und Vorgangsdauer (*Olfert / Steinbuch)*:

Terminliste-Beispiel: Partyvorbereitung				
Nummer	**Vorgang**	**Dauer Min.**	**Anfang**	**Ende**
1	Partybedarf einkaufen	40	18:00	18:40
2	Punsch zubereiten	60	18:40	19:40
3	Warme Speisen zubereiten	30	18:40	19:10
4	Kalte Speisen vorbereiten	40	19.10	19:50
5	Tisch decken	20	19:50	20:10
6	Speisen warm stellen	60	19:10	20:10

- Durch horizontale **Balkendiagramme**, die z.B. als Gantt-Charts die zeitliche Verknüpfung der einzelnen Projektschritte darstellen (*Haynes)*.

Beispiel: Umbau des Firmengebäudes, vier zusätzliche Büros bis Ende des dritten Quartals bei Kosten nicht über 17.000 € fertigstellen (Projektdefinition).

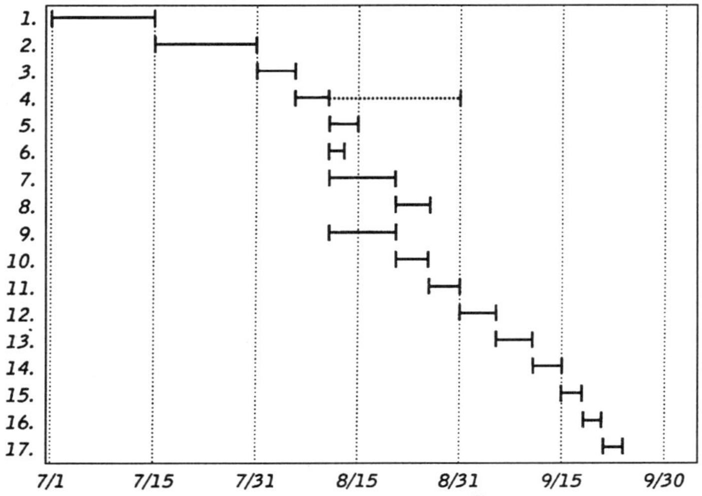

Projektschritte mit Zeitschätzung

1.	Arbeitspläne zeichnen	15	9.	Elektrisches Netz verlegen	10
2.	Um Baugenehmigung ansuchen	16	10.	Heizung/Klimaanlage installieren	5
3.	Fundament formen/ gießen	5	11.	Isolieren	5
			12.	Innenverkleidung einbauen	5
4.	Rahmen für Wände und Dach aufstellen	5	13.	Innentüren einbauen	5
			14.	Innenräume ausmalen	3
5.	Dachwerk montieren	5	15.	Elektrische Anlagen installieren	2
6.	Fenster einbauen	1			
7.	Außenseiten aufstellen	10	16.	Reinigung	3
8.	Außenseite streichen	3	17.	Böden verlegen	2

Das **Diagramm** zeigt sowohl die Abläufe der einzelnen Aktivitäten als auch diejenigen Schritte, die gleichzeitig laufen können.

46

Entwickeln Sie ein praktisches Beispiel für einen Projektstrukturplan als Service für Benutzer von Personalcomputern! Berücksichtigen Sie dabei folgende Bedingungen:

- ❑ Es soll eine Vorstudie erfolgen, z.B. Situation, Grobkonzepte, Präsentation
- ❑ Die Hauptstudie soll die Teilprojekte abgrenzen, z.B. Aufgaben, Sachmittel
- ❑ Die Teilstudien sollen aus zwei Planungs-Teilprojekten bestehen
- ❑ Der Systembau soll die Realisierungsphasen enthalten
- ❑ Die Einführung soll mit Schulungsmaßnahmen verbunden sein.

Seite 247

Es gibt mehrere **Verfahren der Projektplanung**, die der Terminplanung dienen. Dabei sind von besonderer Bedeutung:

- Die **Netzplantechnik**, die alle Verfahren zur Planung, Steuerung und Überwachung von Abläufen auf der Grundlage der Graphentheorie als einer mathematischen Disziplin umfasst, welche mit Pfeilen und Knoten (Kreisen) prozessbezogene Gesetzmäßigkeiten dokumentiert (*Birker, Burghardt, Haynes, Heeg, Mehrmann / Wirtz, Schwarz*).

  Mit dem **Netzplan** erfolgt die grafische Darstellung von Prozessstrukturen. Er zeigt die logische und zeitliche Aufeinanderfolge von Vorgängen innerhalb eines Projektes. Die Teilvorgänge stehen in Abhängigkeit zueinander (*Olfert / Steinbuch*):

Beispiel:

Projektterminierung »Lagerbuchhaltung«

Bei Netzplänen mit Vorgangspfeilen wird über dem Pfeil die Vorgangsbezeichnung ausgewiesen, z.B. Istaufnahme Lager. Unter dem Pfeil befindet sich Vorgangsdauer, z.B. 5.

Außerdem werden die beiden Zeitpunkte des Eintritts eines Ereignisses eingetragen, z.B. bei Vorgang 2:

FZ = Frühester Zeitpunkt : 5
SZ = Spätester Zeitpunkt : 10

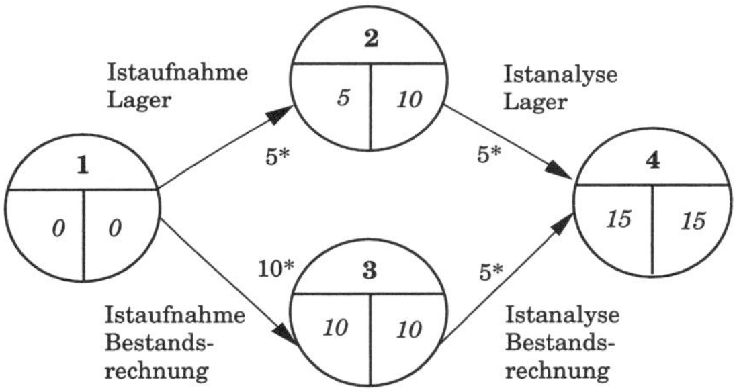

* = jeweilige Dauer

Erklärung:

Tabelle zur Projektterminierung

Bei der Zeitrechnung wird vom Startereignis ausgegangen. Jeder Folgetermin wird mit der Formel errechnet:

FZ (j) = FZ (i) + D (i, j)

Rückwärtsschreitend ist jeder Termin mit der nachstehenden Formel zu ermitteln:

SZ (i) = SZ (j) - D (i, j)

Vorgang	Vorereignis	Nachereignis	Dauer B (i, j)	FZ (i)	SZ (i)	FZ (j)	SZ (j)
Istaufnahme Lager	1	2	5	0	0	5	10
Istanalyse Lager	2	4	5	5	10	15	15
Istaufnahme Bestandsr.	1	3	10	0	0	10	10
Istanalyse Bestandsr.	3	4	5	10	10	15	15

FZ = Frühester Zeitpunkt SZ = Spätester Zeitpunkt

- In der Praxis wird auch das **PERT*-Diagramm** verwendet. Seine Kennzeichen sind:

  - Ereignisse werden durch Kreise dargestellt
  - Aktivitäten werden durch Pfeile zwischen der Kreisen gezeigt

---

***P**rogram **E**valuation and **R**eview **T**echnique = Programmbewertung und Übersichtstechnik

Um ein PERT-Diagramm zu erstellen, bedarf es folgender **Schritte**:

1	Aufzählen der Schritte des Projekts
2	Schätzung der Dauer dieser Schritte
3	Zeichnen von Kreisen und Verbindungen (Pfeile)
4	Übertragung der Nummern der Schritte in Ereigniskreise
5	Notieren der benötigten Zeit auf der Pfeillinie
6	Eintragen von Schritten, die gleichzeitig verlaufen können

Beispiel (*Haynes*):

Projektdefinition: Umbau des Firmengebäudes, vier zusätzliche Büros bis Ende des dritten Quartals bei Kosten von nicht über 17.000 € fertig stellen.

Anmerkung: Die Ziffern in den Kreisen entsprechen den unten angeführten Schritten. Ziffern auf den Pfeilen entsprechen der geplanten Dauer der Schritte (in Tagen).

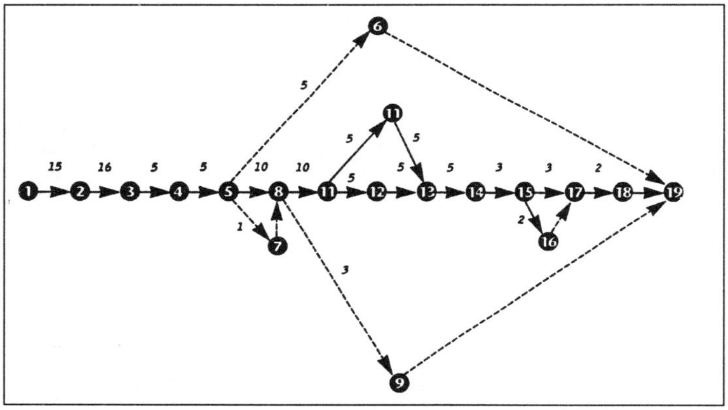

Projektschritte mit Zeitschätzung:

1. Projekt begonnen —
2. Arbeitspläne fertig gestellt 15
3. Baubewilligung erhalten 16
4. Fundament gegossen 5
5. Wand- und Dachrahmen aufgestellt 5
6. Dach fertig gestellt 5
7. Fenster eingebaut 1
8. Außenseiten aufgestellt 10
9. Außenseiten gestrichen 3
10. Elektrisches Netz verlegt 10
11. Heizung/Klimaanlage installiert 5
12. Isolierung fertig gestellt 5
13. Innenverkleidung angebracht 5
14. Innentüren eingebaut 5
15. Innenräume ausgemalt 3
16. Elektrische Anlagen eingebaut 2
17. Reinigung abgeschlossen 3
18. Boden verlegt 2
19. Projekt abgeschlossen —

Ein PERT-Diagramm zeigt nicht nur die Verbindungen zwischen verschiedenen Schritten in einem Projekt auf, sondern ist auch der einfachste Weg, um den **kritischen Pfad** zu ermitteln. Das ist der längste Weg durch das Netzwerk. Er ist die Verbindung aller Vorgänge, die keine Pufferzeit besitzen.

Der kritische Pfad zeigt die notwendigen Schritte, deren rechtzeitiger Abschluss für das verspätungslose Fortkommen des Projekts unentbehrlich ist. Im Beispiel ist der kritische Pfad mit einer durchzogenen Linie gezeichnet.

Auf dem kritischen Pfad liegen alle Vorgänge, die nicht verschoben werden können, ohne dass sich der Projekttermin ändert (*Haynes*).

Weitere **Verfahren** der Terminplanung sind (*Olfert / Steinbuch*):

- Die **Listungstechnik**, bei der die einzelnen Projektteile in einer Liste gereiht werden. Es wird die Dauer des jeweiligen Projektteiles ausgewiesen und für die einzelnen Vorgänge werden Anfangstermine und Endtermine berechnet.

- Die **GANTT*-Technik**, bei der die einzelnen Projektteile durch Balkendiagramme dargestellt werden. Über einer Zeitachse erfolgt der Eintrag der einzelnen Vorgänge analog ihrer zeitlichen Dauer.

- Die **PLANNET**-Technik**, die eine Weiterentwicklung der GANTT-Technik ist, deren Hauptnachteil darin besteht, dass keine Pufferzeiten erkennbar sind. Bei der PLANNET-Technik werden im Balkendiagramm auch die Pufferzeiten aufgewiesen.

Das Ergebnis der Terminplanung ergibt sich aus dem jeweiligen **Projektterminplan**, der die durchzuführenden Arbeitspakete mit Angaben von Terminen, Zeitdauern und Zuständigkeiten beinhaltet.

2.2.4 Sachmittelplanung

Auch die Sachmittel sind zu planen, die Materialien, Mittel und Software umfassen, welche zur späteren Durchführung des organisatorischen Projektes gebraucht werden. Dazu zählen:

- Büromittel, z.B. Schreibtische, Stühle, Büromaschinen, Schränke
- Fertigungsmittel, z.B. Fertigungsmaschinen, Werkzeuge, Werkstoffe
- Arbeitsmittel, z.B. Papier, Bleistift, Kugelschreiber, Stempel
- Büro- und Fertigungsräume, z.B. Büroräume, Werkstätten, Hallen, Labore
- Hardware, z.B. Computer mit Bildschirm, Drucker, Plotter, Scanner, Disketten
- Software, z.B. Betriebssysteme, Datenbanken, Projektsoftware, Programme
- Kommunikationsmittel, z.B. E-Mail, Internet, Telefon, Telefax, Handy,
- Moderationsmittel, z.B. Projektoren, Flipchart, Leinwand, Tafeln, Episkop.

Die terminliche **Verfügbarkeit** der benötigten Sachmittel muss gesichert werden. Sie haben spätestens dann bereitzustehen, wenn sie im Rahmen der Projektentwicklung erforderlich sind. Dies kann erfolgen über:

---

* nach *Henry Gantt* benannt
** Kurzwort aus PLANning NETwork

- ❑ Rechtzeitiger Abschluss von Kauf-, Miet- oder Leasingverträgen
- ❑ Frühzeitige Reservierungen von innerbetrieblichen Sachmitteln
- ❑ Vereinbarung von Konventionalstrafen.

Das Ergebnis der Sachmittelplanung findet sich im **Sachmittelplan**, der von den zu Grunde liegenden Projektzielen und von dem Projektstrukturplan ausgeht.

2.2.5 Kostenplanung

Die Kostenplanung ermittelt den voraussichtlichen Werteverzehr bei der Projektdurchführung. Die Minimierung der Kosten eines Projektes ist eine wesentliche Aufgabe der Projektorganisation. Aus diesem Grund ist eine intensive Zusammenarbeit der Projekt-Verantwortlichen mit dem betrieblichen Rechnungswesen sinnvoll.

Die Kostenplanung erfolgt auf der Basis des **Projektstrukturplans**. Diese Vorgehensweise ermöglicht eine Schätzung der Durchführungskosten, die umso genauer sein kann, je detaillierter die Prozessplanung durchgeführt wurde (*Heeg, Madauss*).

Für jeden Vorgang können ermittelt werden:

- ❑ Die **Personalkosten**, die für alle Projektmitarbeiter anfallen, z.B. direkte Personalkosten und Personalnebenkosten

- ❑ Die **Kapitalkosten**, die für die einzusetzenden Güter anfallen, z.B. Abschreibungen, Miete, Zinsen

- ❑ Die **Materialkosten**, die im Rahmen des Projektes gebraucht oder verbraucht werden, Energie, Fertigungsmaterial, Büromaterial

- ❑ Die **Fremdleistungskosten**, die von externen Institutionen verursacht werden, z.B. Expertenhonorare, Beraterkosten, Gebühren von Ämtern

- ❑ Die **Computerkosten**, die durch den Einsatz von Rechnern entstehen, z.B. Miete und Zinsen für Großrechner, Computerwartung, Reparaturen.

In der Praxis ergibt sich häufig die Notwendigkeit, dass ein Projekt in mehrere Teilprojekte zu unterteilen ist. In diesem Falle sollte, um zu einer effizienten Kostenkontrolle zu gelangen, die Kostenplanung nicht nur global für das Gesamtprojekt vorgenommen werden, sondern auch für jedes Teilprojekt separat erfolgen.

Als Ergebnis eines Gesamtprojektes entsteht der **Projektkostenplan**, in dem die Arbeitspakete sowie die Verursacher bzw. Organisationseinheiten aufgeschlüsselt sind (*Olfert / Steinbuch*).

Beispiel:

Projektkostenplan			
Kostenart	**Kostenanfall**	**Kosten €**	**Gesamtkosten €**
Personalkosten	Organisation 14 MM Programmierung 18 MM Fachabteilung 8 MM	110.000 116.000 40.000	266.000
Kapitalkosten	Raummiete 40 m² Arbeitsplatzabschreibung PC-Abschreibung 33,3 % Zinsen	10.000 3.000 5.000 2.000	20.000
Materialkosten	Pauschalbetrag		3.000
Fremdleistungs-kosten	Beratungsauftrag Experteneinsatz 20 MT Schulungskosten	32.000 30.000 45.000	107.000
Computerkosten	Großrechner 20 CPU-Stunden		50.000
Sonstige Kosten	Pauschalbetrag		6.000
Projektgesamtkosten			**452.000**

Mit der Genehmigung der Projektplanung wird der Kostenplan in das **Projektbudget** übernommen.

47

Herr Kunzler ist als Projektmitarbeiter mit der Aufgabe betraut, für ein Großprojekt einen Projektkostenplan mit folgenden Daten aufzustellen:

1. Personalkosten
   1.1 Management und Verwaltung 100.000 €
   1.2 Entwicklung und Konstruktion 50.000 €
   1.3 Fertigung und sonstige Kosten 70.000 €
2. Materialkosten 20.000 €
3. Computerkosten 60.000 €
4. Kapitalkosten 40.000 €
5. Fremdleistungskosten 90.000 €
6. Sonstige Kosten 20.000 €

Erstellen Sie einen Projektkostenplan und ermitteln Sie die Projektgesamtkosten!

Seite 248

2.2.6 Finanzplanung

Bevor ein Projektplan endgültig verbindlich wird, sind die finanziellen Auswirkungen des Projektes festzustellen. Die Verfügbarkeit der erforderlichen Finanzmittel ist für die gesamte Durchführungsphase sicherzustellen, denn schließlich können erhebliche Auszahlungen für das Projekt die betriebliche Liquidität stark beeinträchtigen (*Birker*).

Zunächst ist der **Finanzbedarf** als Überschuss der erwarteten Auszahlungen über die Einzahlungen zu ermitteln. Für die Durchführung des Projektes müssen **Investitionen** für Sachmittel, Löhne usw. getätigt werden, die ebenfalls zu planen sind.

Aus der Gesamtsumme der Auszahlungen ergibt sich der Zahlungsbedarf für die jeweiligen Zahlungsperioden. Die durch den Finanzplan erzielte Transparenz dient der Sicherung der **Liquidität**.

Bei Großprojekten wird ein **Projektfinanzplan** erstellt, der die jeweiligen Einzahlungen und Auszahlungen gegenüberstellt – siehe dazu *Olfert, Olfert/Reichel*.

Am Ende der Projektplanung stehen die Planungsergebnisse, die sich aus dem **Projektplan** ergeben, der bestehen kann aus (*Olfert/Steinbuch*):

○ Arbeitsplan	○ Netzplan	○ Anlagenstrukturplan
○ Aufwandsplan	○ Personalbedarfsplan	○ Ablaufplan
○ Balkenplan	○ Sachmittelplan	○ Krisenplan
○ Kostenplan	○ Qualitätsplan	○ Projektstrukturplan
○ Meilensteinplan	○ Terminplan	○ Dokumentationsplan

2.3 Projektgestaltung

Die Gestaltung des Projektes kann erfolgen, wenn die Projektvorbereitung abgeschlossen ist. In dieser Phase, die auch als **Projektrealisation** bezeichnet wird, geschieht die Umsetzung der geplanten Inhalte (*Schmidt*).

Mit der Projektgestaltung beginnt die Phase der Zielrealisierung, d.h. die Projektidee nimmt Gestalt an. Der **Projektplan** als Vorgabe und Rahmenbedingung muss sich unter den Bedingungen der Realität bewähren. Der Erfolg zeigt sich in der entsprechenden Umsetzung des Planes (*Birker*).

Die Projektgestaltung umfasst:

- **Projektauslösung**
- **Projektarbeiten**
- **Projektsteuerung**.

2.3.1 Projektauslösung

Die Projektauslösung bildet den Ausgangspunkt der Projektgestaltung. Sie ist sehr sorgsam vorzunehmen. Wenn sie Mängel aufweist, kann sich dies erheblich auf den **Projekterfolg** auswirken.

Im Rahmen der Projektauslösung erfolgen:

- Die **Projektentscheidung**, die als Organisationsentscheidung ein Willensakt ist, an den hohe Anforderungen zu stellen sind. Sie ist keine Routineentscheidung, denn meist kann nicht die Erfahrung aus anderen Projekten genutzt werden.

  Projektentscheidungen werden häufig von folgenden **Gremien** getroffen:

○ Aufsichtsrat	○ Unternehmensleitung	○ Fachausschüsse

- Die **Projektbegründung**, die erforderlich ist, weil Projekte sorgsam und überzeugend abzusichern sind. Es ist dafür zu sorgen, dass jeder Beteiligte die Begründung nicht nur kennt, sondern sie auch akzeptiert und anerkennt.

  Insgesamt ist es erforderlich, die positiven Auswirkungen von Projekten im Gesamtzusammenhang aufzuzeigen.

  Widerstände können sich dennoch ergeben. Ihnen kann z.B. begegnet werden durch:

○ Überzeugende Argumente	○ Vorbildliches Verhalten
○ Einleuchtende Kritik	○ Persönliche Kontakte

- Der **Projektstart**, der erfolgen kann, wenn die Projektentscheidung getroffen ist, der Projektauftrag vorliegt sowie der Projektleiter und die Projektmitarbeiter verfügbar sind.

  Zum Start eines Projektes sind mehrere **Aufgaben** durchzuführen:

○ Unterlagen bereitstellen	○ Sachmittel dazugeben
○ Initiierungstreffen initiieren	○ Projektarbeitaufnahmen

Die Aufnahme der Projektarbeit ist in der Praxis mit einer Fülle unterschiedlicher Tätigkeiten verbunden.

2.3.2 Projektarbeiten

Die Projektarbeiten bilden den Kernbestandteil der Projektdurchführung. Sie beeinflussen den Erfolg eines Projektes erheblich (*Birker, Haberfellner, Haynes, Heeg, Mehrmann / Wirtz*).

Im Rahmen der Projektarbeiten stellt sich eine Vielzahl von **Aufgaben** – siehe ausführlich *Olfert / Steinbuch*:

- **Recherchieren** durch Beschaffung der nötigen Informationen
- **Lösen** durch Klären eines Problems über das Nachdenken
- **Kommmunizieren** durch Austausch von Informationen

- ❑ **Verhandeln** durch überzeugende Argumente die Ziele erreichen
- ❑ **Präsentieren** durch Informationen und Meinungsbildung
- ❑ **Visualisieren** durch bildhaftes Darstellen von Fakten
- ❑ **Protokollieren** durch Festhalten wesentlicher Informationen
- ❑ **Berichten** durch sachliche Darstellung der Daten
- ❑ **Dokumentieren** durch das Sammeln und Ordnen von Informationen.

Diese Projektarbeiten sind für den Organisator mit einem hohen zeitlichen Aufwand verbunden. Sie werden durch die Projektsteuerung unterstützt.

2.3.3 Projektsteuerung

Die Steuerung ist ein Vorgang, bei dem eine oder mehrere Größen als Eingangsinformationen andere Größen als Ausgangsinformationen beeinflussen (*Olfert/ Rahn*). Durch die Projektsteuerung erfolgt die Sicherung der Abwicklung der Projektgestaltung auf der Grundlage des Projektauftrages und des Projektplanes.

Zur geregelten Durchführung eines Projektes sind Maßnahmen der Steuerung unerlässlich. Der Projektleiter hat dabei folgende **Aufgaben** der Projektsteuerung wahrzunehmen:

- ❑ Die **Vorsteuerung**, bei der versucht wird, etwaigen Störgrößen vor ihrem Eintritt inputorientiert, zukunftsbezogen und unter Beachtung der Projektziele entgegenzuwirken. Dabei sollen **Störgrößen** als negative Einflüsse schon frühzeitig erkannt und bekämpft werden, z.B.:

❍ Schwund im Lager	❍ Maschinenfehler	❍ Prognosefehler
❍ Qualifikationsmängel	❍ Informationsdefizite	❍ Planungsfehler

- ❑ Die **Projektkontrolle,** die auf den Prozess der Projektgestaltung und deren Ergebnisse bezogen ist. Sie besteht aus:

❍ Erfassung der Projektergebnisse im Rahmen eines Vergleiches der geplanten und realisierten Größen sowie
❍ Analyse möglicher Soll-Ist-Abweichungen der Projektorganisation.

- ❑ Die **Nachsteuerung**, die sich auf die Ergebnisse des Soll-Ist-Vergleichs bzw. deren Analyse bezieht. Auf der Basis der Projektziele und der Kontrollergebnisse wird vergangenheitsbezogen gehandelt.

  In Bezug auf die Vorsteuerung und Nachsteuerung ergibt sich folgender Zusammenhang – siehe ausführlich *Olfert/Rahn*, *Rahn*:

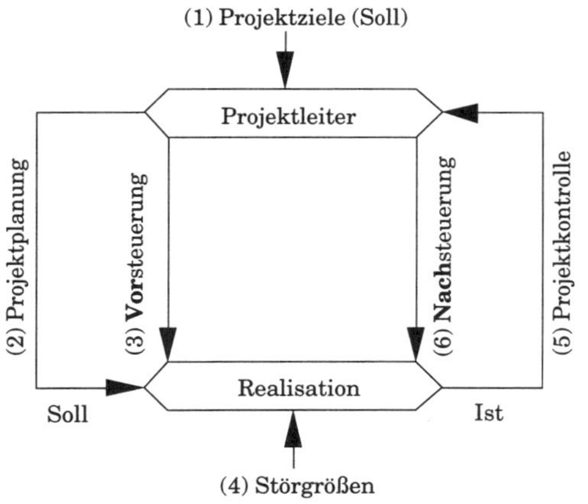

Die Projektsteuerung durch den Projektleiter hat so zu erfolgen, dass die **Projektziele** erfüllt werden. Um diese zu realisieren, hat nicht nur eine Endkontrolle zu erfolgen, sondern die Kontrolle ist bereits nach einzelnen Projektabschnitten nötig, weil Korrekturen sonst nur verspätet oder nicht mehr möglich sind.

48

Bei der Firma Grüner AG wurde im Rahmen eines Organisationsprojektes ein Geschäftsgebäude umgebaut. Für den Umbau wurden insgesamt 80 Arbeitstage benötigt. Es sind folgende Projektkosten angefallen:

1. Erstellung und Genehmigung des Bauplans	450 €
2. Errichtung des Fundaments und des Daches	5.840 €
3. Aufbau der Außenwände	3.900 €
4. Fenstereinbau, Elektro- und Malerarbeiten	1.800 €
5. Montage und Inbetriebnahme der Heizung	1.900 €
6. Weitere Innenarbeiten	3.400 €

Die geplanten Projektkosten betrugen 20.500 € in einem geplanten Zeitrahmen von 85 Arbeitstagen. Wie beurteilen Sie als Projektleiter das Ergebnis?

Seite 248

2.4 Projekteinführung

Die Einführung der Projektlösung ist die Bewährungsprobe für das Projekt. Während der Erfolg viele Väter hat, gibt es bei einem Misslingen des Anlaufes nur einen einzigen Schuldigen, den Projektleiter.

Mit der Projekteinführung sind verbunden:

- **Lösungseinführung**
- **Abschlussarbeiten**.

2.4.1 Lösungseinführung

Der Einführung der Projektlösung ist trotz der Schlussphase des Projektes große Aufmerksamkeit zu schenken, denn eine an sich gute Projektlösung kann sich durch eine unprofessionelle Einführung ins Gegenteil wandeln, z.B. indem Anlauffehler gemacht werden.

Die Einführung einer Projektlösung umfasst (*Olfert/Steinbuch*):

❑ Die **Einführungsentscheidung**, die durch die zuständige Projektinstanz erfolgt, die z. B. sein kann:

○ Unternehmensleitung	○ Projektausschuss	○ Lenkungskomitee

Um einen positiven Entschluss der Projektinstanz zu bewirken, sind Entscheidungsunterlagen auszuarbeiten, und die Projektlösung ist vorzustellen.

Die Entscheidung zur Einführung der Projektlösung kann ohne Einschränkungen erfolgen oder im Hinblick auf die Projektlösung noch vorzunehmende Änderungen einschließen. Ist die Entscheidung der Projektinstanz hingegen negativ, wird das Projekt i.d.R. abgebrochen.

❑ Die **Einführungssteuerung**, die vom Projektleiter vorzunehmen ist. Dabei sind zu steuern und durchzusetzen:

○ Aufgabenerfüllung	○ Personalsteuerung	○ Ausfallsteuerung
○ Terminsteuerung	○ Kostensteuerung	

Der Umfang der **Ausfallsteuerung** sollte vom Schaden abhängig gemacht werden, der beim Misslingen der Einführung einer Projektlösung entstehen könnte.

❑ Die **Startvorbereitungen**, die inhaltlich von der Art des Projektes und der Projektlösung abhängig sind. Beim Start eines integrierten Standardsoftware-Systems umfassen sie z. B.:

○ Softwareinstallationen	○ Altdatenübernahme
○ Datenbankimplementierungen	○ Hardwareinstallationen

Der **Umstieg** von einem bestehenden Konzept auf eine neue Projektlösung kann erst erfolgen, wenn alle Startvorbereitungen abgeschlossen sind.

❑ Die **Mitarbeiterschulung**, wenn neue Projektlösungen neue Methoden und Techniken, andersartige Software, veränderte Arbeitsplätze und Arbeitsaufgaben beinhalten.

Die unternehmensinterne Mitarbeiterschulung bedarf im Vorfeld mehrerer **Festlegungen**, die sein können – siehe ausführlich *Olfert*:

❍ Ermittlung der Teilnehmer	❍ Festlegung der Veranstaltungen
❍ Festlegung der Lernziele	❍ Auswahl der Trainer
❍ Bestimmung der Inhalte	❍ Einladung der Teilnehmer

Die Schulung der Mitarbeiter sollte möglichst **zeitnah** vor dem Start der neuen Projektlösung erfolgen, damit das Projekt im Zeitrahmen erfolgreich abgeschlossen wird.

❑ Die **Einführungskontrolle**, auf die nicht verzichtet werden kann. Es empfiehlt sich, über eine abschließende Kontrolle der Projekteinführung festzustellen, ob die praktizierte Einführungslösung der geplanten Lösung entspricht. In diesem Zusammenhang bietet sich die Verwendung von Checklisten an.

Ergeben sich Differenzen aus der Einführungskontrolle, dann ist zu prüfen, welche Gründe dafür vorliegen. Daraus können sich Maßnahmen der **Nachsteuerung** ergeben, mit deren Hilfe die Abweichungen zu beheben sind.

2.4.2 Abschlussarbeiten

Die Projekteinführung endet mit verschiedenen Abschlussarbeiten. Sie sollen als die plangerechte Beendigung eines Projektes angesehen werden, das zum angestrebten Ergebnis geführt hat. Die Praxis zeigt, dass von einem inhaltlich und formal korrekten Abschluss eines Projektes aber nicht immer ausgegangen werden kann.

Der Projektabschluss ist oft eine **kritische Phase** für alle Projektmitarbeiter, da einerseits das Projekt ordentlich beendet werden soll, andererseits aber einzelne oder alle Projektmitarbeiter in verschiedener Hinsicht bereits »zu neuen Ufern« aufgebrochen sind.

Zu den Abschlussarbeiten zählen insbesondere:

❑ Die **Projektnachweise**, die schriftliche Nachweise darstellen und einen Dokumentationscharakter haben, z.B. als

❍ Abnahmeprotokoll	❍ Abschlussbericht

Weitere Nachweise zum Projektabschluss können im Projektauftrag gefordert sein, in manchen Projekten z.B. eine ausführliche **Projektdokumentation**.

❑ Die **Projektauflösung**, welche aus verschiedenen Abschlussarbeiten besteht, die für die Projektorganisation unverzichtbar sind. Dazu zählen:

❍ Anerkennung der Beteiligten	❍ Auflösung der Projektgruppe
❍ Rückgabe der Sachmittel	❍ Abschlussveranstaltung

Schließlich ist auch an das Löschen von Projektdateien, den Abschluss der Projektkonten sowie die Vernichtung nicht aufbewahrungspflichtiger Unterlagen zu denken.

3. Projektcontrolling

Das Projektcontrolling ist den Projektaktivitäten parallel- bzw. übergelagert und zielt auf die Effizienz von Projekten ab. Es verbindet den Prozess der Planung, Steuerung und Kontrolle mit der Informationsversorgung. Das **Controlling** dient grundsätzlich dazu, die Aktivitäten des Unternehmens zielorientiert zu beeinflussen *(Horváth, Schröder, Ziegenbein)*.

Zu unterscheiden sind:

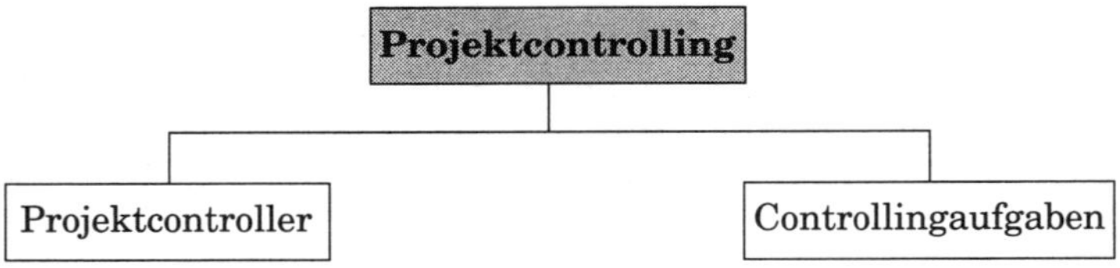

3.1 Projektcontroller

Das Projektcontrolling kann von einem **Projektcontroller** als Gesamtcontroller oder als Mitarbeiter des Projektleiters ausgeübt werden. Es ist aber auch von anderen **Controllinginstanzen** wahrnehmbar, z.B. von *(Birker, Mehrmann / Wirtz, Michel)*:

- ❑ Der Unternehmensleitung, die das Projektcontrolling selbst ausübt
- ❑ Der Bereichsleitung, die diese Aufgabe delegiert bekommt
- ❑ Der Gruppenleitung, der diese Aufgaben übertragen werden
- ❑ Dem Projektausschuss, der aus verschiedenen Experten besteht.

Grundsätzlich ist zu klären, ob der Projektcontroller als Institution der Projektleitung unterstellt wird oder ob die Wahrnehmung des Projektcontrolling außerhalb dieser Zuständigkeit liegen soll. In diesem Fall wird vom **Fremdcontrolling** gesprochen, das wie folgt zu beurteilen ist:

Vorteile	**Nachteile**
○ Diese Controllinginstanzen haben genügend Abstand zum Projekt ○ Sie verfügen über Controllingerfahrungen ○ Sie haben einen Gesamtüberblick und Spezialwissen.	○ Die Identifikation des Projektleiters kann unter der Fremdkontrolle leiden ○ Die Mitglieder der Projektgruppe können dadurch frustriert werden ○ Es können Konflikte über den »richtigen Weg« entstehen.

Wichtig ist, dass der Projektcontroller und der Projektleiter kooperativ zusammenarbeiten. Schließlich dient das Controlling der Überwachung des Projektes und nicht der Kontrolle des Projektleiters, auch wenn dies mittelbar dadurch geschieht.

Großprojekte oder umfassende Teilprojekte können es sinnvoll erscheinen lassen, das Projektcontrolling einem erfahrenen **Gesamtcontroller** zu übertragen, der gegenüber der Unternehmensleitung eine beratende Funktion hat.

Beim Projektcontrolling sollten folgende **Regeln** beachtet werden:

- Mit wachsender Projektquantität und Projektqualität steigt die Notwendigkeit, das Projektcontrolling zu verselbstständigen und einem erfahrenen Controller zu übertragen.

- Zunehmende Unternehmensgröße führt wegen qualitativ und quantitativ steigender Aufgaben auch beim Projektcontrolling zu steigender Arbeitsteilung.

- Mit steigender Projektkomplexität werden höhere Anforderungen in die fachliche und personenbezogene Kompetenz des Projektcontrollers gestellt.

- Die Art der Ausübung der Aufgaben des Projektcontrolling hängt von den speziellen Führungsgrundsätzen und der Gesamtorganisation des Unternehmens ab.

Im Rahmen einer **begrenzten Projektorganisation** ergibt sich folgendes Beispiel eines Gesamtcontrolling:

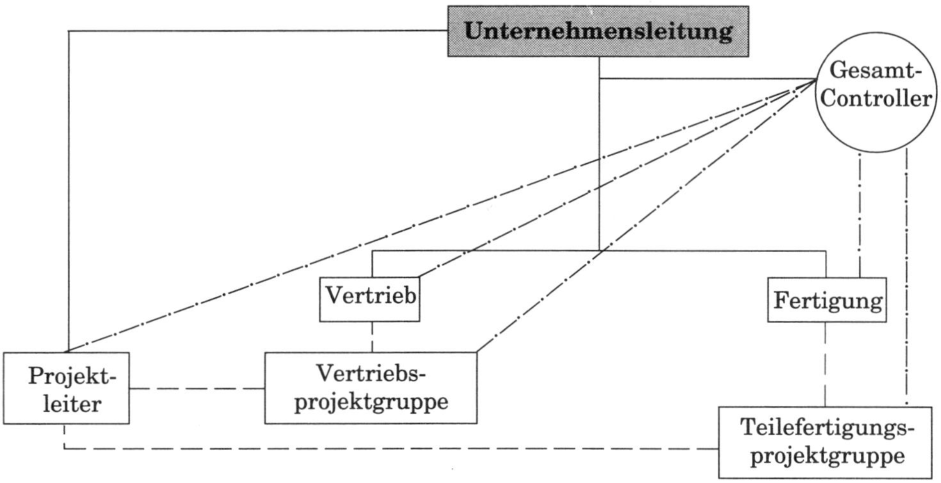

Daraus ist zu erkennen:

- Die **Unternehmensleitung** arbeitet mit dem Gesamtcontroller eng zusammen. Das Controlling hat besondere Bedeutung, denn bei ihm laufen die wesentlichen Daten des gesamten Unternehmens zusammen, über die jede Unternehmensleitung informiert sein muss.

- ❑ Der **Gesamtcontroller** hält nicht nur zum **Projektleiter** intensive Querverbindungen, sondern auch zu den Fachabteilungen Vertrieb und Fertigung. Diese haben hinsichtlich der Projektgruppen – ebenso wie der Projektleiter – begrenzte Weisungsbefugnis.

  Während die Fachabteilungen für Vertriebs- bzw. Fertigungsfragen zuständig sind, trägt der Projektleiter für die erfolgreiche Zielverwirklichung des Projektes Verantwortung.

Die Aufgabenstruktur des Projektcontrolling hängt im Einzelnen von der gesamten Controllingorganisation ab.

Der **Gesamtcontroller** unterstützt sowohl die Unternehmensleitung als auch die Projektleitung bei der Wahrnehmung ihrer Aufgaben:

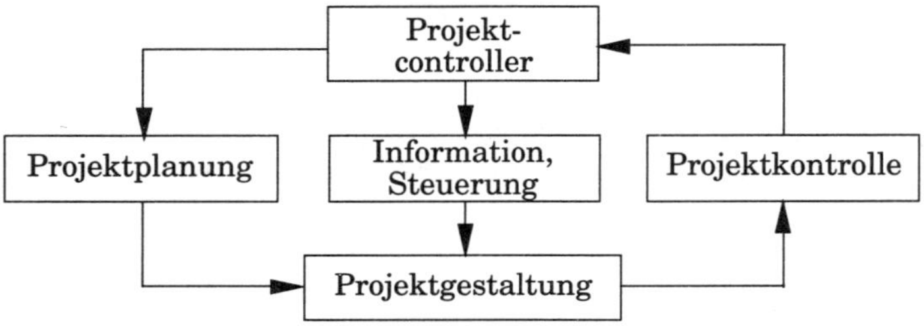

3.2 Controllingaufgaben

Als Aufgaben eines Projektcontrollers sind zu unterscheiden:

- **Planungsaufgaben**
- **Kontrollaufgaben**
- **Informationsaufgaben**
- **Steuerungsaufgaben**.

3.2.1 Planungsaufgaben

Die Projektplanung ist die vorausschauende Festlegung der Projektdurchführung im Rahmen der Projektorganisation. Dabei gibt es drei **Möglichkeiten** der Projektplanung:

- ❑ Der Controller legt der Unternehmensleitung die Pläne als der Entscheidungsinstanz vor.
- ❑ Der Projektleiter entscheidet allein über das Projekt und das Controlling übernimmt diese Planwerte.
- ❑ Der Controller und der Projektleiter planen das Projekt zusammen und entscheiden gemeinsam.

Dem Projektcontrolling können im Falle der Beteiligung an der Planung folgende **Aufgaben** zukommen – wie S. 210 f. bereits näher beschrieben:

- Die **Aufgabenplanung** als Ermittlung aller Aufgaben des Projektes und Festlegung des voraussichtlichen Arbeitsablaufes, z.B. als Projektstrukturplan.
- Die **Personalplanung**, mit deren Hilfe der Personalbedarf für die Projektgruppe ermittelt wird, z.B. Personalbedarfsplanung und Personalentwicklungsplanung.
- Die **Terminplanung**, die dazu dient, die benötigten Zeiten zu ermitteln, z.B. unter Verwendung von Projektlisten, Balkendiagrammen, der Netzplantechnik.
- Die **Sachmittelplanung**, die sich auf die Planung der Projektmittel bezieht, z.B. der Arbeitsräume, Arbeitsplätze, Büromaschinen, Computer und Arbeitsmittel.
- Die **Kostenplanung**, welche die projektbezogenen Kosten umfasst, z.B. Personalkosten, Materialkosten, Kapitalkosten und Computerkosten.

  Außerdem sind die **Systemkosten** zu planen als:

Einmalige Kosten	Sie entstehen durch den Übergang vom alten auf das neue System, z.B. als Installationskosten für Personalcomputer, Schulungskosten für Anwender.
Dauer-kosten	Sie sind laufende Systemkosten, die während der gesamten Projektdauer anfallen, z.B. Fremdleistungskosten für Wartung, Raum- und Arbeitsplatzkosten, Kosten für Verbrauchsmaterial.

- Die **Finanzplanung**, die den Finanzbedarf als Überschuss der erwarteten Auszahlungen über die Einzahlungen ausweist. Für die Durchführung des Projektes sind die Investitionen für Sachmittel zu planen. Bei Großprojekten wird ein Projektfinanzplan erstellt *(Michel)*.

3.2.2 Kontrollaufgaben

Die Projektkontrolle ist ein Vorgang der Gewinnung von Informationen über die Projektergebnisse. Der **Ablauf** der Kontrolle durch den Projektcontroller besteht insbesondere aus:

Feststellung der Ist-Daten durch das Berichtswesen
⇩
Ermittlung der Abweichungen zu den Soll-Daten
⇩
Analyse der Abweichungsursachen
⇩
Feststellung der Beeinflussbarkeit von Abweichungsursachen.

Sind die Abweichungsursachen beeinflussbar, werden Maßnahmen der Projektsteuerung eingeleitet, ansonsten ist gegebenenfalls eine Korrektur der Soll-Vorgaben vorzunehmen.

Eine **Änderung des Projektplanes** sollte aber nicht beliebig erfolgen, sondern nur bei zwingendem Erfordernis nach Abschluss einer wesentlichen Projektphase. Erfolgen gar mehrfache Korrekturen, verliert der Projektplan rasch seine Akzeptanz als Vorgabe.

Kontrollaufgaben innerhalb des **Projektcontrolling** sind (*Birker, Michel*):

- Die **Aufgabenkontrolle** darüber, ob die Aufgaben zweckentsprechend erfüllt wurden.
- Die **Personalkontrolle**, die offen zu legen hat, ob Fluktuation und Fehlzeiten im üblichen Rahmen liegen.
- Die **Ablauf- und Terminkontrolle**, die sich darauf bezieht, ob der Ablauf und Terminplan eingehalten wurden.
- Die **Kosten- bzw. Finanzkontrolle**, die sich damit befasst, inwieweit die Budgets eingehalten wurden.
- Die **Leistungs- und Ergebniskontrolle**, die darauf gerichtet ist, ob die gesetzten Ziele erreicht wurden.

3.2.3 Informationsversorgung

Die Projektinformationen bestehen aus der Weitergabe bzw. Mitteilung von Daten über Projekte, z.B. durch das **Berichtswesen.** Es kann als zweckdienliche Darstellung von Informationen über Projekte verstanden werden.

Der Projektleiter liefert der Unternehmensleitung die erforderlichen Informationen. Dies ist möglich in Form *(Olfert / Steinbuch):*

- Des **Projektberichtes**, der monatlich oder vierteljährlich den Fortschritt des Projektes bzw. dessen Probleme in schriftlicher Form aufzeigt. In der Projektvorschau kann die erwartete zukünftige Projektentwicklung dargestellt werden.

  Nach dem Anlass des Projektberichtes sind folgende **Arten** zu unterscheiden *(Birker):*

Projekt-statusbericht	Er ist eine dokumentarische Projektinformation, die in regelmäßigen Abständen erstellt und an einen fest definierten Empfängerkreis verteilt wird, z.B. zur regelmäßigen Berichterstattung.
Projekt-sonderbericht	Dieser Bericht ist bei Sonderproblemen zu erstellen, z.B. Änderungen der Projektstruktur, Terminverschiebungen, Kostenüberschreitungen, Einschaltung der Unternehmensleitung.

Projekt-abschluss-bericht	Er ist nach Beendigung des Projektes anzufertigen und enthält z.B. die Nachkalkulation mit einem Soll-Ist-Vergleich, eine ursachenorientierte Abweichungsanalyse und eine abschließende Auswertung.

- Der **Projektkonferenz**, bei der Projektmanager über ihr Projekt vierteljährlich oder halbjährlich berichten, z.B. als **Projektreview**. Hier kann sich die Unternehmensleitung zusätzlich einen persönlichen Eindruck verschaffen.

- Der **Projektbesprechungen**, die als **Projektaudits** meist vierteljährlich oder halbjährlich erfolgen. Dabei geht es um das Vorstellen von ausgearbeiteten Problemlösungen, die von den Teilnehmern der Besprechung diskutiert werden.

An das **Projektcontrolling** können als Berichte des Projektleiters gehen:

- Der **Meilensteinbericht**, der über den Abschluss eines wesentlichen Projektteils nach Erreichung dieses Meilensteins Auskünfte gibt, z.B. als Bericht über den Zeitraum von der Baugenehmigung bis zum Baubeginn.

- Der **Fortschrittsbericht**, in dem die aktuellen Ergebnisse mit den Daten der Projektplanung verglichen werden. Er wird häufig wöchentlich oder monatlich gegeben, z.B. als Bericht über Fortschritte nach dem Aushub der Baugrube.

Den direkt betroffenen Mitarbeitern werden oftmals monatliche oder vierteljährliche **Projektinformationen** gegeben.

3.2.4 Projektsteuerung

Die Steuerung ist grundsätzlich ein projektbezogener Vorgang, bei dem eine oder mehrere Größen als Eingangsgrößen andere Größen als Ausgangsgrößen beeinflussen (*Heeg, Olfert / Rahn, Olfert / Steinbuch, Rinza).*

Die Vorschläge des Projektcontrollers zur Projektsteuerung umfassen alle Maßnahmen, die der Erfüllung der Projektziele und der Beeinflussung von Störgrößen dienen. Der Projektcontroller unterstützt dabei die Projektmitarbeiter bzw. die Fachabteilungen durch geeignete Vorschläge.

Abweichungen der Ist-Daten gegenüber den geplanten Daten ist durch geeignete **Steuerungsmaßnahmen** zu begegnen. Wesentlich ist, dass Fehler frühzeitig erkannt und mit Gegenmaßnahmen beantwortet werden sollten.

Im Gegensatz zur Planung bezieht sich die Steuerung auf die Gegenwart und baut auf Erkenntnissen der Vergangenheit auf. Die Vorschläge zur Projektsteuerung durch den Projektcontroller sollen dazu führen, dass die Projektaufgaben in der geplanten Weise durchgeführt werden.

Die kreative Aufgabe der Projektmitarbeiter liegt darin, bei auftretenden Störungen und Projektproblemen mit viel Fantasie die vorgegebenen **Projektziele** im Kostenrahmen unter Einhaltung der Terminvorgaben zu erfüllen.

49

Herr Strunz ist seit 20 Jahren Buchhalter im Rechnungswesen der Heinrich Brauch GmbH, die im Rahmen eines Organisationsprojektes die Umstellung der Buchhaltung auf die Nutzung der Elektronischen Datenverarbeitung vollziehen möchte. Eine kleine Gruppe von Mitarbeitern ist gegenüber dem neuen System äußerst misstrauisch, obwohl Grundkenntnisse in EDV vorhanden sind. Der Projektleiter sieht sich Widerständen dieser Gruppe gegenüber.

- ❏ Entwickeln Sie zehn Grundregeln, die der Projektleiter bei der Projektdurchsetzung beachten sollte!
- ❏ Welche Kriterien sollten bei der Auswahl eines Projektmanagement-Programms für Personalcomputer beachtet werden?

Seite 248

Der Projektleiter, die Projektgruppe, der Projektcontroller und die Verantwortlichen in den Fachabteilungen sollten in Abstimmung mit der Unternehmensleitung dafür sorgen, dass die Projektorganisation erfolgreich abgeschlossen wird.

50

Erläutern Sie, was unter folgenden Begriffen zu verstehen ist, die Sie in diesem und dem vorangegangenen Kapitel kennen gelernt haben:

- ❏ Projektorganisation
- ❏ Projekt
- ❏ Projektaufbauorganisation
- ❏ Projektleiter
- ❏ Projektgruppe
- ❏ Kollegium
- ❏ Ausschuss
- ❏ Reine Projektorganisation
- ❏ Stabs-Projektorganisation
- ❏ Matrix Projektorganisation
- ❏ Linien-Projektorganisation
- ❏ Projektprozessorganisation
- ❏ Projektanalyse
- ❏ Projektplanung
- ❏ Netzplantechnik
- ❏ Projektgestaltung
- ❏ Projektsteuerung
- ❏ Projektkontrolle
- ❏ Projekteinführung
- ❏ Projektdokumentation
- ❏ Projektcontrolling

Seite 251 ff.

Lösungen zu den Übungen

01

- An der Gurkenherstellung der Firma Alfred Kuhn KG sind beteiligt:
  - **Elementare Produktionsfaktoren:**

Betriebsmittel:	Grundstücke, Gebäude, Maschinen, Werkzeuge
Werkstoffe:	Gurken, Branntweinessig, Zucker, Salz, Gewürze
Arbeit:	Ausführende Arbeitskräfte

  - **Dispositive Produktionsfaktoren:**

Leitung:	Sie hat das Unternehmen zu führen
Planung:	Gedankliche Vorwegnahme der Produktion und des Absatzes von Gurken
Organisation:	Umsetzung der Aufbau- und Ablauforganisation

  Aufgabe der Leitung ist es, die elementaren Produktionsfaktoren so zu einer funktionsfähigen Betriebseinheit zusammenzufassen, dass ein größtmöglicher Erfolg erzielt wird.

- Die durch die Planung vorgegebenen Daten sind in die betriebliche Wirklichkeit umzusetzen. Das ist nur möglich, indem das Zusammenwirken der am Leistungsprozess beteiligten betrieblichen Einheiten und Prozesse in geeigneter Weise gestaltet wird. Die Organisation ist also ein **gestaltend vollziehender** Produktionsfaktor, der unverzichtbar ist.

02

- Auszahlungen und Einzahlungen
  - Anfallende **Auszahlungen** können sein:
    - Koordinationsauszahlungen, z. B. für Löhne, Gehälter von Organisatoren
    - Kommunikationsauszahlungen, z. B. für Telefonbenutzung durch Organisatoren
    - Betriebsmittelauszahlungen, z. B. für Computer, Anlagen, Betriebssysteme
    - Sachmittelauszahlungen, z. B. für Gebäude, Räume, Transportmittel
    - Gestaltungsauszahlungen, z. B. für die Entwicklung von Organisationskonzepten
  - Zu **Einzahlungen** bewirkenden Leistungsbeiträgen der Organisation zählen:
    - Bessere unternehmerische Entscheidungen, z. B. Nutzung von Größenvorteilen durch Zusammenlegen von Teileinheiten
    - Bewirken von Innovationen, z. B. durch hervorragende Ideen von Mitarbeitern bei Projekten
    - Vertrauensbildung bei Kunden in die Organisation, z. B. durch langfristig verlässliche Unternehmenspolitik
    - Schaffung von Synergien, z. B. wegen verbesserter Forschung und Entwicklung im Unternehmen, die höhere Einzahlungen bewirken.
- Fallweise und generelle Regelungen
  - Die **fallweisen Regelungen** enthalten persönliche Anordnungen, z.B. wenn ein Mitarbeiter den Auftrag erhält, in bestimmten Einzelfällen kleinere Geldbeträge im Namen der Firma von der Hausbank abzuholen.
  - Die **generellen Regelungen** gelten für Wiederholungsfälle, z.B. dass betriebliche Bestellungen über 500 € erst nach Genehmigung eines Bewilligungsantrags durch den jeweiligen Abteilungsleiter erfolgen können.
  - Je regelmäßiger und wiederholbarer betriebliche Prozesse sind, umso mehr sind generelle Regelungen möglich, dann sind weniger fallweise Regelungen erforderlich.

03

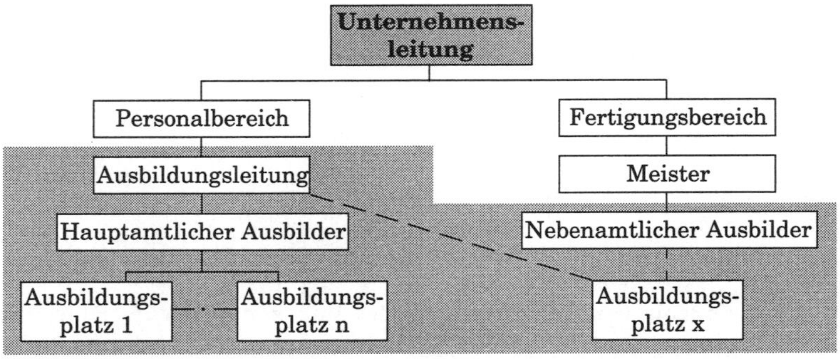

Das Personalwesen und der Fertigungsbereich bilden **Subsysteme** im soziotechnischen System. Das Ausbildungswesen ist ein **Teilsystem** des Gesamtsystems. Zur Freilegung von Teilaspekten bietet sich die isolierende Betrachtung von Zusammenhängen an, die über Untersystemgrenzen hinausgehen.

04

- Es bestehen organisatorische **Mängel**, weil von Herrn Müller lediglich mündlich informiert wurde und Herrn Emsig keine Dokumentation des Vorgangs zur Verfügung stand. Die Koordination ist zu verbessern.
- Die Angebote und die Aufträge sind nach dem Alphabet abzulegen und in einer Terminmappe zu ordnen. Außerdem ist der Arbeitsablauf zwischen Auftragsannahme und Auftragsausführung besser zu koordinieren.

05

- $$\textbf{Wirtschaftlichkeit} = \frac{\text{Sollkosten}}{\text{Istkosten}}$$

  $$\text{Wirtschaftlichkeit I} = \frac{1.150.000}{920.000} = \mathbf{1{,}25}$$

  $$\text{Wirtschaftlichkeit II} = \frac{930.000}{980.000} = \mathbf{0{,}95}$$

- Aus den Resultaten ergibt sich, dass Projekt I das wirtschaftlichere ist.
- Grundsätzlich ist es sinnvoll, die ordnungsmäßig ermittelten Sollkosten den Istkosten gegenüberzustellen. Allerdings ist zu berücksichtigen, dass mögliche Wertschwankungen die Aussagekraft einschränken können, z.B. eine durch unerwartet hohe Tariferhöhung veranlasste Steigerung der Personalkosten.

06

- **Interne Bedingungen:**
  - Rechtsform: GmbH
  - Alter: 9 Jahre
  - Betriebsgröße: 300 Beschäftigte
  - Leistungsprogramm: Beheizbare Autositze
  - Fertigungstechnologie: Werkstattfertigung
- **Externe Bedingungen:**
  - Kundenstruktur: 2 Automobilhersteller
  - Lieferantenstruktur: 3 Zulieferer
  - Konkurrenzstruktur: 4 umsatzstarke Konkurrenten
- Es bietet sich zunächst die Veränderung des Beschaffungsverfahrens an, d.h. Beschaffung in kleinen Mengen, die zu einer Verminderung der Kapitalbindung führen können.

Darüber hinaus kann eine Umstellung der Werkstattfertigung auf die Fließfertigung sinnvoll sein, weil diese geringere Durchlaufzeiten mit sich bringt. Dem steht allerdings eine begrenzte Anpassungsfähigkeit gegenüber.

07

❑

Vorteile	Nachteile
○ Mehr Verständnis untereinander ○ Zugehörigkeitsbedürfnisse erfüllt ○ Wunsch nach kollegialer Vertrautheit ○ Gesellige Freiräume entstehen	○ Unterlaufen der formellen Organisation ○ Gruppenziele widersprechen Betriebszielen ○ Förderung von Gerüchten ○ Isolierung unbeliebter Mitarbeiter

❑ Durch ein gutes Zusammenwirken in der informellen Gruppe und ein dadurch ansprechendes **Betriebsklima** können unter Vermeidung obiger Nachteile positive Wirkungen auf den Unternehmenserfolg erzielt werden. Durch richtige **Führung** des Vorgesetzten lassen sich das Leistungsniveau der informellen Gruppe und das Leistungsergebnis insgesamt fördern.

08

- ❑ Materialbereich
- ❑ Rechnungswesen
- ❑ Marketingbereich
- ❑ Personalbereich
- ❑ Finanzbereich
- ❑ Informationsbereich

09

	Organisationsprobleme	Organisationsarten
❑	(A) Projektorganisation (C) Prozessorganisation (D) Aufbauorganisation	Unternehmensorganisation Bereichsorganisation Bereichsorganisation
❑	(B) Informelle Organisation (E) Reorganisation (F) Lean Organisation	Gruppenorganisation Bereichsorganisation Bereichsorganisation

---

10

- ❑ Kooperative Konzepte
- ❑ Wertschöpfende Konzepte
- ❑ Kooperative Konzepte
- ❑ Lean-Konzepte
- ❑ Wertschöpfende Konzepte
- ❑ Lean-Konzepte

11

Siehe MiniLex (S. 251 ff.)

12

Kriterium	Interview	Fragebogen
Zeitdauer	Befragungen dauern lange	Schnellere Auswertbarkeit
Kosten	Hohe Interviewkosten	Geringere Fragebogenkosten
Befragte	Zusatzfragen möglich	Mündliche Fragen nicht möglich

Sie werden sich unter den gegebenen Bedingungen für den Fragebogen entscheiden.

13

❑ Voraussetzungen für den erfolgreichen Einsatz der Methode 635 sind:

- ❍ Entspannte Atmosphäre in der Gruppensitzung
- ❍ Die Teilnehmer sollen etwa die gleiche Qualifikation haben
- ❍ Die Beteiligten sollen ein hohes Kreativitätspotenzial mitbringen
- ❍ Für die Lösungen sind qualitative und quantitative Aspekte zu beachten
- ❍ Die Kritik der niedergeschriebenen Ideen hat zu unterbleiben
- ❍ Durch die Ideenproduktion entstehen keinerlei Urheberrechte.

❑ Vorteilhaft ist, dass jeder Teilnehmer zu den schriftlichen Beiträgen praktisch gezwungen ist und nicht von anderen Teilnehmern direkt beeinflusst wird. Dies kann allerdings auch als Nachteil gesehen werden, wenn nämlich unqualifizierte Teilnehmer den kreativen Weg verlassen.

14

Siehe MiniLex (S. 251 ff.)

15

❑ **Prüfliste** zur Aufbaustruktur des Marketingbereichs:

01. Sind alle Organisationseinheiten im Marketingbereich wirklich notwendig?
02. Wurden die Unterstellungsverhältnisse bisher eindeutig geregelt?
03. Ist die bisherige Aufbauordnung (z.B. Zentralisierung) sinnvoll strukturiert?
04. Sind die Aufgabenträgerbezeichnungen in der bisherigen Form sinnvoll?
05. Können die Träger der Instanzen die Aufgabenbereiche noch überschauen?
06. Wurde das Eignungspotenzial der Aufgabenträger erfasst?
07. Sind die Aufgaben von Trägern mit normalem Leistungspotenzial zu bewältigen?
08. Wurden die Mitarbeiterbedürfnisse bei der Gestaltung ausreichend berücksichtigt?
09. Wurde die Hauptverantwortung für den Marketingbereich sinnvoll zugeordnet?
10. Sind die Aufgabenträger mit zweckentsprechenden Kompetenzen ausgestattet?
11. Wurde den leitenden Aufgabenträgern genügend Eigenverantwortung übertragen?
12. Sind die Verbindungsarten der Organisationseinheiten sinnvoll gestaltet?
13. Ist der Leitungswille über den Instanzenzug durchsetzbar?
14. Wurde auf die Wahrung der Wirkzusammenhänge geachtet?
15. Welche Aufgabenträger im Marketingbereich leisten Doppelarbeit?
16. Sind die einzelnen Gruppen bzw. Untergruppen zweckentsprechend organisiert?
17. Wurde die Abteilungbezeichnung treffend gewählt?
18. Sind die Gruppen im Marketingbereich zweckdienlich eingeordnet?
19. Liegt ein entsprechender Organisationsplan mit Stellenbeschreibungen vor?
20. Sind für den Marketingbereich Ausschüsse berücksichtigt worden?

❑ **Prüffragen** zu möglichen Einflussfaktoren:

01. Vereinbart sich die Aufbauorganisation mit den Betriebsaufgaben und Betriebszielen?
02. Entspricht die Organisationsform des Marketingbereichs der Betriebsgröße?
03. Sind die Einflüsse der Betriebstechnologie ausreichend berücksichtigt worden?
04. Welche Einflüsse der Betriebsumwelt wurden bisher nicht genügend beachtet?
05. Sind die Interessen der Kunden angemessen berücksichtigt?
06. Wurden die Standorte für den Marketingbereich richtig gewählt?
07. Sollten Änderungen der gesamten Unternehmensform erwogen werden?
08. Sind die Interessen der Teilgruppen in vertretbarer Weise berücksichtigt?
09. Wurde die allgemeine Personal- und Materialstruktur ebenfalls einbezogen?
10. Liegen Führungsanweisungen oder ein Organisationshandbuch vor?

16

❑ Die **Ist-Aufnahme** erbringt folgende Ergebnisse:

❍ Rechtsform:	Aktiengesellschaft
❍ Mitarbeiterzahl:	10.000 Beschäftigte
❍ Branche:	Baubranche

- Produkte: Faserit und Usolan
- Aufgaben: Herstellung, Vertrieb und Montage
- Führungsstil: Straff von der Zentrale ausgehend
- Stammhaus: Frankfurt
- Werke: Darmstadt und Mannheim
- Organisationsform: Funktionalorganisation
- Umsatz: 700 Mio €
- Dividende: 10 %
- Gezeichnetes Kapital: 80 Mio €

- Die **Ist-Kritik** kann in folgender Weise vorgenommen werden:

  - Die gegebene Funktionalorganisation passt nicht mehr zum künftigen Strategiekonzept der neuen Unternehmensleitung.
  - Aus der Unternehmensstrategie geht hervor, dass für die Werke Darmstadt und Mannheim künftig mehr Gewinn- und Kostenverantwortung übertragen werden soll. Deshalb ist die bestehende Aufbauform zu ändern.
  - Die bestehende Organisationsstruktur ist zentral ausgerichtet und weitgehend auf die Führungskräfte des Stammhauses bezogen. Diese Gegebenheit lässt sich mit der künftigen Strategie nicht mehr vereinbaren.
  - Die Funktionalorganisation war schwerfällig, die Führungskräfte waren überlastet und die Mitarbeiter der Werke hatten Motivationsprobleme durch den straffen Führungsstil der zentralen Führungskräfte.
  - Durch zu lange Instanzenwege wurden Entscheidungen im Stammhaus unnötig verzögert. Mangelnde Produktverantwortung der Werksleitungen und Einschränkung der Innovationskraft wurden beklagt.

Deshalb wird als Soll-Konzeption die Einführung einer **Spartenorganisation** vorgeschlagen, welche die Unternehmensleitung von Routinearbeit entlastet und Entscheidungsfreiräume für die Werksverantwortlichen eröffnet. Die Sparten können als Profit Center agieren und Gewinn- und Kostenverantwortung übernehmen. Durch die Spartenautonomie ist es möglich, die Leistungsmotivation bzw. die Innovationen zu steigern.

17

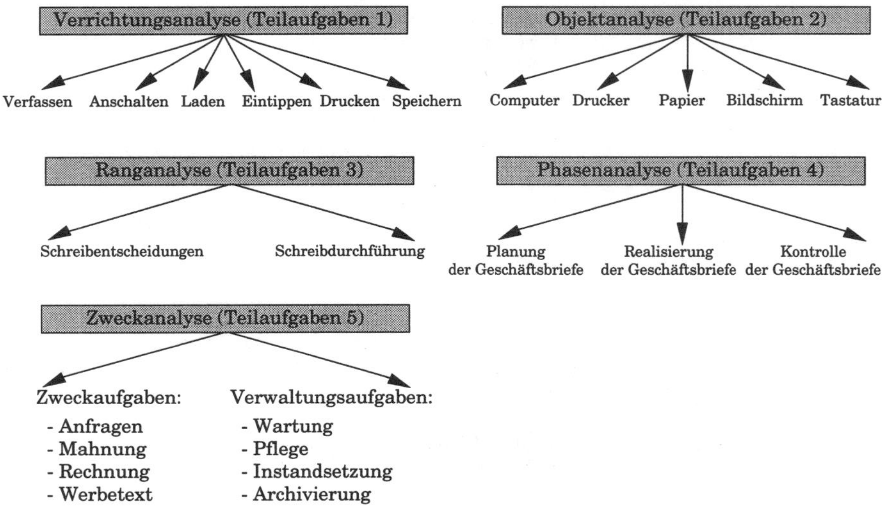

18

Stelle A: Entscheidungen zum Schreiben
- Anfragen lesen - Angebote aufsetzen und planen - Brief kontrollieren - Angebot unterschreiben

Stelle B: Ausführung des Schreibens
- Papier beschaffen und einlegen - Angebot eintippen - Brief ausdrucken - Angebot ablegen

19

Für die **Zentralisierung** des Schreibdienstes sprechen:

- ❑ Sachbearbeiter haben weniger Schreibarbeit
- ❑ Die Schreiben werden ohne Formfehler erstellt
- ❑ Mehr Einfluss des Geschäftsführers
- ❑ Vermeidung von Doppelarbeit
- ❑ Überschaubarer Schreibdienst
- ❑ Straffung des gesamten Schreibdienstes

Es ist aber zu vermeiden, dass durch eine zu straffe Zentralorganisation die Arbeitsmotivation der Sachbearbeiter leidet.

20

Organisations-einheit:	**Leitungsstelle Fortbildung**
Bildungsabschluss:	Diplom-Kaufmann oder Diplom-Betriebswirt
Erfahrungen:	Mindestens 6 Jahre Berufserfahrung im betrieblichen Fortbildungswesen
Kenntnisse:	Fundierte BWL-Kenntnisse Kenntnisse über Didaktik und Methodik Fortbildungsziele, Bedarfsermittlung Führungs-, Motivations-, Lernpsychologie Mitarbeiterbeurteilung Bildungsmittel und Medien Gesetzliche Grundlagen der Fortbildung
Verhalten:	Innovativ, kreativ, weiterbildungswillig, entscheidungsfreudig, kooperativ, einsatzbereit, urteilsfähig, anpassungsbereit, zielstrebig, verantwortungsbewusst, loyal, überzeugend
Sonstiges:	Führerschein

21

- ❑ Die **Prokura** ermächtigt zu allen Arten von gerichtlichen und außergerichtlichen Geschäften und Rechtshandlungen, die der Betrieb eines Handelsgewerbes mit sich bringt (§ 49 Abs. 1 HGB).

- ❑ Die **Handlungsvollmacht** berechtigt zur Vornahme von Rechtshandlungen im üblichen Umfang, die im Handelsgewerbe dieses Geschäftszweiges vorkommen (§ 54 Abs. 1 HGB).

22

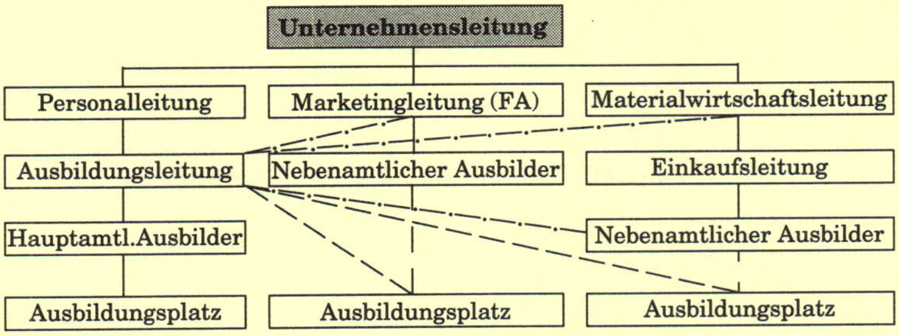

23

Die Aufgaben werden von folgenden **Betriebsgruppen** bearbeitet:

- ❑ Fertigungsgruppe
- ❑ Materialwirtschaftsgruppe
- ❑ Finanzwesengruppe
- ❑ Marketinggruppe
- ❑ Fertigungsgruppe
- ❑ Rechnungswesengruppe

24

Nicht zum Beschaffungswesen gehören folgende Aufgaben:

- ❑ Aufstellen von Stücklisten (Fertigungsbereich)
- ❑ Grundlagenforschung (Forschung und Entwicklung)

25

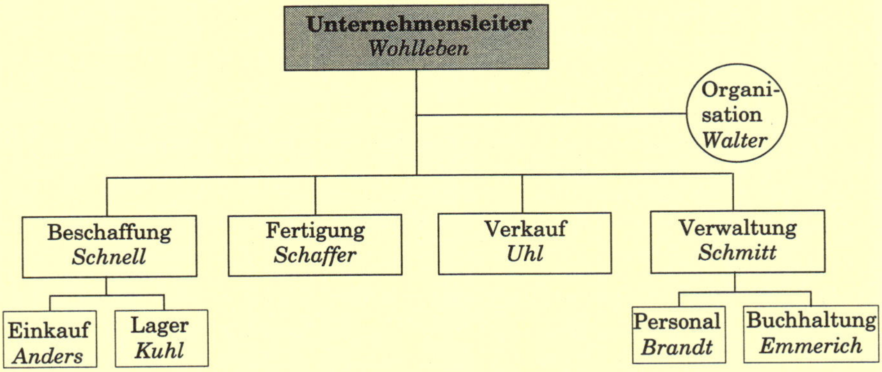

26

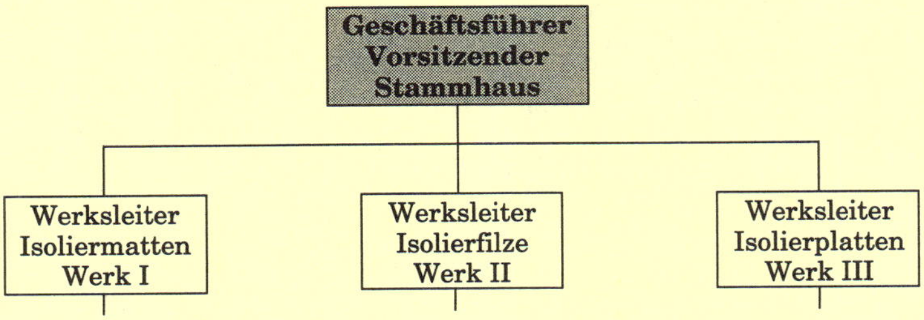

Das Stammhaus der Isoliermittel Montage GmbH bildet die Obergesellschaft zu den drei Isoliermittel-Werken, deren Werksleiter in Verbindung zueinander stehen.

27

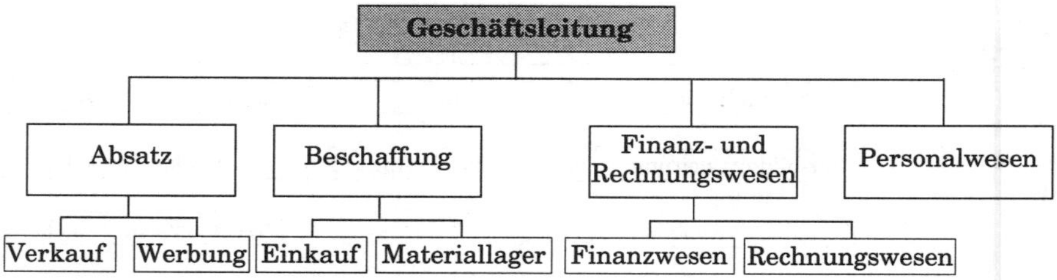

28

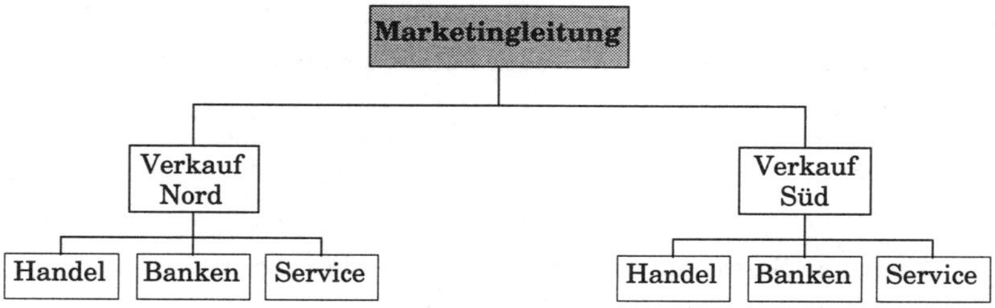

29

❑ Vorschlag zum **Präsentationsaufbau**:

- Eröffnung und Begrüßung der Teilnehmer
- Einstimmung auf die Problematik
- Überzeugende Kritik des bisherigen Systems
- Wesentliche Daten der neuen Organisation auf Folie präsentieren
- Anregungen der Teilnehmer auf Flipchart notieren
- Organigramm als Übersicht mit Folie auf Projektor präsentieren
- Erläuterung der Aufgaben mit Stellenbeschreibungen (Folien, Handout)
- Begründung der Vorteile der neuen Aufbauorganisation
- Formulierung des Nutzens und Abschluss des Vortrags

30

❑ **Aufgaben** eines Maklerunternehmens sind:

- Adressen von Interessenten ermitteln und sammeln
- Adressen von Vermietern bzw. Verkäufern im Computer speichern
- Adressen von Mietern und Käufern im Computer speichern
- Zeitschriften und Zeitungen studieren
- Vermittlung von Grundstücken, Wohnungen und Zimmern
- Werbung über Annoncen betreiben
- Beschaffen, Verbuchung und Bezahlung von Büromaterial
- Zahlungen entgegennehmen und realisieren

❑ **Organigramm** eines Maklerunternehmens:

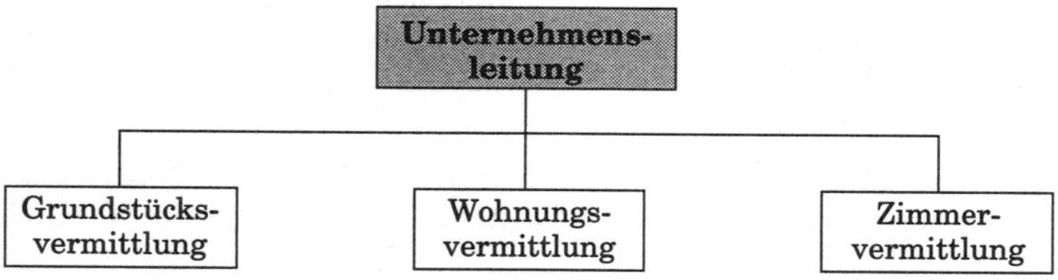

31 *Siehe MiniLex (S. 251 ff.)*

32

- Die Ist-Aufnahme von Prozessen kann mit folgenden **Problemen** verbunden sein:
  - Mit **persönlichen Schwierigkeiten**, die bei den Betroffenen im Bereich bestehen, z.B. Furcht vor Ablaufneuerungen, mangelndes Erinnerungsvermögen, Eitelkeit, Prahlsucht, Schönfärberei, Angst vor Bestrafung, Verschweigen von Misserfolgen.
  - Mit **sachlichen Schwierigkeiten**, die sich aus den zu untersuchenden Abläufen ergeben, die häufig einem enormen Wandel unterliegen, z.B. sachlich notwendige Anpassungen an Marktveränderungen werden nicht vollzogen oder manche Angaben über Abläufe sind unsachlich.
  - Mit **zeitlichen Schwierigkeiten**, die im Zeitdruck der Betroffenen bzw. des Organisators zu suchen sind, z.B. Termindruck, zu kurze oder zu lange Vorbereitungsphasen, falsche Terminvorstellungen.
- Zweckentsprechende Ist-Kritik bestehender Abläufe kann **Hinweise** geben auf:
  - Zu hohe Kosten aufgrund zu langer Durchlaufzeiten
  - Schleppende Terminabwicklung
  - Mangelnde Benutzerfreundlichkeit bei Arbeitsmitteln
  - Unzweckmäßige Anordnung von Räumen bzw. Mitteln

---

33 Aus den Ergebnissen der Aufgabenanalyse bzw. der Arbeitsanalyse lassen sich folgende Arbeitsgänge ermitteln:

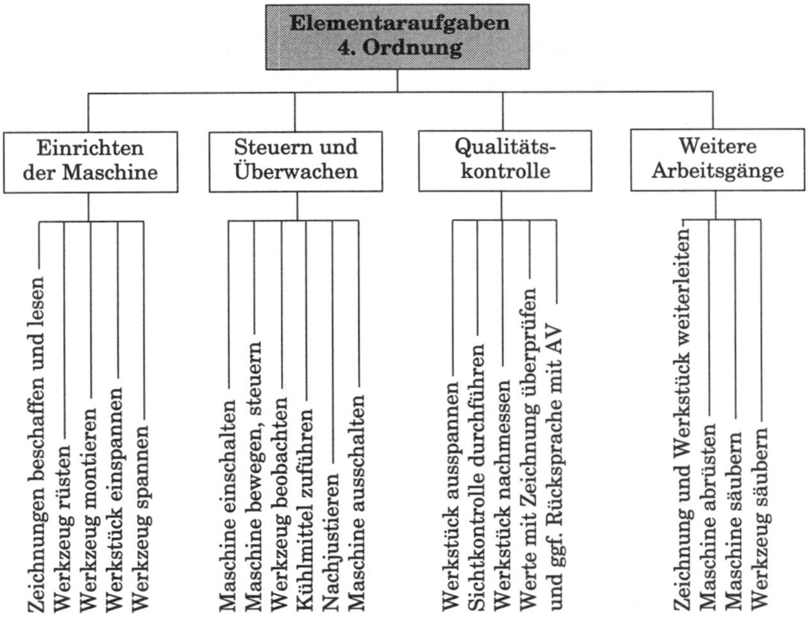

34

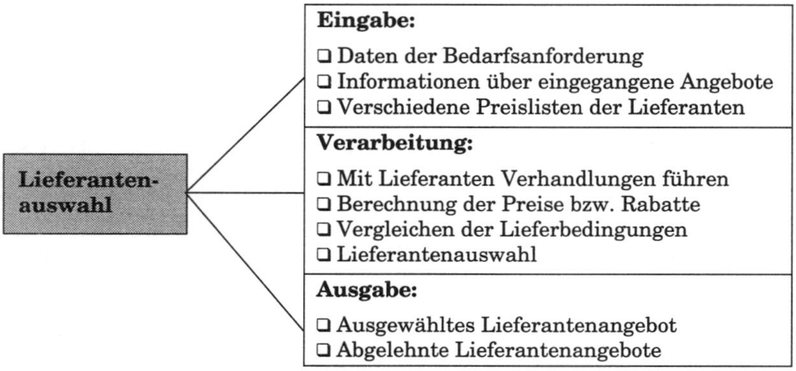

35

Der **Einzelprozess** kann z.B. umfassen:

- ❑ Kenntnisnahme der Bedarfsanforderung
- ❑ Formulieren einer internen Stellenausschreibung
- ❑ Gestaltung einer Stellenannonce
- ❑ Sichtung der Bewerbungsunterlagen
- ❑ Erstellen einer Bewerberliste
- ❑ Entscheidung über Einladung zum Vorstellungsgespräch
- ❑ Durchführung des Vorstellungsgesprächs
- ❑ Anhörung des Betriebsrats
- ❑ Einstellung des Bewerbers

36

Der **Prozess** lässt sich in folgender Weise übersichtlich strukturieren:

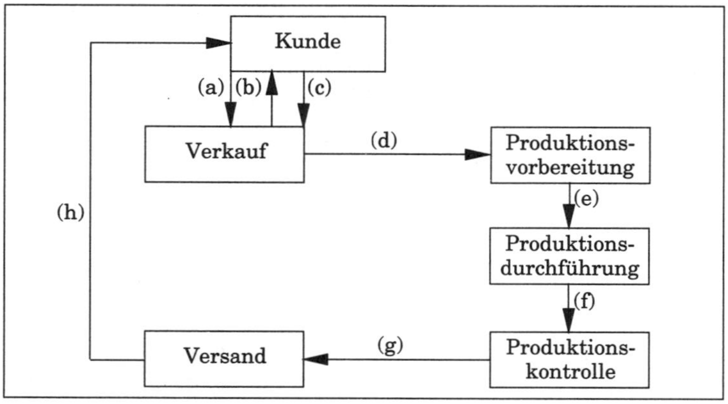

(a) Anfrage	(d) Auftrag	(g) Transport
(b) Angebot	(e) Weitergabe	(h) Transport
(c) Bestellung	(f) Kontrolle	(i) Transport

37

Der **Personalbereichsprozess** kann als Schritte umfassen:

- ❑ Feststellung, dass die zum Vergleichszeitpunkt gegebene Stellenzahl größer ist als die Zahl der benötigten Stellen
- ❑ Abmahnung von zwei Mitarbeitern aufgrund mangelnder Eignung
- ❑ Prüfung, ob die Kündigungen sozial gerechtfertigt sind (§ 1 KSchG)
- ❑ Anhörung des Betriebsrats (§ 102 BetrVG)
- ❑ Ordentliche Kündigung der beiden Mitarbeiter aus personenbezogenen Gründen
- ❑ Ordentliche Kündigungen in weiteren Fällen aus dringenden betrieblichen Erfordernissen mit Nachweisen über die schwierige Betriebssituation
- ❑ Abwicklung der Personalfreistellung

38

Es ergibt sich folgender weiterer **Prozessverlauf**:

- ❑ Weitergabe der Rechnung an die Buchhaltung
- ❑ Buchung der Lieferantenrechnung
- ❑ Weitergabe an die Kasse
- ❑ Auszahlung an der Kasse
- ❑ Weitergabe des Auszahlungsbelegs an die Buchhaltung
- ❑ Buchung der Zahlung
- ❑ Austragen im Rechnungseingangsbuch
- ❑ Ablegen der Lieferantenrechnung

39

Es sind folgende **Prozessentscheidungen** gegeben:

- ❑ JEIN-Entscheidung
- ❑ JA-Entscheidung
- ❑ JA-ABER-Entscheidung

40

	Tätigkeiten \ Abteilungen	Sekretariat	Buchhaltung	Finanzwesen	Einkauf
1	Aufdrücken des Tagesstempels	○			
2	Weitergabe der Rechnung	⇨			
3	Eintragung in Eingangsbuch		○		
4	Anheften des Kontrollzettels		○		
5	Weitergabe der Rechnung		⇨		
6	Abzeichnen in der Kartei				○
7	Rechnungsprüfung				□
8	Zahlungsanweisung				○
9	Weitergabe an Buchhaltung				⇨
10	Buchung der Rechnung		○		
11	Weitergabe an Kasse		⇨		
12	Auszahlung an Kasse			○	
13	Weitergabe Beleg an Buchhaltung			⇨	
14	Buchung der Zahlung		○		
15	Austragen in Eingangsbuch		○		
16	Ablegen der Rechnung		▼		

Erläuterung:

○ Bearbeitung

⇨ Transport

□ Überprüfung

▼ Lagerung

---

41 *Siehe MiniLex (S. 251 ff.)*

42

- ❑ Unternehmensprojekt
- ❑ Staatsprojekt
- ❑ Unternehmensprojekt
- ❑ Privatprojekt
- ❑ Staatsprojekt
- ❑ Unternehmensprojekt

43

- ❑ Gründe der Frechheiten im Gespräch suchen
- ❑ Persönliche und fachliche Autorität zeigen
- ❑ Den Anfängen wehren
- ❑ Freche nicht reizen, sondern vorsichtig sein
- ❑ An die Einsicht appellieren
- ❑ Folgen des »Killerverhaltens« vor Augen führen
- ❑ Konsequent dagegen halten
- ❑ Vorübergehender Sympathieentzug
- ❑ Sachlich bleiben, nicht provozieren lassen
- ❑ Androhen, ihn aus der Gruppe zu nehmen

44

❑ Es ergibt sich folgendes **Strukturbild**:

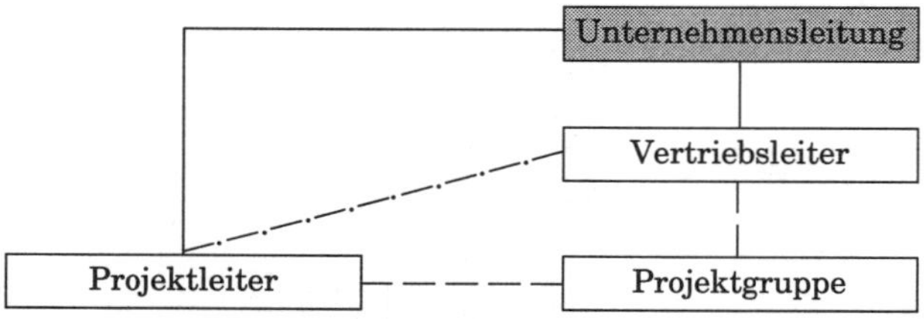

❑ **Interpretation** des Strukturbildes:

Der Projektleiter und der Vertriebsleiter unterstehen der Unternehmensleitung der Höllisch KG. Die Projektgruppe ist einerseits disziplinarisch und hinsichtlich der Werbeprobleme für den Fahrradvertrieb dem Vertriebsleiter unterstellt. Andererseits ist die Projektgruppe hinsichtlich der Termineinhaltung dem Projektleiter zugeordnet.

❑ Die Art der Projektorganisation kann in folgender Weise beurteilt werden:

❍ **Vorteile**:

- Sowohl Projektleiter als auch Vertriebsleiter bleiben in ihren Entscheidungen flexibel.
- Beide haben durch die begrenzte Weisungsbefugnis Einfluss auf die Projektgruppe.

❍ **Nachteile**:

- Aus der Doppelunterstellung der Projektgruppe können Konfliktpotenziale entstehen.
- Die Abstimmung der Ergebnisse muss nicht immer erfolgreich verlaufen.

45

Projektauftrag

Bezeichnung des Projektes	Bau einer Lagerhalle

Stabs-Projekt-Organisation

Entscheidungsperson	Projekt-Leiter	Projekt-Mitarbeiter
Herr Kurz	Herr Krause	Fr. Kola, Hr. Buse, Hr. Eisele

Betroffene Organisationseinheiten

Hauptbetroffene Einheit	Weitere betroffene Einheiten
Fertigungsabteilung	

Termine

Start-Termin	Endtermin Phase	Spätester Einführungstermin
01.02.2004	30.04.2004	02.05.2004

Budget

1,3 Mio. €

Aufgaben

1. Aufgabenplanung
2. Personalplanung
3. Terminplanung
4. Sachmittelplanung
5. Kostenplanung
6. Finanzplanung

Auftraggeber	Unternehmensleitung
Fertigungsleitung	
05.12.2003 (Datum) — Unterschrift	06.12.2003 (Datum) — Unterschrift

46

Projektstrukturplan:

Vorstudie	Hauptstudie	Teilstudien	Systembau	Einführung
BEIDE PROJEKTE ○ Ausgangssituation untersuchen ○ Grobkonzepte erarbeiten und bewerten ○ Präsentation vorbereiten und durchführen	*TEILPROJEKT I* ○ Aufgaben eines Benutzerservice erheben und analysieren ○ Stärken und Schwächen des Ist-Zustandes ermitteln ○ Zuständigkeiten des Benutzerservice erarbeiten und bewerten ○ Präsentation *TEILPROJEKT II* ○ Gegebene Sachmittel untersuchen ○ Geeignete Sachmittel finden und bewerten ○ Präsentation	*TEILPROJEKT I* Planung und Formulierung von Stellenbeschreibungen *TEILPROJEKT II* ○ Detaillierte Bedarfsermittlung ○ Pflichtenheft erstellen ○ Angebote einholen ○ Angebote auswerten ○ Entscheidungsvorlage erarbeiten	*TEILPROJEKT I* Herstellung der Stellenbeschreibungen *TEILPROJEKT II* ○ Bestellen der Sachmittel ○ Installation veranlassen ○ Tests ○ Schulung zum Sachmitteleinsatz vorbereiten	*TEILPROJEKT I* Schulung der Mitarbeiter im Benutzerservice für ihre Aufgaben *TEILPROJEKT II* ○ Schulung der Anwender ○ Unterstützung in der Einführungsphase

47

Nr.	Kostenart	Projektkosten
1.	Personalkosten	220.000 €
2.	Kapitalkosten	40.000 €
3.	Materialkosten	20.000 €
4.	Fremdleistungskosten	90.000 €
5.	Computerkosten	60.000 €
6.	Sonstige Kosten	20.000 €
	Projektgesamtkosten	**450.000 €**

48

Das **Projekt** wurde erfolgreich abgeschlossen, weil

- die geplanten Projektkosten um 3.210 € unterschritten wurden und
- der Zeitrahmen um 5 Arbeitstage verkürzt wurde.

49

Fall 1:

Grundregeln bei der Projektdurchsetzung

- Frustration von Gruppenmitgliedern geduldig abzubauen versuchen
- Akzeptanz des neuen Systems durch Darstellung der Vorteile erwirken
- Angst vor dem Versagen durch Überzeugung nehmen
- Voreingenommenheiten abbauen
- Persönliche Vorteile für den Computer-Nutzer herausstellen
- Sicherung des eigenen Arbeitsplatzes hervorheben
- Computerbezogene Zukunftsaspekte zu bedenken geben
- Einverständnis der Betroffenen für Schulungsmaßnahmen einholen
- Einleuchtende Informationen über das neue System geben
- Konstruktive Zusammenarbeit anbieten.

Fall 2:

Auswahlkriterien für ein Projektmanagement-Programm eines Personalcomputers

- **Benutzerfreundlichkeit**
  - Fenstertechnik
  - Deutsche Ausgabe
  - Einfache Bedienung
  - Maussteuerung
- **Darstellungsmöglichkeiten**
  - Projektstrukturplan
  - Teilnetztechnik
  - Anzahl der Vorgänge
  - Abhängigkeiten zw. den Vorgängen
  - Freie Gestaltung von Berichten
- **Termine**
  - Möglichkeiten der Kalendrierung
  - Berücksichtigung von Wartezeiten
  - Berücksichtigung von Fixterminen
  - SOLL/IST-Vergleiche
  - Meilensteine
  - Ermittlung von Pufferzeiten
- **Kosten**
  - SOLL/IST-Vergleiche
  - Verknüpfung zum Projektstrukturplan
  - Verknüpfung z. Kostenträgerrechnung
  - Berücks. von Einsatzmittelkosten
- **Einsatzmittel**
  - Zulässigkeit von Einsatzmittelkosten
  - Kapazitätsabgleich

50

Siehe MiniLex (S. 251 ff.)

MiniLex

Das **MiniLex** enthält die wichtigsten Begriffe, die in diesem Buch behandelt werden. Weitere Begriffe finden sich in:

Olfert / Rahn, Lexikon der Betriebswirtschaftslehre, Kiehl Verlag

ABC-Analyse	Mit dieser **Analyse-Technik** wird eine wertmäßige Klassifikation der Güter in A-Güter, B-Güter und C-Güter mit dem Ziel vorgenommen, um z.B.: ❍ Wesentliches von Unwesentlichem zu trennen, ❍ Schwerpunkte der Rationalisierung festzustellen, ❍ wirkungsschwache Anstrengungen zu vermeiden ❍ die Wirtschaftlichkeit zu steigern.
Analyse-techniken	Sie sind **Organisationstechniken** zur Analyse des Ist-Zustandes von Organisationen bzw. Organisationsteilen, z. B. als: ❍ Checklistentechnik ❍ Wirtschaftlichkeitsanalyse ❍ Benchmarking ❍ ABC-Analyse ❍ Schwachstellenanalyse
Arbeitsanalyse	Sie ist die erfüllungsbezogene Untergliederung der durch die Analyse der Gesamtaufgaben gewonnenen Teilaufgaben. Die Arbeitsanalyse basiert auf der vollständigen **Aufgabenanalyse**, deren Teilaufgaben in Elementaraufgaben zerlegt werden.
Arbeitsplatz	Dabei handelt es sich um eine **organisatorische Einheit**, bei welcher der örtliche Aspekt im Vordergrund steht. Es ist möglich, dass eine Stelle einem Arbeitsplatz entspricht, eine Stelle kann aber auch aus mehreren Arbeitsplätzen bestehen.
Arbeitsplatz-bedarfs-ermittlung	Im Rahmen der Einzelprozessorganisation ist zunächst der Bedarf an erforderlichen Arbeitsplätzen zu ermitteln. Der Bedarf hat zwei Ausrichtungen: ❍ **Quantitativer Bedarf** als Arbeitsvolumen ❍ **Qualitativer Bedarf**, der sich auf die Eignungsfaktoren bezieht.
Arbeitsplatz-gestaltung	Bei der Arbeitsplatzgestaltung sind als **Festlegungen** zu treffen: ❍ Arbeitsplatzaufgaben ❍ Mitarbeiterqualifikation ❍ Arbeitsbefugnisse ❍ Sachmittelausstattung ❍ Arbeitsplatzverantwortung
Arbeitsprozess-gestaltung	Sie bildet den letzten Schritt der Arbeitsfestlegungen im Rahmen der Einzelprozessorganisation und dient dazu, die einzelnen Arbeiten festzulegen und in eine sinnvolle Reihenfolge zu bringen.
Arbeits-synthese	Sie verbindet sich mit der Aufgabensynthese. Mit der Arbeitssynthese erfolgt die Gestaltung des Arbeitsablaufes. Die Synthese der analytischen Teilaufgaben bzw. Elementaraufgaben zu Stellenaufgaben setzt sich in der Bildung von **Arbeitsgängen** fort. Die Arbeitssynthese umfasst: ❍ Personale Synthese ❍ Lokale Synthese ❍ Zeitliche Synthese
Aufbauanalyse	Sie ist als Bestandteil der **Organisationsanalyse** die Erfassung und kritische Untersuchung der bestehenden Bedingungen des Unternehmens. Ihre **Phasen** sind:

	❍ Die **Ist-Aufnahme** als Sammlung, Ordnung und Untersuchung von Daten der bisher gegebenen Aufbaustruktur. ❍ Die **Ist-Kritik**, mit der Schwachstellen des bisherigen Organisationsaufbaus aufgedeckt und Möglichkeiten der Verbesserung gesucht werden.
Aufbau-controlling	Das Aufbaucontrolling ist den Aktivitäten der **Organisationsabteilung** parallel- bzw. übergelagert und zielt dabei auf die aufbauorganisatorische Effizienz ab. Es stellt den Koordinationsprozess der Planung, Kontrolle und Steuerung betrieblicher Aufbaustrukturen dar. Außerdem versorgt das Aufbaucontrolling die an der Organisationsarbeit beteiligten Personen und Gremien mit den notwendigen Informationen. Es dient dazu, die Aktivitäten des Organisationspersonals zielorientiert zu beeinflussen und geht über die reine Kontrolle der Aufbauorganisation hinaus. Die wesentlichen **Aufgaben** des Aufbaucontrolling sind: ❍ Aufbauplanung ❍ Aufbaukontrolle ❍ Aufbausteuerung ❍ Aufbauinformations-Vermittlung
Aufbau-dokumentation	Die Dokumentation der Aufbauorganisation ist die schriftliche Ordnung von Daten, welche die Aufbauorganisation betreffen. Mit ihr wird die Organisationsstruktur eines Unternehmens dargestellt. Dazu dienen vor allem folgende **Instrumente**: ❍ Organisationshandbuch ❍ Stellenbesetzungsplan ❍ Organisationsplan ❍ Funktionendiagramm ❍ Stellenbeschreibung
Aufbau-einführung	Sie bildet die letzte Phase der Aufbauorganisation und ist eine Bewährungsprobe für die Vorschläge der Organisationsabteilung. Die Aufbaueinführung besteht aus: ❍ Aufbauentwicklung ❍ Aufbaudokumentation
Aufbau-kontrolle	Sie begleitet einerseits die gesamte Gestaltung des organisatorischen Aufbaus. Andererseits erfolgt sie nach Abschluss der Anlaufphase. Es sind zu unterscheiden: ❍ Das **Soll** der Aufbauorganisation, z. B. im Rahmen der Aufbauplanung aus der Zielplanung und der Konzeptplanung bestehend. ❍ Das **Ist** der Aufbauorganisation, das aus der realisierten Organisation resultiert und den tatsächlichen Zustand zeigt. Führen die Ergebnisse der Aufbaukontrolle zu Differenzen, so ist zu untersuchen, welche Gründe dafür vorliegen.
Aufbau-organisation	Sie ist die wirksame Gestaltung des statischen Beziehungszusammenhangs eines soziotechnischen Systems. Die Aufbauorganisation zeigt die inhaltliche Ordnung der Aufgaben, Kompetenzen und Verantwortung im Unternehmen. Zu unterscheiden sind: ❍ Aufbauvorbereitung ❍ Aufbaugestaltung ❍ Aufbaueinführung
Aufbau-planung	Sie legt als Bestandteil der **Aufbauvorbereitung** in der Gegenwart fest, welche Struktur der Aufbauorganisation für einen bestimmten Planungszeitpunkt geschaffen werden soll, z. B. als ❍ Zielplanung ❍ Konzeptplanung

Aufgabe	Sie stellt eine dauerhaft wirksame Aufforderung an einen Aufgabenträger dar, festgelegte Verrichtungen wahrzunehmen. Die Aufgabe leitet sich aus Zielen ab.
Aufgabenanalyse	Sie umfasst das schrittweise und systematische Zerlegen bzw. Aufspalten einer **Gesamtaufgabe**. Dieses Vorgehen soll unabhängig von der späteren Aufgabensynthese vorgenommen werden. Die Aufgabenanalyse kann sein: ❍ Verrichtungsanalyse ❍ Objektanalyse ❍ Ranganalyse ❍ Phasenanalyse ❍ Zweckanalyse
Aufgabensynthese	Sie stellt die Zusammenfassung der durch die Aufgabenanalyse gewonnenen Teilaufgaben zu koordinierbaren Aufgabenkomplexen dar. Das geschieht in Form von: ❍ **Stellen** als Aufgabenkombinaten mit oder *ohne* Leitungsbefugnis ❍ **Instanzen** als Stellen *mit* Leitungsbefugnis
Aufgabenträger	Dabei handelt es sich z.B. um eine Person, die eine Stelle besetzt. Aufgabenträger können sein: ❍ Einzelpersonen, z. B. der Leiter des Personalwesens ❍ Personengruppen, z. B. eine Verkäufergruppe ❍ Mensch-Maschinen-Kombinationen, z. B. eine Person am Computer
Ausschuss	Er ist ein Gremium, das der **zeitlich unbefristeten** Bearbeitung von Daueraufgaben dient. Der Ausschuss wird auch Kollegium, Kommission und Komitee genannt. Die Mitarbeiter arbeiten nebenamtlich.
Befragung	Sie ist als **Istaufnahme-Technik** ein systematisches Interview, bei der Personen durch gezielte Fragen zur Abgabe verbaler Informationen veranlasst werden sollen.
Benchmarking	Es handelt sich um eine **Analysetechnik** mit systematischer Nutzung von Daten anderer Unternehmen zwecks Vergleich mit den eigenen Daten. Dabei erfolgt ein kontinuierlicher Vergleich von Sachgütern, Dienstleistungen, Prozessen und Methoden eines Unternehmens mit anderen Unternehmen. **Ziel** des Benchmarking ist es, die eigene Leistungsfähigkeit zu steigern.
Beobachtung	Sie ist als **Istaufnahme-Technik** eine direkte Erhebung von Gegebenheiten und Verhaltensweisen, die nicht auf Fragen und Antworten beruht. Die Beobachtung kann sein: ❍ Einmalbeobachtung ❍ Dauerbeobachtung
Bereichsaufbauorganisation	Sie ist die wirksame Strukturierung von zusammengehörigen Gruppen und ihren Verbindungen zu Abteilungen eines soziotechnischen Systems. Sie bezieht sich auf das Middle Management. **Formen** der Bereichsaufbauorganisation können sein: ❍ Materialbereich ❍ Fertigungsbereich ❍ Marketingbereich ❍ Personalbereich ❍ Finanzbereich ❍ Rechnungswesen ❍ Informatikbereich
Bereichsprozess-	Die Organisation von Bereichsprozessen ist auf Abläufe in Abteilungen ausgerichtet. Bereichsprozesse stellen Vorgänge mit definiertem Anfang und Ende dar, die in den funktionalen Bereichen des Unternehmens vorkommen als:

	❍ Marketingbereichsprozess ❍ Fertigungsbereichsprozess ❍ Materialbereichsprozess ❍ Personalbereichsprozess ❍ Finanzbereichsprozess ❍ Rechnungswesenprozess ❍ Informationsbereichsprozess
Block-schaltbild	Es dient der **Prozessdokumentation** und enthält in den Zeilen die ausführenden Stellen (z. B. Verkauf, Rechnungs- bzw. Poststelle) und in den Spalten die Arten der Tätigkeiten, z.B. Schreiben der Rechnung, Rechnungsprüfung, Trennung des Rechnungssatzes.
Brainstorming	Es ist eine **Kreativitätstechnik** zur Förderung innovativer Lösungen im Rahmen einer Gruppensitzung, bei der von den Gruppenmitgliedern geäußerte Ideen aufgegriffen und spontan weiterentwickelt werden.
Business Reengineering	Es ist das fundamentale Überdenken und radikale Redesign von Unternehmen und vor allem von Kernprozessen.
Center-Organisation	Sie ist aus der Spartenorganisation abgeleitet. Die Leiter der Zentren entscheiden relativ autonom. Diese Organisationsform ist möglich als: ❍ Profit-Center ❍ Cost-Center ❍ Revenue-Center ❍ Investment-Center
Checklisten-technik	Sie ist eine **Analysetechnik** mit Listen, die Fragen übersichtlich in Prüflisten zusammenfasst. Sie dienen der Ermittlung von Schwachstellen und helfen, dass bei der Organisationsanalyse keine wesentlichen Gesichtspunkte vergessen werden.
Datenflussplan	Er ist zur Darstellung von Abläufen mit EDV-Bezug geeignet und wird auch als **Blockdiagramm** und **Flussdiagramm** bezeichnet. Mit dem Datenflussplan wird dokumentiert, welche Daten in das System eingehen und fließen, welche Stellen an Arbeitsabläufen beteiligt sind, welche Datenträger bzw. Programme benutzt werden bzw. welche Ergebnisse sich aus dem Ablauf ergeben.
Dezentralisation	Sie ist im Rahmen der **Aufbauorganisation** die Verteilung gleichartiger Aufgaben auf mehrere Stellen und Abteilungen, die nicht zu einem Zentrum gehören. Die Dezentralisation kann z.B. sein: ❍ Objektdezentralisation ❍ Entscheidungsdezentralisation ❍ Phasendezentralisation
Direktorial-prinzip	Bei ihm entscheidet eine **einzelne Person** in einem Leitungsgremium allein, wodurch eine einheitliche Willensbildung gewährleistet ist, aber auch eine erhebliche Machtkonzentration erfolgt.
Disposition	Während es sich bei der Organisation um Dauerregelungen und Dauereinrichtungen handelt, bezieht sich die Disposition auf das *einmalig* gültige Ordnen bzw. Strukturieren von zielorientierten soziotechnischen Systemen. Zu unterscheiden sind: ❍ Die **freie Disposition**, für die keine Regelungen bestehen. ❍ Die **gebundene Disposition**, für die es Vorschriften gibt.
Dokumenten-auswertung	Sie ist eine **Istaufnahme-Technik** zur Analyse des Inhaltes von relevanten Schriftstücken, z.B. von Organigrammen, Stellenbeschreibungen, Aufgabenteilungsplänen, Arbeitsprozessbeschreibungen.

Effizienz, ***organisatorische***	Sie kann als die Wirksamkeit von Strukturen bzw. Aktivitäten angesehen werden. Ihre **Formen** sind: ❍ **Ökonomische Effizienz**, die auf wirtschaftliche Größen gerichtet ist. ❍ **Soziale Effizienz**, die sich auf die Arbeitszufriedenheit bezieht
Einzelprozess-organisation	Die auf den Einzelprozess bezogene Organisation betrifft den Prozess, den der einzelne Mitarbeiter verrichtet. Dieser Prozess ist eine Kette aufeinander aufbauender Schritte mit definiertem Anfang und Ende. Er umfasst: ❍ **Arbeitsganggestaltung** als Arbeitsanalyse und Arbeitssynthese ❍ **Arbeitsfestlegungen** als Arbeitsplatzbedarfsermittlung, Arbeitsplatzgestaltung und Arbeitsprozessgestaltung
Entscheidungs-tabelle	Dabei handelt es sich um ein **Dokumentationsmittel** der Prozessorganisation, mit dessen Hilfe Entscheidungssituationen in Form von Tabellen eindeutig zusammengefasst dargestellt werden. Die Entscheidungstabelle kann sich auf die Ist-Aufnahme, die Ist-Kritik, den Systementwurf, die Programmvorgabe und Programmierung beziehen.
Experiment	Es ist als **Istaufnahme-Technik** ein planmäßiges Verfahren zur Prüfung von Hypothesen. Zunächst werden z.B. fiktive Geschäftsvorfälle in die Arbeitsabläufe eingeschleust. Daraufhin wird verfolgt, zu welchen Ergebnissen diese Geschäftsvorfälle führen.
Fertigungsinsel	Bei einer Fertigungsinsel erfolgt die Bündelung bestimmter Arbeitspakete, d. h. Maschinen, Werkzeuge und Mitarbeiter werden zu Inseln zusammengefügt. Erst nach Abschluss mehrerer Arbeitsgänge verlässt ein Zwischenerzeugnis die Fertigungsinsel. Wesentliche **Merkmale** dieser Organisationsstruktur sind: ❍ Selbstorganisation der Gruppe ❍ Selbststeuerung der Gruppe ❍ Selbstoptimierung der Gruppe
Fragebogen	Er ist eine **Istaufnahme-Technik**, die im Rahmen einer Befragung eingesetzt wird. Der Fragebogen kann enthalten: ❍ **Offene Fragen**, deren Antworten der Befragte selbst formuliert ❍ **Geschlossene Fragen**, bei denen Antwortalternativen vorgegeben sind
Funktional-organisation	Die Funktionalorganisation ist eine Organisationsform, die auf der zweiten Hierarchieebene nach **Verrichtungen** gegliedert ist. Dabei ergeben sich vielfach folgende funktionale Bereiche: ❍ Materialbereich ❍ Produktionsbereich ❍ Marketingbereich ❍ Personalbereich ❍ Finanzbereich ❍ Rechnungswesen
Funktionen-diagramm	Es ist ein **Dokumentationsmittel** der Aufbauorganisation, das in Form einer Matrix gestaltet ist. Es enthält: ❍ In den **Spalten** z. B. die Stellen, welche die Aufgaben zu erledigen haben ❍ In den **Zeilen** z. B. die Aufgaben, die an den betreffenden Stellen zu verrichten sind Das Funktionendiagramm wird auch genannt: ❍ Funktionsdiagramm ❍ Aufgabenverteilungsplan ❍ Funktionsmatrix

Funktions-system	Es ist ein **Mehrliniensystem**, bei dem der Informationsfluss nicht durch einen einzigen Instanzenweg erfolgt. Das bedeutet, dass jeder Mitarbeiter funktionsbedingt mehreren Vorgesetzten unterstellt ist und von diesen Aufträge erhält. Das Funktionssystem wird auch als **Funktionsmeister-system** bezeichnet.
Gruppen-aufbau-organisation	Sie ist die wirksame Stukturierung mehrerer zusammengehöriger Stellen und ihrer Verbindungen zu Teams eines soziotechnischen Systems. Sie bezieht sich auf das **Lower Management**. Aus der Zusammenfassung von Stellen können sich als Gruppen ergeben: ❍ Materialwirtschaftsgruppen ❍ Fertigungsgruppen ❍ Marketinggruppen ❍ Personalwesengruppen ❍ Finanzwesengruppen ❍ Rechnungswesengruppen ❍ Informatikgruppen ❍ Controllinggruppen
Gruppe, *teilautonome*	Das Organisationskonzept von teilautonomen Gruppen ist insbesondere im Fertigungsbereich von Unternehmen bedeutsam. Dort werden sie auch als **selbst steuernde Arbeitsgruppen** bezeichnet. Die Autonomie der Gruppe bezieht sich auf die interne Aufgabenverteilung. Die Gruppe reguliert, bestimmt, verwaltet sich selbst und übernimmt klassische Führungsfunktionen.
Gruppenprozess	Er ist eine Kette aufeinander folgender Schritte, die auf Teams bezogen sind. Der Bedarf an gruppenbezogener Koordination steigt mit wachsender Differenzierung einer Organisation. Es gibt als Gruppenprozesse: ❍ **Soziale Gruppenprozesse** als mitarbeiterbezogene Prozesse ❍ **Wirtschaftliche Gruppenprozesse** als ökonomisch bedeutsame Vorgänge
Gruppen-prozess-organisation	Sie baut auf den Einzelarbeitsprozessen auf und ist auf Teams gerichtet. Als Gruppenprozesse können Vorgänge bezeichnet werden, die mit definiertem Anfang und Ende betriebliche Arbeitsgruppen betreffen.
Hierarchie-ebene	Das Unternehmen umfasst mehrere Hierarchieebenen, deren Zahl z.B. abhängt von der **Unternehmensgröße**, der Leitungsspanne und den Unternehmensaufgaben. Bei größeren Unternehmen können Hierarchieebenen »von oben nach unten« sein: ❍ Leitungsorgan ❍ Bereich/Ressort ❍ Hauptabteilung ❍ Abteilung ❍ Gruppe ❍ Stelle
Holding-organisation	Eine Holding hält als **Dachgesellschaft** Beteiligungen mehrerer selbstständiger Unternehmen, ohne selbst Produktions- oder Handelsaufgaben zu übernehmen. Die rechtliche Selbstständigkeit der zugehörigen Unternehmen bleibt durch die Beteiligungen erhalten. Sie ist aus der **Spartenorganisation** abgeleitet und denkbar als: ❍ Management-Holding ❍ Finance-Holding Es sind zu unterscheiden: ❍ Die **Management-Holding-Struktur**, bei der die Dachgesellschaft die Leitung und Koordination der gesamten Holding-Organisation einschließlich der strategischen Aufgaben übernimmt. Diese Organisationsform

	wird auch als Holdinggesellschaft, Dach-Holding, Konzern-Holding und geschäftsführende Holding bezeichnet. ○ Die **Finanz-Holding-Struktur**, bei der die Dachgesellschaft keine strategischen Führungsaufgaben übernimmt. Die einzelnen Beteiligungsgesellschaften sind dafür selbst zuständig. Die Aufgabe der Dachgesellschaft liegt im Halten von Anteilen der beteiligten Holdinggesellschaften. Dennoch besitzt sie eine gesamtunternehmerische Finanzperspektive.
Improvisation	Sie ist das *vorläufig* gültige Ordnen bzw. Strukturieren zielorientierter soziotechnischer Systeme durch eher fallweise und provisorische Regelungen. Die Improvisation kann mangels bestehender dauerhafter Regelungen notwendig sein.
Instanz	Sie ist eine Stelle mit Leitungsbefugnis, bei der Führungsaufgaben überwiegen und Entscheidungen hinsichtlich anderer Stellen zu treffen sind. Die Aufgabenträger an Instanzen verfügen über **Weisungsbefugnisse**.
Interventionen	Es sind strukturierte Aktivitäten der Organisationsentwicklung, die eine straffe und sachgerechte Durchführung des geplanten organisatorischen Wandels sicherstellen sollen, z. B. als: ○ **Individuenbezogene Interventionen**, die auf einzelne Organisationsmitglieder bezogen sind und ihrer Selbsterkenntnis und Selbstwahrnehmung dienen, z. B. durch Coaching. ○ **Gruppenbezogene Interventionen**, die sich auf Prozesse innerhalb der Gruppe oder auf die Beziehungen zwischen Gruppen beziehen, z. B. durch Teamentwicklung. ○ **Organisationsbezogene Interventionen**, die auf das ganze Unternehmen abzielen und zu Verhaltensänderungen der Mitarbeiter führen sollen, z. B. durch Datenerhebungsverfahren.
Joint Venture	Es stellt eine weit verbreitete Form der **Kooperation** eines Unternehmens **mit ausländischen Partnern** dar. Dabei wird ein grenzüberschreitend tätiges, rechtlich selbstständiges Unternehmen durch eine Kapitalbeteiligung von mindestens je einem in- und ausländischen Partner gegründet oder erworben, um gemeinsame Aktivitäten durchzuführen.
Kollegial-prinzip	Es ist auf die **gemeinsame Willensbildung** der Träger von Organisationseinheiten ausgerichtet, die sich auf gleicher Entscheidungsebene befinden. Zu unterscheiden sind als Kollegialprinzipien: ○ Primatkollegialität ○ Kassationskollegialität ○ Abstimmungskollegialität ○ Ressortkollegialität
Kollegium	In ihm werden **zeitlich befristete** Sonderaufgaben bearbeitet. Die Mitglieder einer Projektgruppe werden hier **nebenamtlich** tätig.
Kompetenz	Sie ist die **Befugnis** einer Person, auf der Basis fachlicher Zuständigkeit Maßnahmen zur Erfüllung von Aufgaben zu ergreifen, für deren Bewältigung diese Person die Verantwortung übernimmt. Es sind zu unterscheiden: ○ **Sachbezogene Kompetenz** als fachliche Zuständigkeit ○ **Personenbezogene Kompetenz** als persönliche Zuständigkeit. Die Kompetenz kann Entscheidungs-, Weisungs-, Verpflichtungs-, Verfügungs-, Informations-, Antrags-, Vertragskompetenz sein.

Konzept-planung	Als Teil der **Organisationsplanung** schließt sie sich der Organisationsanalyse an. Mit ihr werden die Anforderungen definiert, die durch die Planung erfüllt werden sollen.
Kreativitäts-techniken	Das sind **Ideenfindungstechniken** bzw. **Problemlösungstechniken**, die das produktive Denken und die Konkretisierung dieser Denkergebnisse fördern. Als Kreativitätstechniken werden in der betrieblichen Praxis häufig genutzt: ❍ Brainstorming ❍ Synektik ❍ Methode 635 ❍ Morphologie
Kunden-management	Es ist eine abgeleitete Organisationsform, bei der die **Kundenmanager** die Nähe zum Kunden suchen, damit dessen Zufriedenheit erreicht werden soll. Da die angestrebte Kundenorientierung durch die mitunter schwerfälligen Regelungen der **Kundenorganisation** behindert wird, kommen verstärkt Kundenmanager zum Einsatz. Das Kundenmanagement gibt es in folgenden **Formen**: ❍ Stabs-Kundenmanagement ❍ Linien-Kundenmanagement ❍ Matrix-Kundenmanagement
Kunden-organisation	Sie stellt eine **Spartenorganisation** dar, die auf der zweiten Hierarchieebene nach Kunden oder Kundengruppen gegliedert ist, z. B. ❍ Privatkunden ❍ Handelskunden ❍ Industriekunden
Lean Organisation	Sie ist eine **schlanke Organisation**, die der Verbesserung der Produktivität und Wirtschaftlichkeit des Unternehmens dienen soll. Die Lean Organisation wird weithin auch als **Lean Management** bezeichnet und vielfach mit der **Lean Production** gleichgesetzt. Als **Prinzipien** der Lean Organisation sind zu unterscheiden: ❍ Das **Kaizen-Prinzip**, das in allen Unternehmensbereichen permanente Veränderungen durch systematische Lernprozesse anstrebt. ❍ Das **Total-Quality-Management-Prinzip**, das eine absolute Fehlerfreiheit der Produkte anstrebt und von einer verstärkten Mitarbeiterschulung und Mitarbeitermotivation ausgeht. ❍ Das **Just-in-Time-Prinzip**, das auf produktionssynchrone und kostengünstige Materialbeschaffung bzw. schnellen Fertigungsfluss ausgerichtet ist.
Leitung	Sie bewirkt als **Unternehmensleitung** bzw. **Top Management** die zielorientierte Gestaltung, Steuerung und Entwicklung eines Unternehmens.
Leitungsspanne	Sie ist die Anzahl der optimal betreubaren, einem Vorgesetzten direkt unterstellten Mitarbeiter. Die Leitungsspanne wird auch **Kontrollspanne** oder **Subordinationsquote** genannt. Ihre Größe hängt von mehreren Einflussfaktoren ab, z. B. Leistungspotenzial, Qualifikation und Selbstständigkeit der Mitarbeiter.
Lernende Organisation	Organisatorische Veränderungen in einem Unternehmen sind mit **Lernprozessen** der Beteiligten verbunden, weshalb Unternehmen heute auch als lernende Organisationen bezeichnet werden. Sie setzen eine umfassende Kenntnis von Entscheidungen aus der Vergangenheit und den hieraus resultierenden Konsequenzen für Unternehmen bzw. Umwelt voraus.

	Lernende Organisationen sind durch einen weitestgehenden **Verzicht auf Organisationsstrukturen** gekennzeichnet, da sie einem permanenten Wandel ausgesetzt sind.
Linien-Projekt-organisation	Sie ist eine Form der Strukturierung, bei welcher der Projektleiter bzw. dessen Projektgruppe der Fachabteilung direkt unterstellt ist. Bei der Linien-Projektorganisation ist das Projekt wie eine **Linienstelle** in die Aufbauorganisation eingeordnet.
Linienstelle	Sie stellt ein Aufgabenkombinat dar, das aus dauerhaft zu verrichtenden Teilaufgaben besteht. Die Linienstelle ist zweckorientiert und von anderen Linienstellen abgrenzbar, aber auch mit ihnen verbindbar.
Liniensystem	Es ist eine Organisationsstruktur, bei der Stellen und Abteilungen in einen **einheitlichen Instanzenweg** eingegliedert sind, der von der obersten Instanz bis zur untersten Stelle reicht. Damit wird das »Prinzip der Einheit von Auftragserteilung und Auftragsempfang« verwirklicht.
Matrix-organisation	Sie ist eine **Organisationsform**, bei der auf der oberen Hierarchieebene zwei Gliederungsprinzipien gleichzeitig und gleichberechtigt verfolgt werden: ○ In der **Horizontalen** der Matrix können die zentralen Funktionen aufgenommen werden, z. B. Beschaffung, Fertigung, Absatz. ○ Die **Vertikale** der Matrix weist die Objekte als dezentrale Organisationseinheiten aus, z. B. Produkte, Produktgruppen, Kunden.
Matrix-projekt-organisation	Dabei unterstehen die Projektgruppen, welche für die Dauer des Projektes aus den Fachabteilungen zu einem Teil herausgelöst werden, in Spezialfragen der Fachabteilung und in Projektfragen dem Projektleiter. Die Matrix-Projektorganisation wird auch als **begrenzte Projektorganisation** bezeichnet.
Methode 635	Sie ist als **Kreativitätstechnik** eine Weiterentwicklung des Brainstorming, bei der anlässlich einer Gruppensitzung auf Formulare mit 3 Spalten und 6 Zeilen ○ **6** zu einer Gruppensitzung geladene Mitglieder ○ **3** Vorschläge oder Lösungsalternativen auf Vordrucke schreiben, die ○ **5** mal weitergegeben und weiterentwickelt werden. Daraus ergeben sich 108 Vorschläge (3 x 6 x 6), die schriftlich vorliegen. Deshalb wird die Methode 635 auch **Brainwriting** genannt.
Morphologie	Sie ist eine **Kreativitätstechnik**, bei der strukturanalytisch vorgegangen wird. Die morphologische Methode dient der möglichst vollständigen Erfassung aller Lösungsalternativen einer Problemstellung und der Prüfung ihrer Kombinationsmöglichkeiten. Das zu lösende Problem ist dabei zunächst möglichst allgemein zu beschreiben, um Lösungsmöglichkeiten nicht von vornherein auszuschließen.
Multimoment-aufnahme	Sie ist als **Istaufnahme-Technik** ein Stichprobenverfahren, bei dem Mengen- und Zeitangaben aus vielen Beobachtungen des Augenblicks abgeleitet werden. Aus stichprobenweise durchgeführten Kurzzeitbeobachtungen lassen sich statistisch abgesicherte Ergebnisse ableiten.

Netzplan-technik	Sie umfasst alle Verfahren zur Planung, Steuerung und Überwachung von Abläufen auf der Grundlage der Grafentheorie als einer mathematischen Disziplin, welche mit Pfeilen und Knoten (Kreisen) ablaufbezogene Gesetzmäßigkeiten dokumentiert. Mit dem **Netzplan** erfolgt die grafische Darstellung von Ablaufstrukturen. Er zeigt die logische und zeitliche Aufeinanderfolge von Vorgängen innerhalb eines Projektes. Es wird der sog. kritische Weg ermittelt.
Neuorganisation	Sie bezieht sich auf ein **erstmalig** zu gestaltendes soziotechnisches System mit dem Zweck, die Unternehmensziele zu erreichen. Auf eine bereits bestehende Organisation kann nicht zurückgegriffen werden.
Organisation	Die Organisation kann gesehen werden als: ❍ **Ordnung bzw. Struktur** eines Unternehmens, bei der das Unternehmen eine Organisation *ist*, als soziotechnisches System mit einem bestimmten Mitgliederkreis und interner Rollendifferenzierung. ❍ Das dauerhafte **Ordnen bzw. Strukturieren** eines Unternehmens, bei dem die Tätigkeit des Organisierens im Vordergrund steht. Es geht also um die Organisation als dauerhaft gültiges Strukturieren von soziotechnischen Systemen.
Organisation, ***betriebswirt-schaftliche Sicht***	In betriebswirtschaftlicher Sicht ist die Organisation als **Investition** anzusehen, denn sie verursacht Auszahlungen bzw. Kosten und sollte zu Leistungsbeiträgen bzw. Einzahlungen führen.
Organisation, ***formelle***	Sie ist die **bewusst geschaffene** und **rational gestaltete Struktur** zur Erfüllung unternehmerischer Zielsetzungen.
Organisation, ***informelle***	Sie gilt als eine **soziale Struktur**, die durch persönliche Wünsche, Ziele, Sympathien und Verhaltensweisen der Mitarbeiter bestimmt ist.
Organisations-abteilung	Sie ist eine **plurale Organisationseinheit**, welche Aufgaben der Organisation im Unternehmen wahrnimmt. Ihr Aufgabenumfang ist im Einzelfall vor allem von der Größe eines Unternehmens abhängig.
Organisations-analyse	Sie ist eine **Technik** der praktischen Organisationsarbeit und umfasst die Untersuchung des gegebenen Zustandes eines Ist-Aufbaus, eines Ist-Prozesses oder von Ist-Projektbedingungen. Sie umfasst auch die jeweilige Ist-Kritik und basiert auf der Aufnahme von Daten der bisher gegebenen Struktur, als: ❍ Aufbauanalyse ❍ Prozessanalyse ❍ Projektanalyse
Organisations-aufgabe	Sie ist die Verpflichtung des Verantwortlichen zur Lösung eines Organisationsproblems. Allgemeine Organisationsaufgaben sind: ❍ Gestaltungsbezogene Aufgaben ❍ Verhaltensbezogene Aufgaben ❍ Prozessbezogene Aufgaben
Organisations-controlling	Es umfasst die Planung, Kontrolle und Steuerung des gesamten Organisationsprozesses. Es ist der Organisationsabteilung parallel- bzw. übergelagert und versorgt die an der Organisationsarbeit beteiligten Personen bzw. Gremien mit den benötigten Informationen. Es dient dazu, die Aktivitäten des Organisationspersonals zielorientiert zu beeinflussen und die organisatorische Effizienz zu überwachen. Das Organisationscontrolling kann erfolgen als: ❍ Aufbaucontrolling ❍ Prozesscontrolling ❍ Projektcontrolling

Organisations-einführung	Sie ist die letzte Phase des **Organisationsprozesses** und besteht z. B. aus der Präsentation der Ergebnisse, der Realisierung der Einführung und der **Organisationskontrolle**. Die Organisationseinführung kann sein: ❍ Aufbaueinführung ❍ Prozesseinführung ❍ Projekteinführung
Organisations-einheit	Die Organisationseinheit kann z.B. sein: ❍ Instanz ❍ Linienstelle ❍ Stabstelle ❍ Arbeitsplatz ❍ Ausbildungsplatz
Organisations-entscheidung	Sie ist ein Akt der Willensbildung, bei dem sich der Aufgabenträger entschließt, ein **Organisationsproblem** so und nicht anders zu lösen, z.B. JA-Entscheidung, JA-ABER-Entscheidung, JEIN-Entscheidung und NEIN-Entscheidung.
Organisations-entwicklung	Sie ist ein längerfristig angelegter **Veränderungsprozess** von Unternehmen und der in ihr tätigen Menschen. Die Organisationsentwicklung stellt eine Form des geplanten Wandels von und in Unternehmen dar.
Organisations-form, *abgeleitete*	Sie bestehen aus Organisationseinheiten bzw. Informationswegen und sind aus den grundlegenden Organisationsformen abgeleitet, z. B. ❍ Center-Organisation ❍ Holding-Organisation ❍ SGE-Management ❍ Produktmanagement ❍ Prozessmanagement ❍ Kundenmanagement ❍ Projektmanagement
Organisations-form, *grundlegende*	Sie ist Ausdruck der Strukturierung des Unternehmensaufbaus und besteht aus Organisationseinheiten sowie Informationswegen. Die Grundformen sind die traditonellen Aufbaustrukturen. Welche Organisationsform für ein Unternehmen gewählt wird, hängt von mehreren Faktoren ab, z. B. Leistungsprogramm, Unternehmensgröße. Zu unterscheiden sind: ❍ Sektoralorganisation ❍ Funktionalorganisation ❍ Spartenorganisation ❍ Matrixorganisation ❍ Tensororganisation
Organisations-gestaltung	Sie setzt die Vorschläge der Organisationsvorbereitung in geeignete Lösungen um. Dabei geht es um die Bildung organisatorischer Einheiten und um die **Festlegung von Organisationsstrukturen**, z. B. als ❍ Aufbaugestaltung ❍ Prozessgestaltung ❍ Projektgestaltung
Organisations-handbuch	Es ist eine gegliederte Zusammenfassung aller wesentlichen Organisationsregelungen eines Unternehmens. In der Praxis wird auch gesprochen vom: ❍ Unternehmenshandbuch ❍ Personalhandbuch ❍ Datenverarbeitungs-handbuch
Organisations-instrumente	Das sind **Werkzeuge** zur praktischen Arbeit des Organisators. Sie sollen so eingesetzt werden, dass sie die Erreichung der Organisationsziele gewährleisten. Zu unterscheiden sind: ❍ **Organisationsmittel** die vom Organisator oder einer Gruppe von Organisatoren als Sachmittel oder Hilfsmittel der Durchführung organisatorischer Prozesse unmittelbar vor Ort eingesetzt werden, z. B. als Sachmittel, Hilfsmittel.

	❍ **Organisationstechniken**, die ebenfalls der Zielerreichung des Unternehmens dienen. Sie können zur Gewinnung bzw. Analyse von Daten sowie zur Ideenfindung und Problemlösung durch den Organisator oder eine Organisationsgruppe eingesetzt werden, z. B. als Aufnahme-, Analyse- und Kreativitätstechniken. ❍ **Organisationsmethoden**, welche die Art und Weise des planmäßigen bzw. schrittweise Vorgehens zur zielgerichteten Erarbeitung von Lösungen vom Organisator oder einer Organisationsgruppe festlegen, z. B. als Zehnstufen-Aufbaumethode, Dreistufen-Prozessmethode und Vierstufen-Projektmethode.
Organisations-kontrolle	Sie ist ein wesentlicher Teil der **Organisationseinführung** und besteht aus der Überwachung der organisatorischen Ist-Werte und dem Soll-/Ist-Vergleich. Der Feststellung von Abweichungen schließt sich eine Untersuchung an, um entsprechend steuern zu können. Es sind zu unterscheiden: ❍ Aufbaukontrolle ❍ Prozesskontrolle ❍ Projektkontrolle
Organisations-konzepte	Es ist ein kompakter Entwurf zur Organisationsentwicklung. Diese Konzepte werden für Unternehmen erstellt, um diese wettbewerbsfähig zu halten, z. B. als: ❍ **Wertschöpfende Konzepte**, z. B. Outsourcing, Insourcing ❍ **Lean-Konzepte**, z. B. Just-in-Time-Konzept ❍ **Team-Konzepte**, z. B. Qualitätszirkel, Teamarbeit ❍ **Kooperative Konzepte**, z. B. Strategische Allianzen
Organisations-plan	Er dokumentiert die **Aufbauorganisation**, indem die Bereiche, Hauptabteilungen, Abteilungen und Stellen ausgewiesen werden. Der Organisationsplan kann auch bezeichnet werden als: ❍ Strukturbild ❍ Organigramm Aus dem Organisationsplan sind die hierarchische Ordnung, Informationswege sowie das Organisationssystem und die Organisationsform ersichtlich.
Organisations-planung	Sie ist die gegenwärtige gedankliche Vorwegnahme der künftigen Aufbau-, Prozess- und Projektstrukturen des Unternehmens. Sie legt in der Gegenwart fest, welche Organisationsstrukturen bis zu einem Planungshorizont geschaffen und implementiert werden sollen, z. B. als: ❍ Aufbauplanung ❍ Prozessplanung ❍ Projektplanung
Organisations-prinzipien	Die Organisation sollte folgenden Prinzipien gerecht werden: ❍ **Wirtschaftlichkeit** als rationaler Gestaltung des betrieblichen Aufbaus und der betrieblichen Prozesse. ❍ **Zweckmäßigkeit**, wonach alle strukturierenden Maßnahmen den gesetzten Zweck in bestmöglicher Weise erfüllen sollen. ❍ **Gleichgewichtigkeit** als ausgewogenes Verhältnis von Stabilität (Organisation) und Elastizität (Improvisation, Disposition).
Organisations-problem	Von einem Organisationsproblem kann in der Praxis gesprochen werden, wenn beim Suchen nach organisatorischen Lösungen schwierige Organisationsentscheidungen zu treffen sind. Es sind zu unterscheiden: ❍ Aufbauprobleme ❍ Prozessprobleme ❍ Projektprobleme

Organisationsprozess	Er ist der Gesamtablauf der Organisation und besteht aus: ○ Organisationsvorbereitung ○ Organisationsgestaltung ○ Organisationseinführung
Organisationssituation	Durch sie werden die Bedingungen des Organisierens festgelegt. Die Organisationssituation ist durch verschiedene **Faktoren** geprägt: ○ **Interne Einflussfaktoren** als gegenwarts- und vergangenheitsbezogene Faktoren, z.B. Betriebsgröße, Alter der Organisation. ○ **Externe Einflussfaktoren**, welche die Umwelt des Unternehmens betreffen, z.B. Konkurrenzverhältnisse.
Organisationssystem	Es besteht als **Leitungssystem** aus Organisationeinheiten und Verbindungswegen. Es lassen sich nennen: ○ Liniensystem ○ Stabliniensystem ○ Funktionssystem
Organisationstechniken	Sie sind organisatorische Mittel, die der Zielerreichung dienen. Organisationstechniken zeigen die Art und Weise der Durchführung zur Lösung von Organisationsproblemen auf und werden im Rahmen der Aufbauorganisation, Prozessorganisation und Projektorganisation eingesetzt. Als Organisationstechniken können unterschieden werden: ○ **Istaufnahme-Techniken**, die der Informationsgewinnung dienen als: – Befragung – Selbstaufschreibung – Fragebogen – Dokumentationsauswertung – Beobachtung – Experiment – Multimomentaufnahme ○ **Analysetechniken** – Checklistentechnik – Wirtschaftlichkeitsanalyse – Benchmarking – ABC-Analyse – Schwachstellenanalyse ○ **Kreativitätstechniken** als Ideenfindungs- bzw. Problemlösungstechniken, z.B. Brainstorming, Morphologie.
Organisationsvorbereitung	Sie ist die erste Phase des **Organisationsprozesses** und fasst die Organisationsanalyse und die Organisationsplanung zusammen. Die Organisationsvorbereitung besteht aus: ○ Aufbauvorbereitung ○ Prozessvorbereitung ○ Projektvorbereitung
Organisationsziele	Sie sind die Vorstellung von dem, was von der Organisation erreicht oder bewirkt werden soll. Die Organisationsziele werden aus den **Unternehmenszielen** abgeleitet. Die Ziele betreffen die Aufbau-, Prozess- und Projektorganisation, insbesondere als: ○ Produktivität steigern ○ Koordination optimieren ○ Wirtschaftlichkeit erhöhen ○ Kontrollierbarkeit erhöhen ○ Zukunft sichern ○ Transparenz verbessern ○ Ansehen verbessern ○ Durchlaufzeiten verkürzen
Planung	Sie ist als gegenwärtige gedankliche Vorwegnahme zukünftigen wirtschaftlichen Handelns zu verstehen.

Präsentation	Hier stellt der Organisator z.B. der Unternehmensleitung die Inhalte des Abschlussberichtes der Organisationsmaßnahme vor. Dabei ist auf die Einhaltung von Präsentationsregeln zu achten und geeignete Visualisierungsmittel sind zu nutzen.
Produktions-faktoren	Als Produktionsfaktoren sind zu unterscheiden: ❍ **Elementare Produktionsfaktoren**: Arbeit · Betriebsmittel · Werkstoffe ❍ **Dispositive Produktionsfaktoren**: Leitung · Planung · Organisation Die Produktionsfaktoren werden kombiniert, um betriebliche Leistungen wirtschaftlich zu erstellen und zu verwerten.
Produkt-management	Es ist eine abgeleitete Organisationsform, durch welche sich die Anpassungsfähigkeit der Organisation an sich ändernde Märkte oder Marktsegmente verbessern soll. In der Praxis gibt es drei **Formen** des Produktmanagements. ❍ Stabs-Produktmanagement ❍ Linien-Produktmanagement ❍ Matrix-Produktmanagement Mit dem Produktmanagement und den in ihr tätigen **Produktmanagern** sollen die Wettbewerbsposition und die Überlebensfähigkeit des Unternehmens gesichert werden.
Produkt-organisation	Sie stellt eine **Spartenorganisation** dar, die auf der zweiten Unternehmensebene nach Ergebnissen bzw. Erzeugnisgruppen gegliedert ist, z.B. ❍ Erzeugnis A ❍ Erzeugnis B
Programm-ablaufplan	Im Programmablaufplan werden für verschiedene Arten von **Operationen** entsprechende Symbole verwendet, z. B. Zylinderdarstellung (Beginn, Ende), Rechtecke (Lese Antragsdaten), Rauten, Pfeile und Striche. Er wird zur systematischen Gestaltung von Abläufen relativ häufig eingesetzt.
Projekt	Das ist nach DIN 69901 ein Vorhaben, das im Wesentlichen durch mehrere **Bedingungen** in ihrer Gesamtheit gekennzeichnet ist: ❍ Einmaligkeit der Aufgabe ❍ Bereichsübergreifende Aufgabe ❍ Begrenzte Dauer ❍ Risikobehaftete Aufgabe ❍ Relativ hohe Komplexität
Projekt-analyse	Sie ist die Erfassung und **kritische Beurteilung** der dem Projekt zu Grunde liegenden Aufgaben und Gegebenheiten, z.B. als ❍ Aufnahme des Ist-Zustandes ❍ Kritik des Ist-Zustandes
Projekt-aufbau-organisation	Sie zeigt die Zuständigkeiten und Strukturen, welche für die Projektprozessorganisation bedeutsam sind. Im Rahmen der Projektaufbauorganisation werden **Entscheidungen** getroffen hinsichtlich: ❍ Projektleiter ❍ Form der Projektorganisation ❍ Projektgruppe

Projekt-controlling	Es ist den Projektaktivitäten parallel- bzw. übergelagert und ist auf die Effizienz von Projekten ausgerichtet und verbindet den Prozess der Planung, Steuerung und Kontrolle mit der Informationsversorgung. Dementsprechend sind als **Aufgaben** des Projektcontrolling zu unterscheiden: ❍ **Planungsaufgaben**, die z. B. als Aufgaben-, Personal-, Termin-, Sachmittel-, Kosten- und Finanzplanung denkbar sind ❍ **Kontrollaufgaben**, die z. B. als Aufgaben-, Personal-, Ablauf-, Termin-, Kosten-, Finanz-/Ergebniskontrolle vorkommen ❍ **Informationsversorgung**, die z.B. als Projektberichte, Projektkonferenzen, Projektbesprechungen, Projektaudits gegeben sind ❍ **Projektsteuerung**, z.B. als frühzeitige Fehlererkennung und entsprechende Folge- und Steuerungsmaßnahmen
Projekt-dokumentation	Sie ist die schriftliche Ordnung von Daten eines Projektes. Mit ihr wird der Inhalt des Projektes dargestellt. Dazu sind **Datenträger** erforderlich, auf denen die entsprechenden Informationen gespeichert werden, z. B. Papier, Disketten, Festplatten. Die Projektdokumentation kann auch in einem **Projekthandbuch** erfolgen.
Projekt-einführung	Mit dem Abschluss des Projektes bedarf es der Realisierung der Problemlösung. Als einführungsbezogene Maßnahmen sind vorzunehmen: ❍ Die **Lösungseinführung**, bei der z. B. die Startvorbereitungen getroffen werden und die Einführungskontrolle vorgenommen wird. ❍ Die **Abschlussarbeiten**, zu denen die Projektnachweise mit dem Abschlussbericht und die Projektauflösung zählen.
Projekt-gestaltung	Sie schließt sich der Projektplanung an und wird auch als **Projektdurchführung** bezeichnet. Die Projektgestaltung hat für die Projekteffizienz große Bedeutung, denn auch gute Pläne nützen wenig, wenn sie nicht oder nur unzureichend umgesetzt werden. Mit der Projektgestaltung nimmt die Projektidee konkrete Gestalt an.
Projektgruppe	Sie umfasst eine begrenzte Anzahl von Personen, die i.d.R. **hauptamtlich** und **vollzeitlich** eine Projektlösung erarbeitet. Da ein Projekt üblicherweise zeitlich begrenzt ist, arbeitet auch die Projektgruppe zeitlich befristet.
Projektkontrolle	Sie erfolgt durch den Projektleiter mit dem Ziel festzustellen, inwieweit die Vorgaben des Projektplanes eingehalten wurden, damit der Leiter gegebenenfalls notwendig werdende Anpassungsmaßnahmen ergreifen kann.
Projektleiter	Er ist eine Führungskraft, die für ein Projekt verantwortlich ist. Seine Entscheidungs- und Weisungsbefugnisse sind von der jeweiligen Form der Projektorganisation abhängig.
Projekt-management	Es ist eine abgeleitete Organisationsform, bei der die **Projektmanager** anspruchsvolle Projekte zu lösen versuchen. Aus der Koppelung von Organisationseinheiten und deren Informationswegen können folgende **Formen** des Projektmanagements unterschieden werden: ❍ Linien-Projektmanagement ❍ Reines Projektmanagement ❍ Stabs-Projektmanagement ❍ Matrix-Projektorganisation

Projekt-organisation	Sie ist eine **eigenständige Form** der Unternehmensorganisation und wird einerseits als Strukturierung von Projekten als Zustand und andererseits als Gestaltung von Arbeitssystemen gesehen, z. B. als: ❍ Projektaufbauorganisation ❍ Projektprozessorganisation
Projekt-organisation, ***reine***	Hier wird die Projektgruppe für die Projektdauer vollständig aus der Fachabteilung herausgelöst. Die Projektgruppe arbeitet ausschließlich für die Ziele des Projekts, der Projektleiter hat mehr **Macht** als in den übrigen Projektorganisations-Konzepten. Die totale Projektorganisation wird vor allem bei größeren Projekten eingesetzt und auch **Task-Force** und **totale Projektorganisation** genannt.
Projekt-planung	Nach Abschluss der Projektvorbereitung, d.h. mit dem Vorliegen der Problemdefinition, folgt die Projektplanung, worunter die vorausschauende Festlegung der Realisierung von Projekten zu verstehen ist. Die Projektplanung umfasst außer der Festlegung der **Projektziele**: ❍ Die **Aufgabenplanung**, bei der alle Aufgaben des Projektes ermittelt werden und der Ablauf der Aufgabenausführung festgelegt wird. ❍ Die **Personalplanung**, die als quantitative und als qualitative Personalplanung sowie als Personalentwicklungsplanung erfolgt. ❍ Die **Terminplanung**, bei der die Projekttermine festzulegen, die Pufferzeiten zu ermitteln und der kritische Pfad zu bestimmen ist. Dabei bedient man sich u. a. der Netzplantechnik. ❍ Die **Sachmittelplanung**, die sich auf Büro-, Fertigungs- und Arbeitsmittel, Räume, Hard- und Software sowie Kommunikationsmittel bezieht. ❍ Die **Kostenplanung**, die auf der Basis des Projektstrukturplanes erfolgt, um die Durchführungskosten festzustellen. ❍ Die **Finanzplanung**, die notwendig ist, um die Durchführbarkeit des Projektes sicherzustellen.
Projekt-Prozess-organisation	Sie ist die befristete Gestaltung von prozessorientierten Gesamtvorhaben bzw. von Einzelvorhaben innerhalb eines soziotechnischen Systems. Die Projekt-Prozessorganisation umfasst: ❍ Projektvorbereitung ❍ Projektgestaltung ❍ Projektplanung ❍ Projekteinführung
Projekt-steuerung	Die durch den Projektleiter vorzunehmende Projektsteuerung umfasst alle Maßnahmen, die der Erfüllung der Projektziele und der Beeinflussung von Störgrößen dienen. Sie ist ein Vorgang, bei dem eine oder mehrere Größen als Eingangsgrößen andere Größen als Ausgangsgrößen beeinflussen. Es können unterschieden werden: ❍ Die **Vorsteuerung**, bei der eine Vorwärtskopplung erfolgt. Damit wird etwaigen Störgrößen vor ihrem Eintritt inputorientiert, zukunftsbezogen und unter Beachtung der Projektziele entgegengewirkt. ❍ Die **Nachsteuerung**, bei der eine Rückkopplung eintritt. Auf der Basis der Projektziele und der Kontrollergebnisse wird vergangenheitsbezogen gehandelt. Die Maßnahmen setzen erst nach dem Eintritt von Störungen ein und werden outputorientiert vorgenommen

Prozessanalyse	Sie ist als Bestandteil der **Organisationsanalyse** ein Verfahren zur **Ermittlung** und kritischen **Beurteilung des Ist-Zustandes** von dynamischen Systemen. Die Prozessanalyse dient der Gestaltung der Prozessorganisation und bezieht sich auf die bestehende Organisationsstruktur. Sie besteht aus: ❍ **Ist-Aufnahme** der bestehenden Prozessorganisation ❍ **Ist-Kritik**, mit der Schwachstellen erkannt und Verbesserungsvorschläge ermöglicht werden. Sie wird auch als **Ist-Analyse** bezeichnet.
Prozess-controlling	Es ist als Teil des Organisationscontrolling den Aktivitäten der Organisationsabteilung parallel- bzw. übergelagert und zielt dabei auf die aufbauorganisatorische **Effizienz** ab. Es stellt den Koordinationsprozess der Planung, Kontrolle und Steuerung betrieblicher Prozessstrukturen dar. Außerdem versorgt das Prozesscontrolling die an der Organisationsarbeit beteiligten Personen und Gremien mit den notwendigen Informationen. Es dient dazu, die Aktivitäten des Organisationspersonals zielorientiert zu beeinflussen und geht über die reine Prozesskontrolle hinaus. Die wesentlichen Aufgaben des Prozesscontrolling sind: ❍ Prozessplanung ❍ Prozesskontrolle ❍ Prozesssteuerung ❍ Prozessinformations-Vermittlung
Prozess-diagramm	Es dient der Prozessdokumentation und wird auch als **Ablaufdiagramm**, **Ablaufkarte**, **Ablaufschema** und **Arbeitsablauf** bezeichnet. Das Prozessdiagramm ist tabellarisch und symbolisch darstellbar und umfasst: ❍ **Stellenorientiert** die Zuordnung der Arbeitsgänge auf die Stellen ❍ **Verrichtungsorientiert** die Zuordnung der Arbeitsgänge auf die Verrichtungen
Prozess-dokumentation	Sie ist die schriftliche Ordnung von Daten der Prozessorganisation. Mit ihr wird die Prozessstruktur eines Unternehmens dargestellt. Die Prozessdokumentation wird auch **Ablaufdokumentation** bzw. **Systemdokumentation** genannt. Als **Instrumente** nutzt die Prozessdokumentation: ❍ Entscheidungstabelle ❍ Datenflussplan ❍ Prozessdiagramm ❍ Programmablaufplan ❍ Blockschaltbild
Prozess-einführung	Sie bildet die letzte Phase der **Prozessorganisation**. Für die Einführung ist ein geeigneter Zeitraum zu wählen und es sind Widerstände abzubauen. Die Prozesseinführung umfasst: ❍ Prozessvorbereitung ❍ Prozesskontrolle ❍ Prozesspräsentation ❍ Prozessdokumentation ❍ Prozessrealisierung
Prozess-kontrolle	Sie erfolgt einerseits begleitend zur gesamten Prozessgestaltung und andererseits nach Abschluss der Anlaufphase. Es sind zu unterscheiden: ❍ Das **Soll der Prozessorganisation**, das z. B. im Rahmen der Prozessplanung aus der Zielplanung und der Konzeptplanung ersichtlich ist. ❍ Das **Ist der Prozessorganisation**, das aus der realisierten Organisation resultiert und den tatsächlichen Zustand zeigt. Führen die Ergebnisse der Prozesskontrolle zu **Differenzen**, so ist zu unterscheiden, welche Gründe dafür vorliegen.

Prozess-management	Es stellt eine abgeleitete Organisationsform dar, bei der **Prozessmanager** agieren, die für den effizienten Ablauf der jeweiligen Prozesse im Unternehmen zuständig und verantwortlich sind. In der Praxis gibt es Prozessmanager in den folgenden Formen: ❍ Mit voller Weisungsbefugnis ❍ Ohne Weisungsbefugnis ❍ Mit begrenzter Weisungsbefugnis
Prozess-organisation	Sie umfasst die wirksame Gestaltung des dynamischen Beziehungszusammenhangs eines soziotechnischen Systems. Damit zeigt die Prozessorganisation die Strukturierung der Aufgabenerfüllungsprozesse durch zeitliche und räumliche Beziehungen. Zu unterscheiden sind: ❍ Prozessvorbereitung ❍ Prozessgestaltung ❍ Prozesseinführung
Prozess-planung	Sie legt als Bestandteil der Prozessvorbereitung in der Gegenwart fest, welche Struktur der Prozessorganisation in der Zukunft geschaffen werden soll, z. B. als: ❍ Zielplanung ❍ Konzeptplanung
Regional-organisation	Sie ist eine Form der **Spartenorganisation**, die durch geographisch abgegrenzte Aufgabenbereiche gekennzeichnet ist. Dieses System enthält **dezentrale Elemente**. Die zweite Hierarchieebene ist durch **Regionen** geprägt, z. B.: ❍ Ost ❍ Süd ❍ West ❍ Nord
Reorganisation	Darunter wird eine tiefgreifende, umfassende Veränderung bezeichnet, die sich auf bereits **bestehende Organisationsstrukturen** eines soziotechnischen Systems bezieht. Es wird in neuerer Zeit in diesem Zusammenhang auch gesprochen von: ❍ Reengineering ❍ Business Prozess Reengineering ❍ Business Reengineering
Ressort-Modell	Es basiert auf der **Ressortkollegialität**, wonach jeder Entscheidungsträger für sein Ressort eigenverantwortlich zuständig ist. Zu unterscheiden sind: ❍ Funktionsmodell ❍ Kundenmodell ❍ Divisionsmodell ❍ Mischformen-Modell ❍ Regionenmodell
Schwachstellen-analyse	Sie dient als **Analysetechnik** der Untersuchung von organisatorischen Unzulänglichkeiten in Aufbaustrukturen und Prozessen, z. B. als ❍ Mängelermittlung ❍ Mängelquantifizierung ❍ Problemermittlung
Sektoral-organisation	Sie ist eine Form der **Aufbauorganisation**, deren zentrale Organisationsstruktur durch eine Zweiteilung geprägt ist, in: ❍ Technischen Sektor ❍ Kaufmännischen Sektor
Selbst-aufschreibung	Sie ist eine **Istaufnahme-Technik** zur Erstellung von Berichten durch den Organisator oder durch Mitarbeiter. Darin werden die von den Mitarbeitern ausgeführten Arbeiten dokumentiert. Die Selbstaufschreibung von Daten kann von der jeweils betroffenen Person selbst vorgenommen werden oder durch eine selbstständige Registrierung direkt am Arbeitsmittel geschehen.

SGE-Management	Es besteht aus strategischen Geschäftseinheiten (SGE) und ist aus der **Spartenorganisation** abgeleitet. Die strategischen Einheiten sollen ihre Aufgaben effizient und eigenverantwortlich erledigen.
Sparten-organisation	Sie ist eine Form der **Aufbauorganisation**, deren Organisationsstruktur hauptsächlich durch die **Dezentralisierung** geprägt ist. Die zweite Hierarchieebene des Unternehmens ist nach **Objekten** gegliedert, die z. B. Produkte oder Werke sein können. Die Spartenorganisation wird auch als **Divisionalorganisation** bezeichnet und z. B. als Profit Center geführt. Wesentliche Elemente sind bei der Spartenorganisation die **Zentralabteilungen**, die für die leistungsprozessbezogenen Abteilungen bzw. Bereiche Dienstleistungen erbringen.
Stablinien-system	Es ist ein Organisationssystem, bei dem das **Liniensystem** mit dem **Stabsprinzip** verbunden wird. Dabei lässt sich die Unternehmensleitung von Fachkräften beraten, die als Stäbe tätig sind. Sie haben grundsätzlich kein unmittelbares Weisungsrecht gegenüber anderen Stellen, die Weisungsbefugnis liegt bei der vom Stab zu beratenden Instanz.
Stabs-Projekt-organisation	Bei ihr wird die Projektgruppe für die Projektdauer nicht aus ihrer Abteilung herausgelöst, d. h. die Projektgruppe untersteht der Fachabteilung. Es existiert aber ein unabhängiger Projektleiter, welcher der Unternehmensleitung direkt unterstellt ist und als Leiter der Stabsstelle oder Stabsabteilung lediglich koordinierend wirkt. Die Stabs-Projektorganisation wird auch als **Koordinations-Projektmanagement** oder **Einfluss-Projektorganisation** bezeichnet.
Stabstelle	Sie stellt eine **Leitungshilfsstelle** dar, die keine Entscheidungs- und Weisungsbefugnisse besitzt, sondern nur Vorschlagsrechte hat. Die Stabsstelle unterstützt, berät ihr übergeordnete Instanzen und kann bei der Übernahme der Entscheidungsvorbereitung entlastend wirken.
Stelle	Sie stellt die kleinste organisatorische Einheit dar und ist Gegenstand der Stellenaufbauorganisation. Die Stelle kann **mit** oder **ohne Leitungsbefugnis** verbunden sein. Entsprechend sind **Arten** der Stelle: ❍ Linienstelle (mit Leitungsbefugnis) ❍ Stabsstelle (ohne Leitungsbefugnis) Die Stelle kann einzelnen Arbeitsplätzen entsprechen, aber auch aus mehreren Arbeitsplätzen bestehen.
Stellenaufbau-organisation	Sie ist die wirksame Gestaltung einzelner organisatorischer Einheiten zur Erfüllung von Aufgaben im Rahmen einer **Neuorganisation**. Es sind zu unterscheiden: ❍ Stellengestaltung ❍ Aufbaufestlegungen
Stellen-beschreibung	Sie ist ein Mittel der **Aufbaudokumentation**, mit dem alle wesentlichen Merkmale einer Stelle formularmäßig ausgewiesen werden. Die Stellenbeschreibung wird auch bezeichnet als ❍ Arbeitsplatzbeschreibung ❍ Tätigkeitsbeschreibung ❍ Job description

<table>
<tr><td></td><td>Inhalte der Stellenbeschreibung sind
❍ Stellenbezeichnung
❍ Stelleneinordnung
❍ Stellenaufgaben
❍ Stellenbefugnisse
❍ Stellenverantwortung
❍ Stellenziele
❍ Stellvertretungen
❍ Stellenanforderungen</td></tr>
<tr><td>Stellen-besetzungsplan</td><td>Er ist ein Mittel der Aufbaudokumentation, mit dem die Stellenbesetzung ausgewiesen wird. Der Stellenbesetzungsplan kann manuell oder durch EDV-Ausdruck der Stellen bzw. der Arbeitsplatzstammdatei erstellt werden und ist in einfacher bzw. erweiterter Form gestaltbar.</td></tr>
<tr><td>Strategische Allianz</td><td>Sie ist eine Vereinbarung zwischen Unternehmen, auf bestimmten Gebieten zusammenzuarbeiten. In der Praxis können sie sehr unterschiedlich ausgeprägt sein, z. B. als:
❍ Informelle Abkommen ohne bindende Absprachen zwischen zwei oder mehreren Unternehmen.
❍ Kooperationsvereinbarungen in Bezug auf bestimmte betriebliche Funktionalbereiche, z. B. Forschung und Entwicklung.
❍ Errichtung von Gemeinschaftsunternehmen in Bezug auf Joint Ventures.</td></tr>
<tr><td>Subsystem</td><td>Beim Subsystem bestehen mehrere Organisationseinheiten als Untersysteme des Unternehmens, z. B. Abteilungen, Gruppen, Stellen. So ergibt sich eine Systemhierarchie, die aus einer Unterordnung und Überordnung von Systemen besteht.</td></tr>
<tr><td>Synektik</td><td>Sie ist eine Kreativitätstechnik, bei der eine Zusammenfassung von Elementen bewirkt wird, die von Natur aus nicht zueinander gehören. Dabei wird in zwei Schritten vorgegangen:
❍ Zunächst wird »Fremdes vertraut gemacht«
❍ Sodann wird versucht »Vertrautes fremd zu machen«, sich also von Gewohntem zu lösen und neue Blickwinkel zu öffnen.</td></tr>
<tr><td>System</td><td>Ein System ist eine gegenüber der Umwelt abgegrenzte Gesamtheit von Elementen, die miteinander in Beziehung stehen. Zu unterscheiden sind:
❍ Bestandteile des Systems: Aufgaben | Aufgabenträger | Sachmittel | Informationen
❍ Eigenschaften des Systems: Offenheit | Komplexität | Dynamik</td></tr>
<tr><td>System, soziotechnisches</td><td>Es stellt ein Gebilde dar, in dem Elemente als Menschen und Sachmittel im Unternehmen zweckorientiert zusammenwirken. Ein solches System ist recht komplex organisiert. Deshalb erweist es sich als notwendig, spezielle Arten von soziotechnischen Systemen zu unterscheiden:
❍ Subsystem
❍ Teilsystem</td></tr>
<tr><td>Team-organisation</td><td>Sie ist dadurch gekennzeichnet, dass Entscheidungsbefugnisse einem Team übertragen werden. Dabei handelt es sich um eine Gruppe von Personen, die einen bestimmten Aufgabenbereich gemeinsam und weitgehend autonom bearbeiten.</td></tr>
</table>

Teilsystem	Beim Teilsystem erfolgt die Betrachtung eines Systems unter bestimmten Aspekten, z. B. das Verhältnis von Stellen verschiedener Bereiche als Informationssystem, Kommunikationssystem oder als Weisungssystem.
Tensor-organisation	Sie ist eine Form der **Aufbauorganisation**, bei der drei Dimensionen des Unternehmens berücksichtigt werden. Das können z. B. sein: ❍ Zentralbereiche (Forschung und Entwicklung, Beschaffung) ❍ Regionalbereiche (West, Süd, Ost) ❍ Unternehmensbereiche (PKW, LKW, Bus)
Über-organisation	Im Falle einer Überorganisation bleibt den von der Organisation Betroffenen zu wenig Spielraum für freies Handeln. Es werden zu viele Tatbestände einer generellen Regelung unterworfen, sodass **Freiräume** der Mitarbeiter nur **sehr gering** sind.
Unternehmens-aufbau-organisation	Sie ist die wirksame Strukturierung von Stellen, Gruppen, Bereichen und ihren Verbindungen in einem soziotechnischen System. Sie bezieht sich auf das Top Management. Die Unternehmensaufbauorganisation umfasst: ❍ Die **horizontale Unternehmensstrukturierung** in vier Schritten: – Stellenaufbauorganisation – Gruppenaufbauorganisation – Bereichsaufbauorganisation – Unternehmensaufbauorganisation ❍ Die **vertikale Unternehmensstrukturierung** als hierarchische Ordnung, bei der gestaltet werden: – Leitungsspanne – Hierarchieebenen
Unternehmens-prozess-organisation	Sie erfolgt auf der Basis der Einzel-, Gruppen- und Bereichsorganisation und hat die Aufgabe, den gesamten Prozess des Unternehmens – unter Einbezug von Kunden und Lieferanten – zu strukturieren. Es sind zu unterscheiden: ❍ **Teilprozesse** als bereichsübergreifende Prozesse, die sich auf Güter, Zahlungsströme und Informationen beziehen als: – Güterwirtschaftlicher Prozess – Finanzwirtschaftlicher Prozess – Informationeller Prozess ❍ **Unternehmensprozess**, der sich aus dem Zusammenwirken aller Teilprozesse ergibt, einschließlich der Prozesse im Rechnungs- und Personalwesen.
Unter-organisation	Bei der Unterorganisation überwiegen Entscheidungen im Einzelfall. Es werden weniger Tatbestände als zweckdienlich einer generellen Strukturierung unterworfen.
Verantwortung	Sie ist das **persönliche Einstehen** für die Folgen von selbstständigem Handeln und Entscheiden. Das Handeln und Entscheiden erfolgt durch Aktivitäten, aber auch dadurch, dass eine Person ein Tun unterlässt. Als **Arten** der Verantwortung sind zu unterscheiden: ❍ Erfolgs-/Ergebnis-verantwortung ❍ Budgetverantwortung ❍ Personalverantwortung ❍ Sachmittel-verantwortung
Verbindungs-wege	Mit ihnen werden jeweils mindestens zwei Stellen in einem Unternehmen miteinander verbunden. Sie werden auch **Informationswege** und **Kommunikationswege** genannt. Als Verbindungswege lassen sich nennen:

	○ **Längsverbindungen** als Ausdruck von Über- und Unterstellungsverhältnissen mit voller Weisungsbefugnis ○ **Querverbindungen**, die horizontal ohne Weisungsbefugnisse der Aufgabenträger gegeben sind ○ **Diagonalverbindungen**, die auf einem begrenzten Teilsektor ein Entscheidungsrecht bewirken ○ **Richtlinienverbindungen**, die dem Aufgabenträger Einfluss auf Träger anderer Bereiche ermöglichen, um die Einhaltung von Richtlinien sicherzustellen. Außerdem gibt es **Außenverbindungen** zwischen dem Unternehmen und anderen Organisationen.
Wandel	Er ist ein kontinuierlicher Prozess der Veränderung in und von Unternehmen. Jede gravierende Änderung der Situation, in der sich ein Unternehmen befindet, erzeugt den Bedarf nach organisatorischem Wandel. Dabei sind zu unterscheiden ○ Der **ungeplante Wandel**, der nicht beabsichtigt ist, zufällig erfolgt und über längere Zeit mehr oder weniger unbemerkt bleiben kann. ○ Der **geplante Wandel**, der alle absichtlichen Anstrengungen im Unternehmen zur zielgerichteten Organisationsplanung umfasst. Seine konzeptionelle Gestaltung stellt die Organisationsentwicklung dar.
Wertschöpfungsbezogene Organisation	Ziel der wertschöpfungsbezogenen Organisation ist es, durch die ganzheitliche Betrachtung des Wertschöpfungsprozesses Wettbewerbsvorteile gegenüber Konkurrenten des Unternehmens zu schaffen. Dabei lassen sich unterscheiden: ○ Das **Outsourcing**, das als das Ausgliedern von einzelnen Aufgaben bis hin zu ganzen Funktionsbereichen aus der eigenen Unternehmenskompetenz bezeichnet wird. Es basiert auf einer **Make-or-Buy-Analyse**, mit deren Hilfe der Nutzen einer Fremdvergabe von Prozessen geprüft wird. ○ Das **Insourcing**, das ein dem Outsourcing gegenläufiger Prozess ist, bei dem eine **Re-Integration** outgesourcter Aktivitäten vorgenommen wird, z. B. weil die Unternehmen mit Produktionsverlagerungen auf ausländische Fremdfirmen, die vor allem von mittelständischen Unternehmen primär aus Kostenüberlegungen vorgenommen wurden, mitunter erhebliche Schwierigkeiten hatten.
Wirtschaftlichkeitsanalyse	Sie ist als **Analysetechnik** ein Ausdruck dafür, inwieweit die organisatorische Gestaltung dem Wirtschaftlichkeitsprinzip genügt. Die Wirtschaftlichkeitsanalyse ist ein Maß für die Einhaltung des ökonomischen Prinzips.
Zentralisation	Sie ist im Rahmen der **Aufbauorganisation** die Zusammenfassung gleichartiger Teilaufgaben zu einem Zentrum als Mittelpunkt. Die Zentralisation kann z.B. sein: ○ Verrichtungszentralisation ○ Entscheidungszentralisation ○ Phasenzentralisation
Zielplanung	Als Teil der **Organisationsplanung** schließt sie sich der Organisationsanalyse an. Mit ihr werden die Ziele der Organisationsstruktur festgelegt, z.B. ○ Aufgabenorientierte Ziele ○ Sozialorientierte Ziele ○ Flexibilitätsorientierte Ziele

Literaturverzeichnis

A. Grundlagen

Bea/Göbel, Organisation, 2. Aufl., Stuttgart 2002

Biermann, Th., Kompakt-Training Dienstleistungsmanagement, Ludwigshafen/Rhein 2003

Bleicher, K., Organisatorische(n) Gestaltung, Theorie der, in: HWO, Hrsg. *E. Frese*, 3. Aufl., Stuttgart 1992, Sp. 1883-1900

Bleicher, K., Organisation - Strategien - Strukturen - Kulturen, 2. Aufl., Wiesbaden 1991

Bussiek/Ehrmann, Buchführung, 7. Aufl., Ludwigshafen/Rhein 2002

Bühner, R., Betriebswirtschaftliche Organisationslehre, 9. Aufl., München/Wien 1999

Ditges/Arendt, Bilanzen, 10. Aufl., Ludwigshafen/Rhein 2002

Drumm, H.J., Organisationsplanung, in: HWO, Hrsg. *E. Frese*, 3. Aufl., Stuttgart 1992, Sp. 1589-1602

Ebel, B., Produktionswirtschaft, 8. Aufl., Ludwigshafen/Rhein 2003

Ehrmann, R., Logistik, 4. Aufl., Ludwigshafen/Rhein 2003

Ehrmann, R., Unternehmensplanung, 4. Aufl., Ludwigshafen/Rhein 2002

French/Bell, Organisationsentwicklung, 4. Aufl., Bern/Stuttgart/Wien 1994

Frese E., Grundlagen der Organisation, 7. Aufl., Wiesbaden 1998

Frese/Gagsch, Organisationsanalyse, in: HWP, Hrsg. *Gaugler / Weber*, 2. Aufl., Stuttgart 1992, Sp. 1455-1467

Gabele, E., Reorganisation, in: HWO, Hrsg. *E. Frese*, 3. Aufl., Stuttgart 1992, Sp. 2196-2211

Gaitanides, M., Prozessorganisation, München 1983

Gaugler, E., Instanzenbildung als Problem der betrieblichen Führungsorganisation, Berlin 1966

Gebert, D., Organisationsentwicklung, in: HWB, Bd. 2, Hrsg. *Wittmann / Kern / Köhler / Küpper / v. Wysocki*, 5. Aufl., Stuttgart 1993, Sp. 3007-3018

Geldern, M.v., Organisation, Frankfurt/New York 1997

Gomez/Zimmermann, Unternehmensorganisation, 3. Aufl., Frankfurt/New York 1997

Grefe, C., Kompakt-Training Bilanzen, 3, Aufl., Ludwigshafen/Rhein 2003

Grefe, C., Unternehmenssteuern, 6. Aufl., Ludwigshafen/Rhein 2003

Grochla, E., Grundlagen organisatorischer Gestaltung, Stuttgart 1995

Grote, M., Change-Management: Organisations- und Personalentwicklung in Banken, in: Kompendium bankbetrieblicher Anwendungsfelder, Hrsg. Bankakademie e. V., Frankfurt/Main 2001, S. 57 ff.

Gutenberg, E., Grundlagen der Betriebswirtschaftslehre, Bd.1, Die Produktion, 24. Aufl., Berlin u.a. 1984

Hammer/Champy, Business Reengineering, 6. Aufl., Frankfurt/New York 1996

Hansen/Neumann, Wirtschaftsinformatik, 8. Aufl., Stuttgart 2002

Heinrich, L.J., Systemplanung I, 7. Aufl., München/Wien 1996

Hill/Fehlbaum/Ulrich, Organisationslehre, Bd. 1 u. 2, 5. Aufl., Bern/Stuttgart 1994

Holey/Welter/Wiedemann, Wirtschaftsinformatik, 8. Aufl., Ludwigshafen/Rhein 2004

Hopfenbeck, W., Allgemeine Betriebswirtschafts- und Managementlehre, 13. Aufl., Landsberg/Lech 2000

Jahrmann, F.U., Außenhandel, 10. Aufl., Ludwigshafen/Rhein 2001

Jung, H., Allgemeine Betriebswirtschaftslehre, 7. Aufl., München/Wien 2001

Kieser, A. (Hrsg.), Organisationstheorien, 3. Aufl., Stuttgart 1999

Kieser/Kubicek, Organisation, 3. Aufl., Berlin 1992

Kosiol, E., Organisation der Unternehmung, 2. Aufl., Wiesbaden 1976

Koslowski/Kohlmaier, Controlling-Wörterbuch der Praxis, Deutsch/Englisch u. Englisch/Deutsch, Stuttgart 2001

Krüger, W., Organisation der Unternehmung, 3. Aufl., Stuttgart 1994

Langenbeck, J., Bilanzanalyse, 2. Aufl., Ludwigshafen/Rhein 2003

Lindelaub, H., Organisator, in: HWO, Hrsg. E. Frese, 3. Aufl., Stuttgart 1992, Sp. 1874-1883

Macharzina, K., Unternehmensführung, 3. Aufl., Wiesbaden 1999
Marr/Köting, Implementierung, organisatorische, in: HWO, Hrsg. E. Frese, 3. Aufl., Stuttgart 1992, Sp. 827-841
Mertens, P. (Hrsg.), Lexikon der Wirtschaftinformatik, 4. Aufl., Berlin u.a. 2001
Oeldorf/Olfert, Materialwirtschaft, 10. Aufl., Ludwigshafen/Rhein 2002
Olfert, K., Personalwirtschaft, 10. Aufl., Ludwigshafen/Rhein 2003
Olfert, K., Investition, 9. Aufl., Ludwigshafen/Rhein 2003
Olfert, K., Kostenrechnung, 13. Aufl., Ludwigshafen/Rhein 2003
Olfert, K., Kompakt-Training Personalwirtschaft, 3. Aufl., Ludwigshafen/Rhein 2003
Olfert/Pischulti, Kompakt-Training Unternehmensführung, 2. Aufl., Ludwigshafen/Rhein 2002
Olfert/Rahn, Einführung in die Betriebswirtschaftslehre, 7. Aufl., Ludwigshafen/Rhein 2003
Olfert/Rahn, Lexikon der Betriebswirtschaftslehre, 4. Aufl., Ludwigshafen/Rhein 2001
Olfert/Reichel, Finanzierung, 12. Aufl., Ludwigshafen/Rhein 2003
Olfert/Reichel, Kompakt-Trainig Finanzierung, 3. Aufl., Ludwigshafen/Rhein 2003
Olfert/Reichel, Kompakt-Training Investition, 3. Aufl., Ludwigshafen/Rhein 2003
Olfert/Steinbuch, Organisation, 13. Aufl., Ludwigshafen/Rhein 2003
Pfeiffer/Weiß, Lean-Management, 2. Aufl., Berlin 1994
Pischulti, H., Direktbankgeschäft, Frankfurt/Main 1997
Probst/Büchel, Organisationales Lernen: Wettbewerbsvorteil der Zukunft, Wiesbaden 1994
Rahn, H. J., Informationsmanagement stärkt die Kooperation, in: PW, 18. Jg. 1991, S. 42-45
Rahn, H. J., Organisation, Würzburg 1995
Rahn, H.J., Führung von Gruppen, 4. Aufl., Heidelberg 1998
Rahn, H.J., Führung von Gruppen, in: Personal, 52. Jg. 2000, S. 332-339
Rahn, H.J., Unternehmensführung, 5. Aufl., Ludwigshafen/Rhein 2002
Remer, A., Organisationstheorien, in: HWB, Bd. 2, Hrsg. Wittmann/Kern/Köhler/Küpper/ v.Wysocki, 5. Aufl., Stuttgart 1993, Sp. 3057-3074
Rosenstiel, L.v., Grundlagen der Organisationspsychologie, 5. Aufl., Stuttgart 2003
Sattelberger, Th. (Hrsg.), Die lernende Organisation, 3. Aufl., Wiesbaden 1996
Schanz, G., Organisationsgestaltung, 2. Aufl., München 1994
Scheer, A.W., Wirtschaftsinformatik, 7. Aufl., Berlin u.a. 1998
Schmidt, G., Methode und Techniken der Organisation, 12. Aufl., Gießen 2000
Scholz, Ch., Effektivität und Effizienz, in: HWO, Hrsg. E. Frese, 3. Aufl., Stuttgart 1992, Sp. 533-552
Schwarz, H., Betriebsorganisation als Führungaufgabe, 9. Aufl., Landsberg/Lech 1983
Schwarze, J., Einführung in die Wirtschaftsinformatik, 5. Aufl., Herne/Berlin 2000
Stahlknecht, P., Einführung in die Wirtschaftsinformatik, 10. Aufl., Berlin u.a. 2002
Steinbuch, P.A., Prozessorganisation – Business Reengineering – Beispiel R/3, Ludwigshafen/Rhein 1998
Thom, N., Organisationsentwicklung, in: HWO, Hrsg. E. Frese, 3. Aufl., Stuttgart 1992, Sp. 1477-1491
Ulrich, H., Die Unternehmung als produktives soziales System, 2. Aufl., Berlin/Stuttgart 1970
Vahs, D., Organisation, 4. Aufl., Stuttgart 2003
Weis, C., Marketing, 13. Aufl., Ludwigshafen/Rhein 2004
Weis, C., Kompakt-Training Marketing, 3. Aufl., Ludwigshafen/Rhein 2003
Welge, M. K., Organisationsform, Einflußgrößen der, in: HWB, Bd. 2, Hrsg. Wittmann/Kern/Köhler/Küpper/v.Wysocki, 5. Aufl., Stuttgart 1993, Sp. 3019-3031
Ziegenbein, K., Controlling, 7. Aufl., Ludwigshafen/Rhein 2002
Zimmermann, G., Organisationsabteilung, in: HWO, Hrsg. E. Frese, 3. Aufl., Stuttgart 1992, Sp. 1471-1477
Zschenderlein, O., Kompakt-Training Buchführung, Ludwigshafen/Rhein 2003

B. Organisationsinstrumente

Birker, K., Management-Organisation, Berlin 1998
Ebel, B., Kompakt-Training Produktionswirtschaft, Ludwigshafen/Rhein 2002

Ebel, B., Produktionswirtschaft, 3. Aufl., Ludwigshafen/Rhein 2003
Föhr, S., Organisation und Gleichgewicht, Wiesbaden 1997
Frese, E., Grundlagen der Organisation, 7. Aufl., Wiesbaden 1998
Heinrich, L.J., Systemplanung I, 7. Aufl. München/Wien 1996
Henkel/Schwetz, Schwachstellenanalyse, Techniken der, in: HWO, Hrsg. E. Frese, 3. Aufl., Stuttgart 1992, Sp. 2245-2255
Hill/Fehlbaum/Ulrich, Organisationslehre, Bd. 1 u. 2, 5. Aufl., Bern/Stuttgart 1994
Jost, P.J., Organisation und Koordination, Wiesbaden 1998
Kosiol, E., Organisation der Unternehmung, 2. Aufl., Wiesbaden 1976
Krüger, W., Organisation der Unternehmung, 3. Aufl., Stuttgart 1994
Leibfried/McNair, Benchmarking, München 1995
Michel, R.M., Rhetorik und Präsentation, Heidelberg 2000
Oechsler, W.A., Kreativitätstechniken, in: LdB, Hrsg. H. Corsten, München/Wien, 1992, Sp. 502-506
Oeldorf/Olfert, Materialwirtschaft, 10. Aufl., Ludwigshafen/Rhein 2002
Olfert, K., Kostenrechnung, 13. Aufl., Ludwigshafen/Rhein 2003
Olfert, K., Personalwirtschaft, 10. Aufl., Ludwigshafen/Rhein 2003
Olfert, K., Kompakt-Training Personalwirtschaft, 3. Aufl., Ludwigshafen/Rhein 2003
Olfert/Pischulti, Kompakt-Training Unternehmensführung, 2. Aufl., Ludwigshafen/Rhein 2002
Olfert/Rahn, Einführung in die Betriebswirtschaftslehre, 7. Aufl., Ludwigshafen/Rhein 2003
Olfert/Rahn, Lexikon der Betriebswirtschaftslehre, 4. Aufl., Ludwigshafen/Rhein 2001
Olfert/Steinbuch, Kompakt-Training Projektmanagement, 3. Aufl., Ludwigshafen/Rhein 2002
Olfert/Steinbuch, Organisation, 13. Aufl., Ludwigshafen/Rhein 2003
Probst, G.J.B., Organisation, Landsberg/Lech 1993
Rahn, H.J., Organisation, Würzburg 1995
Rahn, H.J., Unternehmensführung, 5. Aufl., Ludwigshafen/Rhein 2002
Refa (Hrsg.), Methodenlehre der Betriebsorganisation, 2. Aufl., München 1993
Schanz, G., Organisationsgestaltung, 2. Aufl., München 1994
Schmidt, G., Methode und Techniken der Organisation, 12. Aufl., Gießen 2000
Schreyögg, G., Organisation, 3. Aufl., Wiesbaden 1999
Schulte-Zurhausen, M., Organisation, 2. Aufl., München 1999
Uebele, H., Kreativität und Kreativitätstechniken, in: HWP, Hrsg. Gaugler/Weber, 2. Aufl., Stuttgart 1992, Sp. 1165-1179
Vahs, D., Organisation, 4. Aufl., Stuttgart 2003
Weidner/Freitag/Gernet/Ulbrich, Organisation in der Unternehmung, 5. Aufl., München/Wien 1996
Weis, C., Marketing, 12. Aufl., Ludwigshafen/Rhein 2001
Wiendahl, H.P., Betriebsorganisation für Ingenieure, 4. Aufl., München/Wien 1997
Wittlage, H., Unternehmensorganisation, 6. Aufl., Herne/Berlin 1998
Ziegenbein, K., Controlling, 7. Aufl., Ludwigshafen/Rhein 2002
Zimmermann, G., Organisationsabteilung, in: HWO, Hrsg. E. Frese, 3. Aufl., Stuttgart 1992, Sp. 1471-1477
Zschenderlein, O., Kompakt-Training Buchführung, Ludwigshafen/Rhein 2003

C. Aufbauorganisation

Acker, H.B., Organisationsanalyse, 7. Aufl., Baden-Baden 1973
Alewell, K., Regionalorganisation, in: HWO, Hrsg. E. Frese, 3. Aufl., Stuttgart 1992, Sp. 2184-2196
Bea/Göbel, Organisation, 2. Aufl., Stuttgart 2002
Beuermann G., Zentralisation und Dezentralisation, in: HWO, Hrsg. E. Frese, 3. Aufl., Stuttgart 1992, Sp. 2611-2625
Birker, K., Management Organisation, Berlin 1998
Bleicher, K., Organisation - Strategien - Strukturen - Kulturen, 2. Aufl., Wiesbaden 1991
Braun/Beckert, Funktionalorganisation, in:HWO, Hrsg. E. Frese, 3. Aufl., Stuttgart 1992, Sp. 640-655
Bronner, R., Verantwortung, in: HWO, Hrsg. E. Frese, 3. Aufl., Stuttgart 1992, Sp. 640-655

Bullinger /Warnecke (Hrsg.), Neue Organisationsformen im Unternehmen, Berlin u.a. 1996

Bühner, R., Gestaltung von Konzernzentralen, Wiesbaden 1996

Bühner, R., Betriebswirtschaftliche Organisationslehre, 9. Aufl., München /Wien 1999

Büschgen, H.E., Kreditinstitute, Organisation der, in: HWO, Hrsg. E. Frese, 3. Aufl., Stuttgart 1992, Sp. 2464-2480

Burghardt, M., Einführung in das Projektmanagement, 2. Aufl., Berlin/München 1999

Drumm, H.J., Organisationsplanung, in: HWO, Hrsg. E. Frese, 3. Aufl., Stuttgart 1992, Sp. 1519-1602

Falk/Wolf, Handelsbetriebslehre, 11. Aufl. Landsberg (Lech) 1992

Farny, D., Versicherungsbetriebslehre, 2. Aufl., Karlsruhe 1995

Farny, D., Versicherungsbetriebe, Organisation der, in: HWO, Hrsg. E. Frese, 3. Aufl., Stuttgart 1992, Sp. 2572-2581

Frese, E., Grundlagen der Organisation, 7. Aufl., Wiesbaden 1998

Frese, E., Organisationsstrukturen, mehrdimensionale, in: HWO, Hrsg. E. Frese, 3. Aufl., Stuttgart 1992, Sp. 1670-1688

Gaugler, E., Instanzenbildung als Problem der betrieblichen Führungsorganisation, Berlin 1966

Hammer/Champy, Business Reengineering, 6. Aufl., Frankfurt/New York 1996

Heinrich, L.J., Systemplanung, Band 1, 7. Aufl., München 1996

Hauschildt, J., Verantwortung, in:HWFü, Hrsg. Kieser/Reber/Wunderer, 2. Aufl., Stuttgart 1995, Sp. 2097-2106

Hildebrandt, K., Informationsmanagement: Wettbewerbsorientierte Informationsverarbeitung, München 1995

Hill/Fehlbaum/Ulrich, Organisationslehre, Bd. 1 u. 2, 5. Aufl., Bern/Stuttgart 1994

Hoffmann, F., Aufbauorganisation, in: HWO, Hrsg. E. Frese, 3. Aufl., Stuttgart 1992, Sp. 208-221

Ihde/Bjelicic, Verkehrsbetriebe, Organisation der, in: HWO, Hrsg. E. Frese, 3. Aufl., Stuttgart 1992, Sp. 2541-2554

Jung, H., Allgemeine Betriebswirtschaftslehre, 7. Aufl., München/Wien 2001

Jung, H., Personalwirtschaft, 5. Aufl. München/Wien 2003

Kieser, A. (Hrsg.), Organisationstheorien, 3. Aufl., Stuttgart 1999

Kieser/Kubicek, Organisation, 3. Aufl., Berlin 1992

Knebel/Schneider, Die Stellenbeschreibung, 6. Aufl., Heidelberg 1997

Kosiol, E., Organisation der Unternehmung, 2. Aufl., Wiesbaden 1976

Krallmann, H., Systemanalyse in der Unternehmung, 2. Aufl., München 1996

Krüger, W., Organisation der Unternehmung, 3. Aufl., Stuttgart 1994

Kuhn/Keller, Organisation des Bankbetriebs, 2. Aufl., Frankfurt/Main 1994

Kurtenbach/Kühlmann/Käßler-Pawelka, Versicherungsmarketing, 4. Aufl., Frankfurt a.M. 1995

Laux/Liermann, Grundlagen der Organisation, 4. Aufl., Berlin u.a. 1997

Lerchenmüller, M., Handelsbetriebslehre, 3. Aufl., Ludwigshafen/Rhein 1998

Meffert, H., Kundenmanagement, Organisation des, in: HWO, 3. Aufl., Hrsg. E. Frese, Stuttgart 1998, Sp. 1215-1228

Motamedi, S., Präsentation, 2. Aufl., Heidelberg 1998

Obst/Hintner, Geld-, Bank- und Börsenwesen, 40. Aufl., Stuttgart 2000

Olfert, K., Kompakt-Training Personalwirtschaft, 3. Aufl., Ludwigshafen/Rhein 2003

Olfert/Pischulti, Kompakt-Training Unternehmensführung, 2. Aufl., Ludwigshafen/Rhein 2002

Olfert/Rahn, Einführung in die Betriebswirtschaftslehre, 7. Aufl., Ludwigshafen/Rhein 2003

Olfert/Rahn, Lexikon der Betriebswirtschaftslehre, 4. Aufl., Ludwigshafen/Rhein 2001

Olfert/Steinbuch, Organisation, 13. Aufl., Ludwigshafen/Rhein 2003

Olfert/Steinbuch, Kompakt-Training, Projektmanagement, 3. Aufl., Ludwigshafen/Rhein 2002

Probst, G.J.B., Organisation, Landsberg/Lech 1992

Rahn, H.J., Informationsmanagement stärkt die Kooperation, in: PW, 18. Jg. 1991, S. 42-45

Rahn, H.J., Organisation, Würzburg 1995

Rahn, H.J., Führung von Gruppen, 4. Aufl., Heidelberg 1998

Rahn, H.J., Unternehmensführung, 5. Aufl., Ludwigshafen/Rhein 2002

Rühli, E., Organisationsformen, in HWB, Bd. 2, Hrsg. Wittmann/Kern/Köhler/Küpper/v. Wysocki, 5. Aufl., Stuttgart 1993, Sp. 3031-3046

Scheler, U., Informationen präsentieren, 2. Aufl., Offenbach 1997

Schertler, W., Unternehmensorganisation, 6. Aufl., München 1995

Schmidt, G., Methode und Techniken der Organisation, 12. Aufl. Gießen 2000
Scholz, C., Matrix-Organisation, in: HWO, Hrsg. E. Frese, 3. Aufl., Stuttgart 1992, Sp. 1302-1315
Schreyögg, G., Organisation, 3. Aufl., Wiesbaden 1999
Schulte-Zurhausen, M., Organisation, 2. Aufl., München 1999
Schwarz, H., Betriebsorganisation als Führungsaufgabe, 9. Aufl., Freiburg i. Br. 1983
Schwarz/Nicolai, Arbeitsplatzbeschreibungen, 13. Aufl., Freiburg i. Br. 1995
Schweitzer, M., Profit-Center, in: HWO, Hrsg. E. Frese, 3. Aufl., Stuttgart 1992, Sp. 2078-2089
Seifert, J.W., Visualisieren - Präsentieren - Moderieren, 14. Aufl., Offenbach 2000
Staehle, W.H., Management, 8. Aufl., München 1999
Staerkle, R., Leitungssystem, in: HWO, Hrsg. E. Frese, 3. Aufl., Stuttgart 1992, Sp. 1229-1239
Tietz, B., Der Handelsbetrieb, 2. Aufl., München 1993
Vahs, D., Organisation, 4. Aufl., Stuttgart 2003
Welge, M.K., Organisationsform, Einflußgrößen der, in: HWB, Bd. 2, Hrsg. Wittmann/Kern/Köhler/Küpper/v.Wysocki, 5. Aufl., Stuttgart 1993, Sp. 3019-3031
Weidner/Freitag/Gernet/Ulbrich, Organisation in der Unternehmung, 5. Aufl., München/Wien 1996
Wittlage, H., Unternehmensorganisation, 6. Aufl., Herne/Berlin 1998

D. Prozessorganisation

Bea/Göbel, Organisation, 2. Aufl., Stuttgart 2002
Berger/Borke, Handbuch Betriebsorganisation, München 1992
Berndt, **R.** (Hrsg.), Business Reengineering, Berlin 1997
Binner, H. F., Integriertes Organisations- und Prozessmanagement, München 1997
Binner, H.F., Organisations- und Unternehmensmanagement, München/Wien 1998
Birker, K., Management-Organisation, Berlin 1998
Bühner, R., Betriebswirtschaftliche Organisationslehre, 9. Aufl., München/Wien 1999
Bühner, R., Strategie und Organisation, 2. Aufl., Wiesbaden 1993
Bühner, R., Gestaltung von Konzernzentralen, Wiesbaden 1996
Derszteler, G., Workflow Management Cycle, in: Wirtschaftsinformatik, H 6 1996, S. 591 ff.
Doppler/Lauterburg, Change Management, 2. Aufl., Frankfurt/New York 1994
Drumm, H.J., Organisationsplanung, in: HWO, Hrsg. E. Frese, 3. Aufl., Stuttgart 1992, Sp. 1589-1602
Eversheim W. (Hrsg.), Prozessorientierte Unternehmensorganisation, 2. Aufl., Berlin u. a. 1996
Fischermanns/Liebelt, Grundlagen der Prozessorganisation, 5. Aufl., Gießen 2000
Franz/Scholz, Prozessmanagement leichtgemacht, München/Wien 1996
Freilinger/Klis, Organisation 2000, Wiesbaden 1994
Frese E., Grundlagen der Organisation, 7. Aufl., Wiesbaden 1998
Gaitanides, M., Prozessorganisation, München 1983
Gaitanides, M., Ablauforganisation, in: HWO, Hrsg. E. Frese, 3. Aufl., Stuttgart 1992, Sp. 2-18
Gaitanides/Scholz/Vrohlings/Raster (Hrsg.), Prozessmanagement, München 1994
Gomez/Zimmermann, Unternehmensorganisation, 3. Aufl., Frankfurt/New York 1997
Göbel, E., Theorie und Gestaltung der Selbstorganisation, Berlin 1998
Götzer, K.G., Innovative Organisationsstrukturen mit Office-Reengineering, Wiesbaden 1995
Grupp, B., Methoden und Techniken der EDV-Organisation, 3. Aufl., Köln 1993
Hammer/Champy, Business Reengineering, 6. Aufl., Frankfurt/New York 1996
Hammer/Stanton, Die Reengineering Revolution, Frankfurt/Main 1995
Heinrich, L.J., Systemplanung, Band 1, 7. Aufl., München 1996
Hess, T., Entwurf betrieblicher Prozesse, Wiesbaden 1996
Hill/Fehlbaum/Ulrich, Organisationslehre, Bd. 1 u. 2, 5. Aufl., Bern/Stuttgart 1994
Holey/Welter/Wiedemann, Wirtschaftsinformatik, 8., Aufl., Ludwigshafen/Rhein 2004
Imai, M., Kaizen, 7. Aufl., Frankfurt/Berlin 1992
Jablonski, **S.**, Workflow Managementsysteme, Bonn 1996
Jost, P.-J., Organisation und Koordination, Wiesbaden 1998
Keller/Teufel, SA-P R/3, prozessorientiert anwenden, Bonn 1997

Kieser/Kubicek, Organisation, 3. Aufl., Berlin 1992
Klepzig/Schmidt, Prozessmanagement mit System, Wiesbaden 1997
Kosiol, E., Organisation der Unternehmung, 2. Aufl., Wiesbaden 1976
Krallmann, H., Systemanalyse in der Unternehmung, 2. Aufl., München 1996
Krickl, O.C., Geschäftsprozessmanagement - Prozessorientierte Organisationsgestaltung und Informationstechnologie, Heidelberg 1994
Krickl, O.C., Business Redesign, Wiesbaden 1995
Krüger, W., Organisation der Unternehmung, 3. Aufl., Stuttgart 1994
Laux/Liermann, Grundlagen der Organisation, 4. Aufl., Berlin u.a. 1997
Leibfried/McNair, Benchmarking, München 1995
Liebelt, W., Ablauforganisation, Methoden und Techniken der, in: HWO, Hrsg. E. Frese, 3. Aufl., Stuttgart 1992, Sp. 19-34
Liebelt/Sulzenberger, Grundlagen der Ablauforganisation, Gießen 1992
Mangler, W.D., Grundlagen und Probleme der Organisation, Köln 2000
Meyer/Stopp, Betriebliche Organisationslehre, 13. Aufl., Renningen 1997
Müller, B., Reengineering, Stuttgart 1997
Nippa/Picot (Hrsg.), Prozessmanagement und Reengineering, Frankfurt/New York 1995
Österle/Vogler, Praxis des Workflow-Management, Braunschweig/Wiesbaden 1996
Olfert/Pischulti, Kompakt-Training Unternehmensführung, 2. Aufl., Ludwigshafen/Rhein 2002
Olfert/Rahn, Einführung in die Betriebswirtschaftslehre, 7. Aufl., Ludwigshafen/Rhein 2003
Olfert/Rahn, Lexikon der Betriebswirtschaftslehre, 4. Aufl., Ludwigshafen/Rhein 2001
Olfert/Steinbuch, Organisation, 13. Aufl., Ludwigshafen/Rhein 2003
Osterloh/Frost, Prozessmanagement als Kernkompetenz, Wiesbaden 1996
Picot/Dietl/Franck, Organisation, Stuttgart 1997
Probst, G.J.B., Organisation, Landsberg/Lech 1992
Rahn, H.J., Organisation, Würzburg 1995
Rahn, H.J., Führung von Gruppen, 4. Aufl., Heidelberg 1998
Rahn, H.J., Unternehmensführung, 5. Aufl., Ludwigshafen/Rhein 2002
REFA (Hrsg.), Methodenlehre der Betriebsorganisation, Ablauforganisation im Bürobereich, München 1992
Reinwald, B., Workflow-Management in verteilten Systemen, Stuttgart 1993
Ross/Ray, Unternehmensorganisation, Regensburg 1997
Scheer, A.W., Prozessorientierte Unternehmensmodellierung Wiesbaden 1994
Schertler, W., Unternehmensorganisation, 6. Aufl., München 1995
Schmidt, G., Methode und Techniken der Organisation, 12. Aufl., Gießen 2000
Schmidt, G., Prozessmanagement, Berlin u. a. 1997
Schnauber/Kröll (Hrsg.), Gruppenarbeit und Lernende Organisation, Berlin 1997
Schönheit, M., Wirtschaftliche Prozeßgestaltung, Berlin 1997
Schreyögg, G., Organisation, 3. Aufl., Wiesbaden 1999
Schulte-Zurhausen, M., Organisation, 2. Aufl., München 1999
Schwarze, J., Systementwicklung, Herne/Berlin 1995
Seghezzi, H.D., Integriertes Qualitätsmanagement, München/Wien 1996
Servatius, H., Business Process Reengineering, Stuttgart 1994
Vahs, D., Organisation, 4. Auflage, Stuttgart 2003
Weidner/Freitag/Gernet/Ulbrich, Organisation in der Unternehmung, 5. Aufl., München/Wien 1996
Wenzel, P. (Hrsg.), Geschäftsprozessoptimierung mit SAP R/3, Braunschweig/Wiesbaden 1995
Wersch, M., Workflow-Management, Wiesbaden 1995
Wiendahl, H.P., Betriebsorganisation, 4. Aufl., Hannover 1996
Wiendahl, H.P., Betriebsorganisation für Ingenieure, 4. Aufl., München/Wien 1997
Wiesner/Pensel, Workflow-Management, Bonn 1997
Wilhelm, R., Prozessorganisation, München/Wien 2003
Wiswede, G., Gruppen und Gruppenstrukturen, in: HWO, Hrsg. E. Frese, 3. Aufl., Stuttgart 1992, Sp. 735-754
Wittlage, H., Unternehmensorganisation, 6. Aufl., Herne/Berlin 1998

E. Projektorganisation

Aggteleki, B., Projektplanung, München 1992
Beck, Th., Die Projektorganisation und ihre Gestaltung, Berlin 1996
Becker,P., Grundlagen erfolgreichen Projektmanagements, Freiburg 1997
Birker, K., Projektmanagement, 2. Aufl., Berlin 1999
Bohn, T., Projektmanagement im Abwasserwesen und Abfallwesen, Renningen 1999
Boy/Dudek/Kuschel, Projektmanagement, Offenbach 1996
Boutellier, R., Projektmanagement in der Beschaffung, München 2000
Burghardt, M., Einführung in das Projektmanagement, 2. Aufl., Berlin/München 1999
Dörfel, H., Projektmanagement, Renningen 2000
Grün, O., Projektorganisation, in: HWO, Hrsg. E. Frese, 3. Aufl., Stuttgart 1992, Sp. 2102-2116
Grupp, B., Methoden und Techniken der EDV-Organisation, 3. Aufl., Köln 1993
Grupp, B., EDV-Projekte richtig dokumentieren, Köln 1991
Haberfellner, R., Projektmanagement, in: HWO, Hrsg. E. Frese, 3. Aufl., Stuttgart 1992, Sp. 2090-2102
Hansel/Lomnitz, Projektleiter-Praxis, 2. Aufl., Berlin 1992
Harrison, T., Projektmanagement, Frankfurt/New York 1991
Haynes, M.E., Projektmanagement, Wien/Frankfurt 1999
Heeg, F.J., Projektmanagement, 2. Aufl., München 1993
Heinrich, L.J., Systemplanung, Band 1, 7. Aufl., München 1996
Heintel/Krainz, Projektmanagement, 3. Aufl., Wiesbaden 1994
Hill/Fehlbaum/Ulrich, Organisationslehre, Bd. 1 u. 2, 5. Aufl., Bern/Stuttgart 1994
Horváth, P., Controlling, 8. Aufl., München 2001
Imai, M., Kaizen, 7. Aufl., Frankfurt/Berlin 1992
Jendrosch, Th., Projektmanagement, Wiesbaden 1998
Kellner, H., Projekte erfolgreich führen, München 1996
Kessler/Winkelhofer, Projektmanagement, Berlin/Heidelberg/New York 1997
Klose, B., Projektabwicklung, 2. Aufl., Wien 1996
Krallmann, H., Systemanalyse in der Unternehmung, 2. Aufl., München 1996
Kraus/Westermann, Projektmanagement mit System, 2. Aufl., Wiesbaden 1997
Kummer/Spöhler/Wyssen, Projektmanagement, 3. Aufl., Zürich 1991
Kupper, H., Zur Kunst der Projektsteuerung, 8. Aufl., München 1996
Laux/Liermann, Grundlagen der Organisation, 4. Aufl., Berlin u.a. 1997
Lange, D. (Hrsg.) Management von Projekten, Stuttgart 1995
Litke, H.D., DV-Projektmanagement, München/Wien 1996
Lock, D., Projektmanagement, Wien 1997
Madauss, B.J., Handbuch Projektmanagement, 5. Aufl., Stutgart 1994
Mahnke, H., Projektmanagement mit dem PC, 2. Aufl., Würzburg 1990
Mangler, W.D., Grundlagen und Probleme der Organisation, Köln 2000
Mehrmann/Wirtz, Effizientes Projektmanagement, 4. Aufl., München 2000
Mende/Bieta, Projektmanagement, München/Wien 1997
Mees, J., Projektmanagement in neuen Dimensionen, 2. Aufl., Wiesbaden 1995
Michel, R., Projektcontrolling und Reporting, 2. Aufl., Heidelberg 1996
Neumann/Bredemeier, Projektmanagement von A-Z, Frankfurt/New York 1996
Olfert, K., Investition, 9. Aufl., Ludwigshafen/Rhein 2003
Olfert, K., Personalwirtschaft, 10. Aufl., Ludwigshafen/Rhein 2003
Olfert, K., Kostenrechnung, 13. Auflage, Ludwigshafen/Rhein 2003
Olfert, K., Kompakt-Training Personalwirtschaft, 3. Aufl., Ludwigshafen/Rhein 2003
Olfert, K., Kompakt-Training Kostenrechnung, 3. Aufl., Ludwigshafen/Rhein 2003
Olfert/Pischulti, Kompakt-Training Unternehmensführung, 2. Aufl., Luwigshafen/Rhein 2002
Olfert/Rahn, Lexikon der Betriebswirtschaftslehre, 4. Aufl., Ludwigshafen/Rhein 2001
Olfert/Rahn, Einführung in die Betriebswirtschaftslehre, 7. Aufl., Ludwigshafen/Rhein 2003
Olfert/Reichel, Finanzierung, 12. Aufl., Ludwigshafen/Rhein 2003
Olfert/Reichel, Kompakt-Training Investition, 3. Aufl., Ludwigshafen/Rhein 2003
Olfert/Reichel, Kompakt-Training Finanzierung, 3. Aufl., Ludwigshafen/Rhein 2003

Olfert/Steinbuch, Projektmanagement, 3. Aufl., Ludwigshafen/Rhein 2002
Olfert/Steinbuch, Organisation, 13. Aufl., Ludwigshafen/Rhein 2003
Rahn, H.J., Organisation, Würzburg 1995
Rahn, H.J., Führung von Gruppen, 4. Aufl., Heidelberg 1998
Rahn, H.J., Unternehmensführung, 5. Aufl., Ludwigshafen/Rhein 2002
REFA (Hrsg.), Methodenlehre der Betriebsorganisation, Bd. Ablauforganisation im Bürobereich, München 1992
Rinza, P., Projektmanagement, 4. Aufl., Berlin/Heidelberg/New York 1998
Ross/Ray, Unternehmensorganisation, Regensburg 1997
Schertler, W., Unternehmensorganisation, 6. Aufl., München 1995
Schmidt, G., Methode und Techniken der Organisation, 12. Aufl., Gießen 2000
Schnorrenberg/Rassenberg, Risikoanalyse im Projektmanagement, Braunschweig/Wiesbaden 1996
Schreyögg, *G.,* Organisation, 3. Aufl., Wiesbaden 1999
Schröder, E.F., Modernes Unternehmen-Controlling, 7. Aufl., Ludwigshafen/Rhein 2000
Steinberg, C., Projektmanagement in der Praxis, 2. Aufl., Düsseldorf 1996
Steinle/Bruch/Lawa (Hrsg.), Projektmanagement, Frankfurt 1995
Schwarze, J., Systementwicklung, Herne/Berlin 1995
Schwarze, J., Netzplantechnik, 7. Aufl., Herne,/Berlin 1994
Wischnewski, E., Modernes Projektmanagement, 5. Aufl., Wiesbaden 1996
Ziegenbein, K., Controlling, 7. Aufl., Ludwigshafen/Rhein 2002
Zielasek, G., Projektmanagement, Berlin/Heidelberg/New York 1995

Stichwortverzeichnis

ABC-Analyse 71, 74
Ablaufdiagramm 191
Ablaufdokumentation 190
Ablaufkarte 191
Ablauforganisation 157
Abnahmeprotokoll 190
Abschlussarbeiten 225
Abschlussbericht 187, 190
Abstimmungskollegialität 120
Abteilung 118
Allianzen, strategische 53
Alternativenauswahl 58
Analysetechniken 71
Anforderungsprofil 57, 100, 212
Antragskompetenz 102
Arbeitsablauf 191
Arbeitsanalyse 164
Arbeitsbefugnisse 169
Arbeitsfestlegungen 168
Arbeitsgang(gestaltung) 164, 166
Arbeitsmittel 166
Arbeitsorganisation 117
Arbeitsplatz 94
Arbeitsplatzbedarfsermittlung 168
Arbeitsplatzbeschreibung 145, 151, 169
Arbeitsplatzgestaltung 168
Arbeitsprozess(gestaltung) 157, 169
Arbeitssynthese 166
Arbeitsteilung 165
Arbeitsträger 166
Arbeitsverteilung 166
Aufbauanalyse 56, 82
Aufbaucontrolling 41, 59, 154
Aufbaudokumentation 145
Aufbaueinführung 41, 140
Aufbauentscheidung 58
Aufbauentwicklung 141
Aufbaufestlegung 93
Aufbaugestaltung 41, 115
Aufbaukontrolle 144, 155
Aufbauorganisation 41, 81
Aufbauplanung 86, 155
Aufbaupräsentation 142
Aufbaurealisierung 143
Aufbausteuerung 155
Aufbauvorbereitung 41, 82, 141
Aufgaben .... 26 f., 101
Aufgabenanalyse 89
Aufgabenkontrolle 230
Aufgabenplanung 188, 210, 229
Aufgabensynthese 91
Aufgabenträger 99
Aufgabenverteilungsplan 153
Auftrag(serledigung) 81, 158, 175, 198
Ausgabe 167
Außenverbindung 106
Auszahlung 18, 178, 182

Balkendiagramm 213
Bedarfsanforderung 175
Bedingung 191
Befähigung 99, 100
Befragung 65
Befugnis 101
Benchmarking 71
Beobachtung 68
Bereich(saufbauorganisation) 41, 110, 116, 118
Bereichsinstanz 92
Bereichsprozess 173
Bereichsprozessorganisation 42, 159, 172
Bericht(swesen) 61, 85, 161
Betriebsgröße 36
Blockdiagramm 193
Blockschaltbild 192
Brainstorming/-writing 75, 76
Budgetverantwortung 103
Business Reengineering 45, 138, 157

Center-Organisation 132, 136
Checkliste(ntechnik) 71, 161
Coaching 48
Computerkosten 218
Controlling 16, 151, 226
Controllingaufgaben 61, 155, 228
Controllinggruppen 108
Controllinginstanzen 60, 154, 194, 226
Cost-Center 136

Dachgesellschaft 137
Datenerhebungsverfahren 49
Datenflussplan 193
Datenverarbeitung 56
Datenverarbeitungshandbuch 145
Datenverarbeitungsmittel 63
Dezentralisation 96
Diagonalverbindung 105
Diagramm 214
Direktorialprinzip 121
Disposition 23, 29
-, freie/gebundene 25, 26
Divisionalorganisation 129
Divisionsmodell 122
Dokumentationsauswertung 70, 83, 160
Dokumentieren 222
Dreigremium-Modell 119
Drei-Stufen-Prozessmethode 78, 157

EDV-Leitung 115
Effizienz 30
-, ökonomische/soziale 30
Einflussfaktoren 32, 36
-, externe 36

-, gegenwarts-/vergangenheitsbezogene 36
Einführungsentscheidung 224
Einführungskontrolle 225
Einführungssteuerung 224
Eingabe 167
Eingremium-Modell 119
Einzahlung 18, 178, 182
Einzelprozessorganisation 42, 159, 163
Entscheidung(salternativen) 58
Entscheidungsdezentralisation 96
Entscheidungskompetenz 102
Entscheidungstabelle 191
Entscheidungszentralisation 95
Ergebniskontrolle 230
Ergebnisverantwortung 103
EVA-Prinzip 167
Experiment 71

Fähigkeitsprofil 212
Feedback-Verfahren 49
Fertigungsbereich/-wirtschaft 17, 109, 111, 151
Fertigungsbereichsleitung 112
Fertigungsbereichsprozess 174
Fertigungsgruppe 108
Fertigungsinsel 170
Fertigungskontrolle 111, 175
Fertigungsplanung 111
Fertigungstechnologie 36, 127
Fertigungsvorbereitung 175
Finanz- und Rechnungswesen 113, 151
-, Leitung 114
Finanzbereich/-wirtschaft 16, 113
Finanzbereichsprozess 178
Finanzierung 113
Finanzkontrolle 230
Finanzplanung 219, 229
Finanzwesengruppe 108
Flipchart 143
Flussdiagramm 193
Fortschrittsbericht 231
Fragebogen 49, 66, 83, 160
Fremdcontrolling 226
Fremdleistungskosten 218
Funktionalorganisation 128
Funktionendiagramm 153
Funktionsmatrix 153
Funktionsmeistersystem 125
Funktionsmodell 121
Funktionssystem 125
Funktionsverteilungsplan 153

GANTT-Technik 217
Gesamtaufgabe 89
Gesamtcontroller 60, 155, 194, 227, 228
Gesamtcontrolling 60
Gesamteffizienz 31
Gesamtleitungsinstanz 92
Gesamtprojektaufgabe 211
Geschäftseinheit, strategische 137
Gleichgewicht 23, 29
Großunternehmen 55
Gruppe 110
-, informelle 40
-, teilautonome 53
Gruppenaufbauorganisation 41, 107, 116
Gruppenberater 110
Gruppeninstanz 92
Gruppenprozess 170
Gruppenprozessorganisation 42, 159, 170
Gruppensitzung 76
Gruppensprecher 110

Handout 143
Hardware 63
Hauptabteilung 118
Hierarchieebene 117
Holding-Organisation 132, 137

Implementierung 28
Improvisation .... 24 f., 29
Informatik 20
Informatikgruppe 108
Information 61, 114
Informationsaufgaben 114
Informationsbereich 16, 114, 180
Informationsbereichsprozess 180
Informationskompetenz 102
Informationsmittel 144
Informationstechnologie 36, 127
Informationsversorgung 230
Informationswege 103, 146
Insourcing 50
Instanz 91, 93
Instanzenweg 123
Intervention 47
-, gruppen-/individuenbezogene 47
-, organisationsbezogene 47
Interview 65, 83, 160
Investment-Center 136
Ist-Analyse 84
Ist-Aufnahme(-Techniken) 65, 82, 84, 159
Ist-Kritik 84, 85, 161
Ist-Zustand, Aufnahme/Kritik 209

Job description 151
Joint Venture 54
Just-in-Time-Konzept/Prinzip 52, 171

Kapitalbeteiligung 54
Kapitalkosten 218
Kapitalverwaltung 179
Kapitalverwendung 179
Karriereplanung 48
Kassationskollegialität 120

Kennzahlentechnik ... 72
Kernprozess ... 45
Kollegialprinzip ... 120
Kollegium ... 202
Kommunikationsdiagramm ... 145
Kommunikationsmittel ... 64
Kommunikationsnetzwerk ... 145
Kommunikationstabelle ... 145
Kommunikationsweg ... 103
Kommunizieren ... 221
Kompetenz ... 101
Konflikt ... 133
Konfrontationstreffen ... 49
Konkurrenz(verhältnisse) ... 38
Kontrollaufgabe ... 114, 229
Kontrolle ... 61
Konzept ... 49
-, kooperatives/wertschöpfendes ... 49
-, Lean-/Team-Konzepte ... 49
Konzeptplanung ... 87, 163
Kooperationsabsprache ... 53
Koordination ... 33
Kostenplanung ... 229
Kostenrechnung ... 114
Kreativitätstechniken ... 75
Kritik ... 188
Kunden(gruppen) ... 131, 178, 179, 184
Kundenmanagement ... 139
Kundenmanager ... 139
Kundenmodell ... 122
Kundenorganisation ... 131, 139
Kundenstruktur ... 38
Kundenziele ... 34

Lagerdisposition ... 176
Längsverbindung ... 104
Lean Management/Production ... 51
Leitung ... 16
Leitungsorgan ... 118
Leitungsspanne ... 117, 118
Lieferanten(struktur) ... 38, 176, 179, 184
Linienabteilung ... 56
Liniencontroller ... 60
Linien-Kundenmanagement ... 139
Linien-Produktmanagement ... 138
Linien-Projektmanagement/-organisation . 140, ... 206
Linienstelle ... 94
Liniensystem ... 123, 128
-, mit Querverbindungen ... 124
Listungstechnik ... 217
Logistik ... 17
Lösen ... 221
Lösungseinführung ... 224
Lower Management ... 107

Make-or-Buy-Analyse ... 50
Management-Holding ... 137
Marketing ... 151
Marketingbereich ... 17, 112
Marketingbereichsleitung ... 111
Marketingbereichsprozess ... 172
Marketinggruppe ... 108
Marketingkontrolle ... 112
Marketingplanung ... 112
Materialbedarf(splanung) ... 110, 171
Materialbereich/-wirtschaft ... 17, 110, 111, 151
Materialbereichsleitung ... 112
Materialbereichsprozess ... 175
Materialbeschaffung(splanung) ... 111
Materialbestand(splanung) ... 111
Materialkontrolle ... 111
Materialwirtschaftsgruppe ... 108
Matrix-Kundenmanagement ... 139
Matrixorganisation ... 133
Matrix-Produktmanagement ... 138
Matrix-Projektmanagement ... 140
Matrix-Projektorganisation ... 205
Mehrliniensystem ... 125
Meilensteinbericht ... 231
Methode 635 ... 76
Mischformen-Modell ... 123
Mitarbeiterqualifikation ... 169
Mitarbeiterschulung ... 224
Mitarbeiterziele ... 34
Morphologie ... 77
Multimomentaufnahme ... 68

Nachsteuerung ... 222
Netzplan(technik) ... 215
Neuorganisation ... 43, 88, 157
NPI-Modell ... 49

Objektanalyse ... 89
Objektdezentralisation ... 96
Organigramm ... 40, 104, 105
Organisation ... 16 f., 18 ff., 37, 39, 43
-, Alter ... 37
-, anlassbezogene ... 43
-, entstehungsbezogene ... 39
-, formelle/informelle ... 39
-, gegenstandsbezogene ... 40
-, lernende ... 46
-, schlanke ... 51
Organisationsausschuss ... 60
Organisationsabteilung ... 55
Organisationsanalyse ... 27, 56, 82
Organisationsauffassungen ... 20
Organisationsaufgabe ... 43
Organisationsauftrag ... 59, 81, 158
Organisationsausschuss ... 155, 194
Organisationsbeurteilung ... 31
Organisationscontrolling ... 59, 60
Organisationseinführung ... 28, 56

Organisationseinheit 93
Organisationsentscheidung 58
Organisationsentwicklung 46
Organisationsfehler 27, 28
Organisationsform 126, 146
-, abgeleitete 127, 136
-, grundlegende 127
Organisationsgestaltung 28, 56
Organisationshandbuch 145
Organisationsinstrument 35, 63
Organisationskontrolle 28
Organisationsmethode 35, 78
Organisationsmittel 35, 63
Organisationsphasen 47
Organisationsplan(ung) 27, 56, 146
Organisationsprinzipien 92
Organisationsproblem 32, 160
Organisationsprozess 27, 59
Organisationsregelung 145
Organisationssystem 123, 146
Organisationsteam 56
Organisationstechniken 35, 57, 64
Organisationsvorbereitung 27
Organisationsziele 27, 29, 33
Organisator 56
Orgware 63
Outsourcing 50

Partnerunternehmen 54
Personalbedarf(splanung) 212
Personalbereich/-wesen/-wirtschaft 16, 112, 151
Personalbereichsleitung 113
Personalbereichsprozess 176
Personalbeschaffung 177
Personalcontrolling 177
Personaleinsatz 177
Personalentwicklungsplan(ung) 212
Personalfreistellung 177
Personalhandbuch 145
Personalkontrolle 113, 177, 230
Personalkosten 218
Personalplan(ung) 113, 177, 188, 212, 229
Personalverantwortung 103
Personalwesengruppe 108
PERT-Diagramm 215
Pfad, kritischer 213, 216
Phasenanalyse 89
Phasendezentralisation 96
Phasengliederung 90
Phasenzentralisation 95
PLANNET-Technik 217
Präsentationserfolg 143
Präsentationsregeln 142
Präsentieren 221
Primatkollegialität 120
Prinzipien-Modelle 120
Problem 140
Problemabgrenzung 209
Problemanalyse 208
Problemdarlegung 209
Problemdefinition 209
Problemermittlung 208
Problemlösungstechniken 75
Process Reengineering 45
Produktionsdurchführung 174
Produktionsfaktoren 15
-, dispositive/elementare 15
Produktionskontrolle 174
Produktionssteuerung 174
Produktionsvorbereitung 174
Produktivität 33
Produktmanagement/-manager 137, 138
Produktorganisation 130
Profit-Center 136, 149
Programmablaufplan 193
Programmierung 186
Projekt, Arten 198
Projektabschlussbericht 230
Projektanalyse 56, 209
Projektarbeiten 221
Projektaufbauorganisation 42, 199
Projektaufgaben 199
Projektauflösung 225
Projektauftrag 198, 207
Projektauslösung 220
Projektbefugnis 200
Projektbegründung 221
Projektbericht 230
Projektbesprechung 231
Projektcontroller/-controlling 42, 59, 226
Projektdokumentation 225
Projekteinführung 42, 223
Projektentscheidung 58, 221
Projekterfolg 220
Projektgestaltung 42, 220, 228
Projektgruppe 200
Projektinformation 231
Projektkonferenz 231
Projektkontrolle 222, 228
Projektkoordinator 204
Projektkostenplan 218
Projektleiter 197, 199, 203, 205, 228
Projektliste 213
Projektmanagement/-manager 139, 140
Projektnachweis 225
Projektorganisation 42, 197
-, begrenzte 205, 227
-, reine 203
Projektpersonalplan 213
Projektplan(ung) 210, 228, 230
Projektprozessorganisation 42, 207
Projektsonderbericht 230
Projektstart 221
Projektstatusbericht 230

Projektsteuerung ... 222, 231
Projektstrukturplan ... 211, 218
Projekttermin ... 213
Projektterminplan ... 217
Projektverantwortung ... 200
Projektvorbereitung ... 42, 208
Projektziel ... 199, 210, 223
Protokollieren ... 222
Prozess, finanz-/güterwirtschaftlicher ... 182
-, informationeller ... 183
Prozessanalyse ... 56, 159
Prozessanlauf ... 189
Prozessberatung ... 48
Prozesscontrolling ... 42, 59, 194
Prozessdiagramm ... 191
Prozessdokumentation ... 190
Prozesseinführung ... 187
Prozessentscheidung ... 58
Prozessgestaltung ... 42
Prozessinformation ... 195
Prozesskontrolle ... 189, 195
Prozessmanagement/-manager ... 138
Prozess-Manager-Organisation ... 138
Prozessorganisation ... 157
-, Ziele ... 158, 162
Prozessplanung ... 162, 194
Prozesspräsentation ... 188
Prozessrealisation ... 189
Prozesssteuerung ... 195
Prozessvorbereitung ... 41, 158, 187
Prüffragenkatalog ... 72
Prüfliste ... 72, 85, 161

Qualifikation ... 57, 117, 200
Qualitätsstrategie ... 51
Qualitätszirkel ... 53
Querkontakt ... 104
Querverbindung ... 104

Ranganalyse ... 89
Ranggliederung ... 90
Rangordnung ... 40, 94
Recherchieren ... 221
Rechnungswesen ... 16, 113
Rechnungswesengruppe ... 108
Rechnungswesenprozess ... 179
Rechtsform ... 37
Rechtsform-Modelle ... 119
Reengineering ... 44
Regelung, fallweise/generelle ... 19
Regionalbereich ... 135
Regionalorganisation ... 131
Regionenmodell ... 122
Re-Integration ... 50
Reorganisation ... 43, 44, 82, 85, 157
Ressortkollegialität ... 120, 121
Ressort-Modell ... 121
Revenue-Center ... 136
Richtlinienverbindung ... 105

Sachmittel ... 63
Sachmittelausstattung ... 169
Sachmittelplan ... 218
Sachmittelplan(ung) ... 217, 229
Sachmittelverantwortung ... 103
Schulung ... 189
Schwachstelle ... 72
Schwachstellenanalyse ... 71, 73
Sektoralorganisation ... 127
Selbstaufschreibung ... 69, 83, 160
Sensitivitätstraining ... 48
SGE-Management/-Organisation ... 132, 137
Shareholder Value ... 45
Situationsfaktor ... 36
Software ... 63
Spartenorganisation ... 129, 136, 137
Stabliniensystem ... 125, 130
Stabsabteilung ... 57
Stabscontroller ... 60
Stabs-Kundenmanagement ... 139
Stabsprinzip ... 125
Stabs-Produktmanagement ... 138
Stabs-Projektmanagement ... 140
Stabsstelle ... 94
Startvorbereitung ... 224
Stelle ... 91, 118
Stellenanforderung ... 152
Stellenaufbauorganisation ... 41, 88
Stellenaufgabe ... 152
Stellenbefugnis ... 152
Stellenbeschreibung ... 151, 169
Stellenbesetzungsplan(ung) ... 152
Stellenbezeichnung ... 151, 153
Stelleneinordnung ... 151
Stellengestaltung ... 88
Stelleninhaber ... 153
Stellenorganisation ... 116
Stellenverantwortung ... 152
Stellenziel ... 152
Stellvertretung ... 152
Steuerung ... 61
Steuerungsaufgaben ... 114
Steuerungsmaßnahmen ... 61, 231
Stichprobenverfahren ... 68
Störgröße ... 222
Substitutionsgesetz ... 19
Survey-Research ... 49
Synektik ... 77
System ... 20 ff.
Systemanalyse ... 82, 159
Systemdokumentation ... 190
Systemhierarchie ... 21

Tätigkeit ... 97 f.

-, zeitbezogene 97
Tätigkeitsbeschreibung 151
Teamarbeit 52
Teamentwicklung 48
Teamorganisation 52, 110
Teilaufgabe 89
Teilsystem 22
Tensororganisation 135
Terminkontrolle 230
Terminplan(ung) 188, 213, 229
Terminverantwortung 103
Tool 64
TQM-Konzept 51
Transaktionsanalyse 48

Überorganisation 22 f.
Umfeldanalyse 38
Unternehmensaufbauorganisation 41, 115, 116
Unternehmensberater 184
Unternehmensbereiche 135
Unternehmensentwicklung 37
Unternehmensform 127
Unternehmensführung 17
Unternehmensgröße 117, 127
Unternehmensleiter/-leitung 54, 57, 60, 90, 119, 124 ff., 155, 186, 194, 203 ff., 227
Unternehmensprozess 184
Unternehmensprozessorganisation 42, 159, 181
Unternehmensstrukturierung 115
-, horizontale/vertikale 115
Unterorganisation 22 f.

Verantwortung 102
Verbesserungsprozess, kontinuierlicher 52
Verbindungsweg 103
Verhandeln 221
Verpflichtungskompetenz 102
Verrichtung 128
Verrichtungsanalyse 89
Verrichtungszentralisation 95
Vertretungskompetenz 102
Verwaltungsaufgaben 90, 114
Vier-Stufen-Projektmethode 79, 198
Visualisieren 222
Visualisierungsmittel 142
Vorgabe 64
Vorsteuerung 222

Wandel 46
Weisungsbefugnis/-kompetenz 102, 104
Wertschöpfung 50
Widerstand 140, 144
Wirtschaftlichkeit 28 f., 33
Wirtschaftlichkeitsanalyse 71, 73

Zahlungsverkehr 113
Zehn-Stufen-Aufbaumethode 78, 81
Zeit 165
Zeitaufwand 90
Zeitbelastung 98
Zentralabteilung 129 f.
Zentralbereich 135
Zentralisation 95
Ziel 32 f.
Zielplanung 86, 162
Zweckanalyse 90
Zweckaufgabe 90s
Zweigremium-Modell 119

Knaur

Karin Iden

Wok macht schlank

- 2 bis 3 kg pro Woche abnehmen
- 100 leckere Rezepte

www.knaur-ratgeber.de

Inhaltsverzeichnis

Abnehmen macht Spaß ... 4
Das richtige Gewicht ... 5

Die richtige Ernährung ... 6
Eiweiß ... 6
Fett ... 7
Kohlenhydrate ... 8
Mineralstoffe, Spurenelemente und Vitamine ... 8
Flüssigkeit ... 9

Genussvoll schlank werden ... 10
Mit allen Sinnen genießen ... 11
Positiv denken ... 11
Inseln schaffen ... 11
Bewegung tut gut ... 12
Für die Zukunft ... 12

Ganz und gar exotisch – Die Wok-macht-schlank-Diät ... 12
Asiens Küche - leicht und lecker ... 13
Gesund und kalorienarm ... 14
Mood-food aus dem Wok ... 14
Das dürfen Sie täglich essen ... 15
Gemeinsame Gaumenfreuden ... 15

Der Wok – die Wunderpfanne ... 16
Die verschiedenen Garzonen ... 17
Diese Geräte erleichtern die Arbeit ... 18
Die Garmethoden ... 19
Gut vorbereitet ist fast gegart ... 19

Asiatisch aromenstark ... 20
Die wichtigsten Zutaten ... 20

Rezepte ... 22

Frühstück
Vergnügt in den Tag (200 kcal) ... 22

Müsli

Zum Energietanken (200 kcal) 36

Hauptgerichte

Von würzig bis scharf (400 kcal) 48

Kleine Gerichte

Pikant gemischt (200 kcal) 82

Imbisse

Asiatisch, frisch und schnell (100 kcal) 102

Extras für den kleinen Hunger

Imbisse mit je 100 Kalorien 118

Die 4-Wochen-Diät 120

Rezeptregister 127

Impressum 128

Abnehmen macht Spaß

Wer sich zu einer Diät entschlossen hat, weiß mittlerweile, dass es nicht um Verbote und Selbstkasteiung geht. Crash-Diäten sind passé: Sie versprechen zwar eine rasche Gewichtsabnahme, das Erfolgserlebnis ist aber meistens nur kurz. Mangelerscheinungen und Depressionen können die Folgen sein. Besonders fatal: Es wird die Basis für den Jo-Jo-Effekt gelegt.

Wichtig ist das individuelle Wohlfühlen. Dabei geht es nicht nur um »figürliche« Aspekte. Gesundheit und Lebensfreude spielen eine große Rolle. Sich in seiner Haut wohl fühlen bedeutet jedoch für die meisten Menschen auch, dem Idealgewicht nahe zu sein. Um dies zu erreichen, bedarf es einer ausgewogenen Ernährung. Das Abnehmen soll langsam, ernährungsbewusst und mit Freude vor sich gehen. Haben Sie also Geduld mit sich und ihrem Körper auf dem neuen Weg zum Wohlfühlen und zu einem konstanten Gewicht.

Das richtige Gewicht

Bei einer Diät geht es darum, die Kalorienzufuhr zu reduzieren – mit einem ausgewogenen Speiseplan, der alle notwendigen Nährstoffe enthält. Bevor Sie eine Diät beginnen, klären Sie, wie viel Sie gegenwärtig wiegen. Zu empfehlen ist auch ein Gespräch mit Ihrem Hausarzt. Und dann planen Sie, wie viel Sie abnehmen möchten. Bleiben Sie dabei realistisch und nehmen Sie sich nicht zu viel auf einmal vor.

Als Richtlinie für die Ermittlung des Normalgewichts dient heute der Body-Mass-Index (BMI). Er wird folgendermaßen errechnet: Körpergewicht (kg) dividiert durch das Quadrat der Körpergröße (m). In unserem Beispiel ergibt das einen BMI von 23,42. Bei einem BMI ab 30 sollten Sie dringend mit ihrem Hausarzt über Ihr Gewichtsproblem sprechen. Liegt Ihr Gewicht 2 bis 3 Kilogramm über dem Normalgewicht, ist das vom medizinischen Standpunkt

Beispiel für die BMI-Berechnung:

$$\frac{63}{1{,}64\ \text{m} \times 1{,}64\ \text{m}} = 23{,}42$$

her noch in Ordnung. Fühlen Sie sich damit nicht wohl, reduzieren Sie Ihr Gewicht, z. B. mit ein paar Diättagen.

BMI-Werte für ein Alter von 19–34 Jahren:
Normalgewichtig: 19 bis 24 (Frauen)/20 bis 25 (Männer)
Übergewichtig: 25 bis 30 (Frauen)/26 bis 30 (Männer)
Starkes Übergewicht: 30

Die richtige Ernährung

Wie viel Energie ist enthalten?
1 Gramm Eiweiß und 1 Gramm Kohlenhydrate liefern jeweils 4 Kilokalorien (17 kJ); 1 Gramm Fett 9 Kilokalorien (37 kJ). 1 Gramm Alkohol liefert 7 Kilokalorien (30 kJ).

Der Körper benötigt rund um die Uhr Energie: für Atmung, Herz-Kreislauf-Tätigkeit, den Stoffwechsel und für die Aufrechterhaltung der Körpertemperatur. Diese Energie ist in unserer Nahrung enthalten oder genauer gesagt in den darin vorkommenden Nährstoffen Eiweiß, Fett und Kohlenhydrate. Nach der Aufspaltung der Nahrung werden die Nährstoffe zu den Körperzellen transportiert und dort abgebaut bzw. verbrannt. Das Maß für die Energie ist die Kilokalorie (kcal) bzw. Kilojoule (kJ). 1 Kilokalorie entspricht etwa 4,2 Kilojoule.

Eiweiß

Protein (Eiweiß) ist der Baustoff aller Körperzellen. Da diese ständig aufgebaut und erneuert werden, sind sie auf die regelmäßige Zufuhr von Eiweiß angewiesen. Eiweiß wird aus verschiedenen Bausteinen, den Aminosäuren, gebildet. Einige davon kann der Körper nicht selbst herstellen. Diese (essentiellen) Aminosäuren müssen durch die Nahrung aufgenommen werden. Hierbei ist die biologische Wertigkeit des Eiweißes von Bedeutung. Obwohl die biologische Wertigkeit von tierischem Eiweiß (Fleisch, Fleischwaren, Käse und Eier) höher ist als bei pflanzlichem Eiweiß, werden beim Verzehr auch unerwünschte Inhaltsstoffe wie Fett, Purine und Cholesterin mitgeliefert. Zu empfehlen ist deshalb eine Mischung von tierischen (Milch und Milcherzeugnisse, Eier, Käse, Fleisch und Fisch) und pflanzlichen Eiweißträgern (Getreideerzeugnisse, Hülsenfrüchte – besonders auch Soja –, Kartoffeln, Pilze oder Nüsse).

Der Kneiftest
Drücken Sie die obere Hautfalte von Taille, Bauch und Oberschenkel zwischen Daumen und Zeigefinger zusammen. Wer eine mehr als 2,5 cm dicke Speckschicht zwischen den Fingern hält, ist übergewichtig.

Fett

Auch Fett (Lipoide) benötigt der Organismus. Fett ist ein gewaltiger Energielieferant. Mit gut doppelt so vielen Kalorien wie Eiweiß oder Kohlenhydrate, ist es dennoch ein lebenswichtiger Nährstoff, auf den nicht vollständig verzichtet werden darf. Fett kann im Körper gespeichert werden und steht somit zur Verfügung, wenn der Organismus stark belastet wird. Ein Zuviel an Fett setzt sich allerdings als Fettpölsterchen ab und ist schließlich verantwortlich für das Übergewicht.

Die Art des Fettes (Schmelzverhalten, Geschmack, gesundheitliche Bedeutung) wird durch den Gehalt an gesättigten und ungesättigten Fettsäuren bestimmt. So enthalten z. B. viele pflanzliche Öle einen hohen Anteil an ungesättigten Fettsäuren, tierische Fette dagegen bestehen vorwiegend aus gesättigten Fettsäuren. Geben Sie ungesättigten Fettsäuren den Vorzug. Fett ist nicht nur ein Energielieferant, es spielt auch eine wichtige Rolle bei der Erschließung der fettlöslichen Vitamine A, D, E und K.

Cholesterin ist eine fettähnliche, lebensnotwendige Substanz, die der gesunde Körper in ausreichender Menge selbst produzieren kann. Cholesterin ist erforderlich zur Herstellung von Hormonen, Gallensäure und Vitamin D sowie zum Aufbau von Nervengewebe und Zellwänden. Hoher Fleisch- und Eierkonsum führen zu einer unerwünschten überhöhten Cholesterinaufnahme sowie infolgedessen zu kritischen Cholesterinspiegeln.

Stark empfohlen: Weniger Fett

Der tägliche Fettverbrauch für einen gesunden Erwachsenen, der keine Diät durchführt, liegt lt. Ernährungsbericht der DGE (Deutsche Gesellschaft für Ernährung) in Deutschland pro Person bei 100 Gramm. Das ist zu viel! Mehr als 60 bis 80 sollten es nicht sein. Und wie reduzieren? Empfehlung: Bei Aufschnitt die Fettränder abschneiden, bei Fleisch magere Stücke aussuchen. Kalorienreduzierte Produkte (z.B. von Du darfst) für belegte Brote sind hilfreich zur Fettreduzierung. Sie sparen z.B. mit Halbfettbutter 18 Kilokalorien pro Brotscheibe, mit fettreduzierter Salami 45 Kilokalorien pro Brotscheibe und mit fettarmem Fleischsalat 45 Kilokalorien pro Portion von 50 Gramm.

Kohlenhydrate

Kohlenhydrate liefern dem Körper Energie, die er in Kraft und Wärme umwandelt. Sie sind aber auch für die Gehirnleistung und den Fettstoffwechsel erforderlich. Kohlenhydrate sind in zucker- und stärkehaltigen Nahrungsmitteln enthalten. Kohlenhydrate aus Zucker, Konfitüre, Honig, Süßigkeiten, Kuchen, weißem Mehl und zuckerhaltigen Getränken (Limonaden) werden besonders schnell in Energie umgewandelt. Ein Zuviel dieser Produkte verdrängt die mineral- und vitaminreichen Lebensmittel und führt ebenso wie erhöhter Fettkonsum innerhalb kurzer Zeit zu Fettpölsterchen.

Ballaststoffreiche Lebensmittel, so genannte komplexe Kohlenhydrate, z.B. aus Vollkornprodukten, Kartoffeln, Natur-Reis oder Gemüse, verweilen länger im Magen, machen daher satt und vermindern vorzeitiges Hungergefühl.

Mineralstoffe, Spurenelemente und Vitamine

Diese Wirkstoffe sind Baustoffe mit Reglerfunktion, sie sind wichtig für Wachstum, Ausnutzung der Nahrung und Stoffwechsel-

funktionen. Um Mangelerscheinungen zu vermeiden, müssen sie täglich mit der Nahrung zugeführt werden.
Hier die wichtigsten Mineralstoffe und Spurenelemente: Calcium, Kalium, Natrium, Magnesium, Phosphor, Eisen, Fluor, Jod.
Vitamine sind Wirkstoffe. Sie liefern keine Kalorien, dennoch werden sie zur Ausübung und zur Aufrechterhaltung vieler Körperfunktionen benötigt. Sie schützen vor Infektionen und Stress und sind natürliche Schönheitsmittel. Vitamine werden unterteilt in wasser- und fettlösliche. Zu den wasserlöslichen Vitaminen gehören die Vitamine B_1, B_2, Niacin, Vitamin B_6, Folsäure, Vitamin B_{12}, Panthothensäure, Biotin und Vitamin C. Die fettlöslichen Vitamine A, D, E und K können in Anwesenheit von etwas Fett in den Speisen besser verwertet werden.

Vitamine sind licht- und wasserscheu

Vitamine mögen weder Hitze, Licht noch Wasser und/oder Luft. Deshalb sollten alle Rohprodukte möglichst rasch verbraucht werden und bis dahin schonend gelagert werden.

Ballaststoffe sind kein Ballast

Unter Ballast wird im Allgemeinen etwas Überflüssiges verstanden. Doch Ballaststoffe sind kein »Ballast«. Diese unverdaulichen Bestandteile der pflanzlichen Lebensmittel wie Faserstoffe, Gerüstsubstanzen, Schalen oder Zellwände sind in Vollkorn-Getreideprodukten, in Hülsenfrüchten, Kartoffeln, in Obst und Gemüse, Trockenfrüchten und Nüssen enthalten. Ballaststoffe regen die Kautätigkeit an, machen für längere Zeit angenehm satt, und sie helfen dem Darm bei seiner Arbeit. Besonders interessant für alle, die eine Diät machen: Ballaststoffe liefern keine Kalorien.

Flüssigkeit

Je nach Geschlecht und Alter besteht der Körper eines Erwachsenen zu 50 bis 60 Prozent aus Wasser. Wasser ist nicht nur Transportmittel für Nährstoffe und Sauerstoff, es ist auch beteiligt an der Blutbildung, der Ausschüttung von Verdauungssäften, dem Quellen und der Fortbewegung des Speisebreis im Darm. Wasser

dient der Ausscheidung von Stoffwechselprodukten über die Nieren und hilft bei der Wärmeregulation. Ohne Wasser geht also nichts! Wassermangel kann daher zu schweren gesundheitlichen Schäden führen. Der tägliche Wasserbedarf eines Erwachsenen liegt bei 2,5 Liter pro Tag. Etwa 0,5 bis 1 Liter werden unter normalen Umständen mit der festen Nahrung aufgenommen. Die restlichen 1,5 bis 2 Liter müssen als Trinkflüssigkeit zugeführt werden.
Bei einer Diät ist die Flüssigkeitsaufnahme noch wichtiger, denn durch die Gewichtsreduktion werden Schlacken und Abfallstoffe ausgeschwemmt. Zu bevorzugen sind kalorienfreie Getränke: Mineralwasser (möglichst natriumarm und magnesiumreich) oder Früchte- und Kräuterteesorten, außerdem: salzfreie Fleisch- und Gemüsebrühen, auch Kaffee (mit wenig oder ohne Milch und ohne Zucker) kann in Maßen genossen werden. Ebenfalls erlaubt sind Kur-Molke, Natursäfte und kalorienarme Erfrischungsgetränke – aber bitte nicht ausschließlich. Das Hauptgetränk sollte Wasser sein!

Genussvoll schlank werden

Ein Erwachsener (zwischen 25 und 64 Jahren) mit vorwiegend sitzender Tätigkeit benötigt nicht mehr als 1800 bis 1900 Kilokalorien (Frauen) bzw. 2200 bis 2400 Kilokalorien (Männer). Werden pro Tag weniger Kilokalorien als benötigt aufgenommen, kann mit Sicherheit das Gewicht reduziert werden. Wer den Genuss kultiviert, langsam isst und gründlich kaut, sorgt dafür, dass die Nahrung im Magen gut aufgeschlossen ankommt. So sättigen die Gerichte schneller und andauernder. Da das Sättigungsgefühl erst nach 15 bis 20 Minuten eintritt, soll auf jeden Fall nicht zu schnell gegessen werden. Auch wenn die Diät-Portion klein ausfällt, eine Diät ist etwas für genießerische Langsam-Esser.

Mit allen Sinnen genießen

Eine wohlschmeckende, gut zusammengestellte Mahlzeit, eingenommen in einer angenehmen Umgebung und bei bester Stimmung, trägt wesentlich zum Wohlbefinden bei und hat besonders während einer Diät eine positive Wirkung. Daher ist es nicht unwesentlich, ein Gespür dafür zu entwickeln, dass eine Diät Genuss und Freude nicht ausschließt. Denn alle Sinne essen bekanntlich mit.

Positiv denken

Neben einer ausgewogenen Ernährung ist die Einstellung zum Leben und die Gestaltung des Tagesablaufes von Wichtigkeit. Gehen Sie mit einer positiven Einstellung an die Dinge heran. Grübeln Sie nicht über Probleme, suchen Sie besser nach einer Lösung. Wenn Sie dabei kreativ sind, werden oft ungewöhnliche Ideen zu den wirksamsten.

Inseln schaffen

Finden Sie Ruhe und Entspannung! Horchen Sie in sich hinein und finden Sie Ihr ganz persönliches Wohlfühl-Geheimnis. Schaffen Sie sich eine so genannte »Insel«, auf der Sie von der täglichen Hektik und dem Leistungsdruck ausruhen können. Inseln gibt es viele, das kann der Blick aufs Wasser oder in den Himmel sein, ein schönes Musikstück oder der Aufenthalt im Wellness-Center, ein Liegestuhl auf der Wiese oder z. B. ein Strandspaziergang. Die Zeit des Ausruhens und Entspannens definiert sich für jeden anders. Nur das Ergebnis ist entscheidend.
Der neuste Trend in Fitness-Studios zu diesem Thema heißt »body & mind« und ist eine Mischung verchiedener uralter Entspannungstechniken, aber auf heutige Bedürfnisse zugeschnitten.

Bewegung tut gut

Täglich ein wenig Bewegung ist besonders wichtig. Es gibt kaum etwas Besseres, um das Wohlbefinden zu steigern. Ein Spaziergang an der frischen Luft oder ein Dauerlauf, auch bei schlechtem Wetter und ganz nach Können und Temperament, sollte schon eine halbe Stunde dauern. Auch Schwimmen oder Walken sind gute Möglichkeiten sowie Treppensteigen statt Fahrstuhlfahren, Radfahren statt Autofahren. Für jede Bewegung verbraucht der Körper Energie. Je mehr Sie auf »Trab« kommen, umso mehr Kilokalorien werden verbrannt. Wer sich nicht bewegt, »verbrennt« weniger Energie, und da fällt dann auch das Diätergebnis geringer aus.

Ein bisschen Sport muss sein

Bewegung fördert die Fettverbrennung, verbessert die Blutfettwerte, kräftigt Herz, Lunge und Immunsystem, sorgt für Ausgeglichenheit, baut Stress, Ängste und Depressionen ab und stabilisiert langfristig die Gewichtsreduktion.

Für die Zukunft

Damit das erzielte Diätergebnis zu einem dauerhaften Erfolg wird, ist eine Umstellung der Ernährungsweise erforderlich. Fassen Sie noch während der Diät folgende Vorsätze:

- Immer vielseitig essen: mehr Vollkorn-Produkte, Gemüse, Obst, Salate, fettarme Milchprodukte und mageren Fisch, dafür weniger Fleisch und Wurst (und die auch nur fettarm) und weniger tierische Fette und Eier.
- Alkohol und Salz nur in Maßen konsumieren.
- Reichlich Flüssigkeit (möglichst in Form von Wasser) trinken.
- Alle Mahlzeiten nährstoffschonend und schmackhaft zubereiten.
- Regelmäßige Bewegung.

Ganz und gar exotisch – Die Wok-macht-schlank-Diät

In Asien steht die Kunst des gesunden Genießens seit eh und je hoch im Kurs. So konnten z. B. kreative Köche im alten China am

kaiserlichen Hofe bis in die allerhöchsten Ränge aufsteigen. Wen wundert's, dass chinesische Kochkünstler die phantasievollsten Rezepte entwickelten und versuchten, den Geschmack frischer Leckerbissen mit immer neuen Garmethoden einzufangen. So wurde der Wok erfunden und damit die Technik des Pfannenrührens. Raffinierte Gewürze, frische Zutaten und fettarme Zubereitungsmethoden sind das A und O der fernöstlichen Küche.

Asiens Küche – leicht und lecker

Das Spiel der Gegensätze hat Tradition: Mildes und Scharfes, Süßes und Saures, Zartes und Knackiges werden in Einklang gebracht, so entsteht eine Vielfalt herrlicher Düfte und Aromen. Genießen ist

Pfannenrühren – nährstoffschonend
Beim Pfannenrühren im Wok werden die Speisen auf höchster Energiestufe in wenigen Minuten nährstoffschonend gegart und bleiben so optimal in Form. Alles ist knackig, der Eigengeschmack bleibt erhalten. Die Garzeiten sind niedrig. Die asiatische Küche ist völlig unkompliziert. Probieren Sie diese Aromaküche doch einfach aus.

eine Lebensphilosophie. Das soll auch bei unserer Wok-macht-schlank-Diät so sein. Wenn Sie alles gut einhalten, abwechslungsreich essen, den Wok optimal nutzen, können Sie pro Woche 2 bis 3 Kilogramm abnehmen. Ob Gemüse, Fleisch, Fisch, Nudeln, Reis oder Tofu – genussreich und gesund wird hier aufgetischt.

Gesund und kalorienarm

Es ist längst kein Geheimnis mehr: Die asiatische Küche ist eine der gesündesten. In erster Linie ist damit das Kochen im Wok gemeint. Keine andere Garmethode geht so schonend mit den Lebensmitteln um wie diese. Auch kleine Mengen lassen sich im Wok schnell und schonend zubereiten. Die Zutaten sind klein geschnitten, die relativ kleine Bodenfläche (Bräunungszone) des Wok benötigt nur wenig Fett. Der tiefste Punkt ist gleichzeitig die heißeste Stelle im Wok, wo Temperaturen zwischen 240 ° bis 260 °C erreicht werden. Die hohen Temperaturen sorgen dafür, dass sich die Poren der Zutaten schnell schließen. Somit bleiben Geschmack, Nährstoffe und Vitamine weitestgehend erhalten.

Mood-food aus dem Wok

Essen, das glücklich macht, also »food and mood« gehört zu den Trend-Themen. Die asiatische Küche ist wie geschaffen für diesen modernen Wunsch. Seit tausenden von Jahren steht die Symbiose von Körper und Geist, von gesunden, wertvollen Zutaten und geschmacklichem Genuss hier im Mittelpunkt.

Beim »mood-food« hat Serotonin einen besonderen Stellenwert. Der Neurotransmitter, ein Botenstoff, wirkt im Gehirn, vor allem im Bereich der Regulation von Gefühlen und Stimmungen. Hohe Serotonin-Konzentrationen gehen meist mit ausgeglichener Stimmung, körperlichem und seelischem Wohlbefinden und Zufriedenheit einher. Eine wichtige Voraussetzung für die Produktion von Serotonin ist eine kohlenhydratreiche Ernährung.

Das dürfen Sie täglich essen

Um Ihr persönliches Wohlfühl-Gewicht zu erreichen, zu halten und dabei Spaß am Abnehmen zu haben, finden Sie in diesem Buch eine bunte Mischung von Rezepten und einen 4-Wochen-Plan mit täglich 5 Mahlzeiten, die zusammen 1000 Kilokalorien enthalten. Außer Frühstück und Müsli sind es hauptsächlich asiatische Gerichte. Die Hauptmahlzeiten und die Kleinen Gerichte werden im Wok zubereitet.
Sollten Ihnen die Mengen nicht ausreichen, können Sie die 1000-Kilokalorien-Diät jederzeit um 200 Kilokalorien erweitern, d. h. zusätzlich ein Kleines Gericht (200 Kilokalorien) oder 2 Imbisse (100 Kilokalorien) auswählen. Die Diät ist so variabel, dass alles beliebig wie aus einem Baukasten zusammengestellt werden kann. Die Tagespläne befinden sich im Anhang. Die Rezepte sind in fünf Kapitel unterteilt:

Frühstück (200 Kilokalorien)
Müsli (200 Kilokalorien)
Hauptgerichte (400 Kilokalorien)
Kleine Gerichte (200 Kilokalorien)
Imbiss (100 Kilokalorien)

Gemeinsame Gaumenfreuden

Wer isst eigentlich gern allein? Und bei einer Diät erst recht nicht. Auch in Asiens Küche spielt das gesellige Beisammensein eine große Rolle. Je mehr Gäste zusammensitzen, desto vielfältiger wird die Mahlzeit. Sie können, wenn Sie mehrere Gäste einla-

Gewürze machen gute Laune

Gewürze, besonders die scharfen, sind ebenfalls Faktoren des »mood-food«. Feurige Inhaltsstoffe, Piperin beim Pfeffer, Capsaicin beim Chili und Gingerol beim Ingwer sorgen für gute Laune. Sie reizen nicht nur die Geschmacksnerven, sondern tun auf der Zunge wirklich weh. Bedingt durch den Schmerz werden Endorphine (körpereigene Wirkstoffe) aktiviert, und die machen glücklich. Gerichte, die Pfeffer, Chili oder Ingwer mit Kohlenhydraten kombinieren, tragen zur guten Laune bei.

Mitnehmen an den Arbeitsplatz

- Bereiten Sie eine doppelte Frühstücksmahlzeit zu, packen Sie eine Portion davon ein. Dann haben Sie eine Mahlzeit mit 200 Kilokalorien, die Sie mittags essen; die Mittagsportion mit 400 Kilokalorien essen Sie abends. Von den Kleinen Gerichten sind besonders die kalten zum Mitnehmen geeignet. Nicht vergessen: die Zwischenmahlzeiten mit jeweils 100 Kilokalorien für vormittags und nachmittags.
- Ein Salat lässt sich gut in einer Aufbewahrungsbox transportieren. Das Dressing geben Sie separat in ein Glas. Am Arbeitsplatz wird dann alles vermischt und eventuell noch einmal nachgewürzt.

den, unterschiedliche Haupt- und Kleine Gerichte zubereiten. Das kann dann ein richtiger Ess-Spaß aus dem Wok werden. Wichtig für Ihre Diät ist nur, dass Sie sich an Ihre Kalorienzahl (400- oder 200- Kilokalorien) halten.

Die Rezepte in diesem Buch sind, außer Frühstück und Müsli, hauptsächlich für 2 Portionen ausgelegt. Sollten Sie einen Gast haben, kann auch der die Wok-Diät probieren. Sollten Sie nur für sich allein kochen, ist das auch kein Problem; entweder Sie halbieren die Zutaten oder Sie essen mittags nur die Hälfte und am Abend den zweiten Teil, den Sie mit kalorienarmem Gemüse, wie z. B. Sojabohnen-Keimlingen oder schnell gedünsteten Paprikaschotenstreifen variieren. Mit Sicherheit aber findet sich ein Mitstreiter. Das Erfolgserlebnis des Essens und des Abnehmens mit der Wok-Diät wird nicht nur Ihnen gefallen.

Der Wok – die Wunderpfanne

Leicht, würzig, abwechslungsreich – die asiatische Küche und ganz besonders die Küche Thailands zählt zu den besten der Welt.

Sie ist geprägt von chinesischen, malaiischen, indischen, indonesischen, französischen und portugiesischen Einflüssen. Die regionalen Unterschiede sind minimal – im Norden und Nordosten isst man Klebreis, im übrigen Land wird Langkornreis bevorzugt; die Speisen im Norden sind etwas milder gewürzt, im Süden isst man chilischarf.

Der Wok-Kauf

Kaufen Sie einen Wok von passender Größe; es gibt auch kleine Woks. Von der Anschaffung einer so genannten Wok-Pfanne sollten Sie allerdings Abstand nehmen. Da könnten Sie auch eine im Haushalt befindliche Bratpfanne verwenden. Nachteil: Die Bratfläche bzw. Bräunungszone ist zu groß, sodass von den Rohzutaten zu viel Fett aufgenommen wird.

Die verschiedenen Garzonen

Der Begriff »Wok« kommt aus dem Kantonesischen, bedeutet »Kochgefäß« und ist ein traditionelles Kochutensil in China und anderen asiatischen Ländern. Ursprünglich war der Wok gänzlich rund und hing in einem Feuerring direkt über der Feuerstelle, um das knappe Brennmaterial optimal zu nutzen. Durch das Kleinschneiden der Zutaten wurde die Garzeit auf ein Minimum

reduziert. Der Wok wurde stets weiter entwickelt, zunächst für Herde mit Feuerloch. Heute ist er in verschiedenen Varianten erhältlich. Das Besondere: halbrund geformt, mit hochgezogenem Rand. Am Boden konzentriert sich die Hitze, zum Rand hinauf lässt sie nach, dort können die Zutaten zwischendurch ausruhen, bevor sie durch das Umrühren wieder auf den heißen Boden geraten. Der Wok ist ein Universalgerät, in dem Sie pfannenrühren, schmoren, dämpfen und frittieren können.
Sollten Sie also noch keinen Wok besitzen, lohnt es sich auf jeden Fall, diesen »Pfannentopf« anzuschaffen. Es gibt Woks aus Edelstahl und Gusseisen, die mit plangeschliffenem Boden gut auf der Elektroplatte stehen, aber auch Woks aus gegossenem Aluminium mit robuster Antihaftversiegelung für Elektro, Gas und Kohle oder für das Kochen am Tisch mit Rechaud oder Elektroanschluss.

So sollte ein guter Wok sein:

- Leicht im Gewicht.
- Hitzebeständiger Deckel mit wärmeisoliertem Deckelknopf
- Breiter Schüttrand für tropf- und kleckerfreies Ausgießen
- Optimale Materialverwendung: dicker Boden, dünne Wand, dicker Rand
- Unverziehbarer, starker gegossener Boden-garantierte Formstabilität
- Langlebige Antihaftbeschichtung.

Diese Geräte erleichtern die Arbeit

- Der Dämpfeinsatz, wird bei manchen Woks mitgeliefert. Ersatzweise kann ein Kuchengitter verwendet werden.
- Die Abtropf- oder Frittierablage hängt am Rand des Wok. Was fertig ist, wird zum Abtropfen oder Warmhalten daraufgelegt.
- Rührlöffel aus Holz zum Pfannenrühren.
- Schaumlöffel zum Herausheben der fertigen Speisen.

Die Garmethoden

Pfannenrühren: Den Wok stark erhitzen, Öl zugießen, rundum schwenken, das Gargut zugeben, dabei anbraten und schnell und ständig von innen nach außen wälzen. Dabei bilden die Lebensmittel aromatische Röststoffe und laugen nicht aus. Die kurze Garzeit schont die Inhaltsstoffe, die Vitamine und Mineralstoffe und garantiert knackigzarten Genuss.

Schmoren: Bei großer Hitze im Fett anbraten, Flüssigkeit zugeben, mit Wokdeckel abdecken und zugedeckt schmoren.

Dämpfen: Die Zutaten (Fisch, Fleisch, Gemüse, Teigtaschen) im Siebeinsatz (oder Bambuskörbchen) und mit Wokdeckel über kochendem Wasserdampf garen.

Frittieren: 1/2 Liter Öl im Wok erhitzen, Frittiergut zufügen, goldgelb backen, auf das Abtropfgitter setzen.

Tipp

Die richtige Brattemperatur für das Pfannenrühren ist erreicht, wenn die auf den Wok-Topfboden gespritzten Wassertropfen leicht »tanzen«. Diese Methode wird auch Wassertropfen- oder Zischprobe genannt.

Gut vorbereitet ist fast gegart

Wok-Kochen ist praktisch. Die Vorbereitungen für das Wok-Garen (Wokken) sollten vor dem Essen geschehen.

1 Für die Zubereitung im Wok sollte ein hocherhitzbares neutrales Pflanzenöl, z. B. Maiskeimöl, Erdnuss- oder Sesamöl verwendet werden.

2 Bevor der Wok erhitzt wird, sollten alle Zutaten (Fleisch, Gemüse) in Stücke, Würfel, Scheiben oder Streifen geschnitten werden und griffbereit mit Gewürzen und Kräutern neben dem Wok stehen. Je kleiner die Zutaten, umso kürzer ist die Garzeit. Nie zu viele Zutaten in den Wok geben, denn das Fett kühlt zu schnell ab, und die Zutaten »kochen« mehr, als dass sie pfannengerührt werden, bzw. braten und werden langsamer gar.

3 Die Zugabe von Soja-Sauce, Brühe oder Fond macht das Wok-Gericht soßiger. Wenn die Flüssigkeit gebunden werden soll, etwas Agar-Agar oder Reismehl mit Wasser vermischt unterrühren.

Asiatisch aromenstark

In Asien, besonders in China und Thailand, wird rund um die Uhr, und das überall: in fliegenden Garküchen, an den Straßenrändern, auf schwimmenden Ess-Booten, in kleinen und großen Restaurants der Luxushotels, duftendes Essen im Wok zubereitet. Der Besucher gerät in einen Rausch der Sinne. Die vielen frischen Zutaten werden auf unkomplizierte Art im Wok pfannengerührt, geschmort oder gebraten, mit Gewürzen und Kräutern kombiniert und in Minutenschnelle liebevoll serviert.

Wichtig
Alle Nudeln nach Packungsanweisung zubereiten.

Die wichtigsten Zutaten

- **Reisnudeln:** Aus Reismehl und Wasser hergestellt (z. B. Guai-Thiau Reisnudeln von Bamboo Garden Thai).
- **Glasnudeln:** Aus unterschiedlichen Mischungen von Kartoffel-, Süßkartoffel- und Mungbohnenstärke hergestellt, durchsichtig.
- **Eiernudeln:** Aus Weizenmehl und Eiern, wie z. B. die Eier Mie Nudeln, die mit Vollei verfeinerten Instant-Nudeln.
- **Wok-Nudeln:** Speziell für den Wok hergestellte Nudeln, die ohne Vorkochen zu den Gemüsen in den Wok gegeben werden.

Früchte & Gemüse

- **Kaffir-Limetten:** Diese asiatische Limettenart hat nur wenig Saft. Die dicke Schale ist sehr würzig und wird abgerieben oder in feine Streifen geschnitten verwendet. Auch die Blätter werden feinstreifig geschnitten zum Würzen verwendet.
- **Pak Soi:** Der chinesische Blätter- oder Senfkohl hat dicke weiße Stiele, große dunkelgrüne Blätter und ähnelt unserem Mangold. Pak Soi kann man auch roh verwenden.
- **Schlangenbohnen:** Lange flache Bohnen, in gut sortierten Gemüsegeschäften und Asienshops erhältlich.

- **Taro:** Stärkehaltige Wurzel mit Kartoffelkonsistenz.
- **Tongu-Pilze:** Werden auch als chinesische Champignons oder Shiitake-Pilze gehandelt und sind sehr aromatisch. Getrocknet werden sie als Shiitake-Tung-Koo (z. B. von Bamboo Garden) angeboten. Man muss sie etwa 15 Minuten einweichen, dann entstielen und die Hüte hacken.
- **Mu-err:** Der chinesische Baumpilz oder Wolkenohrpilz wird zum Verfeinern vieler asiatischer Gerichte verwendet.
- **Wasserkastanien:** Wurzelenden einer Sumpfpflanze, im Geschmack eher neutral, die Konsistenz ist knackig. In Scheiben geschnitten oder klein gewürfelt werden sie mitgebraten oder zum Schluss an das jeweilige Gericht gegeben.

Fertigprodukte

- **Austernsauce oder Oyster-Sauce:** Süß-salzig schmeckende dickflüssige Würzsauce aus Austernextrakt, Sojasauce und Gewürzen. Würzt fast alles.
- **Fischsauce:** Aus fermentiertem Fisch, Krabben und Salz hergestellt – verleiht Speisen den gewissen Pfiff. Schmeckt nicht ausgeprägt nach Fisch und kann deshalb auch zu Fleisch- und Geflügelgerichten verwendet werden. Dann weniger Salz verwenden.
- **Garnelen- oder Krabbenpaste:** Aus fermentierten Garnelen und Salz. Krabbenpaste hat einen penetranten Geruch, würzt jedoch Suppen, Saucen und Currys besonders typisch.
- **Sojabohnenquark (Tofu):** Getrocknete, pürierte Sojabohnen von quarkähnlicher Konsistenz. Tofu gibt es auch geräuchert und mit Kräutern.
- **Sojasauce:** Extrakt aus fermentierten Sojabohnen und Salz. Die helle Sauce ist mild und aromatisch.
- **Reisteigplatten für Frühlingsrollen:** Dünne Teigplatten, rund oder quadratisch, tiefgefroren oder vakuumverpackt.

Tipp

Bei Verwendung von Fertigprodukten sollte beim zusätzlichen Würzen mit Salz sparsam umgegangen werden.

Frühstück – vergnügt in den Tag

Ciabatta mit Putenbrust

Für 1 Portion

1 Putenbrustschnitzel (40 g)
Salz
frisch gemahlener weißer Pfeffer
1 TL Sesamsamen
1 TL Pflanzenöl
1 kleine Tomate (40 g)
4 Rucolablätter
1 Ciabattabrötchen
15 g Frischkäse (z. B. Philadelphia leicht)

- Das Putenbrustschnitzel trockentupfen, salzen, pfeffern. Das Fleisch in Sesamsamen wälzen.
- Öl in einer beschichteten Pfanne erhitzen und das Filet darin etwa 5 bis 8 Minuten bei mittlerer Hitze von beiden Seiten braten. Herausnehmen und erkalten lassen. Das Fleisch schräg in dünne Streifen schneiden.
- Tomate und Rucolablätter waschen, Tomate vierteln, dabei den Stielansatz entfernen. Rucolablätter trockenschwenken und klein schneiden.
- Ciabattabrötchen waagerecht halbieren, je eine Hälfte mit Frischkäse bestreichen und mit den Putenbruststreifen belegen. Die Ciabattahälften mit Rucola und Tomatenvierteln garnieren.

Tipp

Sie kaufen ein Putenschnitzel von 150 Gramm, bereiten es wie im Rezept beschrieben zu, teilen davon 40 Gramm ab und die restlichen 110 Gramm essen Sie mit einem marinierten grünen Salat zu einer anderen Mahlzeit. Das sind dann 200 kcal.

Vierkornbrot mit Rucola-Quark

Für 1 Portion

3 Rucolablätter
125 g Magerquark
2–3 EL kohlensäurehaltiges Mineralwasser
Salz
frisch gemahlener weißer Pfeffer
1 Scheibe Vierkornbrot (45 g)

- Rucolablätter kalt abbrausen, trockenschwenken und fein schneiden.
- Magerquark mit dem Mineralwasser verrühren, Rucolablätter unterheben und mit Salz und Pfeffer würzen.
- Den Rucola-Quark auf der Brotscheibe verteilen und die Scheibe diagonal halbieren.

Variante
Statt der Rucolablätter können Sie auch 1 bis 2 Esslöffel TK-Kräuter wie Petersilie, Basilikum oder Italienische Kräuter verwenden.

Toast mit Frischkäse und Gouda

Für 1 Portion

2 Scheiben Toastbrot
1/2 EL Frischkäse mit Buttermilch (8 % Fett)
1 TL Ahornsirup
1 TL Tomatenmark
1/2 Scheibe (30 g) kalorienreduzierter Gouda-Käse (17 % Fett)

- Toastscheiben leicht toasten.
- Eine Scheibe mit Frischkäse bestreichen und den Ahornsirup darüber träufeln. Die zweite Toastscheibe mit Tomatenmark bestreichen und mit der Käsescheibe abdecken.

Variante
Statt Gouda-Käse darf es auch mal Edamer- oder Tilsiter-Käse sein. Ebenfalls aus dem kalorienreduzierten Sortiment (z. B. von Du darfst).

Vegetarische Grahambrotschnitte

Für 1 Portion

1 Scheibe Grahambrot (45 g)
2 TL vegetarische Paste (Vitam-R)
2 Radieschen
1/2 Apfel (40 g)
grob gemahlener schwarzer Pfeffer
1 TL Sonnenblumenkerne

- Grahambrotscheibe halbieren, leicht toasten und mit der vegetarischen Paste bestreichen.
- Radieschen und Apfel waschen und abtrocknen. Beides in sehr dünne Scheiben schneiden und auf den Brothälften schuppenartig verteilen.
- Pfeffer aus der Mühle darüber mahlen. Mit Sonnenblumenkernen bestreuen.

Tipp
Sie können auch Radieschen und Apfel in sehr feine Streifen schneiden und miteinander mischen.

Variante
Statt der Radieschen können Sie auch ein kleines Stück sehr fein geraspelten Stangensellerie verwenden.

Knäckebrot mit Kräuter-Schmelzkäse

Für 1 Portion

2 Scheiben Knäckebrot, ballaststoffreich
2 EL Kräuter-Schmelzkäse (z. B. von Du darfst)
1 TL Kürbis- oder Sonnenblumenkerne
1/2 TL Kräuter, gehackt

- Knäckebrotscheiben mit Kräuter-Schmelzkäse bestreichen.
- Kürbis- oder Sonnenblumenkerne grob hacken, mit den Kräutern mischen und auf dem Schmelzkäse verteilen. Mit dem Messerrücken etwas festdrücken.

Tipp
Die Kerne in einer beschichteten Pfanne ohne Fett leicht hellbraun rösten. Sie können auch gleich eine größere Menge zubereiten, abkühlen lassen und in einem Schraubglas einige Tage aufbewahren.

Avocado-Shrimps-Schnitte (Foto)

Für 1 Portion

1/2 Avocado (75 g)
Saft von 1/2 Zitrone
1/2 TL Pflanzenöl
3 küchenfertige Shrimps
Salz
frisch gemahlener weißer Pfeffer
1 Scheibe Vollkornbrot (45 g)
15 g Frischkäse (z. B. Philadelphia Doppelrahmstufe)

- Avocadohälfte schälen, in Spalten teilen und mit etwas Zitronensaft beträufeln.
- Öl in einer beschichteten Pfanne erhitzen, die Shrimps darin unter Wenden braten, bis sie Farbe nehmen, leicht salzen, pfeffern und mit dem restlichen Zitronensaft beträufeln.
- Brotscheibe mit Frischkäse bestreichen und mit Avocadospalten und Shrimps belegen.

Variante
Statt Zitronensaft können Sie die Avocadostreifen auch mit 1 bis 2 Teelöffel weißem Balsamessig beträufeln.

Sechskornbrot mit Käse und Feige

Für 1 Portion

1 Scheibe Sechskornbrot (45 g)
1 TL Brunch légère (15 % Fett)
1 Salatblatt
1/2 frische Feige
1 Scheibe (30 g) Tilsiter Käse (z. B. von Du darfst)
1 gute Msp. Feigen-Senf-Sauce (Glas)

- Brotscheibe mit Brunch légère bestreichen. Das Salatblatt darüber legen.
- Feige in dünne Scheiben schneiden und schuppenartig darauf verteilen.
- Mit der Käsescheibe abdecken, darauf die Feigen-Senf-Sauce verstreichen.

Info
Feigen-Senf-Sauce können Sie in gut sortierten Delikatessgeschäften kaufen. Zum Selbermachen: 1 Esslöffel Feigenmarmelade mit 1/2 Teelöffel Dijonsenf verrühren.

Dänischer Bagel (Foto)

Für 1 Portion

Sesam-Bagel
1 EL Apfel-Zwiebel-Leberwurst
(z. B. von Du darfst)
1 Cornichon
2 Stängel Blattpetersilie
1/2 TL Röstzwiebeln

- Den Bagel waagerecht aufschneiden und die Hälften mit der Apfel-Zwiebel-Leberwurst bestreichen.
- Cornichon in dünne Scheiben oder Streifen schneiden, die Petersilienblätter grob schneiden und alles mit den Röstzwiebeln auf der unteren Bagelhälfte verteilen.
- Mit der zweiten Bagelhälfte abdecken.

Info
Apfel-Zwiebel-Leberwurst wird aus hochwertigem Schweinefleisch und -leber unter Zugabe von Zwiebel- und Apfelstücken hergestellt und ist eine herzhaft frische Kombination.

Brötchen mit Ei-Kräuter-Tatar

Für 1 Portion

1 Roggenbrötchen
1 TL Brunch légère (15 % Fett)
1 hart gekochtes Ei (Kl. M)
1 TL Schnittlauchröllchen
Salz
grob gemahlener schwarzer Pfeffer

- Brötchen waagerecht halbieren. Die Brötchenhälften mit Brunch légère bestreichen.
- Ei fein hacken, mit Schnittlauch mischen, mit Salz und Pfeffer würzen.
- Das Ei-Kräuter-Tatar auf den Brötchenhälften verteilen

Variante
In die Eimasse können Sie auch 1 Messerspitze Dijonsenf mit Paprika oder Dijonsenf mit Knoblauch rühren und 1 sehr kleinen, gehackten Cornichon untermischen.

Brunch-Tomatenbrot mit Basilikum

Für 1 Portion

1 Scheibe Bauernlandbrot (50 g)
5 Basilikumblätter
1 kleine Strauchtomate (40 g)
1 EL Brunch mit getrockneter Tomate (19 % Fett)
grob gemahlener weißer Pfeffer

- Brotscheibe leicht toasten. Basilikumblätter abbrausen, trockenschwenken und fein schneiden.
- Tomate waschen, klein schneiden und mit Basilikum mischen.
- Die lauwarme Brotscheibe mit Brunch bestreichen und die Tomaten-Basilikum-Mischung darauf verteilen.
- Pfeffer aus der Mühle darüber mahlen.

Info
Brunch-Brotaufstrich gibt es außerdem in folgenden Varianten: Brunch Natur (22 % Fett), Paprika-Peperoni (21 % Fett), Feine Kräuter (21 % Fett), Gurke-Dill-Knoblauch (19 % Fett) und Lauch-Schalotte (21 % Fett). Als Alternative gibt es Brunch légère mit Joghurt mit nur 15 % Fett.

Vollkornbrot mit Feta-Käse

Für 1 Portion

1 TL Tomatenmark
1/2 TL Olivenöl
1 Scheibe Vollkornbrot
30 g Feta-Käse (45 % Fett)
4 kleine Kirschtomaten
grob gemahlener weißer Pfeffer

- Tomatenmark und Olivenöl verrühren und das Vollkornbrot damit bestreichen.
- Feta-Käse und Tomaten in Scheiben schneiden und auf dem Brot schuppenartig verteilen. Pfeffer aus der Mühle darüber mahlen.

Tipp
Statt Tomatenmark und Olivenöl können Sie auch 1/2 Teelöffel Pesto aus dem Glas verwenden.

Vollkornbrot mit geräuchertem Katfisch

Für 1 Portion

1 Scheibe Vollkornbrot (45 g)
1 TL Salatcreme mit Joghurt (25 % Fett)
1 Cornichon
1 Salatblatt
50 g Katfisch, geräuchert
1 TL Meerrettich (Glas)

- Vollkornbrotscheibe mit Salatcreme bestreichen. Cornichon längs in dünne Streifen schneiden.
- Brot mit dem Salatblatt und dem zerpflückten Katfisch belegen. Mit Meerrettich bestreichen.

Info
Katfisch, auch Steinbeißer oder gestreifter Seewolf genannt, hat einen aalförmigen schuppenlosen Körper mit einer durchgehenden, stachligen Rückenflosse.

Vollkornbrot mit Tomaten-Rührei

Für 1 Portion

1 Ei (Kl. M)
1 EL kohlensäurehaltiges Mineralwasser
Salz
frisch gemahlener weißer Pfeffer
2 kleine Strauchtomaten (100 g)
1 TL Schnittlauchröllchen
1 Scheibe Roggenvollkornbrot (45 g)

- Ei mit Mineralwasser, wenig Salz und Pfeffer verquirlen.
- Tomaten waschen und in Scheiben schneiden.
- Tomatenscheiben in einer beschichteten Pfanne ohne Fett unter Wenden anbraten. Die Eimischung zufügen. Unter Hin- und Herschieben mit einem Kochlöffel stocken lassen. Mit Schnittlauch bestreuen.
- Die Roggenbrotscheibe leicht toasten und zu dem Rührei essen.

Info
Gemüse-Putenwurst enthält durch die Auswahl hochwertiger, magerer Fleischsorten weniger Fett und ist leicht im Geschmack.

Knäckebrot mit Wurst (Foto)

Für 1 Portion

2 Scheiben Knäckebrot
1 TL Dijon-Senf
2 TL Frischkäse mit Buttermilch (z. B. von Du darfst)
2 Scheiben Lachsschinken
1 Scheibe Gemüse-Putenwurst (z. B. von Du darfst)
2 kleine Cornichons
1/2 gelbe Paprikaschote
1 mittelgroße Erdbeere

- Eine Knäckebrotscheibe mit Senf, die andere mit Frischkäse bestreichen. Jeweils eine Scheibe mit Lachsschinken, die andere mit Gemüse-Putenwurst belegen.
- Cornichons längs in dünne Scheiben, Paprika in dünne Streifen schneiden und nach Belieben auf dem Knäckebrot verteilen.
- Erdbeere halbieren und auf den Knäckebrotscheiben garnieren.

Tipp
Sie können auch eine dicke Putenbrustscheibe würfeln und mit dem Brunch-Brotaufstrich vermischen oder gewürfelt auf dem Brot verteilen.

Georgs Fitness-Knäcke

Für 1 Portion

2 Scheiben Knäckebrot, ballaststoffreich
25 g Brunch-Brotaufstrich (22 % Fett)
2 kleine Salatblätter
3 Radieschen
20 g geräucherte Putenbrustscheiben, hauchdünn geschnitten
2 Gurkenscheiben
1/2 TL Schnittlauchröllchen
grob gemahlener schwarzer Pfeffer

- Knäckebrote mit etwas Brunch-Brotaufstrich bestreichen.
- Salatblätter und Radieschen waschen und trockentupfen. Radieschen in dünne Scheiben schneiden.
- Jeweils eine Brotscheibe mit Salat belegen, übrigen Brotaufstrich darüber verteilen, mit Pute, Radieschen und Gurke belegen.
- Mit Schnittlauch bestreuen. Mit Pfeffer aus der Mühle würzen.